LEÇONS

DE

MÉCANIQUE PRATIQUE.

Imprimerie de Guibaudet et Jouaust,
rue Saint-Honoré, 315.

LEÇONS

DE

MÉCANIQUE PRATIQUE

A L'USAGE DES

AUDITEURS DES COURS DU CONSERVATOIRE DES ARTS ET MÉTIERS,

ET DES

SOUS-OFFICIERS ET OUVRIERS D'ARTILLERIE

PAR ARTHUR MORIN,

Lieutenant-Colonel d'artillerie, membre de l'Institut, ancien Élève de l'École polytechnique, Professeur de Mécanique industrielle au Conservatoire des arts et métiers, Membre correspondant de l'Académie royale des Sciences de Berlin, de l'Académie royale des Sciences de Madrid, de l'Académie royale de Metz et de la Société industrielle de Mulhouse.

2e Partie.

HYDRAULIQUE.

———— ◦◦◦ ————

PARIS,

LIBRAIRIE SCIENTIFIQUE-INDUSTRIELLE
DE L. MATHIAS (Augustin),
QUAI MALAQUAIS, 15.

1846

AVANT-PROPOS.

Dans ces leçons sur l'Hydraulique, j'ai cherché à réunir les notions principales de la théorie du mouvement des fluides aux données de l'expérience, ainsi que les résultats des recherches les plus récentes sur les moteurs hydrauliques. Pour la partie théorique, j'ai suivi la marche et les principes adoptés par M. Poncelet dans ses leçons à l'Ecole d'application de l'artillerie et du génie, à Metz, autant que le comportait la nature de l'enseignement du Conservatoire des arts et métiers. Quant à la partie expérimentale, je lui ai donné tout le développement qu'il m'a été possible d'admettre, et outre un résumé des recherches des auteurs qui ont écrit sur cette matière elle contient celui de toutes les expériences que j'ai eu l'occasion de faire sur les moteurs hydrauliques les plus modernes. Je me suis surtout attaché à l'étude des effets produits par les

moteurs établis et à celle des proportions à donner
aux différentes parties des moteurs à construire
pour obtenir un effet donné. Quant au mode de
construction et aux dimensions qu'il convient d'adopter pour les différentes parties des machines,
afin de leur assurer la solidité convenable, il en
sera question dans la partie des leçons qui traitera
de la résistance des matériaux.

ERRATA DE LA IIe PARTIE.

—

Pag.	lig.	au lieu de	lisez
17	2	1.981	1.985
		0.07924	0.0794
195	8	arbres	aubes
202	15	V	v
358	22	de plus $\frac{1}{9}$	de plus de $\frac{1}{9}$
365	4	l'eax	l'axe
429	29	$Pv = 0.60 = 1000QH$	$Pv = 0.60 \times 1000QH$

LEÇONS

DE

MÉCANIQUE PRATIQUE.

Deuxième Partie.

HYDRAULIQUE.

Iʳᵉ LEÇON.

NOTIONS THÉORIQUES.

1. *Du mouvement permanent des fluides.* — Dans le mouvement des fluides on distingue le *mouvement permanent* et le *mouvement varié*. Le caractère particulier du premier c'est que les hauteurs des niveaux, les aires des sections transversales des masses fluides, les vitesses en chacune de leurs parties, sont toujours les mêmes. Dans le mouvement varié, au contraire, les niveaux changent de hauteurs respectives, les aires des sections croissent ou diminuent ; les vitesses ne sont pas constantes en chaque point.

Le mouvement permanent est celui dont nous nous occuperons principalement, parce qu'il est le plus important et le plus convenable pour les usines.

2. *Continuité des fluides.* — Une condition fondamentale du mouvement des fluides qui doit être satisfaite pour qu'il soit possible d'en calculer les circonstances, c'est la *continuité du fluide*. Par cette expression l'on entend que les molécules qui composent la masse fluide sont contiguës les unes aux autres sans lacune, sans intervalle. De là résulte pour les liquides, dont le volume ne varie pas sensiblement sous les pressions auxquelles ils sont ordinairement soumis, que, ce volume écoulé restant partout le même quand le mouvement est permanent, il passe dans chaque section, dans chaque tranche, le même volume de fluide à chaque instant.

Relativement aux gaz, la permanence du mouvement exigeant que les densités et les pressions restent les mêmes en chaque lieu, il s'ensuit que dans chaque tranche il passe dans le même temps la même *masse* ou le même poids de fluide.

5. *Hypothèse du parallélisme des tranches.* — Pour pouvoir soumettre au calcul les phénomènes du mouvement des fluides, les géomètres et les physiciens ont été obligés de recourir à des hypothèses qui sont rarement assez complétement d'accord avec les faits pour que les conséquences en soient parfaitement exactes. Cependant, dans certains cas, ces phénomènes suivent à peu près ces lois hypothétiques qui consistent à supposer que, dans les sections normales à l'axe de figure de la masse fluide ou au sens de son mouvement, les filets fluides qui traversent ces sections sont perpendiculaires à leur plan et animés de vitesses égales, et que les pressions sont les mêmes dans toute l'étendue de ces sections.

Ces hypothèses sont assez voisines de la vérité pour

être admises, au moins comme moyen d'approcher par le calcul des résultats de l'expérience, dans le cas où le fluide se meut dans des vases, des bassins, des canaux, des tuyaux de conduite, dont la forme, continue et régulière, ne varie que par degrés insensibles. Mais dans tous les endroits où il y a des changements brusques de direction, de section ou de vitesse, les filets ne sont plus parallèles, et l'hypothèse ne peut s'appliquer. L'examen des circonstances mêmes de l'écoulement fera reconnaître comment les choses se passent.

4. *Théorie de l'écoulement de l'eau d'un vase constamment plein.* — Considérons un vase ou réservoir constamment plein, à contours continus, arrondis, laissant couler l'eau par un orifice ab, tellement raccordé avec les parois, qu'on puisse regarder les vitesses comme égales et parallèles entre elles, à cet orifice, ainsi que dans toutes les autres sections du vase.

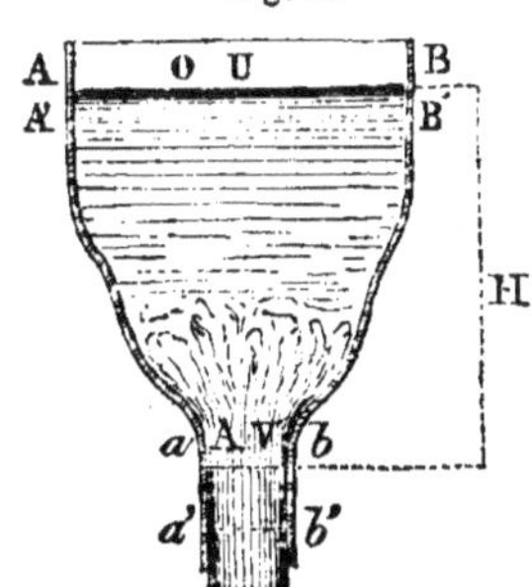

Fig. 1.

Soient AB $=$ O la surface de la tranche supérieure;

U la vitesse des filets qui traversent cette tranche;

A l'aire de l'orifice ab;

V la vitesse des filets qui y passent.

Le mouvement étant arrivé à l'état de permanence, les volumes OU et AV écoulés dans l'unité de temps, ou OUt et AVt, correspondant à l'élément du temps, seront égaux; on a donc

$$OU = AV.$$

Le poids de ce volume d'eau écoulé dans l'élément de temps sera

$$1\,000\,OUt = 1\,000\,AVt.$$

H étant la hauteur de la section AB au dessus de ab, le travail développé par la pesanteur sur cette quantité de fluide sera $1\,000AVtH$. En effet, dans le déplacement du volume ABab parvenu en A'B'$a'b'$, il y a une masse intermédiaire A'B'ab qui a remplacé celle qui occupait le même espace, et qui est du même poids; donc le travail total de la pesanteur se réduit à celle qui correspond à la descente de la tranche ABA'B' en $aba'b'$.

Si les surfaces AB et ab sont soumises à des pressions P et p par unité de surface, les pressions totales sur ces sections sont PO et pA, et les chemins parcourus dans le sens de ces pressions étant Ut et Vt, le travail de ces pressions qui agissent en sens contraire l'une de l'autre sera

$$\text{PO}Ut - p\text{AV}t = (\text{P}-p)\,\text{AV}t, \text{ à cause de } \text{OU} = \text{AV}.$$

La masse de la tranche ABA'B' est

$$\frac{1\,000.OUt}{g},$$

et sa force vive

$$\frac{1\,000OUt}{g}\,U^2.$$

Celle de la tranche $aba'b'$ est

$$\frac{1\,000AVt}{g}\,V^2,$$

et comme dans le mouvement de la masse ABab en

A'B'$a'b'$, il y a une partie qui, pour les deux positions, a la même force vive; il s'ensuit que la variation de force vive est

$$\frac{1\,000\mathrm{AV}t}{g}\mathrm{V}^2 - \frac{1\,000\mathrm{OU}t}{g}\mathrm{U}^2 = \frac{1\,000\mathrm{AV}t}{g}(\mathrm{V}^2 - \mathrm{U}^2).$$

Appliquant donc à ce mouvement le principe des forces vives, nous aurons la relation

$$\frac{1\,000\mathrm{AV}t}{2g}(\mathrm{V}^2 - \mathrm{U}^2) = 1\,000\mathrm{AV}t\mathrm{H} + (\mathrm{P}-p)\mathrm{AV}t.$$

S'il s'agissait d'un autre fluide dont le mètre cube eût un poids d, on aurait de même

$$\frac{d\mathrm{AV}t}{2g}(\mathrm{V}^2 - \mathrm{U}^2) = d\mathrm{AV}t\mathrm{H} + (\mathrm{P}-p)\mathrm{AV}t.$$

En divisant tout par $d\mathrm{AV}t$, et multipliant par $2g$ il vient

$$\mathrm{V}^2 - \mathrm{U}^2 = 2g\mathrm{H} + \frac{2g\,(\mathrm{P}-p)}{d}.$$

Or on a

$$\mathrm{AV} = \mathrm{OU};$$

d'où

$$\mathrm{U} = \frac{\mathrm{A}}{\mathrm{O}}\mathrm{V} \text{ et } \mathrm{V}^2 - \mathrm{U}^2 = \left(1 - \frac{\mathrm{A}^2}{\mathrm{O}^2}\right)\mathrm{V}^2,$$

ce qui donne

$$\mathrm{V} = \sqrt{\frac{2g\mathrm{H} + \dfrac{2g\,(\mathrm{P}-p)}{d}}{1 - \dfrac{\mathrm{A}^2}{\mathrm{O}^2}}}.$$

Dans la plupart des applications l'aire A de l'orifice est assez petite par rapport à celle de la section du réservoir pour que le rapport $\dfrac{A^2}{O^2}$ puisse être négligé vis-à-vis de l'unité. En effet, si

$$A = \frac{1}{10}O, \quad \frac{A^2}{O^2} = \frac{1}{100},$$

la formule qui donne la vitesse devient alors

$$V = \sqrt{2gH + \frac{2g\,(P - p)}{d}}.$$

Lorsqu'il s'agit de l'écoulement de l'eau, les pressions P et p sont celles de l'atmosphère, et sensiblement les mêmes ; alors la formule qui donne la vitesse se réduit à

$$V = \sqrt{2gH},$$

ce qui exprime que la vitesse d'écoulement est celle qui est due à la hauteur H, ou à la charge sur le centre de l'orifice.

Cette formule, due au physicien Torricelli, disciple de Galilée, est à peu près vérifiée dans la pratique par l'observation des jets d'eau verticaux ou horizontaux pour les petits orifices et les grandes charges, par rapport aux dimensions de l'orifice, ainsi que nous le montrerons plus loin.

5. *Fluides élastiques.* — Pour les fluides élastiques l'écoulement est dû à la différence des pressions P et p, et la hauteur H du réservoir au dessus de l'orifice est toujours assez faible pour pouvoir être négligée par rapport aux termes $\dfrac{P}{d}$ et $\dfrac{p}{d}$, dont la différence représente une

hauteur de fluide bien plus considérable ; la formule sera donc alors

$$V = \sqrt{\frac{2g(P-p)}{d}},$$

dans laquelle d est le poids du mètre cube de fluide à la pression P.

On sait que les pressions des gaz ou vapeurs se mesurent par le poids d'une colonne de liquide qui leur fait équilibre ; si, par exemple, l'on emploie un manomètre à mercure, et que H′ soit la hauteur de la colonne qui fait équilibre à la pression P, on a

$$P = 13\,598 H'.$$

De même, si la pression P du gaz que l'on considère était mesurée par une colonne du même gaz, en nommant H_1 la hauteur de cette colonne, on aurait

$$P = dH_1,$$

d'où

$$H_1 = \frac{P}{d}.$$

Ainsi dans la formule ci-dessus on voit que les fractions $\frac{P}{d}$ et $\frac{p}{d}$ sont les hauteurs de colonnes de gaz, à la densité d, capables de produire les pressions P et p.

On voit donc que la formule qui donne la vitesse d'écoulement des gaz est de la même forme que celle qui est relative aux liquides. Il faut remarquer qu'elle suppose la densité d constante ou le fluide incompressible.

Or M. Poncelet a montré par la discussion des expériences exécutées par M. Pecqueur :

1° Que les gaz suivent, dans leur écoulement au travers des orifices et des tubes entre des limites étendues de pressions et de longueurs de ces tubes, les mêmes lois que les liquides, ou que s'ils étaient parfaitement incompressibles;

2° Qu'ils éprouvent aussi les mêmes contractions et pertes de forces vives.

Voir les comptes-rendus de l'Académie des sciences (21 juillet 1845).

D'après cela, tout ce que l'on dira de l'écoulement de l'eau s'appliquera au mouvement des gaz, sauf certaines différences que l'on signalera.

La vitesse théorique d'écoulement par l'orifice étant

$$V = \sqrt{2gH},$$

et l'aire de l'orifice étant A, la dépense théorique en $1''$ a pour expression

$$AV = A\sqrt{2gH}.$$

6. *Cas où l'orifice est noyé.* — Si le liquide s'écoule d'un vase où la hauteur du niveau au dessus de l'orifice soit H dans un autre vase ou réservoir où la hauteur du niveau au dessus de l'orifice soit H', la pression exercée du côté d'amont par unité de surface sera 1 000H, et celle exercée du côté d'aval sera 1 000H'; par conséquent la différence des pressions sera 1 000 (H—H'); ou, en d'autres termes, la hauteur dont le volume écoulé aura descendu sera H—H'; par conséquent la vitesse théorique d'écoulement sera

$$V = \sqrt{2g\,(H-H')},$$

Ainsi, dans le cas actuel, où l'on dit que l'orifice est *noyé*, la dépense théorique sera

$$A\sqrt{2g\,(H-H')}.$$

7. *Observations sur l'influence de la disposition des parois.* — Nous avons supposé, dans ce qui précède, que la forme du vase et des parties voisines de l'orifice était telle, que les filets fluides éprouvaient

Fig. 2.   Fig. 3.   Fig. 4.   Fig. 5.

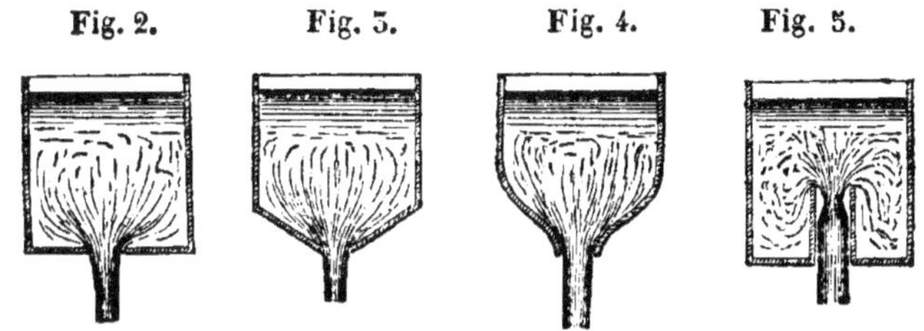

des déviations insensibles et graduelles; de sorte qu'ils arrivaient à peu près parallèlement entre eux vers l'orifice et perpendiculairement à son plan. Mais dans la réalité il en est rarement ainsi, et les parois forment avec la direction des filets fluides des angles plus ou moins grands, et alors, le nombre et la direction des filets qui affluent vers l'orifice dépendant de la disposition de ces parois, la dépense doit en être influencée. On conçoit en effet à la simple vue que, dans le cas de la figure 3, les filets affluant vers l'orifice ayant des directions moins inclinées sur son axe que dans celui de la figure 2, les filets latéraux convergeront moins vers l'axe et gêneront moins l'écoulement; que dès lors la veine fluide sera moins étranglée, *moins contractée*, que sa section sera plus grande pour la figure 3 que pour la figure 2; et, comme la vitesse moyenne est due à la

charge sur l'orifice, on voit que, cette charge étant la
même, la dépense de l'orifice 5 sera plus grande que
celle de l'orifice 2. De même, l'orifice 4 étant disposé
de manière que les filets y arrivent plus parallèlement
à l'axe que dans la figure 5, la dépense faite par cet
orifice sera plus grande que pour l'orifice 5. A l'inverse
on voit que dans la figure 5, qui offre un orifice vers
lequel des filets fluides peuvent affluer dans tous les
sens et venir gêner l'écoulement, la contraction sera
plus grande que dans tous les cas précédents. Tous ces
aperçus sont vérifiés par l'expérience.

Il suit de là que, quoique la vitesse moyenne d'écoulement soit à peu près la vitesse théorique, la section de
la veine n'étant pas égale à celle de l'orifice, la dépense
effective sera moindre que la dépense théorique, et que la
réduction dépendra essentiellement de la disposition des
parois du réservoir par rapport au plan de l'orifice.

8. *Des moyens à employer pour tenir compte des ef-*
fets de la contraction. — La mesure directe assez déli-
cate de l'aire de la section où la veine fluide est le plus
fortement contractée a été faite dans plusieurs cas, et
en particulier pour des orifices circulaires de $0^m.03$ à
à $0^m.08$ de diamètre où le liquide affluait de toutes parts,
et pour lesquels on a trouvé que l'aire de cette section
contractée n'était que 0.64 de celle de l'orifice.

Ce rapport n'est pas constant, et dépend de la forme
des orifices, de leur proportion, de leur disposition,
de la charge d'eau; et comme d'ailleurs la vitesse
éprouve aussi quelque diminution, il s'ensuit que les effets de la contraction sur la dépense ne peuvent être ap-

préciés par la seule mesure de l'aire de la section contractée.

Le moyen le plus sûr et le plus simple de tenir compte de ces effets si variés, c'est de comparer la dépense effective à la dépense théorique pour tous les cas de la pratique, et de déterminer le rapport de ces deux dépenses.

Ce rapport, que l'on nomme le *multiplicateur* ou le *coefficient de la dépense théorique*, a été déterminé par plusieurs physiciens ; mais les expériences les plus étendues et les plus complètes sont dues à MM. Poncelet et Lesbros, officiers supérieurs du génie militaire, qui les ont exécutées à Metz avec des moyens d'une précision jusque alors inusitée.

Les orifices dont nous nous sommes occupé jusqu'ici ont été supposés petits et avec charge sur le sommet de l'orifice, placés au fond ou sur les côtés du réservoir. Les résultats de l'expérience relatifs aux orifices de ce genre, pour lesquels la contraction est complète, sont réunis dans les deux tableaux suivants. Le premier donne le multiplicateur de la dépense pour les cas où la charge est mesurée en un lieu du réservoir où le liquide est stagnant, ce qui a ordinairement lieu à peu de distance en amont, ou au moins dans quelque angle rentrant du réservoir. Le second est relatif au cas où l'on aurait été obligé de mesurer la charge immédiatement au dessus de l'orifice.

TABLE DES COEFFICIENTS DES FORMULES DE LA DÉPENSE THÉORIQUE
DES ORIFICES RECTANGULAIRES VERTICAUX EN MINCE PAROI, AVEC
CONTRACTION COMPLÈTE ET VERSANT LIBREMENT DANS L'AIR *(les
charges étant mesurées en un point du réservoir où le liquide
soit parfaitement stagnant)*.

Charges sur le sommet des orifices.	Coefficients de la dépense théorique pour des hauteurs d'orifice de					
	$0^{m}.20$	$0^{m}.10$	$0^{m}.05$	$0^{m}.03$	$0^{m}.02$	$0^{m}.01$
m.						
0.000	»	»	»	»	»	»
0.005	»	»	»	»	»	0.705
0.010	»	»	0.607	0.650	0.660	0.701
0.015	»	0.585	0.612	0.652	0.660	0.697
0.020	0.572	0.595	0.615	0.654	0.659	0.694
0.030	0.578	0.609	0.620	0.658	0.659	0.688
0.040	0.582	0.603	0.625	0.640	0.658	0.685
0.050	0.585	0.605	0.625	0.640	0.658	0.679
0.060	0.587	0.607	0.627	0.640	0.657	0.676
0.070	0.588	0.609	0.628	0.639	0.656	0.675
0.080	0.589	0.610	0.629	0.638	0.656	0.670
0.090	0.591	0.610	0.628	0.637	0.655	0.668
0.100	0.592	0.611	0.650	0.657	0.654	0.666
0.120	0.593	0.612	0.650	0.656	0.655	0.663
0.140	0.595	0.613	0.650	0.655	0.651	0.660
0.160	0.596	0.614	0.651	0.654	0.650	0.658
0.180	0.597	0.615	0.650	0.654	0.649	0.657
0.200	0.598	0.615	0.650	0.653	0.648	0.655
0.250	0.599	0.616	0.670	0.652	0.646	0.655
0.300	0.600	0.616	0.629	0.652	0.644	0.650
0.400	0.602	0.617	0.628	0.651	0.642	0.647
0.500	0.603	0.617	0.628	0.650	0.640	0.644
0.600	0.604	0.617	0.627	0.650	0.638	0.642
0.700	0.604	0.616	0.627	0.629	0.637	0.640
0.800	0.605	0.616	0.627	0.629	0.636	0.637
0.900	0.605	0.615	0.626	0.628	0.634	0.635
1.000	0.605	0.615	0.626	0.628	0.633	0.632
1.100	0.604	0.614	0.625	0.627	0.631	0.629
1.200	0.604	0.614	0.624	0.626	0.628	0.626
1.300	0.603	0.613	0.622	0.624	0.625	0.622
1.400	0.603	0.612	0.621	0.622	0.622	0.618
1.500	0.602	0.611	0.620	0.620	0.619	0.615
1.600	0.602	0.611	0.618	0.618	0.617	0.615
1.700	0.602	0.610	0.617	0.616	0.615	0.612
1.800	0.601	0.609	0.615	0.615	0.614	0.612
1.900	0.601	0.608	0.614	0.615	0.612	0.611
2.000	0.601	0.607	0.613	0.612	0.612	0.611
3.000	0.601	0.605	0.605	0.605	0.610	0.609

TABLE DES COEFFICIENTS DES FORMULES DE LA DÉPENSE THÉORIQUE DES ORIFICES RECTANGULAIRES VERTICAUX EN MINCE PAROI, AVEC CONTRACTION COMPLÈTE ET VERSANT LIBREMENT DANS L'AIR (*les charges étant relevées immédiatement au dessus de l'orifice.*)

Charges sur le sommet des orifices.	Coefficients de la dépense théorique pour des hauteurs d'orifice de					
	$0^m.20$	$0^m.10$	$0^m.05$	$0^m.03$	$0^m.02$	$0^m.01$
m.						
0.000	0.619	0.667	0.715	0.766	0.783	0.795
0.005	0.597	0.650	0.668	0.725	0.750	0.778
0.010	0.595	0.618	0.642	0.687	0.720	0.762
0.015	0.594	0.615	0.659	0.674	0.707	0.745
0.020	0.594	0.614	0.658	0.668	0.697	0.729
0.030	0.595	0.613	0.657	0.659	0.685	0.708
0.040	0.595	0.612	0.656	0.654	0.678	0.695
0.050	0.595	0.612	0.655	0.651	0.672	0.686
0.060	0.594	0.615	0.655	0.647	0.668	0.681
0.070	0.594	0.613	0.655	0.645	0.665	0.677
0.080	0.594	0.613	0.655	0.643	0.662	0.675
0.090	0.595	0.614	0.654	0.641	0.659	0.672
0.100	0.595	0.614	0.654	0.640	0.657	0.669
0.120	0.596	0.614	0.655	0.637	0.655	0.665
0.140	0.597	0.614	0.652	0.636	0.653	0.661
0.160	0.597	0.613	0.651	0.635	0.651	0.659
0.180	0.598	0.613	0.651	0.634	0.650	0.657
0.200	0.599	0.615	0.650	0.655	0.649	0.656
0.250	0.600	0.616	0.650	0.652	0.646	0.655
0.300	0.601	0.616	0.629	0.652	0.644	0.651
0.400	0.602	0.617	0.629	0.651	0.642	0.647
0.500	0.603	0.617	0.628	0.650	0.640	0.645
0.600	0.604	0.617	0.627	0.650	0.638	0.645
0.700	0.604	0.616	0.627	0.629	0.637	0.640
0.800	0.605	0.616	0.627	0.629	0.636	0.637
0.900	0.605	0.615	0.626	0.628	0.634	0.635
1.000	0.605	0.615	0.626	0.628	0.633	0.632
1.100	0.604	0.614	0.625	0.627	0.631	0.629
1.200	0.604	0.614	0.624	0.626	0.628	0.626
1.300	0.605	0.613	0.622	0.624	0.625	0.622
1.400	0.605	0.612	0.621	0.622	0.622	0.618
1.500	0.602	0.611	0.620	0.620	0.619	0.615
1.600	0.602	0.611	0.618	0.618	0.617	0.615
1.700	0.602	0.610	0.617	0.616	0.615	0.612
1.800	0.601	0.609	0.615	0.615	0.614	0.612
1.900	0.601	0.608	0.614	0.613	0.615	0.611
2.000	0.601	0.607	0.614	0.612	0.612	0.611
3.000	0.601	0.603	0.606	0.608	0.610	0.609

IIe LEÇON.

9. *Formule relative aux pertuis ordinaires des usines.*
— Dans l'emploi de la formule théorique la charge H est
celle qui a lieu sur le centre de figure de l'orifice. La
plupart des orifices de jaugeage étant des pertuis d'usine
verticaux, leur forme est rectangulaire, et leur centre de
figure est à moitié de leur hauteur. La vitesse théorique
due à cette charge étant donnée par la formule

$$V = \sqrt{2gH},$$

dont on trouve le calcul tout fait dans la table du n° 4 de
l'*Aide-Mémoire*, ou à l'aide de la règle à calcul, on aura
d'abord la dépense théorique des orifices avec charge
sur le sommet débouchant à l'air libre par la formule

$$A\sqrt{2gH} = LE\sqrt{2gH},$$

et pour les orifices noyés, par la formule

$$A\sqrt{2g(H-H')} = LE\sqrt{2g(H-H')}.$$

Puis, en recherchant dans les tableaux la valeur du
multiplicateur de la dépense qui correspond à la fois à
la hauteur de l'orifice et à la charge sur son sommet,
on aura la dépense effective en multipliant la dépense
théorique par ce nombre.

1° *Exemples* : Charge sur le centre 1^m.30 ;

$$V = \sqrt{19.62 \times 1.3} = 5^m.05.$$

L = 1^m.20, E = 0^m.10 ; LE = 1^m.20 × 0^m.10 = 0^{mq}.12.

La dépense théorique = 0^{mq}.12 × 5^m.05 = 0^{mc}.606.

Si la charge est mesurée en un endroit où le liquide soit stagnant, on a pour les proportions données de l'orifice et de la charge ci-dessus $m=0.614$.

La dépense effective est donc

$$Q=0.614\times0.606=0^{mc}.372.$$

2° Orifice noyé.

$$H-H'=1^m.40,\ L=0^m.90,\ E=0^m.10,$$

$$V=\sqrt{19.62\times1.40}=5^m.24,\ LE=0^m.90\times0^m.10=0^{mq}.09.$$

La dépense théorique est donc

$$0^{mq}.09\times5^m.24=0^{mc}.4716.$$

Si la différence de niveau est mesurée au dessus de l'orifice, le tableau donne pour les proportions actuelles $m=0.612$, et la dépense effective est

$$Q=0.612\times0^{mc}.4716=0^{mc}.2886.$$

10. *Observation sur l'usage du tableau et des règles précédentes.* — Lorsque la hauteur de l'orifice ou la charge sur son sommet seront comprises entre des valeurs indiquées au tableau, on prendra pour le multiplicateur de la dépense une moyenne proportionnelle entre celles qui correspondent aux données du tableau.

Exemple.

$$H=1^m.50,\ L=0^m.80,\ E=0^m.18;$$

on a

$$V=\sqrt{19.62\times1.50}=5^m.423,\ LE=0^m.80\times0^m.18=0^{mq}.144.$$

La dépense théorique $=0^{mq}.144\times5^m.423=0^{mc}.781$

La hauteur de l'orifice étant comprise entre $0^m.10$ et

$0^m.20$, le coefficient ou multiplicateur de la dépense sera la moyenne proportionnelle entre 0.602 et 0.611, et l'on aura

$$0^m.20 - 0^m.10 : 0.611 - 0.602 :: 0.18 - 0.10 : x,$$

ou

$$0.10 : 0.009 :: 0 : 08 : x = \frac{0.009 \times 0.08}{0.10} = 0.0072,$$

d'où

$$m = 0.611 - 0.0072 = 0.6038.$$

La dépense effective est

$$0^{mc}.781 \times 0.6038 = 0^{mc}.4715678.$$

En général on obtiendra une approximation suffisante en adoptant celui des deux multiplicateurs qui se rapporte aux données les plus voisines du cas proposé.

11. *Observation sur l'influence du rapport des dimensions des orifices et des charges.* — On remarquera dans les tableaux précédents que, pour une charge donnée, les valeurs du multiplicateur de la dépense sont d'autant plus grandes que les hauteurs des orifices sont plus petites, abstraction faite de l'épaisseur de la vanne, qui, comme on le verra, exerce aussi une certaine influence dans le cas des petites levées. Il y a donc augmentation de la dépense avec des orifices allongés et de peu de hauteur sous une charge donnée. Ainsi, par exemple, la charge sur le seuil étant fixée à $0^m.30$, et l'aire de l'orifice de prise d'eau à $0^{mq}.04$, si l'on fait d'abord

$$L = 0^m.20, \quad E = 0^m.20,$$

on aura

$$LE = 0^{mq}.04, \quad H = 0^m.20, \quad V = 1^m.985.$$

La dépense théorique sera

$$0^{mq}.04 \times 1.981 = 0^{mc}.07\,924.$$

Le tableau donne alors $m=0.592$. La dépense effective est donc

$$Q = 0.592 \times 0^{mc}.0\,79\,24 = 0^{mc}.0\,469.$$

Si l'on fait

$$L=4^m.00, \ E=0^m.01, \ LE=0^{mq}.04, \ H=0^m.295, \ V=2^m.405,$$

la dépense théorique sera

$$0^{mq}.04 \times 2^m.405 = 0^{mc}.09\,620.$$

Le multiplicateur pour la charge de $0^m.29$ sur le sommet est $m=0.650$, et la dépense effective

$$Q = 0.650 \times 0^{mc}.0962 = 0^{mc}.0625.$$

Ainsi, dans le second cas, la dépense est augmentée 1° par l'accroissement de la vitesse de sortie due à une plus grande charge sur le centre ; 2° par l'augmentation du multiplicateur de la dépense. Le rapport des deux dépenses trouvées ci-dessus étant celui de

$$\frac{0.0\,625}{0.0\,470} = 1.33,$$

on voit que dans le second cas la dépense est de $\frac{1}{3}$ plus grande que celle du premier cas.

On reconnaîtra par cet exemple combien il est nécessaire de tenir compte de toutes les circonstances d'établissement et de disposition dans la détermination des orifices de prise d'eau. Nous en verrons d'autres exemples.

12. *Cas où la contraction n'est pas complète.* — Les résultats d'expérience consignés dans les tableaux précédents sont relatifs aux cas où la contraction a lieu sur tout le pourtour de l'orifice, cas où l'on dit qu'elle est complète ; mais quand, par des circonstances ou dispositions spéciales, les filets fluides arrivent en partie parallèles entre eux et perpendiculairement au plan de l'orifice, la contraction est diminuée et la dépense augmentée.

Les seules expériences encore publiées sur cet objet sont celles que M. Bidone a exécutées d'abord en 1820 et 1821, puis en 1836, à l'établissement hydraulique de Turin. (*Recherches expérimentales sur les contractions partielles des veines d'eau.* Turin, 1836.)

Nous en donnons ici un extrait.

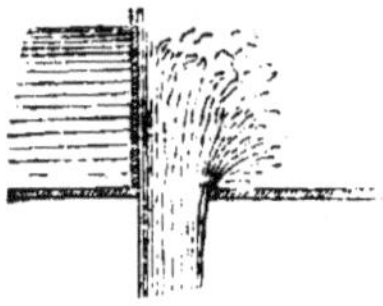

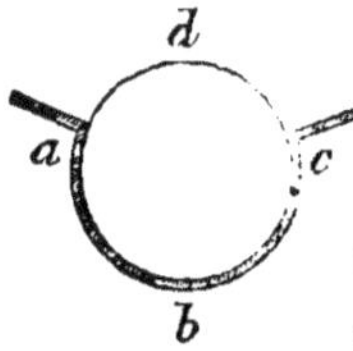

Le but de ces dernières expériences était de compléter celles que l'auteur avait faites en 1821 (t. 27 des mêmes Mémoires) et en 1829 (*Memorie della Societa italiana delle scienze* 21) sur le même sujet. Pour annuler la contraction sur l'un des côtés de l'orifice il y a adapté dans l'intérieur du réservoir des plaques minces perpendiculaires à son plan, d'une longueur égale à 2.5 et 3 fois la plus petite dimension des orifices rectangulaires, et 0.60 de fois le diamètre des orifices circulaires. Ces plaques se prolongeaient un peu latéralement au delà des côtés sur lesquels la contraction n'était pas supprimée, et pour les orifices circulaires elles étaient reployées dans le sens des plans diamétraux de l'orifice, ainsi qu'on peut le voir dans la figure ci-dessus. On voit par exemple que pour l'orifice circulaire la contraction était annulée selon le contour *abc*, et avait lieu sur le contour *adc*.

Les charges sur le centre des orifices ont varié depuis $3030^{\text{lig}} = 6^{\text{m}}.835$ jusqu'à $883^{\text{lig}} = 1^{\text{m}}.992$ pour les orifices rectangulaires, et ont été d'environ $3^{\text{m}}.60$ pour les orifices circulaires.

L'auteur a comparé pour chaque cas la dépense effective à la dépense théorique, et déterminé par ce moyen le multiplicateur de la dépense correspondante. Puis en nommant

n la portion du contour de l'orifice sur laquelle la contraction était annulée,

p le périmètre total, il a cherché si les valeurs du coefficient ou multiplicateur de la dépense m' relatif à chaque valeur du rapport $\dfrac{n}{p}$ pouvaient être représentées par une expression de la forme

$$m' = m \left[1 + M\, \frac{n}{p} \right],$$

dans laquelle m serait le coefficient de la contraction complète relatif à la charge et à l'orifice observé, et M un nombre constant.

De cette discussion il a déduit les formules suivantes pour les orifices rectangulaires

$$m' = m \left[1 + 0.1523\, \frac{n}{p} \right].$$

Pour les orifices circulaires

$$m' = m \left[1 + 0.1279\, \frac{n}{p} \right].$$

Pour montrer avec quel degré d'exactitude ces formules représentent les résultats des expériences, il a calculé pour chaque cas les valeurs des coefficients de la dépense, et déterminé le rapport de la différence des résultats de la formule et de l'expérience à ces derniers. Il trouve ainsi que pour les orifices rectangulaires la plus grande différence n'est que $\frac{1}{39}$, et pour les orifices circulaires $\frac{1}{54}$, du résultat de l'expérience.

Cette discussion, dont les résultats sont reproduits dans les tableaux suivants, montre qu'en attendant la publication des expériences de M. Lesbros, on pourra, dans les cas où la contraction sera annulée sur une portion donnée du contour, déduire avec un certain degré d'approximation les coefficients de la dépense, de la valeur du coefficient relatif au cas de la contraction complète.

Orifices rectangulaires verticaux.

Dimensions de l'orifice et circonstances de l'écoulement.	Valeurs de $\frac{n}{p}$	Coefficients donnés par l'expérience.	la formule.	Rapport des différences aux résultats de l'expérience.	Dimensions de l'orifice et circonstances de l'écoulement.	Valeurs de $\frac{n}{p}$	Coefficients donnés par l'expérience.	la formule.	Rapport des différences aux résultats de l'expérience.
Orifices verticaux quarrés de 6¹=0m.0135 de côté. avec charge variable de 40 à 24 fois la hauteur pendant l'écoulement.	0.000	0.60770	»	»	Orifice vertic. de 0m.05414 sur 0m.013535. La charge étant constante pour une même expérience, et variable de l'une à l'autre depuis 148 à 509 fois la hauteur de l'orifice.	0.000	0.61178	»	»
	0.250	0.63890	0.65084	0.01262		0.100	0.62224	0.62110	0.00183
	0.500	0.65130	0.65398	0.00411		0.200	0.62974	0.63041	0.00106
	0.500	0.66210	0.65398	0.01226		0.400	0.64521	0.64905	0.00908
	0.750	0.69430	0.67711	0.02476		0.500	0.66020	0.65857	0.00277
Orifice vertical quarré de 0m.02707 de côté, avec charge variable de 72 à 255 fois la hauteur pendant l'écoulement.	0.000	0.60770	»	»		0.600	0.66998	0.66768	0.00543
	0.250	0.62560	0.65084	0.00858		0.800	0.68081	0.68652	0.00809
	0.500	0.64640	0.65398	0.01175		0.900	0.69204	0.69564	0.00520
	0.500	0.65550	0.65398	0.00075	Orifice vertic. de 0m.05414 sur 0m.02707. La charge étant constante pour une même expérience, et variable de l'une à l'autre depuis 75 à 234 fois la hauteur de l'orifice.	0.000	0.60766	»	»
	0.750	0.69480	0.67711	0.02546		0.167	0.61992	0.62308	0.00510
Orifice vertical quarré de 0m.10828 de côté, avec charge variable de 1.33 à 2.50 fois la hauteur pendant l'écoulement.	0.000	0.60690	»	»		0.333	0.63490	0.63851	0.00369
	0.250	0.62707	0.63001	0.00469		0.333	0.63771	0.63851	0.00125
	0.500	0.65145	0.65311	0.00255		0.500	0.65958	0.65595	0.00827
	0.500	0.65870	0.65311	0.00849		0.667	0.66211	0.66936	0.01095
	0.750	0.68987	0.67622	0.01979		0.667	0.68007	0.66936	0.01595
Orifice vertic. de 0m.03855 sur 0m.018047. Charge variable de 74 à 255 fois la hauteur.	0.000	0.60766	»	»		0.835	0.69209	0.68478	0.04056
	0.500	0.64600	0.65393	0.01228						
Orifice vertic. de 0m.04061 sur 0m.013535. Charge variable de 74 à 255 fois la hauteur.	0.000	0.60972	»	»						
	0.875	0.69640	0.69097	0.00780						

Orifices circulaires.

Dimensions de l'orifice et circonstances de l'écoulement.	Valeurs de $\dfrac{n}{p}$	Coefficients donnés par		Rapport des différences aux résultats de l'expérience.	
		l'expérience.	la formule.		
Orifice circulaire de 0^m.04061 de diamètre. Charge constante dans une même expérience variable de l'une à l'autre de 89 à 90 fois le diamètre.	0.000	0.59662	»	»	
	0.125	0.60313	0.60617	0.00504	
	0.250	0.61546	0.61571	0.00041	
	0.375	0.62532	0.62536	0.00010	
	0.500	0.63940	0.63480	0.00719	
	0.625	0.64869	0.64435	0.00669	
	0.750	0.66356	0.65389	0.01457	
	0.875	0.67007	0.66344	0.00989	
Orifice circulaire de 0^m.02707 de diamètre. Circonférence armée sur 2 parties égales séparées par 2 parties égales non armées.	0.000	0.59662	»	»	La charge constante pour chaque expérience a varié de l'une à l'autre de 74 à 285 fois le diamètre.
	0.750	0.64440	0.65389	0.01473	
	0.875	0.67390	0.66344	0.01843	
Demi-cercle de 0^m.05809 de diamètre.	0.000	0.60214	»	»	
	0.389	0.63130	0.63211	0.00128	

13. *Exemples.* Quelle est la dépense effective d'un orifice de 0^m.15 de hauteur sur 1^m.20 de largeur, et sous une charge de 1^m.30 sur son milieu, débouchant à l'air libre, et dont le seuil est dans le prolongement du fond du réservoir?

Le coefficient de la dépense, si la contraction était complète, serait environ

$$\frac{0.604 + 0.614}{2} = 0.609.$$

On a

$$n = 1^m.20, \quad p = 2\,[1.20 + 0.15] = 2^m.70,$$

$$\frac{n}{p} = \frac{1.20}{2^m.70} = 0.44, \quad m' = 0.609\,[1 + 0.152 \times 0.44] = 0.650.$$

La dépense théorique étant

$$0^m.15 \times 1^m.20 \sqrt{19.62 \times 1^m.30} = 0^{mc}.909,$$

la dépense effective sera

$$0.650 \times 0^{mc}.909 = 0^{mc}.591.$$

tandis que, si la contraction avait été complète, la dépense effective n'eût été que

$$0.609 \times 0^{mc}.909 = 0^{mc}.553.$$

Si la contraction avait été supprimée sur le fond et sur les deux côtés verticaux, en plaçant ces trois côtés dans le prolongement des parois du réservoir on aurait eu

$$n = 1.20 + 2.\times 0.15 = 1^m.50, \quad p = 2^m.70,$$

$$\frac{n}{p} = 0.55, \quad m' = 0.609\,[1 + 0.152 \times 0.55] = 0.660,$$

et la dépense effective serait

$$0.660 \times 0^{mc}.909 = 0^{mc}.600.$$

Dans les exemples précédents, la levée de la vanne étant faible par rapport à la largeur de l'orifice, on voit que la suppression de la contraction sur le fond a plus d'influence que sa suppression sur les côtés.

La nouvelle règle que M. Bidone a déduite des expériences de 1836 paraît donc en représenter les résultats avec une exactitude suffisante; elle est en même temps plus rationnelle que celle qu'il avait donnée en 1821, et doit lui être préférée, en attendant la publication des expériences faites à Metz en 1834, 1835 et 1836.

14. *Cas où l'orifice est prolongé intérieurement par un tuyau.* — Si l'orifice est prolongé intérieurement par un tuyau assez court pour que l'écoulement n'ait pas lieu à *gueule bée,* ce qu'il est toujours facile de reconnaître à simple vue, les expériences de Borda (*Mémoires de l'Académie des sciences,* 1766) prouvent que le multiplicateur de la dépense s'abaisse à 0.515, et même à 0.500, parce qu'alors, comme on l'a indiqué dans la leçon précédente, le nombre des filets qui peuvent affluer vers l'orifice est plus grand que quand cet orifice est percé dans une paroi plane et mince.

Quand le tube a une épaisseur sensible, mais cependant assez faible, par rapport à son diamètre intérieur, les filets qui contournent sa circonférence extérieure ne rencontrant pas sa circonférence intérieure, les choses se passent comme si cette dernière n'existait pas, et alors l'aire de l'orifice doit être prise égale à celle du cercle extérieur. En comparant les dépenses effectives avec les dépenses théoriques ainsi calculées, M. Bidone a trouvé comme Borda que le multiplicateur de la dépense s'abaissait à 0.50. Mais il est assez difficile de saisir la limite où l'épaisseur de la paroi est sans influence, et de la distinguer du cas contraire.

Ce qui résulte bien évidemment de ces expériences, c'est que le prolongement des tuyaux dans l'intérieur des réservoirs peut dans certains cas, et surtout quand ils sont courts, diminuer de beaucoup la dépense.

15. *Influence de la largeur des orifices avec charge*

sur le sommet sur la dépense. — En attendant que des expériences plus complètes soient publiées, je crois utile de faire connaître quelques résultats que j'ai obtenus en 1844 à la poudrerie du Bouchet, et qui tendent à montrer que la largeur des orifices a une influence notable sur la dépense.

Sur un canal en maçonnerie de forme bien régulière, de $2^m.117$ de largeur, on a établi un orifice vertical de $1^m.496$ de largeur, dont les côtés verticaux se trouvaient par conséquent assez loin des parois de ce canal pour que la contraction pût être regardée comme à peu près complète sur ses côtés, ainsi que sur ses bords supérieur et inférieur.

Pour estimer les volumes d'eau qui passaient par cet orifice, on a fermé en aval le canal de fuite, construit en maçonnerie et à section rectangulaire, par un barrage vertical en madriers, dans lequel on a pratiqué trois ouvertures, où l'on a adapté des ventelles d'environ $0^m.300$ en quarré, en tôle de $0^m.005$ d'épaisseur, glissant devant ces orifices d'écoulement à arêtes vives, semblables à ceux qui ont été expérimentés par MM. Poncelet et Lesbros. Ces petites vannes en tôle se manœuvraient à la main à l'aide de vis : des tiges à pointes indicatrices du niveau étaient placées en amont de l'orifice et des vannes de jaugeage, pour permettre de reconnaître et de constater la constance des niveaux.

D'après cette courte description, l'on conçoit de suite que, des observations simultanées étant faites à l'orifice et aux vannes de jaugeage, on calculait la dépense faite par les deux espèces d'orifices à l'aide des résultats si précis des expériences de MM. Poncelet et Lesbros, et qui étaient évidemment applicables au cas actuel.

Pour discuter l'ensemble des résultats des observations, et les dégager des influences accidentelles, on les a représentés par une construction graphique (pl. I, fig. 1), en prenant les hauteurs de l'orifice pour abscisses et les coefficients de la dépense théorique pour ordonnées.

Cette représentation a montré que les plus grands écarts ne s'élèvent pas à plus et presque toujours à moins de $\frac{1}{40}$ des ordonnées de la courbe qui les représente. Et comme, pour des expériences sur des moteurs hydrauliques, une pareille approximation est bien suffisante, nous avons pu, dans les calculs ultérieurs des dépenses d'eau, adopter les valeurs du coefficient de la dépense déduites de cette courbe même.

Nous ferons observer que, dans nos expériences, les charges sur le sommet des orifices ayant été comprises entre $0^m.050$ et $0^m.180$ au plus, et cette dimension n'exerçant entre ces limites sur la dépense, d'après les expériences de MM. Poncelet et Lesbros, qu'une influence de $\frac{1}{72}$ au plus, la variation des coefficients n'a guère dépendu que de la hauteur des orifices.

On a donc pu, d'après cette remarque, chercher à comparer les valeurs du coefficient de la dépense que nous avons trouvées avec celles qui ont été déterminées pour des hauteurs égales d'orifices et de $0^m.20$ de largeur par MM. Poncelet et Lesbros, et nous avons formé ainsi le tableau suivant :

Nature des orifices.	Valeurs du coefficient de la dépense théorique pour des hauteurs d'orifices de		
	$0^m.20$	$0^m.10$	$0^m.05$
Orifice de $0^m.200$ de largeur.	0.592	0.611	0.630
Orifice de $1^m.496$ de largeur.	0.675	0.679	0.727
Accroissement dû à l'augmentation de largeur.	0.083	0.068	0.097
ou	$\dfrac{1}{8.13}$	$\dfrac{1}{10.0}$	$\dfrac{1}{7.53}$

On voit que la largeur de notre orifice paraît avoir exercé sur la dépense une influence considérable, et que l'accroissement qui en résulte pour cette dépense a varié, pour les cas cités, de $\dfrac{1}{7.5}$ à $\dfrac{1}{10}$.

De l'ensemble des résultats des expériences, et du tracé de la courbe qui les représente, on peut déduire les valeurs suivantes du multiplicateur de la dépense théorique pour des orifices de $1^m.50$ environ de largeur, disposés comme celui que nous venons de décrire, et pour des charges comprises entre $0^m.05$ et $0^m.20$.

Hauteurs de l'orifice.	m.	m.	m.	m.	m.	m.	m.	m.	m.	m.	m.
	0.05	0.06	0.07	0.08	0.09	0.10	0.12	0 14	0.16	0.18	0.20
Valeurs du multiplicateur m.	0.728	0.708	0.695	0.687	0.682	0.679	0.676	0.675	0.675	0.675	0.675

16. *Vérification de la formule de Torricelli.*

$$V = \sqrt{2gH}.$$

Nous avons dit que la formule

$$V = \sqrt{2gH},$$

à l'aide de laquelle on calcule ordinairement la vitesse moyenne d'écoulement de l'eau à travers les orifices, était due à Torricelli, disciple de Galilée. Pour reconnaître si elle est suffisamment approchée de la vérité, examinons les circonstances du mouvement d'une veine fluide lancée dans l'air avec cette vitesse, et comparons les résultats de la théorie à ceux de l'expérience.

Lorsqu'un corps lancé dans une direction quelconque

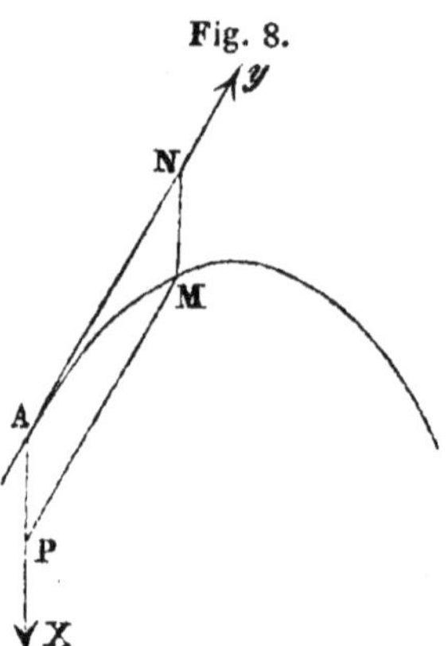

Fig. 8.

AY avec une vitesse V est soumis en même temps à l'action de la pesanteur, il est à chaque instant animé de deux vitesses simultanées : l'une, provenant de sa vitesse initiale, plus ou moins diminuée par la résistance de l'air; l'autre, verticale, qui lui est communiquée par la pesanteur. Dans tous les cas où les vitesses ne sont que de quelques mètres, de 20 ou 30 mètres en 1″, on peut négliger l'influence de la résistance de l'air, et alors il est clair qu'au bout d'un temps T le corps aurait parcouru, dans la direction de sa vitesse initiale, le chemin $AN = y = VT$ d'un mouvement uniforme, et dans la direction de la pesanteur, d'un mouvement uniformément accéléré, le chemin

$$AP = \frac{1}{2}gT^2 = x.$$

Il est d'ailleurs évident, d'après ce que l'on a dit aux n⁰ˢ 91 et suivants de la 1ʳᵉ partie de la composition des mouvements, que le corps en vertu de ces deux mouvements simultanés sera parvenu au bout du temps T au sommet M du parallélogramme ANMP. On a donc entre les coordonnées x et y de la courbe et le temps T les relations

$$y = \text{VT} \quad \text{et} \quad x = \frac{1}{2}g\text{T}^2 ;$$

d'où

$$\text{T} = \frac{y}{\text{V}},$$

et par suite

$$x = \frac{1}{2}\,\frac{gy^2}{\text{V}^2}$$

ou

$$y^2 = \frac{2\text{V}^2}{g}.x.$$

Si l'on appelle H' la hauteur due à la vitesse initiale V, on a

$$\text{V}^2 = 2g\text{H}',$$

et la relation ci-dessus devient

$$y^2 = 4\text{H}'.x.$$

Ainsi réciproquement la hauteur due à la vitesse V' sera

$$\text{H}' = \frac{y^2}{4.x},$$

ou la vitesse sera

$$\text{V} = \sqrt{2g\text{H}'} = 2.215.\sqrt{\frac{y}{x}}.$$

Dans le cas où le jet d'eau sort d'une paroi verticale, sa vitesse initiale est horizontale; les ordonnées AN sont aussi horizontales et s'appellent les *portées du jet*, les abscisses étant toujours verticales.

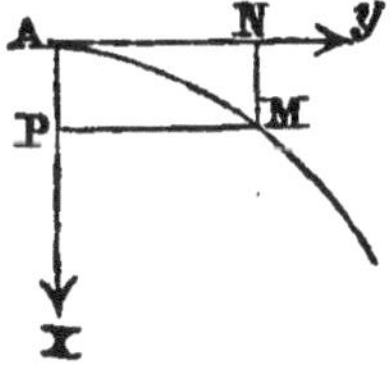

Bossut, dans son hydrodynamique, rapporte deux expériences dans lesquelles il a mesuré les portées y correspondantes à des abscisses x, et dont il a déduit la vitesse initiale de sortie. En comparant cette vitesse à celle qui correspondait à la charge sur le centre de l'orifice, il a trouvé qu'elles étaient dans les rapports de 0.974 et 0.980. La différence peut être attribuée à la résistance de l'air et à celle des bords de l'orifice.

Michelotti a fait des expériences analogues à l'établissement de la Parella, à Turin, et a obtenu les résultats suivants rapportés par M. d'Aubuisson dans son *Traité d'hydraulique,* 2ᵉ édition, page 43.

Expériences de Michelotti sur la vitesse de sortie des jets d'eau. Orifice de $0^m.0271$ *de diamètre.*

Charge.	Jet.		Vitesse		Rapport des vitesses.
	Abscisse x.	Portée y.	réelle.	théorique.	
m.	m.	m.	m.	m.	
2.29	6.28	7.53	6.65	6.70	0.995
3.93	4.66	8.45	8.67	8.78	0.988
7.17	1.41	6.25	11.67	11.88	0.983

Ces résultats montrent que même pour des charges considérables la vitesse de sortie est sensiblement égale, comme la théorie l'indique, à celle qui est due à la charge sur le centre de l'orifice. La légère différence que l'on observe peut être, selon toute apparence, attribuée à la résistance de l'air, qui croît avec la vitesse.

17. *Vannes des écluses.* — Ces vannes démasquent des orifices dont le seuil est ordinairement placé assez près des radiers, de sorte que la contraction sur le côté inférieur n'y est pas tout à fait aussi grande que si le radier avait été plus éloigné.

Des expériences exécutées sur le canal du Midi par MM. Lespinasse en 1782 et par M. Pin en 1792, sur le vieux bassin du Havre par M. Lapeyre, et sur le canal de Bromberg par M. Kypke (EYTELWEIN, *Manuel de mécanique et d'hydraulique,* 1828), ont montré qu'alors le multiplicateur de la dépense était $m = 0.625$, soit que l'écoulement eût lieu à l'air libre, soit que l'orifice fût noyé. Les orifices ont eu dans ces expériences des surfaces qui se sont élevées à $1^{mq}.00$, et les charges sur le centre ont été de $1^m.895$ à $4^m.436$.

18. *Vannes d'écluses accolées.* — Dans les expériences sur le canal du Midi on a remarqué que, les orifices des deux portes d'écluses étant ouvertes ensemble, le multiplicateur de la dépense s'abaissait de 0.625 à 0.550 environ. Ce fait, observé par MM. Lespinasse et Pin, paraît néanmoins particulier aux portes d'écluses sur lesquelles il a été remarqué, et n'est pas généralement vrai, ainsi que cela résulte des expériences très variées exécutées à Toulouse par M. Castel, contrôleur des eaux de la ville.

Un canal de $0^m.74$ de largeur a été barré par une

platine mince en cuivre, percée de trois orifices sur la même bande horizontale, ayant chacun 0^m.10 de large, 0^m.06 de haut, et séparés l'un de l'autre de 0^m.08. L'écoulement a eu lieu sous une charge constante de 0^m.107. En comparant les dépenses effectives aux dépenses théoriques on a obtenu les résultats suivants :

Multiplicateurs de la dépense obtenus avec différents nombres d'orifices simultanément ouverts.

| Charge sur le centre. | Dimensions des orifices. | | | Un seul orifice ouvert. | | | Deux orifices ouverts. | | | Trois orifices ouverts. |
	Lar-geur.	Hau-teur.	Inter-valle.	au milieu.	à droite.	à gauche	les deux extrê-mes.	au milieu et à droite.	au milieu et à gauche	
m. 0.107	m. 0.10	m. 0.06	m. 0.08	m. 0.6198	m. 0.6193	m. 0.6194	m. 0.6205	m. 0.6205	m. 0.6207	m. 0.6230

Des expériences analogues ont été exécutées sur des orifices percés dans des platines formant un angle de 120°, ayant chacune deux orifices, l'un à 0^m.12, l'autre à 0^m.28, de l'arête de jonction. Les orifices avaient tous 0^m.10 sur 0^m.06. La charge sur le centre était de 0^m.140.

M. Castel a obtenu les résultats suivants :

Nombre d'orifices ouverts.	1	2	3	4
Multiplicateur de la dépense.	0.618	0.619	0.620	0.622

Enfin sous des charges considérables avec des orifices

de 0^m.05 sur 0^m.03 , il a obtenu les valeurs suivantes :

Charges sur le centre.	Nombre d'orifices.	Multiplicateur de la dépense théorique.
m.		
1.03	1	0.621
	2	0.622
2.04	1	0.619
	2	0.621

Ces expériences montrent que le multiplicateur de la dépense théorique n'est pas influencé par l'ouverture simultanée de plusieurs orifices. La très légère augmentation que l'on a observée dans les cas où il y avait plusieurs orifices ouverts peut être attribuée à la faible section du canal par rapport à l'aire des orifices.

19. *Vannes inclinées.* — D'après ce que l'on a dit au n° 7, on conçoit facilement que l'inclinaison des vannes, comme l'indique la fig. 10, doit augmenter la dépense en diminuant la contraction. Les seules expériences que l'on possède sur l'effet de l'inclinaison des vannages sont celles que M. Poncelet a exécutées sur les vannes de sa roue à aubes courbes. Il résulte de ces expériences que, quand le seuil et les côtés verticaux sont placés

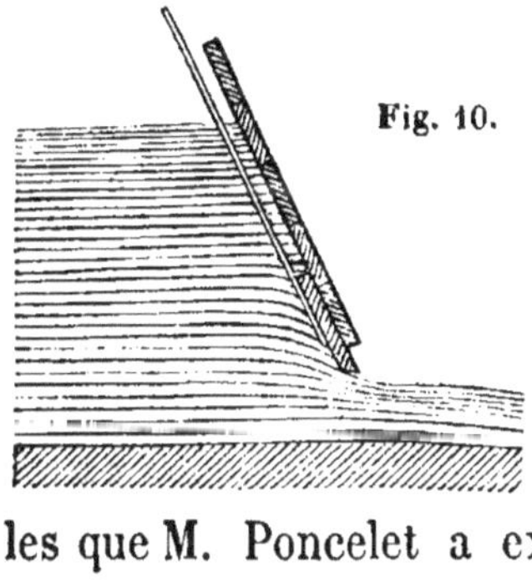

Fig. 10.

dans le prolongement des parois du réservoir, le multiplicateur de la dépense prend les valeurs suivantes :

Vannages inclinés $\begin{cases} \text{à 1 de base sur 2 de hauteur, } m=0.74, \\ \text{à 1 } \quad - \quad \text{ sur 4 } \quad - \quad m=0.80. \end{cases}$

Exemples.

$$L=1^m.00, \quad E=0^m.20, \quad H=1^m.40, \quad \text{inclinaison } \frac{1}{2}.$$

$$Q=0.74\times1^m.00\times0^m.20\times\sqrt{19.62\times1^m.40}=0.74\times1^{mc}.048=0^{mc}.776.$$

IIIe LEÇON.

20. *Orifices garnis d'ajutages pour les roues à augets prenant l'eau au dessous du sommet.* — Il résulte de quelques expériences qui auraient besoin d'être répétées et étendues que, pour obtenir la dépense de ces orifices, on peut calculer la dépense théorique

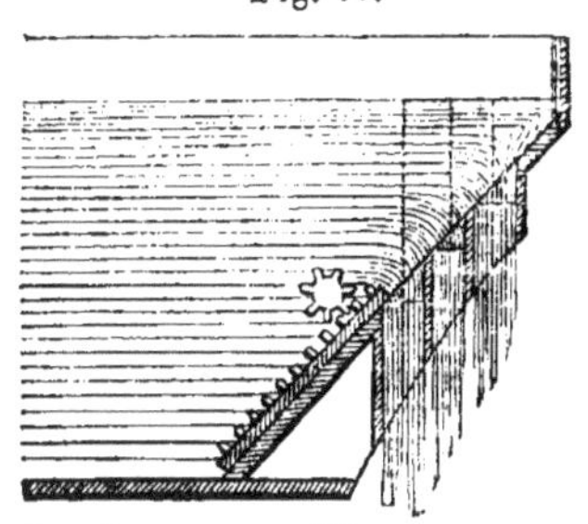
Fig. 11.

de chaque orifice comme s'il était seul en prenant pour sa hauteur la plus courte distance des diaphragmes formant l'ajutage, et pour charge la hauteur du niveau au dessous du milieu de cette plus courte distance. On ajoutera toutes ces dépenses théoriques, et l'on multipliera la somme par le rapport 0.75, déduit de ces expériences encore peu complètes et relatives à des vannages inclinés à 40 ou 45°.

	Largeur.	Hauteur.	Charge sur le centre.	Dépense théorique.
	m.	m.	m.	mc.
1er orifice.	2.63	0.070	0.120	0.282
2e —	2.63	0.070	0.260	0.415
3e —	2.63	0.045	0.346	0.308
La dépense effectiveest donc Q=0.75×1^{mc}.005=0^{mc}.754.				1.005

21. *Orifices accompagnés d'un coursier.* — Nous avons jusqu'ici supposé que l'orifice versait à l'air libre ;

mais fort souvent il est accompagné d'un coursier de même ou de plus grande largeur.

Des expériences faites par Bossut, et celles de MM. Poncelet et Lesbros, ont montré que la présence d'un coursier était sans influence sensible sur la dépense tant que les charges sur le centre des orifices n'étaient pas au dessous de

0^m.50 à 0^m.60 pour des orifices de 0^m.20 à 0^m.15 de hauteur.

0^m.30 à 0^m.40   — 0^m.10   —

0^m.20   — 0^m.05 et au dessous.

La plupart des orifices ordinaires sont au delà de ces limites, et par conséquent, dans presque tous les cas de la pratique, on n'aura pas à tenir compte de l'influence du coursier quant à la dépense d'eau.

Mais quand les charges sont très faibles la résistance des parois du coursier paraît exercer une influence assez notable sur la dépense, qui est quelquefois considérablement diminuée. Il est alors important de tenir compte de toutes les circonstances. Des expériences ont été faites sur six dispositifs différents d'orifices par M. Lesbros, et les résultats, rapprochés des circonstances particulières à chacun d'eux, sont consignés dans le tableau et les figures qui suivent.

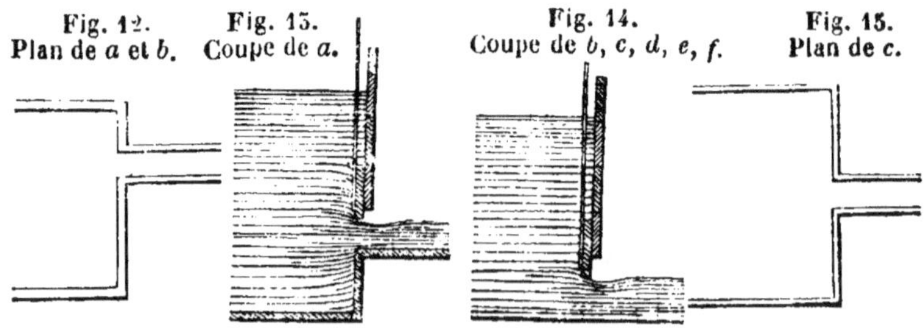

Fig. 12.   Fig. 13.   Fig. 14.   Fig. 15.

Plan de *a* et *b*. Coupe de *a*.   Coupe de *b*, *c*, *d*, *e*, *f*.   Plan de *c*.

Les valeurs des multiplicateurs de la dépense pour ces divers dispositifs et les différentes charges sont consignées dans le tableau ci-dessous.

Hauteur de l'orifice.	Charge sur le centre de l'orifice.	Multiplicateur de la dépense pour les dispositifs					
		a.	b.	c.	d.	e.	f.
m.	m.						
0.20	0.40	0.591	0.580	0.582	0.577	0.603	0.597
	0.24	0.559	0.552	0.550*	0.548	0.576	0.573
	0.12	0.483	0.482	0.484	0.485	0.484	0.483*
0.10	0.16	0.590	0.585*	0.585*	0.585*	0.606*	0 604*
	0.11	0 562	0.560*	0.561*	0.562*	0.566*	0.564*
	0.09	0.525	0.522*	0.522*	0.517*	0.510*	0.510*
	0.06	0.464	0.465*	0.462*	0.462*	0.460*	0.460*
0.05	0.20	0.631	0.615	0.618*	0.322	0.656	0.628
	0.11	0.614	0.597	0.598	0.601	0.610	0.609
	0.05	0.495	0.493	0.486	0.490	0.462	0.501
	0.04	0.452	0.445	0.442*	0.442	0.417*	»
0.03	0.20	0.652	0.651*	0.652*	0.635*	0.650*	0.651*
	0.06	0.627	0.605*	0.602*	0.607	0.572*	0.594*

Les nombres accompagnés d'un astérisque sont déterminés par interpolation.

On voit par ce tableau que l'influence du coursier est

d'autant plus sensible que les charges sur le centre des orifices sont plus faibles, et qu'alors la dépense est considérablement diminuée par la présence du coursier.

L'application de ces valeurs ne présente d'ailleurs aucune difficulté quand on a bien reconnu la disposition de l'orifice.

Premier exemple : Dispositif a.

$$L = 0^m.65, \quad E = 0^m.20, \quad H = 0^m.24.$$

La dépense théorique est

$$0^m.65 \times 0^m.20 \sqrt{19.62 \times 0^m.24} = 0^{mc}.282.$$

Le multiplicateur de la dépense est pour le cas et les proportions actuelles 0.559, la dépense effective est donc

$$Q = 0.559 \times 0^{mc}.282 = 0^{mc}.158.$$

Deuxième exemple : Dispositif d.

$$L = 0^m.55, \quad E = 0^m.15, \quad H = 0^m.12.$$

La dépense théorique est

$$0^m.55 \times 0^m.15 \sqrt{19.62 \times 0^m.12} = 0^{mc}.1266.$$

Le multiplicateur de la dépense est

$$\frac{0.485 + 0.562}{2} = 0.523.$$

La dépense effective est donc

$$Q = 0.523 \times 0^{mc}.1266 = 0^{mc}.0662.$$

22. *Orifices accompagnés de buses pyramidales.* — On rencontre dans certaines usines des orifices accompagnés de buses pyramidales en bois appelées *cannelles*.

Quand l'intérieur de ces cannelles est garni de cadres en fer ou en bois formant saillie, ils occasionnent des étranglements, des pertes de force vive ; et les expériences faites par MM. Tardy et Piobert, à Toulouse, ont prouvé qu'alors le multiplicateur de la dépense était 0.864, en prenant pour orifice le dernier cadre placé à l'extrémité de la base, et pour charge la hauteur du réservoir au dessus de ce centre, ou la différence des niveaux d'amont et d'aval si l'orifice est noyé. Quand au contraire il n'y a pas de cadres intérieurs, et que les parois sont continues et sans saillies, le multiplicateur est 0.964 ; ce qui montre l'inconvénient de toute saillie intérieure formant obstacle au mouvement de l'eau.

Exemple : Quel est le volume d'eau écoulé en 1″ par la cannelle de la meule n° 2 du moulin du canal à Toulouse, pour laquelle on a

$$L = 0^m.180, \quad E = 0^m.203, \quad H = 3^m.378.$$

La dépense théorique est

$$0^m.180 \times 0^m.203 \sqrt{19.62 \times 3^m.378} = 0^{mc}.2\,974.$$

Le multiplicateur de la dépense étant 0.964, la dépense effective

$$Q = 0.964 \times 0^{mc}.2\,974 = 0^{mc}.2\,867.$$

25. *Orifices accompagnés d'un coursier à parois verticales qui se rapprochent.* — Il existe à Toulouse, à Metz, etc., des roues à axe vertical sur lesquelles l'eau est amenée par un coursier à fond à peu près horizontal, dont une des joues est verticale et tangente à la roue, et l'autre, aussi verticale, se rapproche de la pre-

mière, de manière à rétrécir le passage et à le réduire
à $\frac{1}{4}$ ou $\frac{1}{5}$ de la largeur de l'orifice.
Il résulte de cette disposition qu'il
se forme en aval de l'orifice des
remous qui gênent plus ou moins
l'écoulement. Des expériences faites à Toulouse par M. Piobert ont
montré qu'en calculant la dépense
théorique de l'orifice ouvert à l'o-
rigine de ces coursiers, le multi-

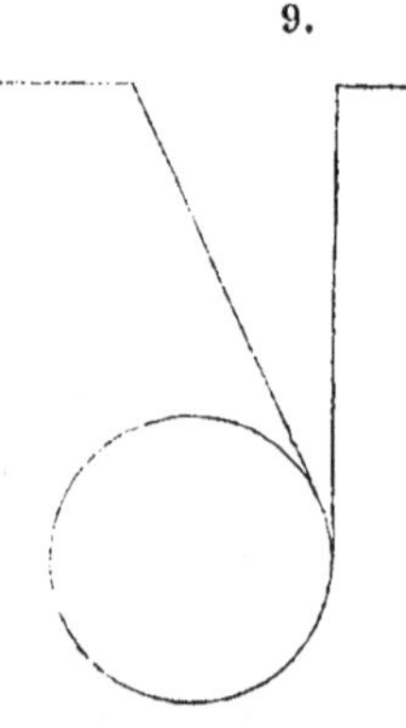

plicateur de la dépense variait avec la levée de la vanne,
et prenait les valeurs suivantes selon le rapport de la
hauteur de l'orifice à sa largeur.

Valeurs du rapport $\frac{E}{L}$.	0.10	0.15	0.20	0.25	0.30	0.35	0.40	0.45
Valeur du multiplicateur m.	0.740	0.700	0.660	0.630	0.590	0.550	0.520	0.480

Exemple : Moulin de l'hôpital

$$L = 0^m.67, \quad E = 0^m.1\,675, \quad H = 2^m.09 ;$$

on a

$$\frac{E}{L} = 0.25, \quad m = 0.630.$$

La règle donne

$$Q = 0.63 \times 0^m.67 \times 0^m.1\,675 \sqrt{19.62 \times 2^m.09} = 0^{mc}.453.$$

24. *Orifices accompagnés d'un ajutage cylindrique.*
Lorsqu'un orifice circulaire est prolongé extérieurement
par un tuyau ou ajutage cylindrique de même diamètre, la veine fluide, après s'être contractée, se dilate
et remplit le tuyau. La section transversale de la veine

augmentant, sa vitesse diminue, et à chaque instant
Fig. 20. les tranches élémentaires de fluide
qui traversent la section contractée
rencontrant la masse fluide qui se
meut dans le tuyau avec une vitesse
plus petite que la leur, il y a là un
choc entre corps mous, et par conséquent une perte de
force vive.

En appelant V la vitesse dans la section contractée,
U la vitesse dans le tuyau au delà de cette section, il est
facile de voir que, le mouvement étant arrivé à l'état de
permanence, la vitesse dans le tuyau ne change pas, et
que ce sont seulement les tranches élémentaires qui passent par la section contractée qui perdent successive-
meut une portion de leur vitesse égale à $V-U$. (1re Partie, n° 73.) Par conséquent chacune de ces tranches de
masse m perdra dans l'élément de temps t la force vive
$m\,(V-U)^2$; et comme elle conserve la force vive $m.\,U^2$,
il s'ensuit que la force vive totale qui est communiquée dans chaque élément de temps au fluide qui s'é-
coule dans cet intervalle est

$$m U^2 + m\,(V-U)^2.$$

Les mêmes effets se reproduisant dans les différents
instants exactement de la même manière, puisque le
mouvement est arrivé à l'état de permanence, la force
vive communiquée dans chaque seconde à la masse M
écoulée pendant le temps est

$$M U^2 + M\,(V-U)^2,$$

quantité qui doit être égale au double de la quantité de

travail développée par la gravité, qui est MgH, en supposant que l'écoulement ait lieu à l'air libre sous la charge H. On a donc

$$MU^2 + M(V-U)^2 = 2MgH,$$

ou

$$U^2 + (V-U)^2 = 2gH.$$

Mais de plus on a, en appelant A l'aire de l'orifice ou la section du tuyau, qui sont égales :

$$mAV = AU,$$

d'où

$$V = \frac{U}{m}$$

La relation ci-dessus devient donc

$$U^2 \left[1 + \left(\frac{1}{m} - 1\right)^2\right] = 2gH\,;$$

d'où

$$U = \sqrt{\dfrac{2gH}{1+\left(\dfrac{1}{m}-1\right)^2}},$$

ou

$$U = \frac{1}{\sqrt{1+\left(\dfrac{1}{m}-1\right)^2}}\,\sqrt{2gH}$$

La dépense en $1''$ est donc

$$Q = \frac{1}{\sqrt{1+\left(\dfrac{1}{m}-1\right)^2}}\,A\sqrt{2gH}.$$

Il résulte de là que le multiplicateur de la dépense pour ces tuyaux additionnels se déduit de la valeur m de celui de la contraction complète pour l'orifice donné.

La formule ci-dessus fait abstraction du frottement de l'eau dans le tuyau, ce qui n'est permis que quand il est très court, et égal à deux ou trois fois au plus le diamètre de l'orifice.

25. *Vérification de ces considérations par l'expérience.* — L'expérience a vérifié les considérations précédentes, car pour des orifices qui, en mince paroi, donnent $m = 0.61$, et auxquels on a ensuite adapté un tuyau additionnel, on a trouvé par l'expérience

$$Q = 0.82 . A \sqrt{2gH},$$

tandis que la formule ci-dessus donne

$$0.84 . A \sqrt{2gH}.$$

La faible différence dans les deux résultats peut être attribuée à l'influence du frottement des parois.

D'autres expériences plus récentes et plus complètes, exécutées à Toulouse par M. Poncelet, ont fourni une vérification bien plus étendue des considérations sur lesquelles est fondée cette formule, et montré l'influence des étranglements sur la vitesse des fluides en mouvement dans les tuyaux de conduite; mais leur auteur ne les a pas encore publiées.

26. *Application générale de ce qui précède.* — On se rappellera donc que toutes les fois qu'un fluide sort d'un orifice avec une vitesse V, et pénètre dans une conduite ou une capacité où il ne conserve, après les tourbillonnements qui ont lieu près de l'orifice, qu'une vitesse U, la perte de force vive qui en résulte pour une masse M écoulée est

$$M (V - U)^2,$$

ce qui correspond à une perte de travail exprimée par

$$\frac{1}{2} M (V - U)^2.$$

Cette conséquence est générale , et s'applique à tous les tuyaux de conduite.

27. *Observation sur l'avantage qu'il y a à diminuer la contraction à l'entrée des tuyaux.* — On remarque que, dans le cas particulier des tuyaux ou conduites de même section que l'orifice, cette perte a pour expression

$$\frac{1}{2} M (V-U)^2 = \frac{1}{2} MU^2 \left[\frac{1}{m} - 1\right]^2,$$

et qu'elle sera d'autant plus faible que le multiplicateur de la dépense sera plus grand. Il importe donc beaucoup de diminuer, d'annuler le plus possible la contraction sur le contour de l'orifice.

28. *Cas où la section du tuyau s'élargit au delà de l'orifice.* — Si l'aire de la section du tuyau ou réservoir partiel était plus grande que celle de l'orifice, en la représentant par O , on aurait

$$m.\Lambda V = OU;$$

d'où

$$V = \frac{O}{m.\Lambda} U,$$

et alors la perte de force vive produite par le passage du fluide de l'orifice dans cette section serait

$$MU^2 \left[\frac{O}{m.\Lambda} - 1\right]^2,$$

U représentant toujours la vitesse moyenne dans le tuyau ou réservoir qui suit l'orifice en un endroit où, les tourbillonnements ayant enfin cessé, les filets sont redevenus à peu près parallèles, ce qui a ordinairement lieu à une distance égale à deux ou trois fois le diamètre de l'orifice.

Ces considérations, sur lesquelles nous reviendrons plus tard, s'appliquent aux fluides élastiques comme aux gaz.

29. *Ajutages cylindriques d'une certaine longueur.*— Lorsque les ajutages ont une longueur plus petite qu'une fois le diamètre de l'orifice, la plus grande contraction de la veine ne s'opérant qu'au delà de cette distance, l'écoulement a lieu comme s'il n'y avait pas d'ajutage. Au contraire, à mesure que la longueur du tuyau augmente au delà de deux à trois fois ce diamètre, le multiplicateur qui, atteint sa valeur maximum vers cette dernière proportion, commence alors à diminuer. C'est ce que montrent les résultats suivants, dus à M. Eytelwein.

Rapport de la longueur de l'ajutage à son diamètre.	Multiplicateur de la dépense théorique.
1 et au dessous	0.62
2 à 3	0.82
12	0.77
24	0.73
36	0.68
48	0.63
60	0.60

Si l'on représente (pl. I, fig. 2) ces résultats graphiquement, en prenant pour abscisses le rapport n de la longueur du tuyau à son diamètre, et pour ordonnées le coefficient m' de la dépense, on voit que depuis $n = 2$ ou $n = 3$, où commence l'écoulement à plein tuyau, on peut déterminer très approximativement le multiplicateur de la dépense par la formule très simple

$$m' = 0.82 - 0.0\,038\,(n-2).$$

On remarquera que, dans tous les cas où le liquide sort à plein tuyau, les filets marchant parallèlement aux parois, la section de la veine est égale à celle du tuyau, et que la différence entre la dépense théorique et la dépense effective provient non d'une réduction de la section de la veine, mais d'une diminution de la vitesse; de sorte qu'en nommant m' le multiplicateur de la dépense donné par le tableau précédent, ou dans les autres cas par la formule

$$m' = \frac{1}{\sqrt{1+\left(\dfrac{O}{m\Lambda}-1\right)^2}}$$

la vitesse de sortie du tuyau sera

$$U = m'\sqrt{2g\mathrm{H}}.$$

Cette conséquence a été vérifiée par des expériences de Venturi et de M. Castel, dans des expériences où l'on a mesuré la portée des jets.

Jet		Vitesse		Multiplicateur	
abscisse.	ordonnée.	réelle.	théorique $\sqrt{2g\mathrm{H}}$	de la vitesse.	de la dépense.
m.	m.	m.	m.		
1.462	1.868	3.415	4.154	0.821	0.822
0.546	0.675	2.017	2.426	0.832	0.827
1.140	1.769	3.669	4.414	0.832	0.829

30. *Hauteur d'élévation des jets d'eau.* — Il suit de là que la hauteur H', à laquelle le jet pourrait s'élever en vertu de cette vitesse, sera

$$H' = \frac{U^2}{2g} = m'^2 . H,$$

ce qui montre que l'emploi des ajutages cylindriques diminue d'autant plus la hauteur à laquelle les jets peuvent arriver, que le multiplicateur de la dépense est plus petit. Dans le cas du tuyau additionnel d'une longueur égale à deux ou trois fois le diamètre de l'orifice où l'on a $m' = 0.82$ on obtiendrait

$$H' = (0.82)^2 H = 0.67 . H,$$

c'est-à-dire que la hauteur du jet ne serait que les $\frac{2}{3}$ de la charge sur le centre de l'orifice.

Cette discussion montre pourquoi il ne convient pas d'employer des ajutages cylindriques pour les pompes à incendie, et quel parti l'on peut tirer de ces ajutages pour la variété des jeux d'eaux.

31. *Ajutages coniques convergents.* — Pour calculer la dépense des ajutages on déterminera d'abord la dépense théorique en prenant pour aire de l'orifice celle de l'ouverture du petit bout, et pour charge celle qui a lieu sur le centre de cette ouverture; puis on prendra le multiplicateur de la dépense convenable à l'ajutage employé dans le tableau suivant, dû à M. Castel, et qui est relatif à un ajutage de $0^m.0155$ de diamètre au petit bout, et de $0^m.040$ de longueur.

Angles de convergence......	0° 0'	1° 56'	3° 10'	4° 10'	5° 26'	7° 52'	8° 58'	10° 20'	12° 4'	13° 24'	14° 28'	16° 36'	19° 28'	21° 0'	25° 0'	29° 58'	40° 20'	48° 50'
Multiplicateurs de la — dépense.	0.829	0.866	0.895	0.912	0.924	0.929	0.934	0.938	0.942	0.946	0.941	0.938	0.924	0.918	0.915	0.896	0.869	0.947
Multiplicateurs de la — vitesse.	0.830	0.866	0.894	0.910	0.920	0.931	0.942	0.950	0.955	0.962	0.966	0.971	0.970	0.971	0.974	0.975	0.980	0.984

Si l'on représente ces résultats par une construction graphique (pl. I, fig. 3 et 4) qui les soumette à la continuité, on reconnaît que la dépense maximum correspond à peu près à l'angle de convergence de 12°, et que la vitesse croît avec continuité avec l'angle de convergence. Les valeurs des multiplicateurs fournies par ces courbes peuvent être classées comme il suit :

Angles de convergence......	0°	2°	4°	6°	8°	10°	12°	14°	16°	18°	20°	22°	24°	26°	28°	30°	35°	40°	45°	50°
Multiplicateurs de la — dépense.	0.829	0.872	0.905	0.921	0.957	0.943	0.946	0 945	0.959	0.950	0.921	0.915	0.910	0.904	0.898	0.894	0.882	0 870	0.857	0.845
Multiplicateurs de la — vitesse.	0.850	0.870	0.902	0.921	0.940	0.950	0.958	0.964	0.969	0.972	0.973	0.974	0.975	0.976	0.977	0.978	0.980	0.981	0.985	0.986

Enfin, si l'on construit une courbe (pl. I, fig. 5) dont les angles de convergence soient les abscisses et les forces vives les ordonnées, on voit que le maximum de force vive correspond à peu près à l'angle de convergence de 16°, mais que pour l'angle de 12°, auquel correspond la plus grande dépense, la force vive est très voisine du maximum.

52. *Application aux pompes à incendie.* — Il importe beaucoup, dans les pompes à incendie, de jeter le plus d'eau possible à la plus grande hauteur, et de rendre par conséquent un maximum le produit Q.H', ou, ce qui revient au même, la force vive

$$\frac{1\,000Q}{g}.U^2.$$

Par conséquent il convient d'adopter pour les ajutages dont on arme les tuyaux de ces pompes un angle voisin de 12 à 16°.

53. *Effet d'une embouchure qui annule ou atténue la contraction à l'entrée de l'ajutage.* — Si l'on adapte à l'orifice une embouchure con vergente dont le diamètre intérieur AB soit 1.20 fois le diamètre extérieur CD, et la longueur EF $=$ CD, les expériences de M. Eytelwein montrent que le multiplicateur de la dépense théorique, calculée sur l'aire du plus petit orifice, est 0.967

Fig. 21.

Cette disposition annule donc presque complétement l'influence de la contraction sur la dépense, et doit être imitée quand on voudra obtenir cet effet.

4

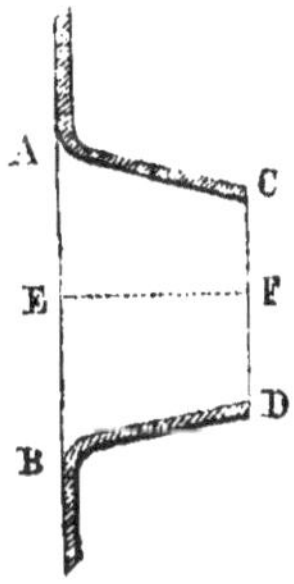

En prolongeant ensuite cette embouchure par des ajutages cylindriques de différentes longueurs, le même ingénieur a aussi reconnu l'influence de cette disposition sur l'accroissement de la dépense.

Enfin il a prolongé les tuyaux cylindriques par un ajutage conique divergent, dont la longueur était neuf fois le diamètre de sa petite base, et l'angle d'évasement ou des arêtes opposées de $5°\ 6'$. Cette disposition a encore produit une augmentation de dépense. En comparant les dépenses effectives obtenues d'abord avec l'embouchure et les tuyaux cylindriques, puis avec l'embouchure, les tuyaux cylindriques et l'ajutage divergent, à la dépense du tuyau cylindrique prise pour unité, et calculée d'après le plus petit diamètre de l'embouchure, M. Eytelwein a conclu les rapports suivants :

Rapport de la longueur du tuyau à son plus petit diamètre.	Multiplicateurs de la dépense, celui du tuyau cylindrique étant pris pour unité, avec	
	l'embouchure évasée.	l'embouchure et l'ajutage divergent.
1 et au dessous.	1.56	»
2 à 3	1.15	1.35
12	1.13	1.27
24	1.10	1.24
36	1.09	1.23
48	1.09	1.21
60	1.08	1.17

Lors donc qu'on voudra obtenir la dépense de semblables ajutages, on calculera d'abord celle de l'orifice accompagné d'un tuyau cylindrique par les règles précédentes, et on la multipliera par les multiplicateurs indiqués au tableau ci-dessus.

Ces dispositions sont d'ailleurs rarement employées; mais on voit qu'elles donnent encore une augmentation considérable de dépense.

En effet, dans le cas de l'ajutage cylindrique ordinaire, le multiplicateur de la dépense théorique serait 0.82 pour une longueur comprise entre deux et trois fois le diamètre de l'orifice; et avec l'embouchure et l'ajutage divergent de même ouverture à la plus petite section et de même proportion il sera

$$0.82 \times 1{,}35 = 1.107,$$

tandis que sans aucun ajutage on aurait eu seulement $m = 0.61$ à 0.62.

L'emploi de ces ajutages augmente donc la dépense dans le rapport de 1.107 à 0.62, ou de 1.78 à 1, et par conséquent, dans les concessions ou distributions d'eau, il importe beaucoup de tenir compte de ces influences. Les Romains en avaient reconnu la nécessité pour prévenir les abus, et une loi réglait la forme des ajutages que l'on pouvait adapter aux prises d'eau particulières.

34. *Ecoulement de l'eau par des déversoirs.* — Lorsque l'eau s'écoule en passant par dessus un barrage, une vanne, de manière à se déverser par sa superficie sans que la surface supérieure rencontre aucun obstacle, on dit que l'écoulement a lieu en *déversoir*, et les

circonstances ne sont plus les mêmes que quand il y a

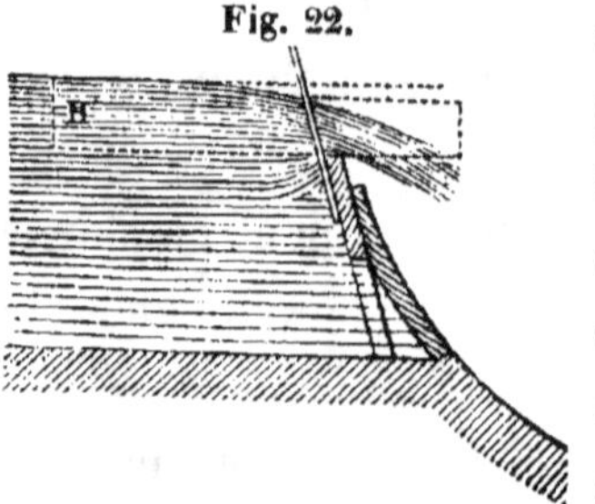

Fig. 22.

charge sur le sommet. Il se produit à la surface et au dessus de l'arête intérieure et inférieure de l'orifice, qu'on appelle son seuil, une dénivellation, une courbure qui s'étend à quelques décimètres en amont. La charge d'eau qui produit l'écoulement doit alors être mesurée par la hauteur du niveau du réservoir au dessus de l'arête inférieure ou du seuil. En désignant cette charge par H, la largeur du déversoir par L, on calculera la dépense par la formule

$$Q = m.\mathrm{LH}\sqrt{2g\mathrm{H}},$$

dans laquelle m est un coefficient ou multiplicateur donné par l'expérience.

La valeur de ce multiplicateur a été déterminée pour plusieurs cas par divers expérimentateurs. Mais ces recherches ne sont pas encore aussi complètes qu'on pourrait le désirer.

MM. Poncelet et Lesbros, opérant sur un déversoir de $0^m.20$ de large, ont obtenu les valeurs suivantes :

Charges sur le seuil. .	0.01	0.02	0.03	0.04	0.06	0.08	0.10	0.15	0.20	0.22
Multiplica- teurs m. .	0.424	0.417	0.412	0.407	0.401	0.397	0.395	0.393	0.390	0.385

L'orifice sur lequel ces expérimentateurs ont opéré était placé à $0^m.54$ au dessus du fond et $1^m.74$ environ de chacune des parois verticales, et ses bords étaient à arêtes vives.

On voit que le multiplicateur m diminue à mesure que la charge augmente.

M. Castel, à Toulouse, a exécuté en 1835 et 1836 d'autres expériences sur des déversoirs de largeurs variables par rapport à celle des canaux dans lesquels ils étaient placés, et qui avaient $0^m.74$ et $0^m.36$ de largeur. Le seuil du déversoir était à $0^m.17$ au dessus du fond du canal, et les largeurs ont varié de $0^m.01$ jusqu'à $0^m.74$ pour le premier déversoir, et jusqu'à $0^m.36$ pour le second.

Ces expériences ont montré que le multiplicateur de la dépense varie non seulement avec la charge, mais encore avec la largeur relative, ou le rapport de la largeur du déversoir à celle du canal. Il paraît en effet diminuer à partir de la largeur égale à celle du canal, jusque vers une largeur égale à 0.25 de celle de ce canal, puis semble ensuite augmenter à mesure que la largeur diminue.

Quand la largeur du déversoir ne varie que depuis $\frac{1}{5}$ de celle du canal jusqu'à la valeur absolue de $0^m.05$, on peut représenter les dépenses avec une exactitude suffisante pour la pratique par la formule

$$Q = 0.400 \mathrm{LH} \sqrt{2gH},$$

qui s'appliquera au jaugeage des petits cours d'eau et des sources par de petits barrages à arêtes vives construits sur le lit.

35. *Cas où la largeur du déversoir est égale à celle du canal.* — Lorsque la largeur du déversoir est égale à celle du canal, ce qui s'applique à beaucoup de cas, tels que les vannes de roues hydrauliques, les barrages des rivières, et que le déversoir est vertical, mince, et à vive arête, les résultats de l'expérience sont assez exactement représentés par la formule

$$Q = 0.443 LH \sqrt{2gH}.$$

Toutefois M. d'Aubuisson ajoute que cette formule ne doit être employée que quand la charge n'excède pas le tiers de la hauteur du barrage au dessus du fond du réservoir, parce que, quand cette proportion est dépassée, la vitesse moyenne de l'eau dans le canal devient assez grande pour exercer une influence sensible et augmenter la dépense. Au surplus cette proportion n'est presque jamais ou ne doit pas être dépassée dans les usines pour les vannes des roues hydrauliques.

Dans les expériences de M. Castel on remarque que pour une même largeur d'orifice le multiplicateur varie beaucoup moins avec la charge que dans celles de MM. Poncelet et Lesbros, ce qui provient sans doute de ce que la vitesse dans ce canal croissait avec la charge, et tendait à augmenter un peu la dépense. Cependant, cette influence étant faible, nous pourrons, pour les cas d'application où les charges seront comprises entre $0^m.03$ et $0^m.22$, admettre avec M. d'Aubuisson une valeur moyenne du multiplicateur correspondante à chaque largeur, et alors ce multiplicateur ne variera plus qu'avec la largeur du déversoir ou avec son rapport à la largeur du canal, et l'on pourra lui assigner les valeurs suivantes :

Rapport de la largeur du déversoir à celle du canal. .	1.00	0.90	0.80	0.70	0.60	0.50	0 40	0.30	0.25
Multiplicateurs de la dépense.	0.443	0.438	0.431	0.423	0.416	0.410	0 405	0.399	0.398

On voit par ces valeurs qu'il est nécessaire de tenir

compte de la largeur du déversoir quand on veut opérer avec exactitude.

36. *Expériences exécutées en 1844 à la poudrerie du Bouchet*. — D'autres expériences faites sur une vanne d'usine inclinée de l'amont vers l'aval sous un angle de 65° environ à l'horizon, ayant son bord supérieur à vive arête vers l'amont et arrondi vers l'aval, de $0^m.08$ d'épaisseur, et $2^m.017$ de largeur libre, ont fourni des résultats notablement différents, surtout pour les charges un peu fortes.

Mais ces expériences, entreprises sur des canaux de grandes dimensions, précédés de vastes bassins soumis aux influences du vent, et dont le niveau était difficile à régler parfaitement avec une vanne ordinaire d'usine, ne pouvaient offrir un degré d'exactitude comparable à celui des expériences faites dans des circonstances plus favorables. Afin d'en discuter l'ensemble et de dégager les résultats des influences accidentelles, nous les avons représentés par une construction graphique (pl. I, fig. 6) en prenant les valeurs de la charge H sur le sommet du déversoir pour abscisses, et celles du coefficient de la dépense pour ordonnées.

L'examen de cette courbe montre que les valeurs du coefficient de la dépense croissent rapidement avec celles de la charge H sur le seuil de l'orifice depuis $H=0^m.03$ et $0^m.04$ jusqu'à $H=0^m.09$ et $0^m.10$, terme passé lequel elles continuent encore d'augmenter, mais de plus en plus lentement.

Si, pour comparer ces résultats obtenus avec une vanne d'une largeur de $2^m.017$ égale à celle du canal d'arrivée, et placée dans les circonstances spécifiées plus haut, avec ceux qui sont relatifs à un déversoir de $0^m.20$ de large, à contraction complète, on détermine à l'aide de la figure les valeurs du coefficient de la dépense correspondante aux charges observées dans ce dernier cas, on peut, en se reportant au n° 34, former le tableau suivant, que nous limitons aux charges avec lesquelles nous avons opéré.

Largeur des orifices.	Valeurs du coefficient de la formule $Q=mL\sqrt{2gH}$ pour des valeurs de H égales à					
	$0^m.04$	$0^m.06$	$0^m.08$	$0^m.10$	$0^m.15$	$0^m.20$
m						
0.200	0.407	0.401	0.397	0.395	0.393	0.390
2.017	0.264	0.355	0.418	0.448	0.469	0.482

On voit que pour les petites charges cette vanne, épaisse de $0^m.08$, produit sur la dépense une diminution notable, quoique la contraction soit à peu près annulée sur les côtés verticaux de l'orifice. Cet effet est analogue à celui qui a été observé par MM. Poncelet et Lesbros sur de petits déversoirs accompagnés d'un coursier. On verra en effet au n° 38 que, dans le cas où la contraction est à peu près nulle sur les côtés, ces observateurs ont trouvé les valeurs suivantes de m :

	m	m	m	m	m
Charges sur le côté supérieur de l'orifice.	0.04	0.06	0.10	0.15	0.21
Valeurs de m.	0.246	0.271	0.308	»	0.224

Ces valeurs, qui, pour les petites charges, se rapprochent beaucoup de celles que nous avons obtenues, montrent que la diminution de la dépense tient dans les deux cas à la même cause, à la résistance de la paroi du vannage ou du coursier. On avait observé en effet que dans les petites charges la veine fluide mouillait et suivait la surface de la vanne ; mais qu'à mesure que la charge augmentait, cette influence des parois devenait de moins en moins sensible pour notre orifice, et que bientôt la veine fluide se détachait complétement de l'arête supérieure, qui était vive du côté d'amont, tandis qu'en même temps la suppression de la contraction latérale continuait d'exercer sur l'accroissement de la dépense une influence de plus en plus grande, d'où résultait une augmentation du coefficient de la dépense.

Telle est l'explication naturelle et simple que l'on peut donner de la petitesse des valeurs du coefficient de la dépense pour les faibles charges et de leur grandeur pour les fortes charges observées dans nos expériences.

Quelques soins que nous ayons apportés dans l'exécution de ces expériences, les causes et les circonstances locales que j'ai signalées n'ont pas permis d'obtenir un degré d'exactitude supérieur à $\frac{1}{18}$ ou $\frac{1}{20}$; mais le tracé montre cependant, par leur ensemble, la marche graduelle et continue de l'accroissement du coefficient de la dépense ; et, en attendant que de nouvelles recherches plus précises soient exécutées, je crois que l'on pourra, dans les applications à des cas analogues, adopter, avec une exactitude suffisante pour la pratique, les valeurs déduites du tracé pour le coefficient de la dépense, savoir :

Charges sur le seuil du déversoir	0.04	0.05	0.06	0.07	0.08	0.09	0.10	0.12	0.14	0.16	0.18	0.20
Valeurs du coefficient m	0.264	0.313	0.535	0.390	0.418	0.437	0.448	0.460	0.467	0.472	0.477	0.482

Ces valeurs, qui, pour les charges au dessous de $0^m.10$, sont bien supérieures à celles qui ont été adoptées jusqu'à ce jour pour des cas semblables, montrent que les vannes disposées comme celle sur laquelle nous avons opéré, ce qui est le cas de beaucoup de roues de côté, dépensent plus d'eau qu'on ne l'admet généralement, et que dans des expériences sur les moteurs hydrauliques on peut, faute d'un bon moyen de jaugeage, estimer les dépenses d'eau à $\frac{1}{6}$ ou $\frac{1}{7}$ au dessous de leurs valeurs réelles, et, à l'inverse, les effets utiles beaucoup trop haut.

Il serait donc à désirer que de nouvelles expériences spéciales, faites sur de grands déversoirs, comprenant les proportions et les dispositions le plus en usage, fussent exécutées avec la précision convenable. L'établissement des appareils nécessaires exige des dépenses assez considérables, des localités convenables, et un concours de moyens et de circonstances qui se rencontrent rarement; et ces difficultés doivent faire regretter que les expériences déjà exécutées avec tant de soin et de précision par ordre du ministre de la guerre, à Metz, aux frais de l'état, de 1827 à 1834, en vue des besoins des services de l'artillerie et du génie, n'aient pas encore été publiées, ni même communiquées à ces corps.

37. *Cas où l'on ne peut mesurer la charge H du niveau général au dessous du seuil du déversoir.* — Dans quelques circonstances, au lieu de mesurer la hauteur H, on ne peut obtenir que l'épaisseur de la lame d'eau qui passe sur le déversoir. Il faut alors mesurer cette épaisseur immédiatement au dessus de l'arête intérieure du seuil, et alors, en la nommant h, on pourra en déduire une valeur approximative de la charge H par les relations

$H = 1.178h$ quand la largeur du déversoir sera $\frac{4}{5}$ de celle du canal ou réservoir,

$H = 1.25h$ quand la largeur du déversoir sera égale à celle du canal ou réservoir.

Mais ces règles, données par M. Bidone, ne sont pas assez exactes pour des jaugeages un peu précis, et il faudra toujours tâcher d'obtenir par mesure directe la hauteur H du niveau du réservoir au dessus du seuil.

38. *Déversoirs accompagnés d'un coursier.* — Lorsqu'un déversoir est accompagné d'un coursier à peu près horizontal, la dépense est moindre que quand il verse à l'air libre. Des expériences sur cette influence ont été exécutées à Metz sur un déversoir de $0^m.20$, accompagné d'un coursier horizontal de 3 mètres de longueur, et avec des dispositions relatives aux parois analogues à celles qui ont été désignées au n° 21 par les fig. *a*, *b*, *d*, *e*, *f*. Elles ont fourni les valeurs du multiplicateur m consignées au tableau suivant :

Charges sur le seuil H.	Multiplicateurs de $LH\sqrt{2gH}$ pour les dispositifs				
	a.	*b.*	*d.*	*e.*	*f.*
m					
0.21	0.319	0.324	0.322	0.324	0.336
0.15	0.314	0.313	0.314	»	»
0.10	0.305	0.303	0.303	0.308	0.315
0.06	0.285	0.281	0.280	0.271	0.287
0.04	0.272	0.259	0.257	0.246	0.260
0.03	0.227	0.227	»	»	»

Exemple : Dispositif *a*. L$=4^m.30$, H$=0^m.25$, coursier peu incliné. Le multiplicateur a pour valeur $m=0.319$, et la dépense est

$$Q=0.319 \times 4^m.30 \times 0^m.25 \sqrt{19.62 \times 0^m.25} = 0^{mc}.759.$$

Dispositif *f*. L$=5^m.0$, H$=0^m.20$, le multiplicateur est $m=0.336$, la dépense est

$$Q=0.336 \times 5^m.00 \times 0^m.20 \sqrt{19.62 \times 0^m.20} = 0^{mc}.669.$$

L'examen de ce tableau montre que l'influence des coursiers pour diminuer la dépense est d'autant plus grande que la charge H est plus faible.

On devra donc observer attentivement la disposition du déversoir avant de lui appliquer les règles précédentes. — Les barrages de retenue et de décharge offrent souvent à leurs sommets des parties planes ou légèrement courbes, peu inclinées, qui produisent l'effet des coursiers additionnels dont nous venons de parler.

Quelques canaux de prise d'eau d'usine sont dans le même cas, et l'on pourra adopter les mêmes valeurs que ci-dessus pour le multiplicateur *m*. Mais quand les charges sont fortes de $0^m.80$ à $1^m.00$ et au delà, la présence du coursier doit avoir très peu d'influence, et l'on adoptera les valeurs ordinaires du multiplicateur ou la formule

$$Q=0.400\, LH \sqrt{2gH}.$$

39. *Déversoirs incomplets.* — Lorsque le déversoir verse dans un bassin inférieur dont le niveau est au dessus du seuil, l'on dit que le déversoir est noyé ou incomplet. Alors on le considère comme composé de deux orifices distincts : l'un supérieur, AC, déterminé par

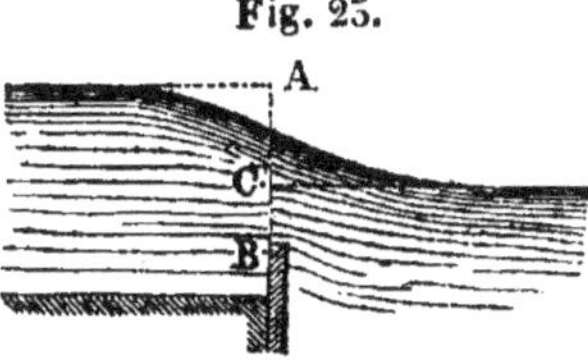

Fig. 25.

le prolongement du niveau d'aval, et formant déversoir ordinaire versant à l'air libre ; l'autre, BC, formant un orifice avec charge sur le sommet, et noyé. Soit, par exemple, $L = 2^m.00$ la largeur du canal,

$$AB = 0^m.60, \quad AC = 0^m.32, \quad BC = 0^m.28.$$

Le premier orifice formant déversoir à l'air libre donnera

$$Q = 0.443 \times 2^m \times 0^m.32 \sqrt{19.62 \times 0^m.32} = 0^{mc}.710.$$

Le second a sur son centre une charge de

$$0^m.60 - 0^m.14 = 0^m.46,$$

et donne, si la contraction est annulée sur les côtés latéraux et le côté supérieur,

$$n = 2^m + 2 \times 0^m.28 = 2^m.56, \quad p = 4^m.56,$$

$$\frac{n}{p} = \frac{2.56}{4.56} = 0.561, \quad m' = 0.600 \, [1 + 0.152 \times 0.561] = 0.651,$$

$$Q' = 0.651 \times 2^m.0 \times 0^m.28 \sqrt{19.62 \times 0^m.46} = 1^{mc}.095,$$

ce qui donne en tout

$$Q + Q' = 0^{mc}.710 + 1^{mc}.095 = 1^{mc}.805.$$

IVe LEÇON.

40. *Jaugeage des eaux courantes, et règles pour l'établissement des canaux.* —Les formules et les résultats d'expériences que nous avons étudiés dans les précédentes leçons fournissent le moyen le plus facile et le plus exact de jauger le produit des cours d'eau toutes les fois que des pertuis ou des barrages réguliers sont ou peuvent être établis sur leur cours. Mais il arrive souvent que l'on a besoin de déterminer directement le volume d'eau débité par un canal ou une rivière sans pouvoir recourir à ces règles. Il est donc important de connaître les relations qui existent entre la pente, le profil, la longueur du canal, la vitesse et le volume de l'eau qui le parcourt, soit pour déterminer le produit quand le canal est établi, soit pour proportionner le canal lorsqu'à l'inverse le volume à débiter est donné.

Ces questions ont depuis long-temps appelé l'attention des hydrauliciens; mais ce n'est que vers la fin du siècle dernier que l'on a cherché à les soumettre au calcul en tenant compte de la résistance que les parois du canal et la viscosité du liquide opposent à son mouvement. Avant de parler de ces recherches modernes, principalement dues à des ingénieurs français, il est bon de dire un mot du procédé suivi par les anciens fontainiers pour jauger le produit des petits cours d'eau.

41. *Mode de jaugeage des anciens fontainiers. Pouce d'eau.* — Au moyen d'un barrage en planches ils formaient une retenue, et, sur une ligne horizontale, perçaient un certain nombre de trous de $12^{lig} = 0^m.027$ de diamètre, fermés par des tampons. Pour laisser écouler l'eau on débouchait successivement un nombre de ces trous suffisant pour que le niveau d'amont se maintînt à 1^{lig} ou $2^{mill}.25$ au dessus du sommet des trous. L'épaisseur des planches ne devait pas excéder 10 à 12 lignes, afin que l'écoulement ne se fît pas à gueule bée. Lorsque le mouvement de l'eau était parvenu à l'état de régime, c'est-à-dire quand le niveau d'amont était devenu constant à la hauteur ci-dessus indiquée, on estimait le produit de la source par le nombre d'ouvertures débouchées et le volume fourni par l'une d'elles. Des expériences directes avaient fait connaître qu'un orifice de $0^m.27$ de diamètre produisait en

24 heures	1 heure	1′	1″
mc	mc	mc	mc
19.1935	0.7998	0.01333	0.0002222

Ce volume débité par un seul orifice est ce qu'on appelait un *pouce de fontainier*; on nommait par analogie *ligne d'eau* la 144ᵉ partie du pouce d'eau, et *point d'eau* la 144ᵉ partie de la ligne d'eau.

On voit que ce mode de jaugeage était en même temps peu commode et peu précis; aussi est-il aujourd'hui tout à fait abandonné, et le nom même devrait l'être aussi. Il est singulier que des ingénieurs habiles persistent encore à se servir d'une dénomination qui ne représente pas un volume en rapport exact avec les seules mesures légales.

42. *Mode de jaugeage employé pour les petits cours d'eau.* — Il sera beaucoup plus facile, dans le cas des petits cours d'eau, de pratiquer dans le barrage en planches un déversoir à vive arête, dont la largeur soit le tiers ou le quart de celle du canal ou réservoir, et alors, lorsque le régime sera établi, c'est-à-dire quand le niveau sera constant, on calculera le produit par la formule

$$Q = 0.400 \, LH\sqrt{2gH}.$$

Au lieu d'un déversoir on pourrait tout aussi bien pratiquer un orifice, avec charge sur le sommet, muni d'une petite vanne qu'on lèverait de manière que le mouvement parvînt bientôt à l'état de permanence, et alors on emploierait pour calculer le volume écoulé les règles données précédemment.

43. *Résistance des parois d'un canal au mouvement de l'eau.* — Lorsqu'un liquide se meut dans un canal, les filets voisins de la surface de ce canal éprouvent une certaine résistance provenant de leur adhérence aux parois et de leur viscosité ; ces filets, retardés dans leur marche, ralentissent le mouvement de ceux qui les touchent immédiatement, et de proche en proche on voit, comme nous l'avons déjà indiqué, que la vitesse doit aller en diminuant de l'intérieur à l'extérieur de la masse fluide. Les parois offrent donc au mouvement du liquide une résistance qui doit retarder sa marche, et dont il importe de tenir compte. M. de Chézy, directeur de l'école des ponts et chaussées, a proposé en 1775 une formule dans laquelle il supposait cette résistance proportionnelle au quarré de la vitesse moyenne du courant. Dubuat, en 1779, indiqua une autre formule beaucoup plus compliquée, et d'un usage peu commode. C'est à Coulomb que l'on doit l'expression de cette résistance, qui jusqu'ici a le mieux représenté les effets naturels. Par des expériences directes faites *pour déterminer la cohérence des fluides et les lois de leur consistance dans les mouvements très lents* (1), exécutées au moyen de pendules qu'il faisait osciller dans l'eau, cet illustre ingénieur fut conduit à conclure que cette résistance était proportionnelle à un facteur composé de deux termes, l'un proportionnel à la vitesse, l'autre au quarré de cette vitesse. Il est d'ailleurs naturel d'admettre que pour les canaux et les rivières cette même résistance est proportionnelle à la densité du fluide ou à la masse du mètre cube, égale à $\dfrac{1\,000}{g}$ dans le cas de l'eau, au contour ou périmètre mouillé, c'est-à-dire au nombre des filets en contact avec la paroi résistante et à la longueur totale du canal, puisque toutes les résistances partielles opposées par les divers éléments de la paroi doivent s'ajouter. Si donc on nomme

U la vitesse moyenne dans la section transversale,

S le contour ou périmètre mouillé,

L la longueur du canal de section supposée constante,

La résistance des parois aura pour expression

$$\frac{1\,000}{g}.\mathrm{SL}\,[a\mathrm{U}+b\mathrm{U}^2],$$

a et *b* devant être des facteurs numériques constants pour chaque liquide.

Le chemin parcouru dans l'unité de temps, lorsque

(1) 3ᵉ vol. des *Mémoires de la classe des sciences physiques et mathématiques de l'Institut.*

le mouvement sera devenu permanent et uniforme, étant U, si l'on continue à supposer tous les filets animés de vitesses égales et parallèles à la vitesse moyenne U, le travail consommé dans chaque seconde par cette résistance sera

$$\frac{1\,000}{g}\,\mathrm{SL}\,[a\mathrm{U}+b\mathrm{U}^2]\,\mathrm{U}.$$

D'une autre part si l'on nomme H la pente totale du lit, et que le mouvement soit parvenu sur toute la longueur considérée à l'uniformité, le travail développé dans l'unité de temps par la gravité sur la masse d'eau M écoulée dans ce temps sera MgH, et puisque le mouvement est supposé uniforme, le travail de la puissance doit être égal à celui de la résistance, ce qui conduit à la relation

$$\mathrm{M}g\mathrm{H}=\frac{1\,000}{g}\,\mathrm{SL}\,[a\mathrm{U}+b\mathrm{U}^2]\,\mathrm{U}.$$

Mais en appelant A l'aire de la section transversale de la masse fluide, le volume écoulé en une seconde est AU, et son poids est M$g=1\,000$AU. La relation ci-dessus se réduit donc à

$$g\mathrm{H}=\frac{\mathrm{SL}}{\mathrm{A}}\,[a\,\mathrm{U}+b\mathrm{U}^2].$$

Cette relation entre la pente totale du lit, le périmètre mouillé, la longueur du canal, l'aire de la section, la vitesse moyenne et les coefficients constants a et b, contient la solution des principales questions relatives aux canaux. Mais avant de nous occuper de ses applications il est bon de faire connaître la marche suivie par M. de Prony pour déterminer les valeurs des nombres a et b, après avoir reconnu que la loi de la résistance était effectivement celle que Coulomb avait déduite de ses expériences. A cet effet remarquons que de la relation ci-dessus on tire

$$\frac{g.\mathrm{H}}{\mathrm{L}}\cdot\frac{\mathrm{A}}{\mathrm{SU}}=a+b\mathrm{U},$$

ou

$$\frac{\mathrm{H}}{\mathrm{L}}\frac{\mathrm{A}}{\mathrm{SU}}=\frac{a}{g}+\frac{b}{g}\mathrm{U}.$$

Pour des canaux donnés, si l'on a déterminé les valeurs de H, L, S, A et U, on aura dans chaque cas la valeur du premier membre; et si l'on prend (pl. II, fig. 1) les vitesses U pour abscisses et les valeurs de

$$\frac{g\mathrm{H}}{\mathrm{L}}\cdot\frac{\mathrm{A}}{\mathrm{SU}}$$

pour ordonnées, on voit que, si la loi supposée est exacte, tous les points ainsi déterminés devront se trouver sur une ligne droite qui coupera l'axe des ordonnées à une hauteur égale à a. Quant au second coefficient b, il sera égal à la tangente de l'angle d'inclinaison de cette ligne droite sur l'axe des abscisses, ou au rapport entre la différence de deux ordonnées quelconques et la différence des abscisses correspondantes.

Telle est la marche suivie par M. de Prony dans ses recherches sur la théorie des eaux courantes, et pour lesquelles il s'est servi des données suivantes, qu'il a empruntées à des observations de MM. de Chézy et Dubuat, et dont il a ensuite confirmé les conséquences avec d'autres données tirées d'un ouvrage italien intitulé : *Ricerche geometriche ed idrometriche fatte nella scuola degl' ingenieri pontifici d'acque e strade*, *l'anno* 1821 (*Milano*, 1822), contenant le travail de M. Eytelwein sur le même sujet.

	Indication des courants.	Vitesses observées ou déduites de l'observation		Pente totale sur la longueur H.	Longueur totale L.	Aire de la section transversale A.	Périmètre mouillé S.	Valeur de l'ordonnée $\frac{g\mathrm{HA}}{\mathrm{LSU}}$.
		à la surface.	moyennes.					
		m	m	m	m	mq	m	
1	Rigole de Courpalet (Chézy).	0.142639	0.094031	1.11438	51379.5	0.674492	2.33863	0.00106823
2		0.196799	0.157345	0.016355	467.769	4.4883	8.77066	0.00127781
3	Canal du Jard (Dubuat). . .	0.210875	0.148857	0.016919	467.769	5.4050	9.12237	0.00141209
4		0.260143	0.189760	0.021430	467.769	5.7582	9.20378	0.00148159
5		0.529414	0.248528	0.040605	467.769	8.72577	9.9076	0.00301676
6	Rivière de Hayne (Dubuat).	0.368423	0.282091	0.010896	359.272	22.6466	15.3757	0.00155320
7	Canal du Jard (Dubuat). . .	0.426081	0.332219	0.010454	467.769	7.6759	9.74518	0.00151405
8	Rivière de Hayne (Dubuat).	0.432056	0.337349	0.010061	359.272	29.0468	16.3303	0.00144652
9	Canal du Jard (Dubuat). . .	0.461332	0.372087	0.052448	467.769	11.9092	10.8821	0.00484512
10	Rivière de Seine (Chézy). .	0.783029	0.652790	0.297770	2592.220	284.9	103.299	0.00489910
11		0.860012	0.720968	0.056012	359.272	28.4598	16.269	0.00371049
12	Rivière de Hayne (Dubuat).	0.930426	0.805563	0.050396	359.272	23.0812	15.4082	0.00302404

Ces résultats sont représentés pl. II, fig. 1.

De cette discussion de toutes les expériences connues jusqu'à cette époque M. de Prony a conclu que la loi de Coulomb représentait avec une exactitude convenable la marche des eaux courantes, et que les nombre a et b avaient pour valeurs moyennes

$$a = 0.000\,436 \quad \text{ou} \quad \frac{a}{g} = 0.0\,000\,444\,499,$$

$$b = 0.003\,034 \quad \text{ou} \quad \frac{b}{g} = 0.0\,003\,093\,140,$$

ce qui conduit à la relation pratique

$$\frac{H}{L}\,\frac{A}{S} = 0.0\,0004\,44U + 0.000\,309U^2.$$

M. de Prony a désigné le rapport $\frac{H}{L}$ par la lettre I, et l'a nommé *la déclivité* ou *pente par mètre courant*, et le rapport $\frac{A}{S}$ par R, en l'appelant le *rayon moyen*, ce qui donne à la formule ci-dessus la forme

$$RI = 0.0\,000\,444U + 0.000\,309U^2.$$

44. *Usage de cette formule.*—Lorsqu'il s'agit de jauger le produit d'un canal et d'une rivière, on détermine par des nivellements exacts sa pente totale H sur une longueur L où le régime, la profondeur, la largeur et l'aire de la section, soient constants autant que possible. On mesure les profils transversaux de la masse fluide, et par le tracé et les méthodes connues on en déduit l'aire moyenne A, le périmètre moyen S, et par suite le rapport $R = \frac{A}{S}$. Ces quantités étant connues, la formule précédente donne pour la vitesse moyenne

$$U = 56.85 \sqrt{\frac{A}{S}\frac{H}{L}} - 0^m.072.$$

La dépense est ensuite déduite de la relation $Q = AU$.

S'il s'agit, par exemple, d'un canal ayant une longueur $L = 150^m$, une largeur de $3^m.0$, sur une profondeur uniforme de $1^m.10$, $H = 0^m.075$ on a

$$A = 3^m.0 \times 1^m.1 = 3^{mq}.3, \quad S = 3^m.0 + 2 \times 1^m.10 = 5^m.20,$$

$$\frac{A}{S} = \frac{3^{mq}.30}{5^m.20} = 0.635, \quad \frac{H}{L} = \frac{0^m.075}{150^m} = \frac{1}{2000},$$

et dès lors

$$U = 56.85 \sqrt{0.635 \times \frac{1}{2000}} - 0^m.072$$

$$= 56.85 \times 0.0178 - 0^m.072 = 0^m.940.$$

Le volume d'eau débité par ce canal est donc

$$Q = AU = 3^{mq}.3 \times 0^m.940 = 3^{mc}.102.$$

M. de Prony a donné la table suivante des valeurs des vitesses U variables de centimètre en centimètre, depuis $0^m.01$ jusqu'à $U = 3^m.00$ correspondantes à des valeurs données du produit RI, de sorte qu'il suffit de calculer ce produit et de rechercher dans la table la valeur de U correspondante à celle de RI, qui se rapproche le plus de celle qui résulte des données, ou de la déterminer par interpolation graphique.

TABLE RELATIVE AU MOUVEMENT DE L'EAU DANS LES CANAUX ET RIVIÈRES.

Vitesse moyenne U.	Valeur de RI.	Vitesse moyenne U.	Valeur de RI.	Vitesse moyenne U.	Valeur de RI.
m		m		m	
0.01	0.0000005	0.51	0.0001031	1.01	0.0003604
0.02	0.0000010	0.52	0.0001068	1.02	0.0003672
0.03	0.0000016	0.53	0.0001104	1.03	0.0003739
0.04	0.0000025	0.54	0.0001142	1.04	0.0003808
0.05	0.0000030	0.55	0.0001180	1.05	0.0003877
0.06	0.0000038	0.56	0.0001219	1.06	0.0003947
0.07	0.0000046	0.57	0.0001258	1.07	0.0004017
0.08	0.0000055	0.58	0.0001298	1.08	0.0004088
0.09	0.0000065	0.59	0.0001339	1.09	0.0004159
0.10	0.0000075	0.60	0.0001380	1.10	0.0004232
0.11	0.0000086	0.61	0.0001422	1.11	0.0004304
0.12	0.0000098	0.62	0.0001465	1.12	0.0004378
0.13	0.0000110	0.63	0.0001508	1.13	0.0004452
0.14	0.0000125	0.64	0.0001551	1.14	0.0004527
0.15	0.0000136	0.65	0.0001596	1.15	0.0004602
0.16	0.0000150	0.66	0.0001641	1.16	0.0004678
0.17	0.0000165	1.67	0.0001686	1.17	0.0004754
0.18	0.0000180	0.68	0.0001733	1.18	0.0004831
0.19	0.0000196	0.69	0.0001779	1.19	0.0004909
0.20	0.0000213	0.70	0.0001827	1.20	0.0004988
0.21	0.0000230	0.71	0.0001875	1.21	0.0005067
0.22	0.0000247	0.72	0.0001924	1.22	0.0005146
0.23	0.0000266	0.73	0.0001973	1.23	0.0005226
0.24	0.0000285	0.74	0.0002023	1.24	0.0005307
0.25	0.0000304	0.75	0.0002073	1.25	0.0005389
0.26	0.0000325	0.76	0.0002124	1.26	0.0005471
0.27	0.0000346	0.77	0.0002176	1.27	0.0005553
0.28	0.0000367	0.78	0.0002229	1.28	0.0005637
0.29	0.0000389	0.79	0.0002282	1.29	0.0005721
0.30	0.0000412	0.80	0.0002335	1.30	0.0005805
0.31	0.0000435	0.81	0.0002389	1.31	0.0005890
0.32	0.0000459	0.82	0.0002444	1.32	0.0005976
0.33	0.0000484	0.83	0.0002500	1.33	0.0006063
0.34	0.0000509	0.84	0.0002556	1.34	0.0006150
0.35	0.0000534	0.85	0.0002613	1.35	0.0006237
0.36	0.0000561	0.85	0.0002670	1.36	0.0006326
0.37	0.0000588	0.87	0.0002728	1.37	0.0006414
0.38	0.0000616	0.88	0.0002786	1.38	0.0006504
0.39	0.0000644	0.89	0.0002846	1.39	0.0006594
0.40	0.0000673	0.90	0.0002906	1.40	0.0006685
0.41	0.0000702	0.91	0.0002966	1.41	0.0006776
0.42	0.0000732	0.92	0.0003027	1.42	0.0006868
0.43	0.0000763	0.93	0.0003089	1.43	0.0006961
0.44	0.0000794	0.94	0.0003151	1.44	0.0007054
0.45	0.0000826	0.95	0.0003214	1.45	0.0007148
0.46	0.0000859	0.96	0.0003277	1.46	0.0007242
0.47	0.0000892	0.97	0.0003342	1.47	0.0007337
0.48	0.0000926	0.98	0.0003406	1.48	0.0007433
0.49	0.0000960	0.99	0.0003472	1.49	0.0007529
0.50	0.0000996	1.00	0.0003538	1.50	0.0007626

TABLE RELATIVE AU MOUVEMENT DE L'EAU DANS LES CANAUX ET RIVIÈRES.

Vitesse moyenne U.	Valeur de RI.	Vitesse moyenne U.	Valeur de RI.	Vitesse moyenne U.	Valeur de RI.
m		m		m	
1.51	0.0007724	2.01	0.0013390	2.51	0.0020605
1.52	0.0007822	2.02	0.0013519	2.52	0.0020763
1.53	0.0007921	2.03	0.0013649	2.53	0.0020924
1.54	0.0008020	2.04	0.0013779	2.54	0.0021085
1.55	0.0008120	2.05	0.0013910	2.55	0.0021247
1.56	0.0008221	2.06	0.0014042	2.56	0.0021409
1.57	0.0008322	2.07	0.0014174	2.57	0.0021572
1.58	0.0008484	2.08	0.0014307	2.58	0.0021736
1.59	0.0008527	2.09	0.0014440	2.59	0.0021900
1.60	0.0008650	2.10	0.0014574	2.60	0.0022065
1.61	0.0008755	2.11	0.0014709	2.61	0.0022231
1.62	0.0008858	2.12	0.0014844	2.62	0.0022397
1.63	0.0008943	2.13	0.0014980	2.63	0.0022564
1.64	0.0009048	2.14	0.0015117	2.64	0.0022731
1.65	0.0009153	2.15	0.0015254	2.65	0.0022900
1.66	0.0009261	2.16	0.0015392	2.66	0.0023068
1.67	0.0009369	2.17	0.0015530	2.67	0.0023238
1.68	0.0009477	2.18	0.0015669	2.68	0.0023407
1.69	0.0009586	2.19	0.0015809	2.69	0.0023578
1.70	0.0009695	2.20	0.0015949	2.70	0.0023749
1.71	0.0009805	2.21	0.0016090	2.71	0.0023921
1.72	0.0009915	2.22	0.0016231	2.72	0.0024093
1.73	0.0010026	2.23	0.0016372	2.73	0.0024266
1.74	0.0010138	2.24	0.0016516	2.74	0.0024440
1.75	0.0010251	2.25	0.0016659	2.75	0.0024614
1.76	0.0010364	2.26	0.0016805	2.76	0.0024789
1.77	0.0010477	2.27	0.0016948	2.77	0.0024965
1.78	0.0010592	2.28	0.0017093	2.78	0.0025141
1.79	0.0010706	2.29	0.0017239	2.79	0.0025318
1.80	0.0010822	2.30	0.0017385	2.80	0.0025495
1.81	0.0010938	2.31	0.0017532	2.81	0.0025673
1.82	0.0011055	2.32	0.0017680	2.82	0.0025851
1.83	0.0011172	2.33	0.0017828	2.83	0.0026031
1.84	0.0011290	2.34	0.0017977	2.84	0.0026210
1.85	0.0011409	2.35	0.0018126	2.85	0.0026391
1.86	0.0011528	2.36	0.0018277	2.86	0.0026572
1.87	0.0011618	2.37	0.0018427	2.87	0.0026754
1.88	0.0011768	2.38	0.0018579	2.88	0.0026936
1.89	0.0011889	2.39	0.0018751	2.89	0.0027119
1.90	0.0012011	2.40	0.0018885	2.90	0.0027302
1.91	0.0012135	2.41	0.0019037	2.91	0.0027487
1.92	0.0012256	2.42	0.0019190	2.92	0.0027671
1.93	0.0012380	2.43	0.0019343	2.93	0.0027857
1.94	0.0012504	2.44	0.0019500	2.94	0.0028043
1.95	0.0012628	2.45	0.0019656	2.95	0.0028229
1.96	0.0012754	2.46	0.0019813	2.96	0.0028417
1.97	0.0012880	2.47	0.0019869	2.97	0.0028605
1.98	0.0013006	2.48	0.0020126	2.98	0.0028793
1.99	0.0013134	2.49	0.0020285	2.99	0.0028982
2.00	0.0013262	2.50	0.0020443	3.00	0.0029172

Dans l'exemple précédent on avait

$$\frac{A}{S}=R=0.635,\frac{H}{L}=I=\frac{1}{2000},$$

et par suite

$$RI=\frac{0.635}{2000}=0.0\,003\,175.$$

On trouve dans la table pour

$$RI=0.0\,003\,151,\quad U=0^m.94.$$

45. *Observations sur ce mode de jaugeage.* — Pour pouvoir appliquer la formule précédente, on voit donc qu'il faut choisir une longueur suffisante de la rivière où le lit soit régulier, de largeur et de profondeur à peu près uniformes, circonstances qui ne se rencontrent qu'assez rarement. Il est de plus difficile de déterminer la pente totale d'une manière tant soit peu exacte, à moins que la longueur ne soit considérable. Enfin lorsqu'il y a des vases, des inégalités dans le lit, il est fort rare de parvenir à des résultats un peu précis. Cette formule est donc en général plus utile pour l'établissement des canaux dont nous nous occuperons plus tard que pour le jaugeage de leur produit.

46. *Détermination de la vitesse moyenne. Sa relation avec la vitesse à la surface.* — Le moyen le plus généralement employé et le plus commode pour déterminer le volume d'eau débité par une grande rivière consiste dans l'appréciation de la vitesse moyenne U.

On se sert pour l'estimation de cette vitesse de différents instruments. L'un des plus anciens est le *tube de Pitot*, qui consiste en un tube de verre ou de métal recourbé , à angle droit. On place le tube de manière que

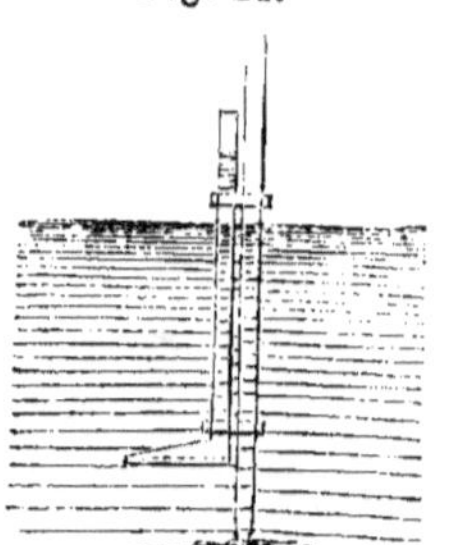

Fig. 24.

sa longue branche soit verticale, et l'on dirige l'autre, qui est horizontale, dans le sens du courant, l'ouverture tournée du côté d'amont. Pitot, d'après les notions qu'il avait sur l'action des fluides, croyait que la hauteur à laquelle le niveau de la branche verticale s'élevait au dessus de celui du courant était la hauteur due à la vitesse. Mais la forme , la dimension, la position du tube , exercent sur cette dénivellation des influences notables.

Dubuat , en formant l'embouchure du tube par une platine percée en son milieu d'un petit trou, dit avoir observé qu'alors la hauteur de dénivellation était les $\frac{3}{2}$ de la hauteur due à la vitesse ; celle-ci serait donc à l'inverse les $\frac{2}{3}$ de la dénivellation.

D'autres ingénieurs terminent la branche horizontale par une partie conique dont le sommet émoussé est percé d'un petit trou.

Mais il faut des observations plus nombreuses et plus précises que celles qui ont été faites jusqu'à ce jour pour permettre de fixer exactement les proportions les plus convenables de cet instrument, et le rapport de ses indications avec la vitesse de la portion de fluide dans lequel il est plongé. Ces expériences, faciles à faire, exigent seulement que l'on ait à sa disposition un canal ou un simple coursier de forme régulière sur une petite étendue , et recevant ou évacuant l'eau par des orifices dont on puisse calculer la dépense par les formules connues.

47. *Moulinets*. — Dubuat a employé, pour mesurer la vitesse à la surface de l'eau, un moulinet à 8 ailettes de $0^m.08$, et de $0^m.73$ de diamètre ; mais il est évident que ce moulinet, exposé en partie à la résistance de l'air, ne peut être employé tout au plus que pour de très faibles vitesses.

48. *Moulinet de Wolteman*. — L'appareil connu sous ce nom se compose d'un arbre portant deux ou quatre

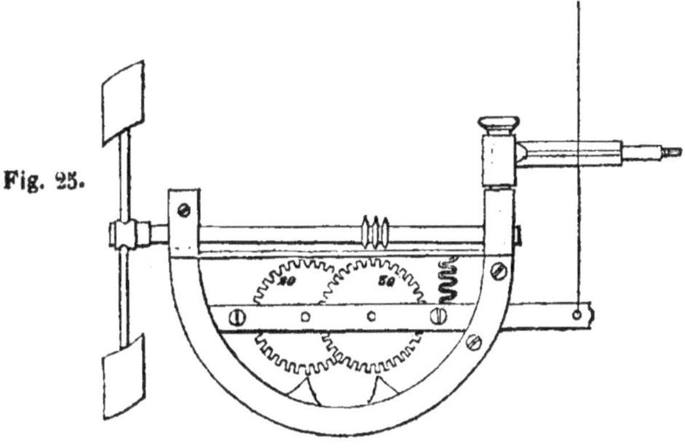

Fig. 25.

ailettes planes ou courbes. On dirige cet arbre léger dans le sens du courant qui lui transmet un mouvement de rotation. L'arbre porte une vis sans fin en communication avec un compteur qui indique le nombre de tours du moulinet. Pour se servir de cet instrument on détermine d'abord des verticales équidistantes et en nombre suffisant, sur la hauteur desquelles on se propose de faire les observations. Puis, se plaçant au dessus de chacune d'elles, si l'on peut opérer sur un pont jeté sur le canal ou à l'avant-bec d'un bateau que l'on amène en aval, on observe le nombre de tours que fait le moulinet à différentes hauteurs. Considérant la section transversale du fluide comme partagée en trapèzes mixtilignes, dont les verticales sont les lignes milieux, et chacun de ces trapèzes comme sous-divisé en rectangles ou trapèzes mixtilignes, dont les positions de l'instrument sont le centre, on a pour chacune de ces dernières subdivisions l'aire et la vitesse moyenne, et par suite le volume partiel correspondant. La somme de tous les volumes ainsi calculée donne le volume total.

La seule difficulté que présente l'emploi du moulinet de Wolteman, c'est la tare, ou la détermination préalable du rapport qui existe entre le nombre de tours et la vitesse de l'eau. La meilleure manière de la faire, c'est d'exécuter les opérations indiquées ci-dessus sur un canal dont le produit soit bien connu ; mais, comme on ne rencontre pas facilement de semblables circonstances, on se contente de faire marcher l'instrument dans une eau stagnante avec une vitesse donnée, et d'observer le nombre de tours correspondant.

49. *Flotteurs.* — A défaut d'un moulinet de Wolteman convenablement taré, on détermine d'abord la vitesse à la surface, à l'aide de flotteurs en bois de chêne ou autres, disposés ou lestés de manière à ne pas dépasser sensiblement la surface du fluide, que l'on jette dans l'endroit où le courant est le plus rapide, et qu'on nomme le *thalweg*. En observant le temps employé à parcourir une longueur déterminée dans une partie du canal aussi régulière que possible, on obtient la vitesse à la surface que nous appellerons V.

50. *Relation entre la vitesse moyenne et la vitesse à la surface.* — M. de Prony, en discutant les résultats de 17 expériences de Dubuat, où la vitesse à la surface et la vitesse moyenne étaient exactement déterminées par l'expérience, a reconnu qu'en nommant toujours U la vitesse moyenne, on avait entre ces vitesses la relation

$$U = \frac{V(V + 2.37\,187}{V + 3.15\,312}.$$

Cette formule conduit d'ailleurs aux valeurs suivantes du rapport $\frac{U}{V}$.

Valeurs de V.	0.01^m	0.05^m	0.10^m	0.20^m	0.30^m	0.40^m	0.50^m	1.00^m	1.50^m	2.00^m	2.50^m	3.00^m	3.50^m	4.00^m
Valeurs de $\frac{U}{V}$	0.754	0.756	0.760	0.767	0.774	0.780	0.786	0.812	0.833	0 848	0.861	0.873	0.883	0.891

A l'aide de ces résultats il sera facile de déduire dans chaque cas la vitesse moyenne de l'observation de la vitesse à la surface. On remarquera d'ailleurs qu'entre les limites ordinaires de vitesse à la surface des canaux, habituellement comprises entre 0^m.30 et 1^m,00, le rapport $\frac{U}{V}$ s'éloigne fort peu de 0^m.80, que l'on peut pour la plupart des cas adopter avec une exactitude suffisante pour les opérations de la pratique.

51. *Relation entre la vitesse moyenne, la vitesse à la surface, et la vitesse de fond.* — D'après les mêmes expériences, en appelant W la vitesse au fond, on la déterminera approximativement par la formule

$$W = 2U - V.$$

En rapportant les règles données par M. de Prony, nous devons ajouter que des expériences récentes, entreprises par M. Boileau, capitaine d'artillerie, paraissent indiquer que ces règles ne représentent pas assez exactement les relations réelles des vitesses, et qu'il y aura lieu de les modifier. Mais, ce travail n'étant pas terminé, nous devrons attendre pour en faire connaître les résultats.

52. *Limites de la vitesse que l'eau peut atteindre sans dégrader le fond des canaux.* — Il résulte encore des observations de Dubuat et d'autres ingénieurs que les matériaux qui constituent le sol des canaux sont entraînés aux vitesses indiquées dans le tableau suivant :

Nature du fond.	Limites de la vitesse.
	m
Terres détrempées, brunes.	0.076
Argiles tendres.	0.152
Sables.	0.305
Graviers.	0.609
Cailloux.	0.614
Pierres cassées, silex.	1.220
Cailloux agglomérés, schistes tendres.	1.520
Roches en couches.	1.830
Roches dures.	3.050

Il importe donc que la vitesse du fond des canaux n'atteigne jamais les vitesses indiquées dans ce tableau pour chaque sol, même en temps de crues.

Ve *LEÇON.*

53. *Vitesse de l'eau à l'extrémité des coursiers qui accompagnent les orifices.* — Quoique la présence du coursier n'altère pas la dépense dans les cas ordinaires où les charges sur le seuil sont considérables, la vitesse de sortie n'en est pas moins diminuée à une certaine distance de l'orifice, et peut ensuite être modifiée par la pente et par la résistance des parois. Il est d'ailleurs important de connaître la vitesse avec laquelle le liquide arrive sur les récepteurs hydrauliques, et par conséquent il faut, au préalable, déterminer celle qu'il possède à l'extrémité du coursier qui le guide depuis cet orifice.

54. *Perte de vitesse après l'orifice.* — Après sa sortie, et à une distance ordinairement supérieure à deux fois la plus petite dimension de l'orifice, la veine fluide s'épanouit à peu près comme dans les ajutages cylindriques, et occupe toute la largeur du canal. Sa vitesse diminue en raison inverse de l'accroissement de la section transversale, de sorte qu'en appelant comme par le passé O l'aire de cette section à une petite distance en aval de l'orifice, et A l'aire de cet orifice, on aura, de même que pour les ajutages n° (**29**), la vitesse moyenne U dans la section O par la formule

$$U = \frac{\sqrt{2gH}}{\sqrt{1 - \left(\dfrac{O}{mA} - 1\right)^2}}.$$

La section O ne peut pas ici, comme pour les tuyaux,

se déduire immédiatement de la dimension du coursier, parce que la surface supérieure du liquide est libre. Il faudra donc la mesurer directement, ce qui, dans beaucoup de cas, ne présentera pas de difficultés, et alors la formule ci-dessus donnera la vitesse U avec l'exactitude désirable.

Mais il y a des cas où l'on ne peut obtenir facilement cette mesure directe : tels sont ceux des roues à aubes planes et des roues à aubes courbes recevant l'eau à leur partie inférieure, et qui, la plupart du temps, sont trop voisines de l'orifice pour qu'on puisse aborder celui-ci en aval. Dans des cas pareils, et comme estimation approximative, on supposera que $O = A$; ce qui ramènera la formule à celle des tuyaux additionnels

$$U = \frac{\sqrt{2gH}}{\sqrt{1 + \left(\frac{1}{m} - 1\right)^2}}.$$

Exemple : $H = 1^m.10$, $m = 0.64$; on a

$$\frac{1}{0.64} = 1.562 \quad \left(\frac{1}{64} - 1\right)^2 = 0.316, \quad \frac{1}{\sqrt{1.316}} = \frac{1}{1.147},$$

$$U = \frac{\sqrt{19.62 \times 1.10}}{1.147} = 4^m.05.$$

55. *Observation.* — La contraction n'étant jamais nulle à la sortie de l'orifice, on voit que par la présence du coursier il y a toujours une perte de vitesse et de force vive, ce qui équivaut, comme on sait, à une perte du travail moteur. On remarquera que cette perte sera d'autant moindre que le multiplicateur m sera plus grand

ou que la contraction aura été supprimée sur un plus grand nombre de côtés. On voit par là l'avantage qu'il y a, dans tous les vannages de roues hydrauliques, à diminuer la contraction.

56. *Vitesse à l'extrémité du coursier.* — Si le coursier est très court, et que sa pente soit sensible, en nommant h celle qu'il a depuis le seuil de l'orifice jusqu'à l'extrémité, et en négligeant l'influence de la résistance des parois, vu

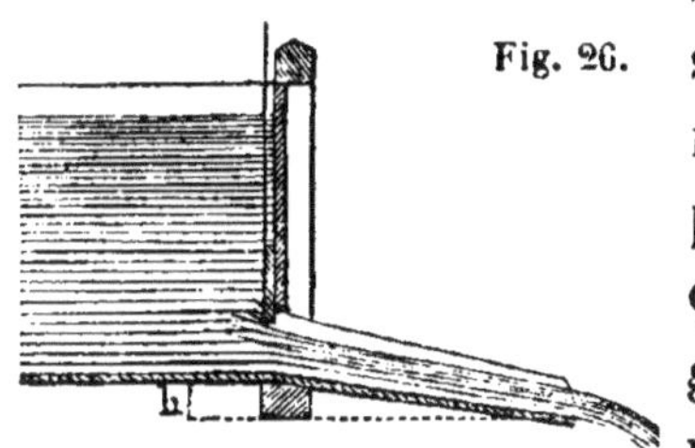

Fig. 26.

la faible longueur du coursier, on déterminera d'abord, comme on vient de le dire, la vitesse U vers l'origine du coursier à une distance égale à deux ou trois fois sa plus petite dimension, et de ce point à l'extrémité on aura, par le principe des forces vives, en nommant u la vitesse cherchée

$$M\,(u^2 - U^2) = 2Mgh,$$

M étant la masse d'eau dépensée en 1″, d'où

$$u = \sqrt{U^2 + 2gh} = \sqrt{2g\,(H + h)},$$

en appelant H la hauteur due à la vitesse U.

Si l'on peut aborder le dessus du coursier, on prendra le profil de la section d'eau vers son extrémité en un point où il n'y ait pas de dénivellation s'il verse à l'air libre, et alors, en divisant la dépense connue Q de l'orifice par l'aire de cette section, on aura directement la vitesse moyenne u à l'extrémité du coursier.

57. *Coursiers d'une grande longueur.* — Lorsque les

coursiers ont une certaine longueur, la résistance des parois exerce une influence qu'il n'est plus permis de négliger ; mais comme le mouvement s'accélère ou se retarde, et n'a pas le temps de parvenir à l'uniformité, ce n'est que comme moyen d'approximation que l'on peut employer les règles relatives au mouvement uniforme dans les canaux. Pour simplifier les calculs on pourra admettre que la résistance des parois est proportionnelle au quarré de la vitesse, et représentée par l'expression

$$\frac{1\,000}{g}\,SLbU_1^2,$$

dans laquelle on fera $b=0.0035$,

U_1 étant une vitesse moyenne que l'on substituera à la vitesse variable pour estimer approximativement l'influence de la résistance des parois.

Pour déterminer cette vitesse moyenne, on calculera d'abord, comme dans le cas précédent, la vitesse u, qui aurait lieu à l'extrémité du canal, en négligeant la résistance des parois. Cette vitesse sera plus grande que la vitesse réelle, et l'on prendra pour vitesse moyenne la moyenne arithmétique $\dfrac{U+u}{2}$ entre elle et la vitesse à l'origine du coursier. Alors la résistance des parois aura pour expression

$$\frac{1\,000}{g}\,SL \times 0.0035\left(\frac{U+u}{2}\right)^2,$$

et le travail qu'elle développera dans l'unité de temps sera

$$\frac{1\,000}{g}\,SL \times 0.0035\left(\frac{U+u}{2}\right)^2 \times \left(\frac{U+u}{2}\right) = M\,\frac{SL}{A}\cdot 0.0035\left(\frac{U+u}{2}\right)^2,$$

à cause de

$$Mg = 1\,000 A \left(\frac{U+u}{2}\right);$$

d'où

$$\frac{1\,000}{g} \times \frac{U+u}{2} = \frac{M}{A}.$$

D'après cela le principe des forces vives donnera, en appelant U' la vitesse cherchée à l'extrémité du coursier et h la pente,

$$M(U'^2 - U^2) = 2Mgh - 2 \times M\frac{SL}{A} 0.0\,035 \left(\frac{U+u}{2}\right)^2,$$

d'où l'on tire

$$U' = \sqrt{U^2 + 2gh - 0.007\frac{SL}{A}\left(\frac{U+u}{2}\right)^2}.$$

Exemple : Dans le cas de l'exemple précédent n° 54, où l'on avait H$=1^m.10$, $m=0.64$, ce qui avait donné U$=4^m.05$.

Si la largeur de l'orifice était de $1^m.00$ et sa hauteur de $0^m.25$, la dépense serait

$$Q = 0.64 \times 1^m.00 \times 0^m.25 \sqrt{19.62 \times 1^m.10} = 0^{mc}.743.$$

Si $h=0^m.35$, L$=7^m.$, la vitesse u, calculée en négligeant d'abord la résistance des parois, serait

$$u = \sqrt{(4.05)^2 + 19.62 \times 0^m.35} = 4^m.823;$$

d'où l'on déduit

$$\frac{U+u}{2} = \frac{4.05 + 4.823}{2} = 4^m.436,$$

et par suite

$$A = \frac{Q}{\dfrac{U+u}{2}} = \frac{0^{mc}.743}{4^{mc}.436} = 0^{mq}.167.$$

Le coursier étant supposé avoir la même largeur que
l'orifice, on a

$$S = 1^m + 2 \times 0^m.25 = 1^m.50,$$

et alors

$$0.007 \frac{S}{\Lambda} L. \left(\frac{U + u}{2} \right)^2 = 8.66$$

et enfin

$$U' = \sqrt{(4.05)^2 + 19.62 \times 0.35 - 8.66} = 2^m.15.$$

58. *Cas où l'on peut aborder la partie supérieure du
canal.* — Lorsque l'on pourra atteindre la partie supérieure et l'extrémité du canal, il sera évidemment plus
facile et plus exact d'en relever le profil transversal un
peu en amont de l'endroit où se produit la dénivellation
de la surface, et, en divisant la dépense Q de l'orifice
par l'aire de cette section, on aura la vitesse moyenne
en cet endroit.

59. *Vitesse d'arrivée de l'eau sur les roues hydrauliques.* — A partir de l'extrémité des coursiers l'eau qu'ils
versent sur les roues hydrauliques est soumise à l'action
de la pesanteur, et se meut en ligne courbe. Il est nécessaire pour le calcul de l'effet utile, et surtout pour l'é-
tablissement des roues hydrauliques, de déterminer au
moins la direction et la vitesse avec lesquelles le filet
moyen atteint la circonférence extérieure des roues. A
cet effet, appelant toujours h la pente, et L la longueur
totale du coursier ; la vitesse U' de l'eau à l'extrémité de
ce coursier, que l'on regardera comme celle d'un filet
moyen traversant le milieu de la section faite en cet endroit, et qui est parallèle au fond du coursier, pourra

être décomposée en deux : l'une horizontale, égale à

$$U'\frac{\sqrt{L^2-h^2}}{L}=U'\cos a;$$

l'autre verticale

$$U'\frac{h}{L}=U'\sin a,$$

a étant l'angle d'inclinaison du coursier sur l'horizon.

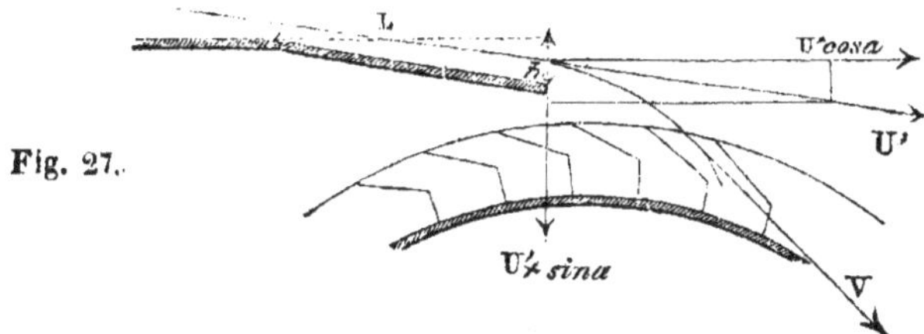

Fig. 27.

Ce filet se mouvra donc dans le sens de l'horizontale avec une vitesse uniforme

$$U'.\cos a=U'.\frac{\sqrt{L^2-h^2}}{L}$$

et, au bout d'un temps T, aura parcouru dans le sens horizontal, en vertu de cette vitesse, un espace

$$x=U'\cos a.T.$$

Dans le sens vertical sa vitesse initiale s'accroît, par l'effet de la gravité, de quantités proportionnelles au temps, et au bout du temps T elle est

$$U'\frac{h}{L}+gT,$$

et l'espace parcouru dans ce sens après le même temps est

$$y=U'\frac{h}{L}T+\frac{1}{2}gT^2.$$

A l'aide de ces deux relations il est donc facile de calculer les abscisses x et les ordonnées y de la courbe dé-

crite par le filet moyen correspondantes aux mêmes valeurs du temps T ; mais, en mettant dans la seconde pour
T sa valeur

$$\frac{x}{U'\cos a},$$

tirée de la première, elle devient

$$y = \frac{g x^2}{2U'^2 \cos a^2} + x . \tan g a = \frac{g L^2 x^2}{2U'^2 (L^2 - h^2)} + x . \frac{h}{\sqrt{L^2 - h^2}},$$

ce qui donnera directement la relation entre les abscisses
et les ordonnées de la courbe du filet moyen, ou l'équation de cette courbe.

En prenant ensuite sur une ligne horizontale menée
par le centre de la section où l'on a déterminé la vitesse U' des longueurs égales à $x = 0^m.05$, $0^m.10$,
$0^m.20$, $0^m.30$, etc., on déduira par la relation ci-dessus les valeurs correspondantes de y ou des ordonnées
de la courbe du filet moyen, que l'on tracera ainsi par
points un peu au delà de sa rencontre avec la circonférence extérieure de la roue.

On obtiendra donc par le tracé la position de ce point
de rencontre, et en appelant h' sa hauteur au dessous de
l'origine de la courbe, où la vitesse du filet moyen était
U', il est facile de voir que la vitesse de ce filet à sa
rencontre avec la circonférence de la roue sera

$$V = \sqrt{U'^2 + 2 g h'}.$$

Quant à la direction de cette vitesse, elle sera évidemment celle de la tangente à la courbe du filet moyen
qu'on peut mener à la règle au point de rencontre avec
la circonférence extérieure ; on connaîtra donc cette vitesse d'arrivée de l'eau en grandeur et en direction, et

l'on en déduira l'angle qu'elle forme avec la vitesse de la circonférence extérieure.

60. *Cas où la vitesse U' est horizontale.* — Si le coursier est horizontal, ou s'il s'agit d'un déversoir, la vitesse U' est horizontale ; alors $h = 0$, et la relation ou l'équation ci-dessus se réduit à

$$y = \frac{g.x^2}{2\mathrm{U'}^2}.$$

Pour les déversoirs il convient d'ajouter que la hauteur ou l'épaisseur de la lame d'eau qui passe par dessus est 0.80H environ quand le déversoir a la même largeur que le canal, ce qui convient pour les roues hydrauliques, et qu'alors le filet moyen est à 0.6H au dessous du niveau du réservoir, ce qui donne pour la vitesse moyenne à l'origine de la courbe décrite par le filet moyen

$$\mathrm{U'} = \sqrt{19.62 \times 0.6\mathrm{H}},$$

vitesse dirigée dans le sens horizontal.

Exemple : Supposons qu'il s'agisse d'une roue hydraulique de $3^m.50$ de diamètre, dont l'axe soit à $0^m.25$ en avant de la verticale qui passe par l'extrémité du coursier, et que cette extrémité soit à $0^m.02$ au dessus du sommet de la roue ; soit $\mathrm{U'} = 3^m.00$, l'épaisseur de la lame d'eau $= 0^m.10$, et le coursier incliné à $\frac{1}{12}$, de sorte que

$$\tan ga = \frac{1}{12} = 0.083, \quad \cos a = 0.995,$$

on a pour l'équation de la courbe

$$y = \frac{9.81 \times x^2}{2 \times (3 \times 0.995)^2} + 0.083x = 0.55x^2 + 0.083x.$$

En se donnant les valeurs suivantes de x :

$x = 0^m.100, \ 0^m.200, \ 0^m.300, \ 0^m.400, \ 0^m.500, \ 0^m.600,$

on en déduit

$y = 0^m.014, \ 0^m.038, \ 0^m.074, \ 0^m.121, \ 0^m.178, \ 0^m,248.$

L'intersection de la courbe, ainsi déterminée, avec la circonférence extérieure de la roue, est à $0^m.07$ au dessous de l'origine de la courbe, et, la hauteur due à la vitesse initiale de $3^m.00$ étant $0^m.46$, la hauteur totale à laquelle est due la vitesse cherchée est $0^m.53$, et par conséquent cette vitese est de $3^m.23$ en $1''$.

61. *Des cabinets d'eau.* — On emploie quelquefois dans les usines, pour amener l'eau sur les roues hydrauliques, des tuyaux de conduite qui, passant au dessus ou au dessous du sol, établissent une communication entre le réservoir principal et un petit réservoir particulier appelé *cabinet d'eau*, placé immédiatement auprès de la roue, et qui y verse l'eau par une vanne ordinaire. Cette disposition occasionne toujours entre le niveau du réservoir et celui du cabinet d'eau une différence ou perte de chute qu'il est nécessaire de pouvoir calculer, et de renfermer dans des limites convenables par de bonnes proportions.

Nommant toujours

Fig. 28.

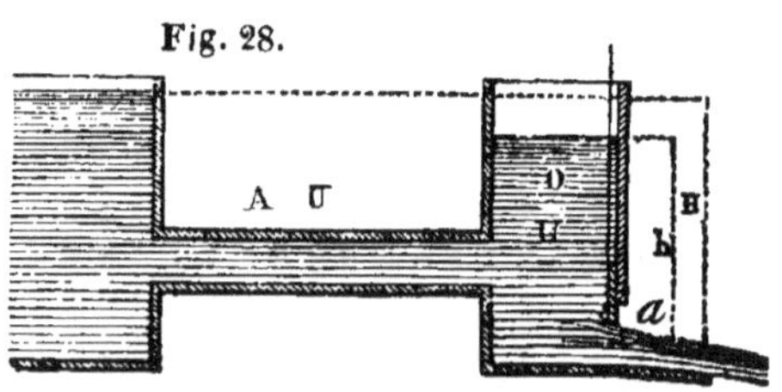

A l'aire de section du tuyau supposée constante, et
égale à celle de l'orifice d'entrée, qui reste constamment
ouvert;

U la vitesse moyenne dans le tuyau;

O l'aire de la section du cabinet d'eau faite perpendiculairement au sens général du mouvement de transport
du fluide : dans le cas de la figure actuelle ce serait le
profil vertical perpendiculaire à la direction du canal;

U' la vitesse moyenne dans cette section;

a l'aire de l'orifice ouvert dans le cabinet;

v la vitesse moyenne de sortie à cet orifice;

m le multiplicateur de la dépense à l'entrée du tuyau;

m' — — — à l'orifice du cabinet;

H la hauteur du niveau du réservoir au dessus du
centre de l'orifice du cabinet versant par hypothèse
à l'air libre;

h la hauteur du niveau du cabinet au dessus du même point;

On remarquera d'abord qu'il se fait à l'entrée du
tuyau une perte de force vive exprimée pour chaque
masse **M** écoulée en $1''$ par

$$M\left[\frac{1}{m}-1\right]^2 U^2,$$

d'après ce que l'on a vu au n° **27**.

Au débouché du tuyau dans le cabinet il se fait une
nouvelle perte de force vive (n° **28**) exprimée par

$$M\left[U-U'\right]^2.$$

Enfin à sa sortie l'eau possède la force vive Mv^2.

La somme des forces vives communiquées, en regardant toujours celle qu'elle possède dans le réservoir comme négligeable, est donc

$$\mathrm{M}v^2 + \mathrm{M}\left[\frac{1}{m}-1\right]^2\mathrm{U}^2 + \mathrm{M}[\mathrm{U}-\mathrm{U}']^2,$$

ou, à cause de $m'av = \mathrm{A}\mathrm{U} = \mathrm{O}\mathrm{U}'$,

$$\mathrm{M}v^2\left[1+\frac{m'^2a^2}{\mathrm{A}^2}\left(\frac{1}{m}-1\right)^2+\frac{m'^2a^2}{\mathrm{A}^2}\left(1-\frac{\mathrm{A}}{\mathrm{O}}\right)^2\right].$$

D'un autre côté le travail développé par la gravité sur le liquide depuis le réservoir jusqu'à sa sortie de l'orifice est $\mathrm{M}g\mathrm{H}$, et le travail consommé par la résistance des parois en $1''$ peut être exprimé par

$$\frac{1\,000\mathrm{LS}}{g}\,b.\mathrm{U}.^2\mathrm{U},$$

en faisant $b = 0.0\,035$, comme on le verra plus loin quand nous parlerons des tuyaux.

En appliquant donc à ce mouvement du fluide le principe des forces vives, on a la relation

$$\mathrm{M}v^2\left[1+\frac{m'^2a^2}{\mathrm{A}^2}\left(\frac{1}{m}-1\right)^2+\frac{m'^2a^2}{\mathrm{A}^2}\left(1-\frac{\mathrm{A}}{\mathrm{O}}\right)^2\right.$$
$$=2\mathrm{M}g\mathrm{H}-2\frac{1\,000\mathrm{SL}}{g}\,0.0\,035\mathrm{U}^3,$$

ou en se rappelant que

$$\mathrm{M}=\frac{1\,000\mathrm{A}\mathrm{U}}{g}$$

et divisant tout par M

$$v^2\left[1+\frac{m'^2a^2}{\mathrm{A}^2}\left(\frac{1}{m}-1\right)^2+\frac{m'^2a^2}{\mathrm{A}^2}\left(1-\frac{\mathrm{A}}{\mathrm{O}}\right)^2\right]$$
$$=2g\mathrm{H}-\frac{\mathrm{SL}}{\mathrm{A}}\,0.0\,07\mathrm{U}^2.$$

Or de plus on a

$$v^2 = 2gh \quad \text{et} \quad \mathrm{U}^2 = \frac{m'^2a^2}{\mathrm{A}^2}\times v^2 = \frac{m'^2a^2}{\mathrm{A}^2}\cdot 2gh.$$

De sorte que cette relation se réduit à

$$H - h = \frac{m'^2 a^2}{A^2}\left[\left(\frac{1}{m} - 1\right)^2 + \left(1 - \frac{A}{O}\right)^2 + 0.007\frac{SL}{A}\right]h.$$

Dans la plupart des cas de la pratique, l'aire de section du tuyau est assez petite par rapport à la section du cabinet d'eau pour que le rapport $\frac{A}{O}$ puisse être négligé vis-à-vis de l'unité, et la formule se réduit à

$$H - h = \frac{m'^2 a^2}{A^2}\left[\left(\frac{1}{m} - 1\right)^2 + 1 + 0.007\frac{SL}{A}\right]h.$$

Dans l'application de ces formules il faut s'assurer que la distance entre l'extrémité du tuyau et l'orifice de sortie est au moins deux à trois fois la dimension du tuyau de conduite : car il résulte d'expériences inédites de M. Poncelet que, quand cette distance est moindre, et surtout quand l'orifice de la vanne est plus grand que la section transversale du tuyau, le liquide passe du tuyau à l'orifice sans tourbillonnements et sans perte sensible de force vive.

Exemple : A la scierie de l'arsenal de Metz il y a un semblable cabinet d'eau, pour lequel on a

$$m' = 0.67, \quad m = 0.62, \quad a = 0^{mq}.0\,682, \quad A = 0^{mq}.25,$$
$$L = 7^m.60, \quad S = 2^m.00, \quad h = 1^m.625.$$

La formule donne

$$H - h = \left(\frac{0.67 \times 0.0\,682}{0.25}\right)^2\left[\left(\frac{1}{0.62} - 1\right)^2 + 1 + 0.007 \times \frac{2^m \times 7.60}{0.25}\right]1^m.625$$
$$= 0^m.0078.$$

La mesure directe a donné $H - h = 0^m.100$.

On voit d'ailleurs que, pour diminuer cette perte dans les cas où l'usage d'un cabinet d'eau serait commandé par les localités, il faudra augmenter l'aire de section du tuyau par rapport à l'aire de l'orifice, et diminuer le plus possible la longueur de ce tuyau, ainsi que la contraction à tous les passages.

62. *Établissement des canaux à régime constant.* — Les canaux de navigation, de dérivation et de conduite d'eau aux usines, doivent être établis à régime constant ou uniforme autant que les circonstances le permettent. On sait en effet qu'il y a une certaine vitesse de fond convenable pour chaque nature du sol, et qu'on ne devra jamais dépasser, sous peine de voir le lit du canal dégradé. D'une autre part la vitesse moyenne ne doit pas descendre au dessous de la limite où l'eau n'est plus susceptible d'enlever les vases, les troubles, les sables légers, que le courant entraîne dans les temps de crues, et qui dépendent de la nature des terrains dans lesquels il prend sa source.

Entre ces limites extrêmes, qui sont données par le tableau des vitesses n° 52, qui entraînent les fonds de diverses natures, il convient de choisir la vitesse convenable dans chaque cas, selon le but dans lequel on construit le canal.

S'il s'agit d'un canal de navigation dans lequel les bateaux descendent et remontent, il convient en général que la vitesse soit aussi faible que possible, afin de rendre la résistance au halage la même dans les deux sens, toutes choses égales d'ailleurs, et la fatigue ou le nombre des chevaux employés le même dans les deux cas. Mais, si ce canal doit conduire des eaux pour des distributions dans une ville, il faut que les eaux y conservent une certaine vitesse, afin que leur pureté ne s'altère pas par la décomposition des matières végétales. Ainsi les eaux du canal de l'Ourcq ont une vitesse moyenne de $0^m.30$ dans l'arrondissement de Meaux, et une vitesse de $0^m.25$ dans celui de Paris. Dans les cas semblables il faudra encore tenir compte de l'influence retardatrice que les herbes qui croissent dans les canaux peuvent exercer, et quelquefois on sera conduit à augmenter la pente pour en compenser en partie l'effet. Il sera d'ailleurs nécessaire, dans des cas pareils, de faire fréquemment faucher ces herbes.

La vitesse moyenne ne pouvant être entretenue que par la pente du canal, il est d'ailleurs évident que pour la produire et l'entretenir on sera conduit à faire un sacrifice, une perte sur *la chute totale* ou la différence de niveau du bassin de prise d'eau et du canal de fuite. Pour les canaux d'usine, où l'on est intéressé à utiliser la plus grande partie possible de cette chute, il faut donc limiter la vitesse à ce qui est strictement nécessaire.

Cependant, lorsque l'on a une chute considérable sur laquelle il peut être fait sans inconvénients une perte, et que d'un autre côté la nature du sol rend le creusement du canal si dispendieux, qu'il importe beaucoup d'en diminuer les frais, on sera conduit, par le motif d'économie de dépenses, à adopter au contraire une vitesse plus voisine de la limite supérieure.

On voit donc qu'il peut se présenter des circonstances diverses, que l'ingénieur chargé de la construction d'un canal devra juger, afin de déterminer de la manière la plus convenable à chaque cas la vitesse moyenne que l'eau doit y prendre.

Cela posé, laissant de côté les cas exceptionnels, auxquels il sera facile de pourvoir d'après les conditions particulières à chacun, nous nous occuperons de l'établissement des canaux destinés à amener et à évacuer les eaux pour des usines.

63. *Détermination de la vitesse moyenne.* — On a vu que la vitesse du fond W est, d'après les expériences de Dubuat, déterminée approximativement par la formule

$$W = 2U - V.$$

U étant la vitesse moyenne, et V la vitesse à la surface.

On sait d'ailleurs que, dans les limites entre lesquelles doit varier la vitesse des canaux, on a, d'après M. de Prony, $U = 0.80V$; d'où $V = 1.25U$, et par suite $U = 1.33W$.

La limite supérieure de la vitesse de fond W étant donnée par la nature du sol, on déduira donc de cette relation la limite supérieure de la vitesse moyenne U. Mais cette limite ne doit pas être atteinte dans tous les cas où l'on a intérêt à ménager la chute.

Si la rivière charrie dans les temps de faibles crues des limons légers, il conviendra que la vitesse de fond atteigne $0^m.15$ à $0^m.20$ en $1''$, et par suite U sera égale à $0^m.20$ à $0^m.26$; si elle entraîne des sables légers, on fera $W = 0^m.30$, et par suite $U = 0^m.40$.

En général, pour les canaux d'usines placés dans des conditions ordinaires, on fera $U = 0^m.25$ à $U = 0^m.30$.

VIe LEÇON.

64. *Cas où la section transversale du canal est donnée.* — Lorsque le volume d'eau à débiter est donné, et que les dimensions du canal sont fixées par des conditions particulières, la vitesse moyenne est alors déterminée par la relation $U = \dfrac{Q}{A}$, et il ne reste plus à régler que la pente convenable pour que le mouvement soit uniforme.

65. *Aire du profil transversal du canal.* — Dans les cas ordinaires la vitesse étant déterminée par les conditions indiquées ci-dessus, et le volume d'eau à débiter étant connu, on en déduira l'aire A de la section transversale par la relation

$$A = \frac{Q}{U}.$$

66. *Proportions des canaux.* — Pour les canaux en bois ou en maçonnerie à section rectangulaire, la proportion de la largeur du fond à la hauteur d'eau doit être déterminée par la condition que la résistance des parois soit un minimum, ce qui conduit à faire la largeur b double de la profondeur h, et donne $b = 2h$, et par suite $A = bh = 2h^2$; d'où la profondeur

$$h = \sqrt{\frac{A}{2}}.$$

Pour les canaux en terre avec talus, il convient en

général, pour la facilité du creusement, que la largeur au fond soit comprise entre quatre et six fois la profondeur d'eau.

Il est bien évident qu'il n'est d'ailleurs ici question que des canaux d'usines, et nullement des canaux de navigation, dont la profondeur dépend du tirant d'eau des bateaux qui doivent les parcourir, et la largeur de celle de ces mêmes bateaux.

Si l'on appelle n le rapport de la base des talus à leur hauteur, on a d'abord pour l'aire du profil de la section d'eau

$$A = bh + nh^2;$$

puis, selon que l'on fera

$$b = 4h, \qquad b = 5h, \qquad b = 6h,$$

on aura

$$A = h^2(4 + n), \qquad A = h^2(5 + n), \qquad A = h^2(6 + n).$$

On choisit d'ailleurs le rapport de b à h d'après les circonstances locales, telles que la nature du sol, la facilité plus ou moins grande de faire les déblais, la chute totale disponible, etc. Quelquefois même la profondeur du canal est donnée d'avance par des conditions particulières de localité.

Quant au talus des terres, exprimé par le rapport n de la base à la hauteur, il dépend de la nature des matériaux et du sol.

Pour des perrés ordinaires on fait $n = 0.50$; pour des terres fortes on prend $n = 1$; mais pour des terres ordinaires, et le plus souvent par prudence, on fait $n = 2$.

Des relations précédentes on déduira respectivement pour

$$b=4h, \qquad b=5h. \qquad b=6h.$$

$$h=\sqrt{\frac{A}{4+n}} \qquad h=\sqrt{\frac{A}{5+n}} \qquad h=\sqrt{\frac{A}{6+n}}$$

67. *Périmètre mouillé.* — La largeur et la profondeur du canal étant déterminées, on en déduit le périmètre mouillé S, qui est pour

$n=0.$	$n=0.50.$	$n=1.$	$n=2.$
$S=b+2h.$	$S=b+2h\sqrt{1.25}$ ou $S=b+2.25h.$	$S=b+2h\sqrt{2}$ ou $S=b+2.85h.$	$S=b+2h\sqrt{5}$ ou $S=b+4.47h.$

68. *Pente du canal par mètre courant.* — Toutes ces proportions étant déterminées, il ne restera plus à calculer que la pente du canal par mètre courant, ou *sa déclivité*.

Or on se rappellera que nous avons établi la relation suivante n° **43** :

$$\frac{H}{L}\cdot\frac{A}{S}=0.0\,000\,444U+0.000\,309U^2;$$

d'où l'on tire, en appelant I le rapport $\frac{H}{L}$ de la pente totale à la longueur,

$$I=\frac{S}{A}U\,[0.0\,000\,444+0.000\,309U].$$

Connaissant la pente par mètre courant, on en déduit la pente totale $H=IL.$

69 *Table donnant l'aire et le rayon moyen.* — Dans son recueil de tables à l'usage des ingénieurs, faisant suite à celui de feu M. Génieys, M. Cousinery, ingénieur en chef des ponts et chaussées, a donné, page 276, une table d'un usage commode, qui fournit, pour les canaux à section en forme de trapèze, l'aire A de la section transversale, et le rayon moyen $R = \frac{A}{S}$ correspondant à une largeur donnée du fond du canal à des talus d'inclinaisons sur la verticale différentes depuis zéro jusqu'à la base égale à **2.9** fois la hauteur, et à des profondeurs d'eau comprises depuis $0^m.10$ de la largeur du fond jusqu'à la profondeur égale à cette largeur. Les ingénieurs pourront consulter cette table pour s'épargner les calculs que nous venons d'indiquer.

70. *Application des règles précédentes.* — Pour montrer l'emploi des règles précédentes, nous en ferons l'application aux données suivantes : Un canal destiné à débiter un volume d'eau de $0^{mc}.500$ doit être creusé dans un sol dont le fond est en gravier; sa longueur totale est de $L = 1\,200^m$. Les talus pourront être à un de base sur un de hauteur.

La limite supérieure de la vitesse de fond à laquelle le gravier commence à être entraîné est (n° 52) $w = 0^m.609$; la limite supérieure de la vitesse moyenne est donc

$$U = 1.33 \times 0^m.609 = 0^m.81.$$

Si le cours d'eau charrie des sables qu'on ne veuille pas laisser déposer dans le canal, la vitesse de fond devra être au moins $w = 0^m.305$, et la vitesse moyenne minimum sera

$$U = 1,33 \times 0^m.305 = 0^m.406.$$

Comme cette vitesse minimum est déjà assez forte, on l'adoptera pour celle de régime du canal.

D'après cela l'aire de section transversale sera

$$A = \frac{Q}{U} = \frac{0^{mc}.500}{0^m.406} = 1^{mq}.231.$$

Si le canal devait être en bois, et par conséquent à parois verticales, on aurait

$$h = \sqrt{\frac{A}{2}} = \sqrt{\frac{1^{mq}.231}{2}} = 0^m.784,$$

et par suite

$$b = 2h = 1^m.568.$$

Mais on a dit qu'il serait creusé dans le sol, avec des talus à un de base sur un de hauteur, et si l'on adopte la proportion de $b = 4h$ on aura

$$h = \sqrt{\frac{A}{4+n}} = \sqrt{\frac{1^{mq}.231}{4+1}} = 0^m.496$$

et

$$b = 4 \times 0^m.496 = 1^m.984.$$

Le périmètre mouillé sera

$$S = b + 2.83h = 1^m.984 + 2.83 \times 0^m.496 = 3^m.388.$$

La déclivité ou pente par mètre courant sera donc

$$I = \frac{S}{A} U [0.0\,000444 + 0.000\,309U]$$

$$= \frac{3.388}{1.231} \times 0.406 [0.0\,000444 + 0.000\,309 \times 0^m.406]$$

$$= 0^m.000\,189.$$

La pente totale sur la longueur $L = 1\,200^m$ sera donc

$$H = IL = 0^m.000\,189 \times 1\,200 = 0^m.227.$$

71. *Vannes de prise d'eau et de garde.* — On établit ordinairement à l'origine des canaux d'usine des vannes de prise d'eau pour régler le volume à admettre dans le canal, volume qui est souvent déterminé par un règlement d'eau. Ce règlement statue que, quand le niveau sera à hauteur d'un repère fixe donné, et habituellement déterminé par l'élévation de la crête d'un déversoir de superficie établi sur le réservoir principal, les vannes ne devront laisser passer qu'un volume d'eau déterminé correspondant à une fraction donnée du produit total connu de la rivière au moment de l'étiage ou des plus basses eaux. Il faut donc que les orifices de prise d'eau soient disposés et limités de telle sorte qu'il ne puisse pas y avoir abus ou fraude à cette époque, où, le produit de la rivière étant au minimum, il importe à chaque partie prenante que les autres ne dépensent que leur part de la force motrice.

Pour pouvoir calculer avec le degré d'exactitude convenable le volume d'eau admis dans un canal en pareille circonstance il convient d'employer pour les vannes de prise d'eau des orifices noyés avec charge sur le sommet, pour lesquels la dépense se détermine, comme on sait, par la formule (n° 9)

$$Q = mLE\sqrt{2g(H-h)}.$$

La différence de niveau $H-h$ du réservoir principal au canal étant d'ailleurs toujours une perte de chute pour l'usine placée sur ce canal, il est de l'intérêt du propriétaire de cette usine de la rendre un minimum. Mais pour dépenser des volumes un peu considérables il est difficile de faire $H-h$ plus petit que $0^m.10$ à $0^m.08$

sans tomber dans de trop grandes largeurs ou ouvertures d'orifice. On connaîtra donc le facteur

$$\sqrt{2g\,(H-h)}.$$

La hauteur E de l'orifice devra être égale à la profondeur d'eau dans le canal de l'usine, qui est déterminé par ce qui précède. Par conséquent de la formule ci-dessus on tirera la largeur

$$L = \frac{Q}{mE\sqrt{2g\,(H-h)}}$$

On se rappellera d'ailleurs que, pour atténuer la perte de force vive en aval de l'orifice, il convient de disposer les abords de cette ouverture de manière que la contraction soit annulée sur le fond et sur les deux côtés verticaux, ce qui en pareil cas s'obtient tout naturellement, parce qu'on doit établir le radier à fleur du seuil et les côtés des orifices dans le prolongement des faces des bajoyers ou des piles.

La différence $H-h$ de niveau devant rester constante, on placera le côté supérieur de l'orifice à la hauteur $H-h$ au dessous de la crête du déversoir régulateur et du niveau des eaux du canal de l'usine. Il sera d'ailleurs prescrit à l'usine alimentée par le canal de travailler à un niveau constant et affleurant au moins le côté supérieur de l'orifice.

Soit par exemple

$$Q = 4^{m^2}.25, \quad E = 1^m.00, \quad H-h = 0^m.10.$$

La contraction étant supprimée sur trois côtés, il semblerait d'abord que l'on dût admettre pour le coefficient ou multiplicateur de la dépense la valeur $m = 0.68$

environ; mais il faut remarquer qu'ici l'eau coulant dans un canal à pente et section constante, son mouvement est sensiblement uniforme, la vitesse à peu près la même pour tous les filets et toutes les hauteurs, de sorte que cette vitesse commune est due à la différence des niveaux d'amont et d'aval, ce qui conduit à prendre pour m la valeur 0.526 relative à un orifice analogue au dispositif e, et en interpolant graphiquement entre les résultats des expériences directes (1), on a alors

$$L = \frac{4^m.25}{0.526 \times 1^m \times 1^m.40} = 5^m.771.$$

On pourra partager cette largeur en trois orifices, à chacun desquels on donnerait $1^m.924$, ou en quatre orifices de $1^m.443$.

Les vannes de prises d'eau à l'origine des canaux placés sur des rivières sujettes à des crues ou torrentielles doivent en même temps servir de vannes de garde pour empêcher l'introduction des hautes eaux et des corps flottants. Il faut donc qu'elles aient une fausse vanne formant retenue, dont l'arête supérieure, ainsi que les surfaces des bajoyers et celle des digues environnantes, soit au dessus des plus hautes eaux. Quelquefois dans les pays de montagnes, où les ruisseaux entraînent des arbres et même des rochers en temps de crues, il sera prudent de faire précéder ces vannages d'une estacade solide en charpente, disposée de manière à rejeter ces corps dans le courant principal.

(1) On ne doit cependant pas dissimuler que la détermination du multiplicateur de la dépense présente dans ce cas quelque incertitude, qu'il serait fort utile de faire cesser par de nouvelles expériences.

72. *Dépense d'eau faite par un orifice ouvert dans un réservoir dont le niveau varie pendant l'écoulement.* — Les règles que l'on a données dans les précédentes leçons pour calculer le volume d'eau qui s'écoule par seconde ou dans un temps donné par un orifice sont spécialement relatives au cas où le niveau du réservoir reste constant ; mais il importe quelquefois de savoir apprécier les circonstances de l'écoulement quand ce niveau varie, quelle que soit d'ailleurs la loi de cette variation.

73. *Orifice avec charge sur le sommet.* — D'après la notation adoptée précédemment n° 9, la dépense faite en 1″ par un orifice avec charge sur le sommet a pour expression

$$Q = m\text{LE}\sqrt{2gH},$$

dans laquelle la charge H sur le centre de l'orifice est variable. Si l'on considère seulement le volume écoulé dans un intervalle de temps infiniment petit t, pendant lequel on peut faire abstraction de la variation de la charge, on aura pour ce volume

$$Qt = m\text{LE}\sqrt{2gH}\,t = 4.4\,292\,m\text{LE}\sqrt{H}\,t.$$

Pour obtenir la somme de tous les volumes élémentaires écoulés au bout d'un temps T quelconque, on peut avoir recours à la formule de Simpson : car il est évident que, si l'on prend les temps pour abscisses

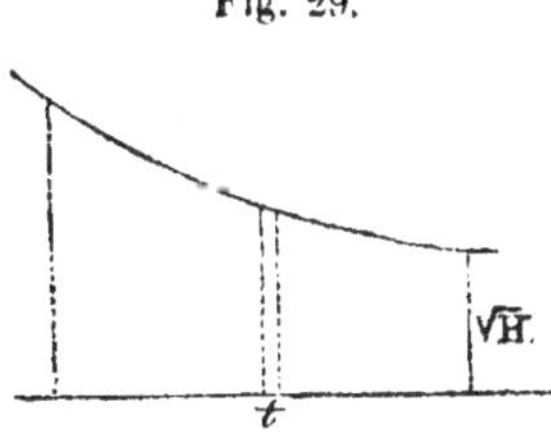

d'une courbe qui ait pour ordonnées les valeurs de $\sqrt{H}$

correspondantes, le produit élémentaire $\sqrt{H}.t$ représentera l'aire du petit trapèze élémentaire correspondant à l'ordonnée $\sqrt{H}$ et au temps infiniment petit t. Par conséquent, si l'on a pu tracer la courbe des valeurs de $\sqrt{H}$, correspondantes à tout l'intervalle de temps T, sa quadrature donnera pour cet intervalle la somme de toutes les valeurs de $\sqrt{H}.t$, et par suite la dépense totale, en la multipliant par 4.4 292mLE. On aura donc, d'après la formule connue de Simpson, en partageant, par exemple, l'intervalle de temps ou l'abscisse totale en un nombre pair de parties égales, soit quatre, le volume écoulé dans ce temps par l'expression

$$Q = 4.4\ 292.m\text{LE}\frac{T}{3\times 4}\left[\sqrt{H_1} + 4(\sqrt{H_2} + \sqrt{H_4}) + 2\sqrt{H_3} + \sqrt{H_5}\right]$$

ou

$$Q = 1.476\,m\text{LE}\frac{T}{4}\left[\sqrt{H_1} + 4(\sqrt{H_2} + \sqrt{H_4}) + 2\sqrt{H_3} + \sqrt{H_5}\right].$$

Pour déterminer les valeurs de H_1, H_2, H_3, etc., on observera, à l'aide d'une montre à secondes, les hauteurs variables du niveau au dessus du seuil de l'orifice, correspondantes, s'il est possible, à des intervalles de temps égaux, et en en retranchant la moitié de la levée de la vanne on aura la charge variable sur le centre. Mais souvent il serait fort difficile de faire ces observations précisément à des intervalles de temps égaux. Dans ce cas on les exécutera aux instants les plus favorables et d'autant plus multipliés que l'abaissement sera plus rapide, et l'on construira la courbe dont les temps sont les abscisses et les valeurs de $\sqrt{H}$ les ordonnées, d'après les résultats mêmes de l'observation. Cela fait, on déterminera graphiquement les valeurs des ordonnées ou de $\sqrt{\overline{H}}$ correspondantes aux intervalles de temps égaux, et en nombre pair, entre lesquels on aura partagé le temps total, ce qui fournira les éléments à introduire dans la formule précédente.

Exemple : Soit

$$L = 1^m.00, \quad E = 0^m.30, \quad T = 3' = 180''.$$

Supposons que les charges sur le centre de l'orifice prennent les valeurs successives

Temps.	0″	45″	90″	135″	180″
	m	m	m	m	m
Charges sur le centre des orifices.	1.50	1.10	0.81	0.63	0.46
Racines quarrées de ces charges. . . . . . . ‧	1.140	1.048	0.900	0.794	0.678

Le multiplicateur de la dépense est $m = 0.603$ en moyenne, et la règle précédente donne

$$Q = 1.476 \times 0.603 \times 1^m \times 0^m.5 \times 45'' [1.140 + 4(1.048 + 0.794) + 2 \times 0.9 + 0.678]$$
$$= 152^{mc}.$$

74. *Orifices en déversoir.* — Si l'orifice devant lequel le niveau varie est un déversoir, la formule qui donnerait à niveau constant le volume écoulé en 1″ est, comme on sait (n° 54)

$$Q = mLH\sqrt{2gH} = 0.405 \times 4.429\,LH\sqrt{\overline{H}},$$

en donnant à m sa valeur moyenne 0.405 si le déversoir est à arêtes vives et si ses bords sont éloignés de ceux du réservoir.

Le volume d'eau qui passera sur ce déversoir dans un élément de temps t, pendant lequel on peut regarder la charge comme constante, sera exprimée par la formule

$$Q.t = 0.405 \times 4.429\,LH\sqrt{\overline{H}}.t,$$

et le volume total écoulé au bout d'un temps quelconque T sera la somme de tous les volumes élémentaires analogues. On l'obtiendra approximativement, comme dans le cas précédent, par la formule de Simpson, qui donnera pour cinq valeurs de H :

$$Q = 0.405\,(4.429)\frac{L.T}{5.4}[H_1\sqrt{H_1} + 4(H_2\sqrt{H_2} + H_4\sqrt{H_4}) + 2H_3\sqrt{H_3} + H_5\sqrt{H_5}]$$

ou

$$Q = 0.598\frac{L.T}{4}[H_1\sqrt{H_1} + 4(H_2\sqrt{H_2} + H_4\sqrt{H_4}) + 2H_3\sqrt{H_3} + H_5\sqrt{H_5}].$$

Exemple : Soit $L = 15^m$ $T = 20'$ la hauteur du niveau au dessus du seuil du déversoir prenant successivement les valeurs suivantes :

Temps écoulés	0″	300″	600″	900″	1200″
Hauteurs du niveau H	1.00^m	0.80^m	0.62^m	0.47^m	0.33^m
Valeurs de $H\sqrt{H}$	1.000	0.716	0.487	0.322	0.189

La formule ci-dessus donne ensuite

$$Q = 0.598 \times 15^m \frac{1\,200}{4}[1 + 4(0.716 + 0.322) + 2 \times 0.487 + 0.189]$$

$$= 16\,967^{\text{mc}}.$$

75. *Orifices noyés.* — Enfin, si l'orifice avec charge sur le sommet est noyé, la dépense faite par seconde sous charge constante serait, comme on sait (n° 9), donnée par la formule

$$Q = mLE\sqrt{2g(H - H')} = 4.4292.mLE\sqrt{H - H'},$$

et si la charge est variable, la dépense dans le temps élémentaire t sera

$$Qt = 4.4292\,mLE\sqrt{H - H'}.t.$$

On en déduira la dépense au bout d'un temps quelconque T d'une manière analogue à ce qui a été dit pour les cas précédents, en observant ou en déterminant, à l'aide de constructions graphiques, les valeurs simultanées des charges H et H' en amont et en aval de l'orifice, et en employant la formule

$$Q = 1.476 . m \mathrm{LE} \frac{\mathrm{T}}{4} [\sqrt{\mathrm{H}_1 - \mathrm{H}_1'} + 4(\sqrt{\mathrm{H}_2 - \mathrm{H}_2'} + \sqrt{\mathrm{H}_4 - \mathrm{H}_4'}) + 2\sqrt{\mathrm{H}_3 - \mathrm{H}_3'} + \sqrt{\mathrm{H}_5 - \mathrm{H}_5'}].$$

Exemple : L $= 0^m.70$ E $= 0^m.60$ T $= 5'$ quand les charges d'amont et d'aval sur le centre de l'orifice prennent les valeurs successives suivantes :

Tours.	0'	75''	150''	225''	300''
	m	m	m	m	m
H.	2.00	1.75	1.55	1.15	0.94
H'.	0.65	0.75	0.85	0.89	0.94
H—H'.	1.35	1.00	0.50	0.24	0.00
$\sqrt{\mathrm{H} - \mathrm{H}'}$.	1.16	1.00	0.707	0.49	0.00

Valeurs de

La formule donne ensuite, en faisant $m = 0.625$, comme pour les écluses

$$Q = 1.476 (0.625) 0^m.7 (0^m.6) \frac{500''}{4} [1.16 + 4(1 + 0.49) + 2(0.707) + 0] = 248^{mc}.$$

76. *Orifice qui verse d'abord à l'air libre, et qui est ensuite noyé.* — Enfin, si , comme cela arrive pour les écluses, l'orifice commence par verser à l'air libre, et se trouve noyé au bout de quelque temps, on partagera le calcul du volume d'eau écoulé en deux périodes : la première relative à la durée pendant laquelle l'orifice verse à l'air libre, et la seconde pendant laquelle il est noyé. Dans la plupart des cas d'application il suffira de prendre pour moment du passage d'un cas à l'autre celui où le niveau d'aval arrivera à hauteur du centre de l'orifice.

Si l'on voulait procéder plus rigoureusement, il faudrait remarquer que l'orifice ne se noie que graduellement, et calculer à part le volume écoulé pendant cette période intermédiaire. En appelant E' la hauteur variable du niveau au dessus du seuil de l'orifice, on regarderait cet orifice comme composé de deux autres, l'un inférieur et noyé de hauteur E', dont la dépense dans chaque élément du temps t serait

$$mLE'\sqrt{2g(H-H')}.t,$$

et l'autre versant à l'air libre de hauteur E — E', dont la dépense dans le même intervalle serait

$$mL(E-E')\sqrt{2g\left(H-\frac{(E-E')}{2}\right)}.t.$$

L'observation des valeurs de H et H', d'où l'on déduirait celle de E', conduirait, à l'aide de la formule de Simpson, à calculer la somme de toutes les dépenses élémentaires, ou la dépense totale pendant la période qui s'écoule depuis l'instant où le niveau d'aval atteint le seuil jusqu'à celui où il arrive à hauteur du bord supérieur de l'orifice.

77. *Écoulement d'un liquide contenu dans un vase ou réservoir à section horizontale constante, qui se vide en versant à l'air libre.* — Lorsque le réservoir qui se vide est à section constante, on peut calculer directement le volume d'eau qui s'écoule dans un temps donné quand on connaît la durée de l'écoulement. En effet, si l'on appelle A l'aire constante de section horizontale du réservoir, H et H' les charges sur le centre de l'orifice, au commencement et à la fin de la période dont la durée est T, il est d'abord évident que le volume écoulé sera égal à $\mathrm{A}\,(\mathrm{H}-\mathrm{H}')$, et l'on peut se proposer de déterminer la hauteur H' quand le temps T est connu, ou le temps T nécessaire pour que le niveau s'abaisse à la hauteur H'.

Le volume écoulé dans l'élément du temps t par l'orifice est, comme on sait,

$$Qt = m.\mathrm{LE}\sqrt{2g}\sqrt{\mathrm{H}}.t.$$

D'une autre part le volume sorti du réservoir est $\mathrm{A}.h$, en nommant h l'abaissement élémentaire du niveau pendant l'instant t. Ces deux volumes devant être égaux on a

$$\mathrm{A}h = m\mathrm{LE}\sqrt{2g}\sqrt{\mathrm{H}}.t,$$

d'où l'on tire

$$t = \frac{\mathrm{A}}{m\mathrm{LE}\sqrt{2g}}\cdot\frac{h}{\sqrt{\mathrm{H}}},$$

et le temps total T correspondant à une variation de niveau $\mathrm{H}-\mathrm{H}'$ sera la somme de toutes les valeurs semblables, ou de tous les éléments du temps écoulés depuis l'instant où la hauteur du niveau était H jusqu'à celui où elle est devenue H' au dessus du centre de l'orifice. On pourra donc l'obtenir par la formule de Simpson, mais le calcul intégral donne de suite (1)

$$\mathrm{T} = \frac{\mathrm{A}}{m\mathrm{LE}\sqrt{2g}}\,(\sqrt{\mathrm{H}}-\sqrt{\mathrm{H}'}) = \frac{0.451\mathrm{A}}{m\mathrm{LE}}\,(\sqrt{\mathrm{H}}-\sqrt{\mathrm{H}'}).$$

---

(1) On sait en effet que

$$\int_{\mathrm{H}'}^{\mathrm{H}}\frac{d\mathrm{H}}{\sqrt{\mathrm{H}}} = 2\,(\sqrt{\mathrm{H}}-\sqrt{\mathrm{H}'}).$$

Ce qui fournit de suite la durée de l'abaissement de niveau $H - H'$.

Ou si la durée de l'abaissement est connue, et qu'on veuille savoir quelle a été sa hauteur, on tirera d'abord de la relation ci-dessus

$$\sqrt{H'} = \sqrt{H} - \frac{m LE \sqrt{2g}}{2.A} T,$$

et par suite H', d'où l'on déduira ensuite le volume écoulé $A (H - H')$.

Ce qui précède s'applique principalement aux écluses de navigation pour la période où elles versent à l'air libre le liquide d'une écluse dans une autre ou dans un bief, et la formule à appliquer pour calculer la durée de l'abaissement est tous calculs préparés

$$T = \frac{0.451.A}{m.LE} [\sqrt{H} - \sqrt{H'}].$$

La valeur du multiplicateur m de la dépense se déterminera comme il l'a été précédemment, suivant la disposition de l'orifice.

Exemple : Quel est le temps nécessaire pour vider une écluse pour laquelle on a

$A = 220^{mq}, \quad H = 1^{m}.20, \quad H' = 0^{m}.30, \quad L = 1^{m}.00, \quad E = 0^{m}60,$

et deux orifices de mêmes dimensions? Le multiplicateur de la dépense étant 0.625, la formule donne

$$T = \frac{0.451 \times 220^{mq}}{0.625 \times 2 \times 1^{m}.0 \times 0^{m}.60} (\sqrt{1.20} - \sqrt{0.30}) = 72''5$$

$$= 1'12''.5.$$

VIIe LEÇON.

78. *Règlement du partage des eaux entre plusieurs usines.* — Lorsque le volume d'eau fourni par une rivière doit être partagé dans des rapports déterminés entre plusieurs usines, il peut se présenter deux cas :

1° Celui où le volume d'eau à partager est constant, ou du moins où le partage ne doit être fait que quand le volume d'eau a atteint une valeur minimum fixée ;

2° Celui où le partage doit être fait, soit dans des rapports constants, soit dans des rapports variables, mais déterminés, pour toutes les valeurs que peut acquérir le produit de la rivière depuis les eaux moyennes, ou une certaine limite supérieure, jusqu'aux plus basses eaux formant la limite inférieure.

79. *Premier cas.* — Dans le premier cas le règlement des eaux se fera sans difficulté de la manière suivante : Le volume total à partager étant déterminé, soit par des données préalables, soit par un jaugeage spécial, et la proportion à affecter à chacune des parties prenantes étant connue, on réglera les dimensions des orifices, les levées ou abaissements des vannes, et les charges sur le seuil en amont et en aval, s'il y a lieu, pour chaque orifice, de façon qu'il débite dans des conditions données le volume d'eau voulu. Le produit et la dépense étant par hypothèse constants, le niveau du réservoir ou bassin général de prise d'eau est aussi constant, ainsi que la largeur des orifices, et ces quantités sont habituellement données d'avance par la nature du moteur hydraulique ou la disposition de la prise d'eau. Dès lors il ne reste à déterminer pour les orifices avec charges sur le sommet que la levée de la vanne, pour les orifices en déversoir que l'abaissement de la vanne.

Une fois que ces dimensions auront été réglées, on prendra des dispositions pour qu'elles ne puissent pas être altérées, et pour que les infractions soient facilement constatées.

Exemple : Supposons qu'il s'agisse de partager le produit d'un cours d'eau égal à $6^{mc}.00$ en $1''$ entre trois usines qui doivent recevoir :

La première $2^{mc}.50$ par un orifice d'une largeur $L = 2^{m}.00$, incliné à un de base sur deux de hauteur, dont le seuil est à $1^{m}.80$ au dessous du niveau, et pour lequel, la contraction étant annulée sur le fond et les côtés verticaux, on a $m = 0.74$;

La deuxième $2^{mc}.40$ par un orifice d'une largeur $L = 1^{m}.50$, vertical, dont le seuil est à $1^{m}.60$ au dessous du niveau, et pour lequel le multiplicateur de la dépense soit $m = 0.65$;

La troisième $1^{mc}.10$ par une vanne en déversoir de $4^{m}.00$ de largeur, dont les côtés verticaux soient dans le prolongement des parois du canal, et pour laquelle on ait $m = 0.445$.

On aura, d'après ces données, pour calculer les ouvertures de ces orifices, les formules suivantes, dans lesquelles E représente la levée de la vanne pour les orifices avec charge sur le sommet, et H l'abaissement de la vanne en déversoir.

Premier orifice.

$$Q = 2^{mc}.500 = 0.74 \times 2^m.00 \times E \sqrt{19.62 \left(1^m.89 - \frac{E}{2}\right)}.$$

Deuxième orifice.

$$Q = 2^{mc}.400 = 0.65 \times 1^m.50 \times E \sqrt{19.62 \left(1^m.60 - \frac{E}{2}\right)}.$$

Troisième orifice.

$$Q = 1^{mc}.100 = 0.443 \times 4^m.00 \times H \sqrt{19.62 \times H}.$$

Dans ces relations la quantité inconnue à déterminer c'est la levée E de la vanne pour les deux premiers orifices, ou son abaissement H pour le troisième; mais pour les obtenir il faudrait, pour les deux premiers cas, résoudre une équation du troisième degré.

On évitera les difficultés de ce calcul à l'aide de la méthode graphique suivante :

On se donnera pour chaque orifice des valeurs de E ou de H différentes, croissant de quantités égales ; et, en les substituant dans chacune de ces relations, on en déduira des dépenses d'eau correspondantes plus grandes ou plus petites que celles qui sont allouées. Dès la première substitution on reconnaîtra s'il faut augmenter ou diminuer les orifices, et on le fera progressivement jusqu'à ce que l'on ait pour chacun d'eux au moins trois ou quatre dépenses, les unes plus petites, les autres plus grandes que celle qu'il doit faire. Cela posé, on prendra les levées de vannes pour abscisses, à une échelle aussi voisine que possible de la grandeur réelle, et les dépenses pour ordonnées, à l'échelle de $0^m.001$ au moins pour un litre, et, s'il se peut, à celle de $0^m.01$ par litre.

On aura ainsi une série de points pour chaque orifice; et en les réunissant par une courbe continue on aura une partie de la loi graphique qui lie les dépenses aux ouvertures des orifices. Menant ensuite pour chacun d'eux une parallèle à la ligne des abscisses à une hauteur qui, à l'échelle, représente la dépense qu'il doit faire, cette droite rencontrera la courbe en un point dont l'abscisse sera la hauteur d'orifice correspondante à cette dépense.

En opérant comme nous venons de l'indiquer, on trouve d'abord les résultats suivants :

1er orifice.	Levées de vanne.	$0^m.20$	$0^m.25$	$0^m.30$	$0^m.35$	»
	Dépenses.	$1^{mc}.720$	$2^{mc}.120$	$2^{mc}.525$	$2^{mc}.929$	»
2e orifice.	Levées de vanne.	$0^m.30$	$0^m.35$	$0^m\,40$	$0^m.45$	$0^m.50$
	Dépenses.	$1^{mc}.640$	$1^{mc}.900$	$2^{mc}.150$	$2^{mc}.390$	$2^{mc}.620$
3e orifice.	Abaiss. de vanne.	$0^m.20$	$0^m.25$	$0^m.30$	$0^m.35$	$0^m.40$
	Dépenses.	$0^{mc}.700$	$0^{mc}.980$	$1^{mc}.290$	$1^{mc}.625$	$1^{mc}.985$

Si maintenant on exécute le tracé que l'on a indiqué plus haut, on trouve pour le premier orifice que la parallèle menée de l'axe des abscisses à une distance égale à $2^{mc}.50$, qui est la dépense affectée à cet orifice, coupe la courbe qui lui correspond en un point dont l'abscisse $E = 0^m.2\,995$.

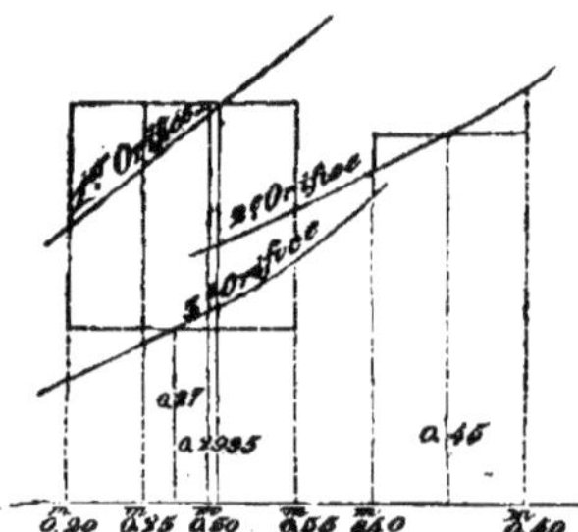

La même opération, exécutée pour la dépense de 2^{mc}.400 du second orifice, donne E $=$ 0^m.4 500.

Enfin, pour la vanne en déversoir, la parallèle menée à la distance qui représente sa dépense, égale à 1^{mc}.100, donne, pour l'abaissement H de cette vanne au dessous du niveau de repère, H$=$0^m.270.

La troisième formule donne pour la valeur de H

$$H = \sqrt[3]{\left(\frac{1.10}{0.443 \times 4}\right)^2 \times \frac{1}{19.62}} = 0^m.2699,$$

ce qui montre que cette méthode graphique donne une approximation bien suffisante pour la pratique.

80. *Cas où le partage doit être fait dans des rapports constants ou variables, et pour toutes les valeurs du produit de la rivière.* — La solution que nous venons de donner du cas où le partage a lieu d'une manière constante pour un seul volume d'eau déterminé peut s'étendre facilement au cas plus général où il s'agit de faire le partage dans des rapports donnés, constants ou variables, quel que soit le produit de la rivière. Pour en montrer un exemple qui pourra servir de solution générale je rapporterai le projet de règlement du partage des eaux de la rivière de l'Aisne entre six usines existant à Rethel. Voici quelles étaient les conditions de ce partage.

L'Aisne éprouve en été de grandes variations dans son volume d'eau, et à Rethel elle alimente six usines qui ont un droit égal au partage. Ainsi le volume d'eau que chacune de ces usines peut dépenser est le sixième du produit de la rivière ; mais, ce produit étant très variable pendant l'été, il s'agissait de déterminer les ouvertures ou les levées de vannes simultanées à prescrire à ces usines pour qu'en tout temps chacune d'elles ne dépensât que le sixième du volume total. Il faut ajouter que tous les orifices étaient différents de dimensions et de dispositions; et que le produit total de la rivière qu'il s'agissait de partager en tout temps ne pouvait être, du moins sans un travail et des observations prolongés, déterminé directement à chacune de ses variations. Il existait en outre de ce droit général des conventions particulières entre quelques usines, et dont on parlera plus tard.

Le niveau des eaux devait être maintenu à une petite hauteur en contre-bas de la crête d'un barrage formant déversoir, de telle sorte que pendant les reprises de travail il ne baissât que d'une quantité telle, qu'il pût remonter à peu près à hauteur de la crête pendant les heures de repos. Cette disposition avait pour objet de ne jamais laisser à cette époque passer d'eau sur le déversoir, et de ne pas produire pendant les reprises de travail un abaissement de niveau ou une diminution de chute nuisible à tous les intérêts, et qui aurait obligé à des chômages momentanés.

Nous désignerons les usines par les lettres A, B, C, D, E, F, et nous ne nous arrêterons pas aux opérations préalables par lesquelles on a déterminé la hauteur des seuils de chaque orifice, sa largeur et sa disposition particulière. Etablissons d'abord les formules propres à calculer le volume d'eau dépensé par chacune des usines.

Usine A. Le seuil est à $1^m.785$ au dessous de la crête du barrage servant de repère. $L = 1^m.16$. Le vannage est incliné à 43° 34' sur l'horizon. On sait que pour des vannages inclinés, où la contraction est supprimée sur le fond et les côtés, le multiplicateur de la dépense est 0.74 pour une inclinaison de 1 de base sur 2 de hauteur, ou de 63° 26' environ, et 0.80 pour l'inclinaison de 45°. Il augmente donc de 0.06 pour 18° 26', ou de 0.0 032 pour chaque degré de rapprochement vers l'horizontale. Par conséquent on peut approximativement fixer pour cette usine le multiplicateur de la dépense à la valeur

$$m = 0.80 + 0.0\,032 \times 1°.433 = 0.805.$$

L'ouverture réelle E de l'orifice est mesurée par la perpendiculaire abaissée du bord inférieur de la vanne sur

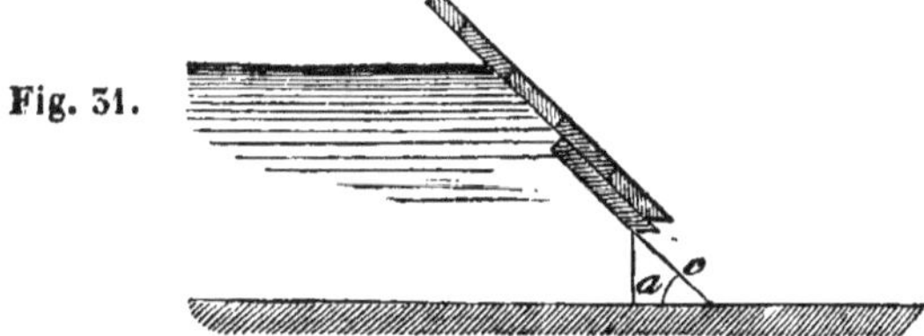

Fig. 31.

le radier, qui pour toutes ces usines est horizontal ; de sorte qu'en appelant a l'angle d'inclinaison de la vanne sur le radier, et C la course de la vanne inclinée dans le sens de ses coulisses, on a

$$E = C \sin a.$$

D'après ces observations, la formule qui donnera la dépense de cet orifice sera

$$Q = 0.805 \times 1^m.16 \times E \sqrt{2g\left(1^m.785 - \frac{E}{2}\right)} =$$

$$0.805 \times 1^m.16 \times 0.689198C \times 4.4\,298 \sqrt{1^m.785 - 0.3446C},$$

à cause de

$$a = 43° 34', \quad \sin a = 0.689\,198, \quad \text{et} \quad \frac{E}{2} = 0.344\,599C;$$

ou, en effectuant les calculs,

$$Q = 1.67\,330.C\sqrt{5^m.17\,992 - C}.$$

Usine B. Pour cette usine

$$H = 1^m.573, \quad L = 1^m.88, \quad a = 58° 31', \quad \sin a = 0.852\,792,$$
$$58° 31' - 45° = 13°.517, \quad m = 0.800 - 13.517 \times 0.0\,032 = 0.757,$$

$$Q = 0.757 \times 1^m.88 \times E\sqrt{2g\left(1^m.573 - \frac{E}{2}\right)} =$$

$$0.757 \times 1^m.88 \times 0.852\,792.C \times 4.4298\sqrt{1^m.573 - 0.426\,346C},$$

ou, tous calculs faits,

$$Q = 3.50\,550C\sqrt{3^m.68\,910 - C}.$$

Usine C. Pour cette usine

$$H = 1^m.60, \quad L = 1^m.38, \quad a = 55°, \quad \sin a = 0.819\,152,$$
$$55° - 45° = 10, \quad m = 0.80 - 10° \times 0.0\,032 = 0.768.$$

$$Q = 0.768 \times 1^m.38.E\sqrt{2g\left(1^m.60 - \frac{E}{2}\right)} =$$

$$0.768 \times 1^m.38 \times 0.819\,152.C \times 4.4\,298\sqrt{1^m.60 - 0.409\,576C},$$

ou, tous calculs faits,

$$Q = 2.45\,750C\sqrt{3^m.90\,648 - C}.$$

Usine D. Pour cette usine

$$H = 1^m.684, \quad L = 2^m.015, \quad a = 53° 26', \quad \sin a = 0.803\,164,$$
$$63° 26' - 53° 26' = 10°, \quad m = 0.74 + 10° \times 0.0\,032 = 0.772.$$

$$Q = 0.773 \times 2^m.015.E\sqrt{2g\left(1^m.684 - \frac{E}{2}\right)} =$$

$$0.772 \times 2^m.015 \times 0.803\,163C \times 4.4298\sqrt{1^m.684 - 0.401\,583C},$$

ou, tous calculs faits,

$$Q = 3.5113 C \sqrt{4^m.19350 - C}.$$

Usine E. Cette usine reçoit l'eau par un canal de $1^m.70$ de largeur sur $15^m.80$ de long, à l'entrée duquel il se fait une dénivellation assez sensible au dessous du niveau du bassin général, ce qui occasionne une perte de chute et de charge sur son seuil, variable avec la dépense d'eau, et dont il faut tenir compte dans le calcul de cette dépense.

Pour apprécier cette dénivellation, que nous désignerons par h, nous rappellerons que, d'après ce que l'on a vu aux n°s 28 et 54, il se fait à l'entrée du canal une perte de force vive exprimée par

$$M \left(\frac{1}{m} - 1 \right)^2,$$

de sorte que la force vive totale communiquée à la masse M de liquide qui passe en $1''$ est

$$M \left[1 + \left(\frac{1}{m} - 1 \right)^2 \right] U^2.$$

Le travail développé par la pesanteur est Mgh, celui de la résistance des parois a pour expression (n° 43)

$$M . \frac{S}{A} L (aU + bU^2).$$

L'application du principe des forces vives à ce cas conduit donc à la relation

$$U^2 \left[1 + \left(\frac{1}{m} - 1 \right)^2 \right] = 2gh - \frac{2S}{A} LU [a + bU].$$

Cette équation est analogue à celle que M. de Prony

a donnée pour le mouvement uniforme des eaux dans les canaux, mais où il a négligé la perte de force vive à l'entrée, perte qui est sans influence notable pour les canaux d'une grande longueur, mais qui au contraire en a une assez sensible pour les canaux courts.

On tire de cette équation

$$h = \frac{U^2}{2g}\left[1 + \left(\frac{1}{m} - 1\right)^2\right] + \frac{S}{A} LU\,[0.0\,000444 + 0.000\,309\,U^2]$$

en admettant toujours pour $\frac{a}{g}$ et $\frac{b}{g}$ les valeurs données par M. de Prony, et rapportées au n° (43).

L'aire A de la section d'eau et le périmètre mouillé S dépendent de la hauteur moyenne des eaux dans le canal, et, par suite, de la dénivellation; mais, comme ce canal est court, et que le terme le plus influent est celui qui se rapporte à la perte de force vive à l'entrée, on pourra admettre que ces deux quantités ont toujours la valeur qui correspond à la hauteur du niveau des eaux dans le réservoir ou bassin général, ou à celui du barrage, ce qui tendra à faire estimer A et S un peu au dessus de leur valeur réelle, et U un peu au dessous, mais sans occasionner d'erreur notable. D'après cela, le barrage étant à $1^m.54$ au dessus du fond du canal, on a

$$m = 0.625, \quad A = 1^m.70 \times 1^m.54 = 2^{mq}.618,$$
$$S = 1^m.70 + 2 \times 1^m.54 = 4^m.78, \quad L = 15^m.80.$$

Pour chaque dépense Q on aura $U = \frac{Q}{A}$, et l'on pourra ainsi calculer approximativement les dénivellations h pour chaque valeur de la dépense Q à faire par ce canal. En donnant à Q différentes valeurs, on trouve d'abord pour les vitesses moyennes de l'eau dans le canal les valeurs approximatives suivantes :

Valeurs de Q	mc 0.600	mc 0.800	mc 1.000	mc 1.200	mc 1.500	mc 1.800	mc 2.000	mc 2.500
Vitesses moyennes U	m 0.22918	m 0.30558	0 58198	m 0.45837	m 0.57296	m 0.68755	m 0.76394	m 0.95493

Puis à l'aide de la formule ci-dessus, qui se réduit, tous calculs faits, à

$$h = 0.0\,603\,U^2 + 28.83\,U\,[0.0\,000\,444 + 0.000\,309\,U]$$

ou

$$h = 0.0\,78\,2\,U^2 + 0.00\,128\,U,$$

on en déduit

Dénivellation h	m 0.00440	m 0.00770	m 0.01190	m 0.0170	m 0.02610	m 0.0379	m 0.04664	m 0.07256

Ces valeurs pouvant n'être pas suffisantes pour tous les cas à comprendre dans le règlement des eaux, on a construit une courbe dont les abscisses étaient les dépenses d'eau, et les ordonnées les dénivellations, de sorte que du tracé de cette courbe on a pu ensuite déduire les dénivellations pour tous les autres cas, et l'on a formé la table suivante :

Q	mc 0.6	mc 0.7	mc 0.8	mc 0.9	mc 1.0	mc 1.1	mc 1.2	mc 1.3	mc 1.4	mc 1.5
h	m 0.0044	m 0.0060	m 0.0077	m 0.0096	m 0.0119	m 0.0147	m 0.0170	m 0.0200	m 0.0250	m 0.0261

Q	mc 1.6	mc 1.7	mc 1.8	mc 1.9	mc 2.0	mc 2.1	mc 2.2	mc 2.3	mc 2.4	mc 2.5
h	m 0.0500	m 0.0336	m 0.0379	m 0.0418	m 0.0466	m 0.0510	m 0.0560	m 0.0615	m 0.0670	m 0.0725

Cela fait, on avait pour données de la formule d'écoulement de cette usine

$$H = 1^m.656 - h, \quad L = 1^m.235, \quad a = 61° 30', \quad \sin a = 0.878\,817,$$
$$61° 30' - 45° = 16°.50, \quad 16.50 \times 0.0\,032 = 0.053,$$
$$m = 0.80 - 0.053 = 0.747,$$
$$Q = 0.747 \times 1^m.235 \times E \sqrt{2g\left(1.656 - h - \frac{E}{2}\right)} =$$
$$0.747 \times 1^m.235 \times 0.878\,817 \times 4.4\,298C \sqrt{1^m.656 - h - 0.439\,408C},$$

ou, tous calculs faits,

$$Q = 2.37\,727C \sqrt{3^m.76\,876 - 2.27\,579h - C}.$$

Usine F. Cette usine a une vanne en déversoir qui démasque un orifice garni de directrices en tôle d'environ $0^m.004$ d'épaisseur. La largeur totale de la vanne est de $3^m.758$, dont il faut déduire pour des saillies extérieures, les crémaillères et des barres de fer, $0^m.927$, ce qui la réduit à $2^m.831$, avec contraction latérale. Les abaissements de la vanne devant toujours être supérieurs à $0^m.22$, on peut prendre $m = 0.385$.

De l'abaissement H de la vanne au dessous du niveau général il faut déduire l'épaisseur e des directrices qui correspondent à cet abaissement, et dont chacun a $0^m.004$, mais seulement dans le terme relatif à l'aire théorique de l'orifice. Il résulte de là que la dépense de cet orifice sera donnée par la formule

$$Q = 0.385 \times 2.831\,(H - e)\sqrt{2gH} = 4.82\,819\,(H - e)\sqrt{H},$$

tous calculs faits.

On a donc six formules relatives à chacun des orifices.

81. Représentation et solution graphique de ces équa-

tions.—Pour en déduire la course de la vanne de chaque usine correspondante à une dépense donnée, il faudrait résoudre une équation du troisième degré, et cela pour autant de dépenses qu'il y aurait de produits de la rivière à partager. Les propriétaires des usines demandant d'ailleurs qu'on multipliât autant que possible les séries de levées de vannes, afin de répondre au plus grand nombre de cas, il aurait fallu, par exemple, pour 20 levées correspondantes à autant de dépenses, résoudre 120 équations de troisième degré, et l'on n'eût pas été certain encore d'avoir donné assez de solutions. Pour éviter ces calculs, et fournir un règlement qui pût répondre à tous les besoins, on a construit (pl. III) sur une même feuille et à même échelle toutes ces équations, en prenant pour chacunes d'elles les courses de vannes pour abscisses de grandeur naturelle, et pour ordonnées les dépenses d'eau à faire par chaque orifice. Cette construction a fourni la solution complète de la question.

En effet, en divisant chaque produit total de la rivière supposé connu par six, on a eu la dépense à faire par chaque orifice; et la parallèle à la ligne des abscisses correspondante à cette dépense a coupé chacune des courbes en un point, dont l'abscisse était la course de vanne convenable à l'orifice correspondant pour cette dépense. Il a donc été très facile de former le tableau suivant, qui donne vingt courses de vannes pour chaque orifice et pour autant de dépenses; et si l'expérience montre à l'avenir qu'il en faut davantage, la figure donnera le moyen d'en obtenir de suite autant qu'on le voudra.

Projet de règlement des ouvertures de vannes des usines de Rethel pour un partage égal.

Volume d'eau à dépenser en 1″ par chaque orifice.	Courses des vannes mesurées dans le sens du mouvement.					
	Usine A $L=1^m.16$	Usine B $L=1^m.88$	Usine C $L=1^m.38$	Usine D $L=2^m.145$	Usine E $L=1^m.235$	Usine F $L=2^m.831$
mc	mc	m	m	m	m	m
0.300	0.079	0.045	0.062	0.042	0.064	0.251
0.400	0.106	0.060	0.083	0.056	0.087	0.264
0.500	0.133	0.075	0.104	0.070	0.108	0.293
0.600	0.160	0.090	0.125	0.084	0.131	0.323
0.700	0.188	0.105	0.147	0.099	0.154	0.337
0.800	0.215	0.121	0.168	0.113	0.178	0.383
0.900	0.243	0.136	0.190	0.127	0.202	0.408
1.000	0.270	0.152	0.212	0.142	0.226	0.432
1.100	0.297	0.167	0.234	0.156	0.249	0.455
1.200	0.325	0.183	0.256	0.170	0.273	0.477
1.300	0.354	0.199	0.278	0.185	0.297	0.504
1.400	0.382	0.215	0.300	0.200	0.321	0.525
1.500	0.410	0.230	0.322	0.215	0.345	0.545
1.600	0.438	0.246	0.344	0.229	0.370	0.566
1.700	0.468	0.262	0.367	0.244	0.395	0.586
1.800	0.497	2.279	0.391	0.259	0.420	6.606
1.900	0.527	0.295	0.414	0.274	0.445	0.625
2.000	0.556	0.311	0.437	0.288	0.471	0.644
2.100	0.585	0.327	0.460	0.303	0.497	0.667
2.200	0.615	0.343	0.484	0.318	0.525	0.686
2.300	0.645	0.360	0.508	0.333	0.552	0.704
2.400	0.676	0.377	0.532	0.448	0.582	0.722
2.500	0.706	0.393	0.556	0.364	0.611	0.739

82. *Emploi de ces courbes pour connaître le produit total de la rivière.* — On remarquera que cette méthode n'exige pas que l'on connaisse le produit total de la rivière qu'il s'agit de partager, et que l'application du règlement d'eau auquel elle conduit servira précisément à déterminer ce produit. En effet, voici comment on procédera : Supposons qu'une série de levées de vannes ayant été adoptée un jour on s'aperçoive que pendant les reprises de travail le niveau des eaux a monté un peu et a dépassé le barrage, ou que ce niveau se soit maintenu constant à cette hauteur, de sorte que pendant le repos suivant, les usines ne marchant pas, l'eau se perde par dessus le barrage ; alors, pour éviter la perte d'eau produite dans ces deux hypothèses, on passera de suite à une levée supérieure, jusqu'à ce que l'on ait atteint celle pour laquelle, pendant les reprises du travail, le niveau ne baisse que d'une quantité assez faible pour que, pendant le repos, il remonte à très peu près à hauteur de la crête. Si, à l'inverse, l'excès de la dépense sur le produit de la rivière est tel, que le niveau ne remonte pas à peu près à hauteur du barrage pendant le repos, et aille par conséquent toujours en s'abaissant, ce serait un signe qu'il faudrait passer à une série de levées moindres, sans quoi toutes les usines travailleraient avec des chutes trop faibles précisément en temps de basses eaux.

On satisfera ainsi à la condition fondamentale du règlement d'eau demandé.

Or, les variations de niveau étant très faibles dans chaque reprise de travail, en prenant la moyenne des hauteurs du niveau sur le seuil de chacun des orifices d'ouverture constante et connue pendant cette reprise, on aura le volume d'eau débité par chaque orifice, et par suite le volume total, $6Q$, débité en $1''$; et, si l'on nomme T la durée en secondes de chaque reprise, le volume d'eau total dépensé par les usines sera $6.QT$.

D'une autre part, si le produit de la rivière en $1''$ est Q_1, elle aura produit dans le temps T le volume $Q_1 T$, et en outre les orifices auront dépensé en plus un volume Q' correspondant à l'abaissement du niveau dans toute l'étendue du bassin formé par la rivière. Mais si, dans le temps T' des repos, où les usines ne dépensent pas d'eau, le bassin s'est rempli à la même hauteur, le produit de la rivière dans ce temps sera $Q_1 T' = Q'$. Donc on aura

$$6QT = Q_1(T + T'),$$

d'où

$$Q_1 = \frac{6QT}{T + T'},$$

ce qui donne le produit de la rivière en $1''$.

Ce que nous venons de dire pour plusieurs orifices ouverts simultanément pouvant s'appliquer encore plus facilement à un seul, on voit combien cette méthode graphique serait utile pour étudier la marche des variations d'un cours d'eau.

83. *Conditions particulières à quelques usines de Rethel.* — Outre la condition générale d'un égal partage entre les six usines dont il a été question, il existait encore des conventions particulières par lesquelles l'une d'elles, l'usine C, avait le droit d'employer la nuit l'eau affectée à l'usine D. Par conséquent la nuit les levées de

vannes de l'usine C devaient être telles, qu'elle pût dépenser le double de chacune des autres, ou le tiers du
produit de la rivière. Pour déterminer cette levée il suffisait donc de prendre une dépense ou une ordonnée
double de celle qui servait à trouver la levée des autres
usines, et le point de rencontre de la parallèle menée à
cette hauteur à la ligne des abscisses avec la courbe de
l'usine C donnait la levée de vanne de nuit pour cette
usine.

De plus, par une autre clause, lorsque le produit de
la rivière descendait au dessous d'une certaine quantité,
l'usine C avait le droit de compléter sa dépense jusqu'au
minimum correspondant aux dépens de l'usine D, qui
alors ne pouvait plus dépenser que l'excès de sa part sur
ce qu'elle aurait fourni à l'usine C. Ainsi, par exemple,
lorsque la part de chaque usine était au dessous de
$1^{mc}.755$, et n'était que de $1^{mc}.200$, l'usine C avait le
droit de compléter sa dépense à ce chiffre de $1^{mc}.755$
en prenant $0^{mc}.555$ sur la part de l'usine D, qui alors
n'avait plus que $1^{mc}.200 - 0^{mc}.555$, ou $0^{mc}.645$, à employer.

Le tracé des courbes fournit de suite la solution de ce
cas en cherchant les levées de vanne qui correspondent
pour l'usine C à une dépense de $1^{mc}.755$, laquelle est de
$0^{m}.389$, et pour l'usine D à une dépense de $0^{mc}.645$; la
somme de ces deux dépenses étant égale à $2^{mc}.400$,
c'est-à-dire à deux parts dans le volume total.

On voit donc qu'à l'aide de cette représentation graphique de la loi des dépenses et des levées de vanne on
a pu résoudre toutes les questions qui depuis plusieurs
années divisaient les propriétaires de ces usines, et

donner un règlement qui fixât pour chacun la levée de vanne, qui lui assurait sa part dans le produit total de la rivière d'Aisne.

Quant à l'exécution de ce règlement, elle doit se faire par un agent spécial, qui, chaque jour, et au besoin plusieurs fois, vient déterminer la position de l'arrêt qui fixe l'ouverture maximum de l'orifice.

VIIIe LEÇON.

84. *Du mouvement de l'eau dans les tuyaux de conduite.* — Lorsqu'il s'agit de conduire les eaux d'une source ou d'un bassin dans un réservoir placé à une grande distance, on emploie des tuyaux cylindriques en bois, en terre cuite, en mortier hydraulique, en fonte, ou en tôle de fer, dont les parois offrent au mouvement du liquide une résistance qu'il est nécessaire d'apprécier. On conçoit en effet que, le mouvement de l'eau étant produit par la différence de pression que le liquide éprouve aux deux extrémités de la conduite, ou par la différence de hauteur des réservoirs supérieur et inférieur, le travail consommé par la résistance des parois absorbera une portion de celui que développera la pesanteur ou la différence des pressions, et diminuera par conséquent celui qui produit le mouvement de transport du liquide, et par suite le volume écoulé ou le débit de la conduite. Il importe donc de proportionner convenablement les dimensions et les pentes des conduites au volume d'eau à débiter dans un temps donné, selon les différences de niveau existantes ou à établir entre l'origine de la conduite et le point où elle amènera l'eau.

Cette étude comprend les questions relatives à la distribution des eaux dans les villes ; et, sous ce point de vue, elle a depuis long-temps attiré l'attention des ingénieurs et des physiciens. M. de Prony, en suivant une marche analogue à celle qu'il avait adoptée pour discuter les expériences de ses prédécesseurs sur le mouvement de l'eau dans les canaux, et en admettant encore pour la résistance des parois l'expression proposée par Coulomb, a discuté les expériences de Couplet, de Bossut et de Dubuat, en les comparant à la formule du n° 43

$$\frac{1\,000}{g}\,\mathrm{SL}\,[a\mathrm{U}+b\mathrm{U}^2],$$

qui exprime la résistance des parois, et dont la notation est connue.

En raisonnant ici comme aux n°ˢ 43 et suivants, on voit que, quand le mouvement du fluide sera parvenu à la permanence, la quantité de travail consommée par seconde par la résistance des parois de la conduite sera exprimée par

$$\frac{1\,000}{g}\,\mathrm{SL}\,[a\mathrm{U}+b\mathrm{U}^2]\,\mathrm{U}.$$

Si la conduite établit la communication entre deux points ou deux réservoirs dont la différence de niveau soit H, le travail moteur développé dans chaque seconde par la gravité dans ce mouvement sera exprimé par MgH, M étant la masse du liquide écoulé en 1″.

D'une autre part le liquide étant ordinairement en repos, ou tout au moins animé d'une vitesse très faible dans le réservoir supérieur, on peut négliger la force vive qu'il y possède; et alors la force vive qui a été communiquée à la masse liquide se compose de celle qu'elle possède dans la conduite et qui est MU², et de celle qu'elle a perdue à l'entrée de la conduite, et qui, selon ce que l'on a vu au n° 24, a pour expression

$$\mathrm{M}\left(\frac{1}{m}-1\right)^2\mathrm{U}^2.$$

De sorte que la force vive totale communiquée au fluide dans chaque seconde est

$$\mathrm{M}\left[1+\left(\frac{1}{m}-1\right)^2\right]^2\mathrm{U}^2.$$

On a donc, en appliquant à ce mouvement le principe des forces vives, la relation

$$\mathrm{M}\left[1+\left(\frac{1}{m}-1\right)^2\right]\mathrm{U}^2=2\mathrm{M}g\mathrm{H}-2.\frac{1\,000\mathrm{SL}}{g}(a\mathrm{U}+b\mathrm{U}^2)\mathrm{U}.$$

Dans cette expression l'on voit facilement que le poids de l'eau écoulée en $1''$ étant $1\,000\mathrm{AU}$, en appelant A l'aire de la section du tuyau, on a

$$1\,000\mathrm{AU}=\mathrm{M}g,$$

d'où

$$\frac{1\,000\mathrm{U}}{g}=\frac{\mathrm{M}}{\mathrm{A}}.$$

Et comme les conduites d'eau sont presque toujours à section circulaire, on a

$$\mathrm{A}=\frac{\pi\mathrm{D}^2}{4}=\frac{3.14\,\mathrm{D}^2}{4}\ \text{ et } \mathrm{S}=\pi\mathrm{D}=3.14\mathrm{D};$$

d'où

$$\frac{\mathrm{S}}{\mathrm{A}}=\frac{4}{\mathrm{D}}.$$

Il en résulte que l'équation ci-dessus revient à

$$\mathrm{U}^2\left[1+\left(\frac{1}{m}-1\right)^2\right]=2g\mathrm{H}-\frac{8\mathrm{L}}{\mathrm{D}}(a\mathrm{U}+b\mathrm{U}^2).$$

M. de Prony, qui n'avait à discuter que des observations faites sur des conduites d'eau d'une grande longueur par rapport à leur diamètre, n'a pas tenu compte de la force vive communiquée au liquide, et a cru pouvoir négliger le terme

$$U^2\left[1+\left(\frac{1}{m}-1\right)^2\right]$$

de la relation ci-dessus, ce qui l'a conduit à la suivante :

$$g\mathrm{H}=\frac{4\mathrm{L}}{\mathrm{D}}(a\mathrm{U}+b\mathrm{U}^2).$$

En la mettant ensuite sous la forme

$$\frac{1}{4}g\,\frac{\mathrm{DH}}{\mathrm{LU}}=a+b\mathrm{U},$$

ou

$$\frac{1}{4}g\,\frac{\mathrm{DJ}}{\mathrm{U}}=a+b\mathrm{U},$$

en posant $\frac{\mathrm{H}}{\mathrm{L}}=\mathrm{J}$, ou la pente par mètre courant, il a comparé les résultats de cette formule avec ceux des expériences.

85. *Représentation graphique employée par* **M.** *de Prony.* — A cet effet, connaissant d'après ces expériences le diamètre, la pente totale et la longueur de chaque conduite observée, ainsi que son produit, et par suite la vitesse moyenne U, il a pu calculer les valeurs du terme $\frac{1}{4}g\,\frac{\mathrm{DJ}}{\mathrm{U}}$ correspondantes pour chaque expérience à la valeur de U.

Prenant ensuite pour abscisses les valeurs de la vitesse U trouvées par l'expérience, et pour ordonnées celles du terme $\frac{1}{4}g\,\frac{\mathrm{DJ}}{\mathrm{U}}$ correspondantes, il a représenté graphiquement les résultats des 51 expériences de Couplet, de Bossut et de Dubuat.

Les données qui lui ont servi pour cette discussion sont rapportées dans le tableau suivant, et leur représentation graphique est reproduite pl. II, fig. 2.

Tableau des résultats des cinquante et une expériences

p

Numéros des expériences.	Noms des observateurs.	Charge d'eau sur l'orifice inférieur H.	Diamè... des tuy... D.
		m	m
1	Dubuat.	0.0041	0.027
2	Couplet.	0.1511	0.135
3	Idem.	0.3068	Idem
4	Dubuat.	0.0135	0.027
5	Couplet.	0.4534	0.133
6	Idem.	0.5105	Idem
7	Idem.	0.6497	Idem
8	Idem.	0.6767	Idem
9	Dubuat.	0.0189	0.027
10	Idem.	0.1137	0.027
11	Idem.	Idem.	0.027
12	Bossut.	0.1083	0.027
13	Idem.	0.3248	0.056
14	Dubuat.	0.1605	0.027
15	Bossut.	0.3248	0.056
16	Dubuat.	0.2106	0.027
17	Bossut.	0.3248	0.056
18	Dubuat.	0.2425	0.027
19	Bossut.	0.3248	0.054
20	Dubuat.	0.2425	0.027
21	Bossut.	0·3248	0.054
22	Idem.	0.6497	0.056
23	Idem.	0.3248	Idem
24	Dubuat.	0.3335	0.027
25	Bossut.	0.3248	0.054
26	Dubuat.	6.3709	0.027
27	Bossut.	0.6497	0.036
28	Dubuat.	0.3952	0.027
29	Bossut.	0.3248	0.027
30	Idem.	0.3248	0.036
31	Idem.	0.3248	0.054
32	Idem.	0.6497	0.056
33	Idem.	0.6497	0.054
34	Idem.	Idem.	Idem.
35	Idem.	Idem.	0.036
36	Dubuat.	0.6416	0.027
37	Bossut.	0.3248	0.054
38	Dubuat.	0.1624	0.027
39	Bossut.	0.6497	0.054
40	Idem.	0.3248	0.036
41	Idem.	0.6500	Idem.
42	Idem.	Idem.	0.054
43	Couplet.	3.9274	0.487
44	Bossut.	0.3248	0.054
45	Idem.	0.6497	Idem.
46	Idem.	Idem.	0.036
47	Dubuat.	0.4873	0.027
48	Idem.	-0.5671	Idem.
49	Bossut.	0.6497	0.054
50	Dubuat.	0.7219	0.027
51	Idem.	0.9745	Idem.

ment des eaux dans les tuyaux de conduite discutées
...ny.

Longueur des tuyaux L.	Valeurs de $\frac{1}{4}\frac{gDJ}{U}$.	Valeurs de la vitesse U données par	
		l'expérience.	le calcul.
m	m	m	m
9.9506	0.00031409	o.0430142	0.04275
0.37	0.00040412	0.0544296	0.059132
m.	0.00052299	0.0853786	0.092124
9.951	0.00045929	0.0980744	0.092602
0.37	0.00059072	0.111718	0.126321
m.	0.00063849	0.130098	0.133029
m.	0.00067009	0.141116	0.143345
m.	0.00068358	0.144096	0.146739
3.749	0.00142651	0.235211	0.289495
m.	0.00133843	0.282637	0.308824
m.	0.00130958	0:288863	Idem.
16.242	0.00133748	0.550876	0.335905
58.471	0.00144598	0.340053	0.355330
19.951	0.00148184	0.360437	0.571316
48.726	0.00154968	0.380766	0.591471
19.951	0.00171296	9.409081	0.428717
58.981	0.00168746	0.436584	0.440183
19.951	0.0018308	0.440807	0.461806
58.47	0.00167204	0.443325	0.441608
19.951	0.0017952	0.450038	0.461806
48.726	0.00179521	0.495488	0.486011
58.471	0.00192257	0.511514	0.512245
29.235	0.00191780	0.512786	Idem.
19.951	0.00205052	0.541155	0.545006
58.981	0.001981315	0.560537	0.545851
19.951	0.00217575	0.567657	0.576653
48.726	0.00207278	0.569535	0.563405
19.951	0.00222265	0.591641	0.596064
26.242	0.00220106	0.603173	0.599029
19.490	0.0023276	0.632354	0.632726
29.235	0.00230050-2	0.644427	0.634365
58.981	0.00226756	0.649787	0.652347
58.471	0.00221446	0.669467	0.634366
48.726	0.00239239	0.743612	0.697201
29.235	0.00258798	0.759989	0.754322
19.951	0.0027506	0.776068	0.766011
19.490	0.0028119	0.790849	0.782336
3.749	0.0036206	0.794259	0.892970
58.981	0.0026558	0.836355	0.781872
9.745	0.00328667	0.897639	0.904784
19.490	0.0031615	0.933183	Idem.
29.235	0,0030625	0.968157	0.907103
69.42	0.0037855	1.06003	1.059347
9.745	0.0040737	1.09151	1.116427
19.490	0 0058209	1.16401	Idem.
9.745	0.0044911	1.31381	1.289627
3.167	0.0064699	1.57845	1.704357
3.749	0.0063075	1.59193	1.689767
9.745	0.0055786	1.5945	1.588977
5.167	0.0078386	1.95011	2.079787
—	0.0088825	2.29946	2·420487

On voit par la fig. II, pl. 2, que tous les points qui ont pour ordonnées les valeurs de $\frac{1}{4} g \frac{DJ}{U}$ se trouvent, sauf les incertitudes inhérentes à des observations de ce genre, sur une même ligne droite qui ne passe pas par l'origine des coordonnées, ce qui indique que, pour une vitesse nulle, ce terme $\frac{1}{4} g \frac{DJ}{U}$ n'est pas nul.

La valeur de ce terme pour $U = o$ donne celle du coefficient constant a de l'expression de la résistance des parois, et l'inclinaison de la ligne droite, ou le rapport de la différence de deux ordonnées quelconques, et de leur distance respective donne celle du second coefficient b.

C'est en procédant ainsi que M. de Prony a été conduit à assigner à ces coefficiens numériques les valeurs

$$a = 0.00\,017 \text{ et } b = 0.003\,416,$$

ce qui lui a donné pour la relation entre le diamètre D de la conduite, sa déclivité J ou pente par mètre, et la vitesse moyenne U, la relation

$$\frac{1}{4} g DJ = 0.00\,017 U + 0.003\,416 U^2,$$

ou à cause de $g = 9^m.8088$,

$$\frac{1}{4} DJ = 0.0\,000\,173\,314 U + 0.\,000\,348\,259 U^2.$$

Cette relation permet de déterminer la vitesse moyenne U que prend l'eau dans un tuyau de conduite lorsque l'on connaît le diamètre et la pente moyenne par mètre de cette conduite. Elle est du deuxième degré et en la résolvant par rapport à U, on en tire

$$U = 53.58 \sqrt{\frac{DJ}{U}} - 0^m.025.$$

M. de Prony, pour faciliter le calcul de la vitesse U, a donné la table suivante des valeurs de $\frac{1}{4}$ DJ, correspondantes à des valeurs de U, équidifférentes de centimètre en centimètre depuis $U = 0^m.01$ jusqu'à $U = 3^m.00$.

86. TABLE POUR FACILITER LE CALCUL DE LA FORMULE QUI DONNE LE RAPPORT ENTRE LA VITESSE DE L'EAU DANS UN TUYAU, LA LONGUEUR, LA PENTE, LE DIAMÈTRE DU TUYAU ET LES CHARGES D'EAU SUR LES ORIFICES EXTRÊMES.

Vitesse moyenne.	Valeur de $\frac{1}{4}$ DJ.	Vitesse moyenne.	Valeur de $\frac{1}{4}$ DJ.	Vitesse moyenne.	Valeur de $\frac{1}{4}$ DJ.
m		m		m	
0.01	0.0000002	0.31	0.0000388	0.61	0.0001402
0.02	0.0000005	0.32	0.0000412	0.62	0.0001446
0.03	0.0000008	0.33	0.0000436	0.63	0.0001491
0.04	0.0000013	0.34	0.0000462	0.64	0.0001537
0.05	0.0000017	0.35	0.0000487	0.65	0.0001584
0.06	0.0000023	0.36	0.0000514	0.66	0.0001631
0.07	0.0000029	0.37	0.0000541	0.67	0.0001679
0.08	0.0000036	0.38	0.0000569	0.68	0.0001728
0.09	0.0000044	0.39	0.0000597	0.69	0.0001778
0.10	0.0000052	0.40	0.0000627	0.70	0.0001828
0.11	0.0000061	0.41	0.0000656	0.71	0.0001879
0.12	0.0000071	0.42	0.0000687	0.72	0.0001930
0.13	0.0000081	0.43	0.0000718	0.73	0.0001982
0 14	0.0000093	0.44	0.0000750	0.74	0.0002035
0.15	0.0000104	0.45	0.0000783	0.75	0.0002089
0.16	0.0000117	0.46	0.0000817	0.76	0.0002143
0.17	0.0000130	0.47	0.0000851	0.77	0.0002198
0.18	0.0000144	0.48	0.0000886	0.78	0.0002254
0.19	0.0000159	0.49	0.0000921	0.79	0.0002310
0.20	0.0000174	0.50	0.0000957	0.80	0.0002368
0.21	0.0000190	0.51	0.0000994	0.81	0.0002425
0.22	0.0000207	0.52	0.0001032	0.82	0.0002484
0.23	0.0000224	0.53	0.0001070	0.83	0.0002543
0.24	0.0000242	0.54	0.0001109	0.84	0.0002603
0.25	0.0000261	0.55	0.0001149	0.85	0.0002663
0.26	0.0000280	0.56	0.0001189	0.86	0.0002725
0.27	0.0000301	0.57	0.0001230	0.87	0.0002787
0.28	0.0000322	0 58	0.0001272	0.88	0.0002849
0.29	0.0000343	0.59	0.0001315	0.89	0.0002913
0.30	0.0000365	0.60	0.0001358	0.90	0.0002977

Suite de la TABLE DE M. DE PRONY.

Vitesse moyenne.	Valeur de $\frac{1}{4}$ DJ.	Vitesse moyenne.	Valeur de $\frac{1}{4}$ DJ.	Vitesse moyenne.	Valeur de $\frac{1}{4}$ DJ.
m		m		m	
0.91	0.0003042	1.26	0.0005747	1.61	0.0009306
0.92	0.0003107	1.27	0·0005837	1.62	0.0009420
0.93	0.0003173	1.28	0.0005928	1.63	0.0009535
0.94	0.0003240	1.29	0.0006019	1.64	0.0009651
0.95	0.0003308	1.30	0.0006111	1.65	0.0009767
0.96	0.0003376	1.31	0.0006204	1.66	0.0009884
0.97	0.0003445	1.32	0.0006297	1.67	0.0010002
0.98	0.0003515	1.33	0.0006391	1.68	0.0010120
0.99	0.0003585	1.34	0.0006486	1.69	0.0010240
1.00	0.0003656	1.35	0.0006581	1.70	0.0010359
1.01	0.0003728	1.36	0.0006677	1.71	0.0010480
1.02	0.0003800	1.37	0.0006774	1.72	0.0010601
1.03	0.0003873	1.38	0.0006871	1.73	0.0010725
1.04	0.0003947	1.39	0.0006970	1.74	0.0010845
1.05	0.0004022	1.40	0.0007069	1.75	0.0010969
1.06	0.0004097	1.41	0.0007168	1.76	0.0011095
1.07	0.0004175	1.42	0.0007268	1.77	0.0011217
1.08	0.0004249	1.43	0.0007369	1.78	0.0011343
1.09	0.0004327	1.44	0.0007471	1.79	0.0011469
1.10	0.0004405	1.45	0.0007573	1.80	0.0011596
1.11	0.0004483	1.46	0.0007677	1.81	0.0011723
1.12	0.0004565	1.47	0.0007780	1.82	0.0011851
1.13	0.0004645	1.48	0.0007885	1.83	0.0011980
1.14	0.0004724	1.49	0.0007990	1.84	0.0012110
1.15	0.0004805	1.50	0.0008096	1.85	0.0012240
1.16	0.0004887	1.51	0.0008202	1.86	0.0012371
1.17	0.0004970	1.52	0.0008310	1.87	0.0012502
1.18	0.0005054	1.53	0.0008418	1.88	0.0012635
1.19	0.0005138	1.54	0.0008526	1.89	0.0012768
1.20	0.0005223	1.55	0.0008636	1.90	0.0012901
1.21	0.0005309	1.56	0.0008746	1.91	0.0013036
1.22	0.0005395	1.57	0.0008856	1.92	0.0013171
1.23	0.0005482	1.58	0.0008968	1.93	0.0013307
1.24	0.0005570	1.59	0.0009080	1.94	0.0013443
1.25	0.0005658	1.60	0.0009193	1.95	0.0013581

Suite et fin de la TABLE DE M. DE PRONY.

Vitesse moyenne.	Valeur de $\frac{1}{4}$ DJ.	Vitesse moyenne.	Valeur de $\frac{1}{4}$ DJ.	Vitesse moyenne.	Valeur de $\frac{1}{4}$ DJ.
m		m		m	
1.96	0.0013718	2.31	0.0018984	2.66	0.0025102
1.97	0.0013857	2.32	0.0019147	2.67	0.0025290
1.98	0.0013996	2.33	0.0019310	2.68	0.0025478
1.99	0.0014136	2.34	0.0019475	2.69	0.0025667
2.00	0.0014277	2.35	0.0019640	2.70	0.0025856
2.01	0.0014418	2.36	0.0019806	2.71	0.0026046
2.02	0.0014560	2.37	0.0019972	2.72	0.0026237
2.03	0.0014703	2.38	0.0020139	2.73	0.0026429
2.04	0.0014847	2.39	0.0020307	2.74	0.0026621
2.05	0.0014991	2.40	0.0020476	2.75	0.0026814
2.06	0.0015136	2.41	0.0020645	2.76	0.0027007
2.07	0.0015281	2.42	0.0020815	2.77	0.0027202
2.08	0.0015428	2.43	0.0020985	2.78	0.0027397
2.09	0.0015575	2.44	0.0021157	2.79	0.0027592
2.10	0.0015722	2.45	0.0021329	2.80	0.0027789
2.11	0.0015871	2.46	0.0021502	2.81	0.0027986
2.12	0.0016020	2.47	0.0021675	2.82	0.0028184
2.13	0.0016169	2.48	0.0021849	2.83	0.0028382
2.14	0.0016320	2.49	0.0022024	2.84	0.0028581
2.15	0.0016471	2.50	0.0022199	2.85	0.0028781
2.16	0.0016623	2.51	0.0022376	2.86	0.0028982
2.17	0.0016775	2.52	0.0022533	2.87	0.0029183
2.18	0.0016928	2.53	0.0022730	2.88	0.0029385
2.19	0.0017082	2.54	0.0022908	2.89	0.0029588
2.20	0.0017237	2.55	0.0023087	2.90	0.0029791
2.21	0.0017392	2.56	0.0023267	2.91	0.0029995
2.22	0.0017548	2.57	0.0023448	2.92	0.0030200
2.23	0.0017705	2.58	0.0023629	2.93	0.0030405
2.24	0.0017862	2.59	0.0023810	2.94	0.0030612
2.25	0.0018021	2.60	0.0023993	2.95	0.0030819
2.26	0.0018179	2.61	0.0024176	2.96	0.0031026
2.27	0.0018339	2.62	0.0024360	2.97	0.0031234
2.28	0.0018499	2.63	0.0024545	2.98	0.0031443
2.29	0.0018660	2.64	0.0024730	2.99	0.0031653
2.30	0.0018822	2.65	0.0024916	3.00	0.0031863

87. *Usage de cette table*. — Lorsque l'on connaît le diamètre D, la longueur développée L et la pente totale H ou la pente par mètre courant J d'une conduite, on calcule la valeur de $\frac{1}{4}$ DJ, et, en cherchant dans la table le nombre qui s'en rapproche le plus, on en déduit à moins d'un centimètre près la valeur de la vitesse moyenne de l'eau dans cette conduite.

Il faut toutefois remarquer que l'application de cette formule ne peut être faite avec cette simplicité qu'autant qu'elle ne présente pas de coudes, et encore moins des étranglements donnant lieu à des pertes de force vive.

88. *Détermination du volume d'eau fourni par une conduite*. — Connaissant la vitesse moyenne et le diamètre de la conduite on en déduit le volume Q écoulé en 1″ par la formule

$$Q = \frac{D^2 U}{1.273}.$$

89. *Résultats des recherches de **M. Eytelwein***. — Ce savant ingénieur prussien, dont on a déjà cité les travaux, a traité la question du mouvement de l'eau dans les tuyaux de conduite en tenant compte du terme

$$U^2 \left[1 + \left(\frac{1}{m} - 1 \right)^2 \right]$$

négligé par M. de Prony, et il a trouvé pour les coefficients constants a et b de l'expression de la résistance des tuyaux les valeurs

$$a = 0.0\,002\,193 \text{ et } b = 0.0\,027\,496.$$

Mais depuis M. de Prony a montré par la comparaison

des résultats auxquels conduit sa formule et celle de M. Eytelwein avec ceux de l'expérience que, pour les conduites de grande longueur, il était assez indifférent de prendre l'une ou l'autre.

Enfin M. Eytelwein a aussi fait voir que l'on pouvait, avec une exactitude suffisante pour la pratique, admettre que la résistance des parois d'un tuyau était simplement proportionnelle au quarré de la vitesse, et supposer le coefficient $a = o$, en faisant $b = 0.0035$.

Ce qui réduirait l'équation du n° 84 à

$$U^2 \left[1 + \left(\frac{1}{m} - 1 \right)^2 \right] = 2gH - \frac{8 \times 0.0\,035\,L}{D} U^2.$$

et il a fait

$$1 + \left(\frac{1}{m} - 1 \right)^2 = 1.515,$$

ce qui correspond à $m = 0.59$, valeur un peu faible pour le multiplicateur de la dépense à l'entrée du tuyau. Au moyen de cette valeur, la relation ci-dessus donne pour la vitesse U l'expression

$$U = 26.44 \sqrt{\frac{HD}{L + 54D}}.$$

Ces formules de M. Eytelwein conduisent pour les grandes conduites d'eau à des résultats au moins aussi exacts que celles de M. Prony, et devraient être préférées parce qu'elles tiennent compte de la perte de force vive à l'entrée des conduites ; mais, les tables destinées à faciliter les calculs étant toutes calculées d'après ces dernières formules, nous continuerons à employer celles-ci.

90. *De la pente à donner aux conduites d'eau.* — Il importe beaucoup, dans la plupart des cas, de ne donner aux conduites que la pente nécessaire pour produire le mouvement et vaincre la résistance des parois, afin que la différence de hauteur entre le réservoir alimentaire et celui de réception soit le plus faible possible.

Lorsque le diamètre du tuyau et le volume de l'eau écoulée, et par suite la vitesse moyenne U, seront donnés, la formule de M. de Prony, n° 85, nous donnera pour la déclivité J la valeur

$$J = \frac{4}{D}\,[0.0\,000\,173\,U + 0.000\,348\,U^2],$$

d'où l'on déduira la pente totale H $=$ JL, nécessaire pour que la composante de la pesanteur dans le sens de la longueur du tuyau puisse vaincre les résistances. Cette pente totale s'appelle *la perte de chute ou de charge* produite par la résistance des parois.

En la retranchant de la hauteur du réservoir alimentaire au dessus de l'extrémité de la conduite, le reste sera la hauteur à laquelle l'eau pourrait s'élever à l'extrémité inférieure de la conduite, soit en jet d'eau, soit dans le réservoir de réception.

Dans le cas des conduites de peu de longueur il sera plus exact de calculer cette perte de chute à l'aide des résultats de M. Eytelwein (n° 89), qui donnent

$$H = \frac{U^2\left[1 + \left(\frac{1}{m} - 1\right)^2\right] + \frac{84}{D}\,[0.0\,002\,193\,U + 0.00\,275\,U^2]}{2g},$$

et qui tiennent compte de la perte de force vive à l'entrée.

91. *Observation sur l'influence de la vitesse sur la*

perte de chute. — On voit que la pente à donner aux conduites croît rapidement avec la vitesse, et par conséquent avec le volume à débiter. Or, d'autre part, pour un volume donné la vitesse étant en raison inverse du quarré du diamètre, il est nécessaire d'établir entre toutes les quantités qui entrent dans les équations des relations convenables pour chaque cas.

92. *Relation entre le volume d'eau, la déclivité et le diamètre de la conduite.* — Si, dans la formule du n° 85

$$U = 53.58 \sqrt{\frac{DJ}{4}} - 0^m.025$$

on met pour U sa valeur

$$U = \frac{1.273 Q}{D^2},$$

elle devient

$$1.273 Q = 53.58 \sqrt{\frac{D^5 J}{4}} - 0.0395 D^2$$

ou

$$Q = 21.045 \sqrt{D^5 J} - 0.0196 D^2,$$

relation qui donnera l'une des trois quantités D, J, ou Q, lorsque les deux autres sont connues. Mais comme elle est du 5ᵉ degré en D, sa solution présenterait pour la pratique des difficultés qu'il faut chercher à éviter.

93. *Solution approximative.* — On remarquera que, si dans le second membre on négligeait le terme 0.0196 D², elle se réduirait à

$$Q = 21.045 \sqrt{D^5 J};$$

d'où l'on tirerait pour le diamètre la valeur

$$D = 0.2955 \sqrt[5]{\frac{Q^2}{J}},$$

évidemment trop faible, mais qui sera néanmoins suffisamment exacte pour tous les cas où la vitesse de l'eau, qui serait donnée par la formule $\dfrac{1.273Q}{D^2}$, serait égale ou supérieure à $0^m.50$.

94. *Solution plus approchée.* — Pour les cas où la vitesse serait inférieure à $0^m.50$, ou dans lesquels on aurait besoin d'une plus grande exactitude, on pourra procéder par une méthode graphique, ainsi qu'il suit :

Dans l'équation

$$Q = 21.045 \sqrt{D^5 J} - 0.01961 D^2$$

on mettra pour Q et pour J les valeurs que prendra le deuxième membre de cette équation par la substitution successive de différentes valeurs du diamètre D, en partant de celle qui aura été fournie par la formule approximative du numéro précédent, et croissantes de cinq en cinq millimètres ou de centimètre en centimètre, jusqu'à ce que le second membre de l'équation, qui croîtra avec ces valeurs de D, excède la valeur donnée du premier membre.

Cela fait, on prendra pour abscisses les valeurs successives du diamètre D, et pour ordonnées correspondantes les valeurs trouvées pour le second membre. Par les points ainsi déterminés l'on fera passer une courbe ; puis, parallèlement à la ligne des abscisses, on mènera une ligne droite à une distance égale à la valeur de Q.

Cette droite coupera la courbe en un point dont l'abscisse sera le diamètre cherché. Il est évident en effet que cette valeur du diamètre, substituée dans l'équation, donnerait pour le second membre, ou l'ordonnée de la courbe, une valeur égale à celle de Q ou du premier membre.

Exemple : Supposons qu'il s'agisse de trouver le diamètre d'une conduite destinée à transporter $0^{mc}.02666$ en $1''$, avec une déclivité $J = 0^{m}.0001\,937$.

La formule approximative du n° **93** donne d'abord

$$D = 0.2\,955 \sqrt[5]{\frac{(0.02\,666)^2}{0.0\,001\,937}} = 0^{m}.3\,8\,2.$$

Puis en substituant successivement dans la formule complète

$$Q = 21.055 \sqrt{D^5 J - 0.0\,198 D^2},$$

on a respectivement

Valeurs de D.	0.3832	0.3900	0.4000	0.4100
Valeurs du second membre.	0.023778	0.024840	0.026503	0.028230

La construction de la courbe montre que son intersection avec une parallèle à l'axe des abscisses menée à une distance $Q = 0^{mc}.02666$ a lieu en un point dont l'abscisse est $D = 0^{m}.40\,093$, ce qui donne avec une exactitude suffisante le diamètre convenable pour la conduite.

IXe LEÇON.

95. *Des tables destinées à faciliter les calculs précédents.* — Lorsqu'il ne s'agit que d'une conduite unique destinée à conduire des eaux d'un point donné à un autre, la méthode précédente ne mène pas à des calculs assez pénibles pour arrêter des ingénieurs ; mais pour l'établissement complet d'un réseau de tuyaux pour les distributions d'eau dans les villes, où les volumes, les pentes et les distances, varient pour ainsi dire à chaque endroit, il est de la plus grande utilité pour les ingénieurs de posséder des tables de calculs tout faits comprenant les cas les plus usuels de la pratique.

Il est d'usage, et il convient en effet pour la facilité des ajustages et l'assortiment des pièces d'assemblage, de classer les tuyaux, et d'établir à l'avance la série des diamètres qui seront mis en service, en les graduant de manière à pouvoir comprendre tous les cas ordinaires.

M. de Prony avait donné une table des valeurs correspondantes de Q, de D, et de J, pour des volumes variables de dixième en dixième de litre par seconde, depuis $0^{lit}.1$ jusqu'à $1^{lit}.00$; puis de litre en litre depuis $1^{lit}.00$ jusqu'à 10 litres, pour des diamètres de tuyaux compris entre $0^m.01$ et $0^m.50$. Mais cette table était loin de suffire aux besoins de la pratique.

M. Mary, savant ingénieur, directeur du service des eaux de Paris, a calculé des tables bien plus étendues, comprenant tous les diamètres de tuyaux en usage dans ce service, en classant les volumes d'eau débités par dixièmes de pouce de fontainiers depuis $0^{po}.1$ jusqu'à

$1^{po}.0$; de 0.5 en 0.5 de pouce, depuis un pouce jusqu'à dix pouces; puis de pouce en pouce depuis 10 jusqu'à 100 pouces; de deux en deux pouces depuis 100 jusqu'à 200; de cinq en cinq pouces depuis 200 jusqu'à 500, et enfin de dix en dix pouces depuis 500 jusqu'à 1 000. Les diamètres compris dans ces tables sont ceux de

$0^m.060$, $0^m.081$, $0^m.108$, $0^m.135$, $0^m.162$, $0^m.190$,
$0^m.216$, $0^m.250$, $0^m.300$, $0^m.320$, $0^m.350$, $0^m.400$,
$0^m.450$, $0^m.500$ et $0^m.600$.

On voit que cette classification a été en quelque sorte commandée par les constructions existantes établies d'après les anciennes mesures linéaires et de jaugeage; mais il m'a semblé qu'il serait utile de calculer d'autres tables plus en harmonie avec le système métrique actuellement en usage, et c'est ce qui m'a décidé à établir de nouvelles tables pour des tuyaux du diamètre de

$0^m.05$, $0^m.06$, $0^m.08$, $0^m.10$, $0^m.15$, $0^m.20$, $0^m.25$,
$0^m.30$, $0^m.35$, $0^m.40$, $0^m.45$, $0^m.50$ et $0^m.60$,

pour des volumes compris entre $0^{lit}.01$ et 850 litres à débiter en une seconde.

Dans ces tables, comme dans celles de M. Mary, le volume d'eau à débiter étant donné, on trouve pour chaque diamètre de tuyau la vitesse moyenne U, et la déclivité ou pente par mètre qu'il est nécessaire de donner au tuyau pour que la composante de la gravité puisse vaincre les résistances; c'est ce que l'on y désigne, comme nous l'avons dit au n° 90, sous le nom de *perte de charge par mètre courant*.

Nous ne reproduirons pas ici ces tables, insérées

dans la troisième édition de l'*Aide-Mémoire de mécanique pratique*, et nous nous bornerons à en indiquer l'usage.

96. *Ecoulement de l'eau dans une conduite d'un débit uniforme sans aucun orifice sur sa longueur.* — Ce cas est l'un des plus simples, et si le volume d'eau à débiter est donné, ainsi que la pente par mètre que peut avoir la conduite, on cherchera dans les premières colonnes à gauche de la table le volume donné, et sur les lignes horizontales correspondantes la perte de chute ou déclivité nécessaire la plus voisine, mais en dessous de la pente par mètre courant que l'on veut donner à la conduite. Le diamètre du tuyau inscrit en haut de la colonne sera un peu plus grand que celui qui serait nécessaire ; mais dans la plupart des cas il fournira une solution assez approchée de la véritable pour pouvoir être adoptée.

Si, par exemple, il s'agit de conduire un volume d'eau de $0^{mc}.400$ par seconde à une distance de 300 mètres, avec une pente totale de $2^m.00$, ou une pente par mètre égale à

$$\frac{2^m.00}{300} = 0^m.00\,666,$$

on trouve dans la table que la perte de chute par mètre la plus voisine de celle-ci, mais inférieure, correspondante au volume de $0^{mc}.400$, est $0^m.004\,810$, et serait convenable avec un tuyau de $0^m.60$ de diamètre.

Comme la pente de $0^m.00\,481$ est inférieure à celle dont on dispose, on pourrait employer un diamètre plus petit que $0^m.60$. Mais le diamètre de $0^m.50$, immédiatement inférieur contenu dans la table, exigerait pour le même volume débité une pente par mètre de $0^m.011844$ plus grande que celle de $0^m.00666$.

En opérant par parties proportionnelles ou par construction graphique, on pourra facilement obtenir une valeur suffisamment approchée du diamètre convenable. On voit en effet qu'une augmentation de $0^m.01$ dans le diamètre pour le volume de $0^{mc}.400$ à débiter en $1''$ correspond à une différence de déclivité de

$$0^m.0011844 - 0^m.004810 = 0^m.007034.$$

La différence de déclivité

$$0^m.00666 - 0^m.00481 = 0^m.00185$$

correspondra donc à une différence de diamètre donnée approximativement par la proportion

$$0^m.007034 : 0^m.10 : : 0^m.00185 : x = \frac{0.00185 \times 0.10}{0.007034} = 0^m.026.$$

Par conséquent le diamètre convenable pour débiter $0^{mc}.400$ en $1''$, avec la pente par mètre de $0^m.00666$, sera

$$0^m.600 - 0^m.026 = 0^m.574.$$

97. *Déterminer à quelle hauteur l'eau pourra s'élever au dessus du sol à l'extrémité d'une conduite dont le produit et le diamètre sont donnés.* — On cherchera dans la table, aux colonnes correspondantes au diamètre donné, le produit de la conduite, et sur la même ligne horizontale on trouvera la déclivité convenable ou perte de chute par mètre courant. En la multipliant par la longueur développée de la conduite, on aura la portion totale de la chute, ou de la différence de niveau entre le réservoir supérieur et l'extrémité inférieure de la conduite qui sera employée à vaincre les résistances. En retranchant cette perte de charge de cette différence de niveau, le reste sera la hauteur à laquelle l'eau pourrait s'élever au dessus de l'extrémité inférieure de la conduite, soit dans un réservoir, soit par un jet d'eau convenablement disposé.

On voit de suite, soit par les formules, soit par les tables, que pour un même volume d'eau à débiter, les pertes de chute sont d'autant plus grandes que les tuyaux sont plus petits.

Si, par exemple, une conduite de $0^m.05$ de diamètre débite 3 litres d'eau par seconde, la perte de chute produite par la résistance des parois est de $0^m.067158$ par mètre courant; et, en supposant que la longueur développée de cette conduite soit de 100 mètres, la perte totale sera de $6^m.716$. Par conséquent si le réservoir supérieur est à $10^m.00$ au dessus de l'extrémité de la conduite, l'eau pourra s'élever à

$$10^m.000 - 6^m.716 = 3^m.284$$

au dessus de cette extrémité.

En d'autres termes l'eau pourra s'élever, ou être reçue à un niveau inférieur de $6^m.716$ à celui du réservoir supérieur.

Lors donc que les hauteurs respectives des deux réservoirs seront données ainsi que le produit de la conduite, il faudra choisir son diamètre de manière que la résistance des parois ne consomme pas une portion de chute supérieure, ni même égale, à leur différence de niveau.

98. *Influence de la résistance des parois sur le tra-*

vail des pompes. — De même que, dans leur descente par des conduites, les eaux absorbent par la résistance des parois une portion de la puissance motrice de la chute, lorsqu'il s'agit de les refouler dans une conduite à l'aide de pompes cette résistance exige un travail additionnel qui s'ajoute à celui que consomme la pesanteur.

Les mêmes formules et les mêmes tables serviront encore à déterminer la hauteur de la colonne d'eau qui ferait équilibre à la résistance des parois, et qui doit être ajoutée à celle du réservoir de réception au-dessus de celui de prise d'eau pour calculer la résistance totale que la pompe doit vaincre.

Dans l'établissement des machines d'élévation des eaux il est très nécessaire de tenir compte du surcroît de force qu'il faut donner à la machine motrice pour vaincre ces résistances des parois. C'est ce que l'on peut mettre en évidence par l'application suivante, faite à l'élévation des eaux de la Seine depuis Marly jusqu'à un réservoir placé à 166 mètres au dessus de son niveau, par une conduite de 1 400 mètres de longueur développée. On a supposé que le volume d'eau à élever était de 180 litres en 1″; et, en appliquant les tables à des conduites de différents diamètres et de 1 400 mètres de longueur, on a obtenu pour chaque cas la hauteur totale de la colonne d'eau qui représenterait les résistances passives; de sorte que le moteur devrait, pour les vaincre, développer une quantité de travail égale à l'élévation du volume d'eau fourni à cette hauteur en sus de l'effet réellement utile, qui est égal au produit du poids de l'eau élevée par la hauteur réelle d'élévation.

C'est ainsi que l'on a formé le tableau suivant :

Diamètre.	Charge consommée par les frottements.		Travail consommé par le frottement de l'eau dans la conduite en chevaux.	Travail utile en chevaux.	Travail total en chevaux.
	Par mètre courant.	Totale.			
m 0.30	m 0.030699	m 42.98	ch 105.15	ch 398.40	ch 501.55
0.35	0.014302	20.02	48.05	398.40	446.45
0.40	0.007394	10.35	24.84	398.40	423.24
0.45	0.004140	5.80	13.92	398.40	412.32
0.50	0.002468	3.46	8.30	398.40	406.70
0.60	0.001014	1.42	3.41	398.40	401.81

On voit par cet exemple que l'excédant de force considérable exigerait l'emploi d'une conduite trop petite; mais en même temps l'on reconnaît qu'une conduite de $0^m.40$ à $0^m.45$ suffirait pour réduire le travail des résistances à une valeur convenable, et que l'économie devrait engager à ne pas en employer de plus grandes dans le cas actuel.

99. *Limites convenables de la vitesse de l'eau dans les tuyaux.* — La résistance des parois croissant rapidement avec la vitesse, il convient en général, pour ne pas perdre une trop grande portion de la charge motrice par l'effet de cette résistance, de limiter la vitesse moyenne à quelques centimètres pour les petits tuyaux, et à quelques décimètres pour les grands. C'est par ce motif que l'on n'a pas admis dans les tables de l'*Aide-Mémoire* des vitesses notablement supérieures à celle de $3^m.00$, au dessous de laquelle il nous semble toujours convenable de se tenir, surtout si la circulation de l'eau doit être parfois brusquement interrompue par la fermeture de robinets, ce qui occasionne des chocs et des effets de bélier très nuisibles à la solidité des joints.

D'une autre part si les eaux sont sujettes à entraîner des vases, des sables, et à se troubler par les pluies, il est nécessaire pour éviter les dépôts que l'eau ait une vitesse moyenne un peu supérieure à celle qui entraîne ces corps, et qui est donnée par la table du n° 52.

100. *Distribution d'eau par une conduite d'un diamètre uniforme alimentant dans sa longueur divers écoulements d'un volume déterminé.* — Lorsqu'il se fait sur la longueur de la conduite des prises d'eau à différentes distances, on considère chaque intervalle entre deux orifices comme une conduite particulière, en commençant par la partie supérieure qui doit débiter le volume total. On peut alors, par les règles précédentes, calculer le diamètre ou la perte de chute par mètre courant, selon que le volume et la pente, ou que le volume et le diamètre, sont donnés. Dans ce dernier cas, par exemple, après avoir calculé la perte de chute faite par la première partie de la conduite, on en déduira la hauteur à laquelle l'eau pourrait s'élever au premier orifice, hauteur qui pour la seconde partie devient la pression motrice. On opérera ensuite de même de proche en proche, et on aura la perte totale de chute produite par les résistances. Il est évident que cette perte doit toujours être moindre que la pente totale de la conduite, qui est ordinairement donnée; s'il en était autrement ce serait une preuve que la conduite n'a pas un diamètre assez grand pour débiter le volume d'eau proposé.

101. *Distribution d'eau par une conduite dont le diamètre varie*. — Lorsque l'on a une chute ou pente totale suffisante, l'économie doit engager à diminuer le diamètre de la conduite à mesure que le volume à débiter devient plus petit. La pente totale étant donnée, on devra calculer les diamètres de chaque partie, de manière que la somme des pertes de charge n'excède pas cette pente, et de façon qu'à chaque point de prise d'eau il y ait encore une hauteur de pression suffisante pour assurer le débit voulu.

102. *Condition relative à la pression qui doit exister près des orifices de prise d'eau*. — Connaissant le volume d'eau qui doit être fourni par une prise faite sur une conduite, et la disposition de l'orifice d'écoulement, il sera toujours facile, par les formules précédemment données, de calculer la hauteur de pression exprimée en colonne d'eau nécessaire pour assurer ce débit. On devra vérifier, après le calcul du diamètre de la conduite, si, en retranchant la perte de charge occasionnée par la résistance de la charge totale au dessus de l'orifice de la prise d'eau, le reste est encore supérieur à la hauteur nécessaire pour produire le débit voulu. Dans le cas où ce reste serait trop faible il faudrait augmenter le diamètre de la conduite.

Pour les bornes-fontaines, par exemple, dont le débit est estimé en moyenne à deux litres au plus en 1″, on admet qu'avec les modèles de bouches adoptés à Pa-

ris, il suffit d'une hauteur de pression de quelques décimètres au dessus de cette bouche, ordinairement placée
à 0^{m}50 au dessus du sol.

103. *Application.* — Soit par exemple un volume
d'eau Q $=$ 0^{mc}.050 à fournir par seconde au moyen d'une
conduite ayant 1^m.50 de pente totale, qui débite et partage ce volume par cinq orifices de prises d'eau, répar-
tis comme il suit :

A 100^m de l'origine. . . . . 10 litres en 1″
A   80^m plus loin ou à 180^m de l'origine. 10   —
A   70^m plus loin ou à 250^m de l'origine. 10   —
A 100^m plus loin ou à 350^m de l'origine. 10   —
A   80^m plus loin ou à 430^m de l'origine. 10   —

Longueur totale . . . 430^m —   50 litres.

En cherchant dans la table de l'*Aide-Mémoire* les pertes de charge produites par la résistance d'un tuyau de
0^m.25 de diamètre conduisant ainsi successivement
50, 40, 30, 20 et 10 litres par seconde aux distances
ci-dessus, on trouve pour les pertes de charge les valeurs suivantes, ainsi que les vitesses d'écoulement; et
pour obtenir les hauteurs de charge à chaque orifice, on
retranche successivement la perte due aux résistances
de chaque intervalle de la charge totale à son origine.

Écoulement par une conduite de $0^m.25$ alimentant cinq orifices.

Volume débité en $1''$.	Diamètre de la conduite.	Longueur de la conduite.	Vitesse moyenne.	Perte de charge		Hauteur de pression aux orifices.
				par mètre.	totale.	
lit	m	m	m	m	m	m
50		100	1.0186	0.006064	0.60640	0.894
40		80	0.8149	0.003926	0.31408	0.580
30	0.250	70	0.6112	0.002251	0.15757	0.422
20		100	0.4074	0.001038	0.10380	0.518
10		80	0.2037	0.000288	0.02304	0.295
					1.20489	

Si les prises d'eau étaient des conduites destinées par exemple à répartir les dix litres que chacune d'elles reçoit entre cinq orifices de bornes-fontaines, il faudrait s'assurer que la hauteur de pression à l'origine de ces conduites, appelées *branchements*, serait suffisante pour y produire le mouvement, en ayant égard à sa pente particulière et à son diamètre; et si l'on trouvait qu'elle ne l'est pas, on recommencerait le calcul de la conduite principale avec un plus grand diamètre. Ce serait, par exemple, ce qu'il y aurait à faire dans le cas de l'exemple précédent, où la hauteur de pression égale à $0^m.295$ serait trop faible pour vaincre les résistances, et assurer le débit d'une conduite desservant cinq bornes-fontaines à deux litres par seconde pour chacune.

Si, au lieu d'une pente totale de $1^m.50$ on en avait une plus grande, et de $4^m.00$ par exemple, on pourrait, en sacrifiant aux résistances une plus grande portion de cette pente, employer une conduite de diamètres décroissants, ainsi qu'il suit :

Volume débité en 1″.	Diamètre de la conduite.	Longueur de la conduite.	Vitesse moyenne.	Perte de charge		Hauteur de pression aux orifices.
				par mètre	totale.	
lit 50	m 0.250	m 100	m 1.0186	m 0.006064	m 0.60640	m 5.394
40	0.200	80	1.2752	0.011735	0.95864	2.455
30		70	0.9549	0.006682	0.46774	1.987
20	0.150	100	1.1518	0.012419	1.24190	0.745
10		80	0.5659	0.003235	0.25880	0.486
					3.51348	

On voit par cet exemple combien la perte de charge produite par les résistances augmente quand le diamètre des conduites diminue.

104. *Influence des changements brusques de direction des conduites.* — Lorsque l'eau qui circule dans une conduite éprouve un changement brusque de direction, ainsi que la figure ci-contre en offre un exemple, les filets fluides, rencontrant une paroi dont les arêtes sont perpendiculaires à leur direction, se dévient, et il se produit dans la nouvelle conduite, un peu au delà du coude, une contraction d'autant plus sensible que la vitesse est plus grande.

Fig. 52.

Dans cette section contractée la vitesse du fluide est considérablement augmentée; puis un peu plus loin les filets ont repris leur parallélisme, et si la nouvelle conduite a le même diamètre que l'autre, la vitesse redevient la même. Par conséquent le travail développé pour produire l'accélération au passage de la veine contractée dans le coude, ou la force vive communiquée, a été complétement perdu. Toute déviation de ce genre occasionne donc une perte de force vive ou de travail moteur, et consomme une portion de la charge motrice. Il se produit un effet analogue (fig. 33) quand

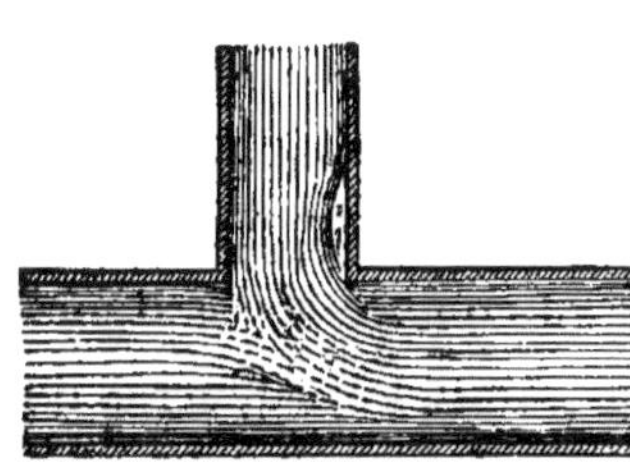

Fig. 33.

une conduite s'embranche sur un autre; et l'on voit que, dans les distributions d'eau où il y a un grand nombre de branchements semblables, ces pertes se multiplient tellement, qu'il importe de les éviter autant que possible et d'en tenir compte dans les calculs.

Dans les distributions d'eau bien disposées le changement de direction d'une conduite se fait en raccordant les deux directions données par un tuyau arrondi, dont la forme atténue beaucoup les effets que nous venons d'indiquer. Dubuat a fait à ce sujet des expériences sur des tuyaux de 0ᵐ.027 et de 0ᵐ.054 de diamètre de différentes longueurs, auxquels il a fait faire un certain nombre de coudes arrondis; et, en comparant pour des tuyaux coudés et des tuyaux droits de même longueur les charges motrices nécessaires pour produire l'écoulement d'un même volume d'eau, il a déterminé l'augmentation de charge qu'exigeaient les coudes.

En discutant les résultats de ces expériences M. Navier a reconnu que l'on pouvait les représenter avec une exactitude suffisante pour les applications, par la formule

$$h = \mathrm{H}\,[0.0039 + 0.0186r]\,\frac{c}{r^2}$$

dans laquelle on représente par

h la perte de la charge cherchée,

H la hauteur due à la vitesse moyenne de l'eau dans la conduite,

r le rayon d'arrondissement de l'axe de la conduite,

c la longueur développée de cet axe du coude.

On voit que, d'après cette formule, la perte de charge produite par les coudes croîtrait comme les hauteurs dues aux vitesses moyennes, ou comme les quarrés de ces vitesses, ce qui doit engager à limiter les vitesses moyennes.

En général en donnant aux arrondissements des coudes des dimensions convenables, on parvient, dans la plupart des cas, à restreindre beaucoup la perte de charge due à cette cause.

Si, par exemple, une conduite de $0^{\mathrm{m}}.20$ de diamètre présente trois coudes à angles droits, dont le rayon de raccordement soit $r = 0^{\mathrm{m}}.75$, on aurait

$$(0.0039 + 0.0186r)\,\frac{c}{r^2} = 0.03737.$$

S'il doit passer au premier de ces coudes 80 litres

en 1″, au deuxième 40 litres, et au troisième 20 litres, les vitesses moyennes respectives seraient

$$2^{\mathrm{m}}.5\,465, \quad 1^{\mathrm{m}}.2\,732, \quad 0^{\mathrm{m}}.6\,366;$$

et les hauteurs correspondantes H

$$0^{\mathrm{m}}.330, \quad 0^{\mathrm{m}}.083, \quad 0^{\mathrm{m}}.020.$$

ce qui donne respectivement pour les pertes de charge produites par ces coudes

$$\begin{array}{ccc} 1^{\text{er}}\ \text{coude}, & 2^{\text{e}}\ \text{coude}, & 3^{\text{e}}\ \text{coude}, \\ 0^{\mathrm{m}}.0\,123, & 0^{\mathrm{m}}.0\,031, & 0^{\mathrm{m}}.0\,007. \end{array}$$

On voit que ces pertes sont faibles dès que les vitesses ne dépassent pas les limites convenables et quand les coudes ont un assez grand rayon de raccordement.

105. *Proportions des coudes dans le service des eaux de Paris.* — Dans le service des eaux de Paris on a adopté les proportions suivantes :

Diamètre des conduites.	Rayon de raccordement des axes.	Développement de l'axe du coude en parties de la circonférence.
m	m	
0.05	0.45	0.250
0.06		
0.08	0.50	0.250
0.10		
0.15	0.75	0.250
0.20	1.00	
0.25 et au dessus.	1.50	0.125

Quant aux coudes brusques qui se présentent dans les pénétrations de deux tuyaux de diamètres égaux ou différents, il n'y a pas d'expériences propres à permettre d'en apprécier l'effet; mais il n'y a pas de doute qu'ils n'occasionnent des pertes de force vive très notables; et sous ce rapport il me semble qu'il y aurait lieu de modifier la forme des embranchements des conduites d'eau pour diminuer cet effet qui se répète souvent sur l'étendue d'une même conduite.

106. *Pression exercée par l'eau en un point quelconque de la conduite.* — Connaissant la perte de charge qui est produite par les résistances depuis l'origine de la conduite jusqu'au point que l'on considère, si on la retranche de la pression motrice totale depuis le réservoir supérieur jusqu'à ce point, calculée soit par la formule du n° 85, qui fait abstraction de la force vive communiquée ou perdue, soit et mieux par celle du n° 89, qui en tient compte, on aura la pression au point donné exprimée par la hauteur à laquelle l'eau prise en ce point pourrait s'élever.

Mais cette valeur de la pression supportée par la paroi du tuyau pendant le mouvement du liquide, non plus que la pression plus considérable qu'elle éprouve quand le mouvement n'a pas lieu, ne peut servir à calculer l'épaisseur des parois, si la circulation de l'eau est exposée à des arrêts brusques. Il faut alors donner un excédant de résistance, et l'observation a fait connaître les dimensions convenables. On peut calculer l'épaisseur convenable e par la formule

$$e = 0.00\,238nd + 0^m.0\,085,$$

dans laquelle d est le diamètre, et n le nombre d'atmosphères de pression auquel le tuyau doit résister à l'épreuve, et que l'on fait ordinairement égal à 10.

TABLE DES DIMENSIONS DES TUYAUX DE CONDUITE POUR LE SERVICE DES DISTRIBUTIONS D'EAU DANS LES VILLES.

Diamètre des tuyaux.	Longueur des tuyaux.		Épaisseur des tuyaux		Emboîtement.			Filets.			Cordons			Brides.				Nombre des trous.
	1o Avec renflement d'un bout et cordon de l'autre; 2o Avec renflement d'un bout et bride de l'autre.	2o Avec bride d'un bout et cordon de l'autre; 4o Avec bride aux deux bouts.	d'après les proportions en usage à Paris.	d'après la formule proposée.	Longueur.	Épaisseur.	Diamètre intérieur.	Largeur.	Saillie sur le tuyau.	Nombre.	au petit bout.	au petit bout.	Diamètre sur le renflement.	Diamètre extérieur.	Diamètre passant au centre des trous.	Ép aisseur à la jonction du tuyau.	Fruit.	
m	m	m	m	m	m	m	m	m	m	m	m	m	m	m	m	m	m	
0.05	1.60	1.50	0.0110	0.0097	0.10	0.015	0.090	0.08	0.0035	2	0.010	0 005	0.014	0.195	0.158	0.016	0.003	5
0.06	1.60	1.50	0.0112	0.0099	0.10	0.015	0.100	0.08	0.0035	2	0.010	0 005	0.014	0.205	0.168	0.016	0.003	5
0.08	2.12	2.00	0.0116	0.0106	0.12	0.016	0.120	0.08	0.0040	2	0.012	0.006	0.015	0.225	0.188	0.020	0.004	4
0.10	2.12	2.00	0.0120	0.0109	0.12	0.016	0 140	0.08	0.0040	2	0.012	0.006	0.015	0.245	0.203	0.024	0.004	4
0.15	2.65	2.65	0.0130	0.0121	0.15	0.020	0.195	0.08	0.0050	3	0.015	0.007	0.020	0.301	0.268	0.025	0.005	6
0.20	2.65	2.65	0.0140	0.0133	0.15	0.020	0.245	0.08	0.0050	3	0.015	0.007	0.020	0.335	0.320	0.030	0.005	6
0.25	2.65	2.65	0.0150	0.0145	0.15	0.020	0.300	0.08	0.0050	3	0.015	0.007	0.020	0.410	0.375	0.035	0.005	6
0.30	2.65	2.65	0.0160	0.0156	0.15	0.020	0.350	0.08	0.0050	3	0.015	0.007	0.020	0.470	0.430	0.040	0.005	8
0.35	2.70	2.50	0.0170	0.0168	0.20	0.025	0.410	0.08	0.0050	3	0.020	0.020	0.025	0.530	0.493	0.045	0.005	8
0.40	2.70	2.50	0.0180	0.0180	0.20	0.025	0.460	0.08	0.0050	3	0.020	0.020	0.025	0.585	0.547	0.045	0.005	9
0.45	2.70	2.50	0.0190	0.0192	0.20	0.025	0.510	0.08	0.0050	3	0.020	0.020	0.025	0.650	0.605	0.045	0.005	9
0.50	2.70	2.50	0.0200	0.0204	0.20	0.025	0.560	0.08	0.0050	3	0.020	0.020	0.025	0.700	0.655	0.045	0.005	12
0.60	2.70	2.50	0.0220	0.0228	0.20	0.025	0 660	0.08	0.0050	3	0.020	0.020	0.025	0.800	0.755	0.045	0.005	12

107. *Perte de force vive produite par les étranglements des conduites.* — Lorsqu'une conduite présente à son intérieur un rétrécissement produit par la saillie de quelqu'une de ses parties, par la disposition des assemblages, par un pli, ainsi que cela arrive fréquemment aux tuyaux en plomb, on dit qu'il y a un étranglement. D'après la condition de la continuité de la masse fluide (n° **2**), chaque section devant donner passage dans le même temps à un même volume, il s'ensuit nécessairement que la vitesse au passage par cet étranglement est plus grande qu'en avant et en arrière. Cette accélération exige donc la consommation d'une portion du travail moteur employée à imprimer au liquide l'accroissement correspondant de force vive; et après le passage cet accroissement de force vive étant détruit par les tourbillonnements et les mouvements relatifs des molécules fluides les unes sur les autres, puisque l'eau reprend la vitesse et par suite la force vive qu'elle avait avant le passage, il en résulte que le travail développé pour produire l'accélération au passage est totalement perdu. Il suit de là que tout rétrécissement ou étranglement d'une conduite, soit brusque, soit raccordé par des contours plus ou moins continus, produit une perte de force vive ou de travail moteur.

En se reportant à ce qui a été dit aux n° **24** et suiv., relativement à la perte de force vive qui se produit à l'entrée des tuyaux de conduite ou des ajutages, et raisonnant de même, il est facile de voir qu'en appelant toujours

U la vitesse moyenne de l'eau dans le tuyau,

V la vitesse à l'étranglement, ou plutôt à la section contractée un peu au delà de ce passage,

m' le coefficient de la contraction au même endroit,

A' l'aire du passage,

A l'aire de la section du tuyau,

la perte de force vive produite par cet étranglement à chaque seconde sera exprimée par

$$M\,[V{-}U]^2 = M\left[\frac{A}{m'A'} - 1\right]^2 U^2,$$

à cause de $m'A'V = AU$.

De sorte que la force vive totale communiquée au fluide en $1''$ sera

$$MU^2\left[1 + \left(\frac{A}{m'A'} - 1\right)^2\right].$$

On devra donc ajouter à la force vive possédée par la masse d'eau qui passe dans chaque seconde dans les parties de la conduite autant de termes analogues à

$$M\left[\frac{A}{m'A'} - 1\right]^2 U^2$$

qu'il y aura d'étranglements, en ayant soin de prendre pour chacun d'eux les valeurs convenables de m et de A'.

Au sujet des valeurs de m on fera remarquer qu'elles doivent croître à mesure que le diamètre de l'étranglement se rapproche de celui du tuyau à partir de la valeur $m = 0.60$, correspondante au cas où le diamètre du tuyau serait inférieur à la moitié de celui de la conduite, jusqu'à environ 0.85 ou 0.90 au plus, que l'on pourra adopter quand la différence des diamètres ne sera plus que de $\frac{1}{10}$ environ de celui de la conduite. On manque au surplus d'expériences spéciales pour déterminer cette valeur du multiplicateur de la dépense dans des cas pareils, et ce n'est que comme moyens d'approximation que l'on indique les précédentes.

108. *Perte de force vive produite par l'élargissement des conduites.* — On a vu au n° **28** que tout élargissement d'une conduite produisait aussi une perte de force vive ; et, en raisonnant de même qu'on l'a fait au numéro relatif aux cabinets d'eau, l'on verrait facilement qu'en nommant encore

O l'aire de la section tranversale,

U' la vitesse moyenne dans la partie élargie de la conduite ;

Et conservant les notations précédentes, la perte de force vive produite par cet élargissement serait exprimée par

$$M\,[U-U']^2 = MU^2\left[1-\frac{A}{O}\right]^2,$$

à cause de la relation $AU = OU'$ fournie par la condition de continuité de la masse liquide.

Il suit donc encore de là qu'à la force vive possédée par l'eau qui passe en chaque seconde dans la conduite, et à celle qui est perdue aux étranglements, l'on devra ajouter pour celle qui est perdue par l'effet des élargissements de la conduite autant de termes analogues à

$$MU^2\left[1-\frac{A}{O}\right]^2$$

qu'il y aura d'élargissements.

109. *Equation du mouvement de l'eau dans une conduite qui présente un étranglement et un élargissement.* — En supposant, par exemple, qu'il n'y ait qu'un étranglement et qu'un rélargissement de la conduite, et conservant toutes les notations du n° 84, l'équation du mouvement de l'eau dans une conduite serait

$$\mathrm{MU^2} + \mathrm{MU^2}\left(\frac{1}{m}-1\right)^2 + \mathrm{MU^2}\left(\frac{\mathrm{A}}{m'\mathrm{A}'}-1\right)^2 + \mathrm{MU^2}\left(1-\frac{\mathrm{A}}{\mathrm{O}}\right)^2 =$$

$$2\mathrm{M}g\mathrm{H} - 2\frac{1\,000\,\mathrm{SL}}{g}(a\mathrm{U}+b\mathrm{U}^2)\mathrm{U}$$

qui se réduit, en raisonnant comme au n° 84, à

$$\mathrm{U}^2\left[1+\left(\frac{1}{m}-1\right)^2+\left(\frac{\mathrm{A}}{m'\mathrm{A}'}-1\right)^2+\left(1-\frac{\mathrm{A}}{\mathrm{O}}\right)^2\right]=$$

$$2g\mathrm{H}-\frac{8\mathrm{L}}{\mathrm{D}}(a\mathrm{U}+b\mathrm{U}^2).$$

L'application de cette formule ne présentera pas de difficultés, et elle conduira à des résultats d'une exactitude suffisante pour la pratique.

Si, par exemple, dans cette formule nous supposons qu'il s'agisse d'une conduite de $0^m.20$ de diamètre devant débiter 40 litres en $1''$, d'une longueur de 100^m, dans laquelle il y ait dix étranglements qui réduisent la section du passage A' à 0.80 de celle A du tuyau, ce qui donne

$$\frac{\mathrm{A}}{\mathrm{A}'}=\frac{1}{0.80}=1.25;$$

et six élargissements, où l'aire O de la section soit double de celle du tuyau, ce qui donne $\frac{\mathrm{A}}{\mathrm{O}}=0.50$, on aura, à l'entrée de la conduite $m = 0.60$, à chaque étranglement $m' = 0.70$, et par suite

$$\left(\frac{1}{m} - 1\right)^2 = \;.\;.\;.\;.\;.\;.\;.\;.\;.\;.\; 0.444$$

$$\left(\frac{A}{m'A'} - 1\right)^2 = 0.626, \quad 10\left(\frac{A}{m'A'} - 1\right)^2 = 6.260$$

$$\left(1 - \frac{A}{O}\right)^2 = 0.250, \qquad 6\left(1 - \frac{A}{O}\right)^2 = 1.500$$

$$\overline{ 8.204}$$

$$\frac{8L}{D} = \frac{8 \times 100}{0.20} = 4\,000, \quad U = 1^m.2\,732,$$

$$aU + bU^2 = 0.004\,736, \quad \frac{8L}{D}(aU + bU^2) = 18.946,$$

$$U^2\left[1 + \left(\frac{1}{m} - 1\right)^2 + 10\left(\frac{A}{m'A'} - 1\right)^2 + 6\left(1 - \frac{A}{O}\right)^2\right] + \frac{8L}{D}(aU + bU^2) = 35.803,$$

ou

$$2gH = 33.803 \text{ et } H = 1^m.723.$$

Tandis que, sans les pertes de force vive produites par les étranglements et les élargissements, on aurait eu seulement

$$U^2\left[1 + \left(\frac{1}{m} - 1\right)^2\right] + \frac{8L}{D}(aU + bU^2) = 21.286,$$

et par suite $H = 1^m.085$.

Par conséquent les étranglements et les élargissements ont fait perdre une charge de $0^m.638$.

La vérification des résultats de la formule ci-dessus a d'ailleurs été faite, ainsi que nous l'avons dit au n° **25**, par M. Poncelet, au château d'eau de Toulouse, dans des expériences encore inédites; et d'autres applications plus récentes, faites au mouvement du mercure dans des tubes à travers divers étranglements ou élargissements ont également montré l'exactitude de ces formules (1).

110. *Conséquence relative à la forme des conduites.* —
Il résulte de ce qui précède que, pour l'économie du
travail moteur, ou pour que la hauteur du niveau auquel l'eau peut s'élever à l'extrémité des conduites ne
soit pas inutilement diminuée, il importe beaucoup
d'éviter dans leur intérieur toute saillie formant étranglement ou obstacle au mouvement du liquide et tout
élargissement, et l'on ne saurait apporter trop de soins à
l'observation de cette condition.

(1) Comptes-rendus des séances de l'Académie des sciences,
séance du 29 juin 1846. Rapport sur une notice de M. Marozeau,
relative à la turbine de M. A. Kœchlin.

Xe *LEÇON*.

MOTEURS HYDRAULIQUES.

111. *Force des cours d'eau.* — Les règles exposées dans les précédentes leçons nous ont donné les moyens de calculer le volume d'eau fourni par le courant ou par la source dont on dispose. Lorsque ce volume de fluide descend du réservoir supérieur au réservoir inférieur, qu'on appelle *canal de fuite*, par opposition au premier qu'on nomme *canal d'arrivée*, le travail développé par la gravité est, comme on sait, le même, quel que soit le chemin parcouru (Ire partie, n° 30), quand la différence H des deux niveaux est la même ; et ce travail est égal au produit du poids de l'eau dépensée par la hauteur dont elle est descendue. Il aura donc pour expression

$$1\,000QH,$$

Q étant le volume d'eau dépensé en $1''$, exprimé en mètres cubes, et H la différence des deux niveaux, ou la *hauteur de chute*.

Ce produit s'appelle le *travail absolu* fourni par le cours d'eau, et constitue sa valeur vénale. On l'exprime quelquefois en force de chevaux, en le divisant par 75, et alors la force absolue N d'un cours d'eau en chevaux est

$$N = \frac{1\,000QH}{75}.$$

Le parti, l'effet utile que l'on tire d'un cours d'eau à l'aide des récepteurs hydrauliques dépendant de leur construction, de leur disposition plus ou moins parfaite, il ne serait pas juste de prendre cet effet pour base de la valeur du cours d'eau; c'est le travail absolu qu'il fournit qui doit servir à la fixer.

112. *Observation relative aux règlements d'eau.* — Il arrive souvent que, faute de faire cette distinction importante, les jugements rendus par les tribunaux attribuent à une usine une force déterminée, estimée par l'effet utile du moteur existant, ce qui conduit, comme conséquence, au droit de dépenser le volume d'eau correspondant à la nature et à l'état du moteur. Il suit de ce mode d'appréciation que le propriétaire de l'usine a intérêt, lors des expériences ou observations destinées à constater l'état des choses ainsi défini, à avoir le récepteur hydraulique le moins avantageux possible, et à le présenter à l'expertise en mauvais état : car il résultera de ces circonstances que, pour obtenir un effet utile donné, il devra dépenser d'autant plus d'eau que son récepteur sera plus défectueux. L'expertise une fois faite et le jugement rendu, le propriétaire est mis en possession d'un volume d'eau déterminé, dont il a droit de disposer comme il le juge convenable; et alors il peut souvent, en améliorant ou en changeant son récepteur hydraulique, augmenter du tiers ou du double l'effet utile qu'il obtenait de l'ancien. Ces observations montrent combien il serait nécessaire que des notions plus exactes sur l'emploi des moteurs hydrauliques se répandissent généralement, pour que les tribunaux pussent toujours trouver des experts assez éclairés pour les guider dans l'appréciation des faits scientifiques dont la fortune des citoyens dépend quelquefois.

113. *Récepteurs hydrauliques.* — On nomme ainsi toutes les machines dans lesquelles on fait agir l'eau comme puissance motrice, et qui sont destinées à transmettre, à utiliser une portion du travail absolu fourni par le cours d'eau, que l'on doit chercher à rendre la plus grande possible.

Effet théorique des récepteurs hydrauliques. — Pour appliquer à ce genre de machines le principe général des forces vives, nous étudierons ce qui se passe quand elles sont arrivées à un état de périodicité ou d'uniformité de mouvement tel, que la durée d'un certain nombre de tours soit toujours la même. D'après cela, si l'écoulement de l'eau est ainsi parvenu à l'état de permanence, il passera dans chaque période ou dans chaque seconde le même volume d'eau sur le récepteur. Q étant donc ce volume dépensé en $1''$, son poids sera $1\ 000\ Q$ et sa masse $M = \dfrac{1\ 000\ Q}{g}$. Cela posé, l'eau arrive sur le récepteur avec une vitesse V antérieurement acquise et suivant une direction que nous savons déterminer, d'après ce qui précéde (n° 59), au moins pour les cas les plus usuels, et possède alors la force vive MV^2. Elle rencontre les organes du récepteur, ou d'autres masses fluides, animées le plus souvent de vitesses moindres, et contre lesquelles, en se choquant, elle perd une certaine portion u de sa vitesse, et par conséquent (n° 24) la force vive Mu^2. Après son introduction, et les tourbillonnements relatifs ayant cessé, elle marche avec le récepteur ou l'abandonne de suite; mais dans tous les cas elle le quitte avec une autre vitesse w, et une force vive correspondante Mw^2.

La variation de la force vive éprouvée par le liquide

ou la force vive qui lui a été communiquée, se compose donc de celle qu'il possède à sa sortie du récepteur, diminuée de celle qu'il avait en y arrivant, et augmentée de la perte de force vive Mu^2 qu'il a subie en entrant. Elle a donc pour expression

$$M w^2 - M V^2 + M u^2$$

Si, depuis son point d'introduction jusqu'à celui de sortie, le liquide en se mouvant avec le récepteur est descendu de la hauteur h, le travail développé par la gravité pour entretenir le mouvement aura pour expression

$$Mgh = 1\,000Qh.$$

Le travail de la résistance utile ordinairement communiqué par des engrenages ou autres moyens de transmission peut toujours être assimilé à l'élévation verticale d'un poids P, agissant tangentiellement à la circonférence extérieure de la roue, ou du récepteur hydraulique ou de toute autre manière, et qui se mouvrait avec une vitesse moyenne v égale à celle de cette circonférence. Le travail de cette résistance en $1''$ sera donc exprimé par Pv, et, comme il s'oppose à l'accélération du mouvement, il doit être retranché du travail moteur $1\,000Qh$.

D'après cela le principe des forces vives appliqué aux récepteurs hydrauliques nous donne la relation

$$M \left[w^2 - V^2 + u^2 \right] = 2Mgh - 2Pv ,$$

d'où l'on tire pour le travail de la résistance qui représente l'effet utile ou transmis

$$Pv = Mgh + \frac{1}{2} M V^2 - \frac{1}{2} M u^2 \frac{1}{2} - M w^2.$$

114. *Conditions du maximum d'effet.* — L'établissement du récepteur et sa vitesse de marche doivent naturellement être réglés de manière à obtenir le plus grand effet utile : on doit donc chercher à rendre le produit Pv un maximum ; et, si l'on nomme h' la hauteur due à la vitesse d'arrivée V de l'eau sur le récepteur, on aura $V^2 = 2gh'$, et la relation ci-dessus deviendra

$$Pv = 1\,000Q\,(h+h') - \frac{1}{2}Mu^2 - \frac{1}{2}Mw^2.$$

La hauteur h' est toujours moindre que celle du niveau du réservoir au-dessus du point d'arrivée de l'eau sur le récepteur, puisque l'on sait qu'elle éprouve toujours dans le passage par les orifices et dans sa circulation dans les coursiers ou conduits des pertes de force vive ou de travail. Il suit de là que la somme des hauteurs $h+h'$ sera toujours plus petite que la hauteur de chute totale H du réservoir supérieur au canal de fuite. Toutefois comme on peut, par de bonnes dispositions des orifices et des conduits ou coursiers, atténuer les pertes ou la différence, on voit que le terme $h+h'$ pourra différer peu de la hauteur totale H, et qu'en tous cas la plus grande valeur du terme $1000Q(h+h')$ sera $1000QH$, ou ce que nous avons appelé le travail absolu du moteur ou du cours d'eau.

Quant aux termes $\frac{1}{2}Mu^2$ et $\frac{1}{2}Mw^2$, relatifs, le premier à la perte de force vive que l'eau éprouve à son entrée sur le récepteur, et le second à la force vive avec laquelle elle le quitte et qui n'est pas utilisée, on voit qu'ils correspondent tous deux à un travail perdu, qui doit être retranché du travail $1000Q(h+h')$, et que, par conséquent, pour rendre l'effet utile Pv un maximum, il faut que ces deux termes soient séparément nuls ou du moins aussi petits que possible ; condition qui revient à dire pour le premier de ces termes que *l'eau doit arriver sans choc sur le récepteur,* et pour le second *qu'elle doit le quitter sans vitesse.*

115. *Moyens géneraux de satisfaire à ces conditions.* —Telles sont les conditions théoriques fondamentales de la construction des récepteurs hydrauliques ; si l'on pouvait y satisfaire tout à fait et en même temps diminuer les pertes sur les hauteurs h et h', le travail transmis Pv atteindrait sa valeur maximum, qui serait Pv=1000QH, ou serait égal au travail absolu développé par la gravité sur le volume dépensé dans son passage du réservoir au canal de fuite.

Mais d'une part on ne peut éviter complétement les pertes sur la hauteur h', correspondante à la vitesse d'entrée de l'eau sur le récepteur, ou atténuer tellement les pertes de foree vive et les frottements dans les conduits ou coursiers, que cette vitesse soit précisément celle qui serait due à la hauteur du réservoir au-dessus du point d'arrivée.

D'un autre côté il est à peu près impossible de rendre tout à fait nulles la vitesse u perdue à l'entrée, et la vitesse conservée w par l'eau à la sortie, quoiqu'on puisse dans quelques cas les réduire à être très faibles.

On voit donc que l'on ne peut se flatter, dans la construction des moteurs hydrauliques, de réaliser qu'une fraction plus ou moins grande du travail absolu du moteur. L'étude des différents récepteurs hydrauliques nous conduira à reconnaître les moyens de se rapprocher, dans chaque cas, le plus possible de ces conditions du maximum.

L'un des moyens généraux les plus efficaces ce sera, comme nous l'avons déjà indiqué (1re partie, n° 51), d'employer des récepteurs susceptibles de prendre un mouvement uniforme, car c'est alors seulement qu'on pourra rendre les vitesses u et w nulles ou habituellement très petites. L'uniformité du mouvement doit donc être regardée comme une condition du meilleur effet de ces récepteurs, toutes les fois qu'il sera possible de l'obtenir. Quand au contraire le récepteur devra, par sa constitution, être nécessairement doué d'un mouvement alternatif, il faudra que les vitesses u et w, et par suite celle du récepteur, soient aussi petites que possible. Telle est la condition du maximum d'effet des récepteurs hydrauliques à mouvement alternatif, comme les machines à colonne d'eau, les balanciers hydrauliques, etc.

116. *Classification des principales variétés de roues hydrauliques.* — Si l'on ne peut réaliser le maximum absolu d'effet utile qui serait égal au travail absolu dépensé par le moteur, on doit au moins, pour chaque espèce de récepteur, chercher à obtenir le plus grand effet qu'il soit capable de produire, et qu'on peut nommer le maximum d'effet relatif. Il auf donc étudier pour chaque genre de moteur hydraulique les conditions sous lesquelles il fonctionne de la manière la plus avantageuse, et consulter les résultats de la théorie et de l'expérience. Nous ne nous occuperons ici que des systèmes de récepteurs hydraulique le plus en usage, et sur lesquels des expériences authentiques ont fourni des résultats bien constatés. Ce sont :

1° Les anciennes roues à palettes planes qui reçoivent l'eau à leur partie inférieure, et se meuvent dans des coursiers, où elles ont un jeu plus ou moins considérable ; on les nomme *roues en dessous.*

2° Les roues à palettes emboîtées dans des coursiers circulaires sur une partie de la chute totale, et qui reçoivent l'eau par des orifices avec charge sur le côté supérieur.

3° Les roues à palettes planes emboîtées dans des coursiers circulaires sur toute la hauteur de la chute, qui reçoivent l'eau par des vannes en déversoir, et que l'on nomme improprement *roues de côté.*

4° Les *roues à aubes courbes*, imaginées par M. Poncelet, qui reçoivent l'eau à leur partie inférieure et par des vannages inclinés.

5° Les *roues à augets*, qui reçoivent l'eau soit à leur sommet, soit au dessous de ce point.

6° *Les roues pendantes montées sur bateaux*, qui se meuvent dans un courant en quelque sorte indéfini par rapport à leurs dimensions.

7° Les roues à axe vertical, généralement appelées *turbines.*

117. *Roues à aubes planes recevant l'eau en dessous.* —L'eau arrivant sur ces roues à la partie inférieure (fig. 34), et en sortant de même, la hauteur h qu'elle parcourt avec la roue est nulle. La vitesse d'arrivée V de l'eau se détermine par les règles connues (n°^{os} 56 et suiv.), et elle est dirigée à très peu près perpendiculairement aux

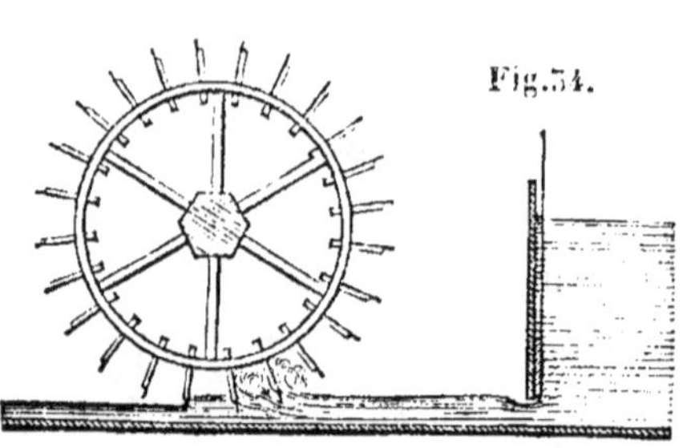

Fig.54.

palettes inférieures.

La vitesse de la roue et des palettes à la circonférence extérieure étant v, et l'eau qui a choqué une palette avec la vitesse V marchant ensuite avec cette palette, il s'ensuit qu'elle a perdu la vitesse $u = V - v$.

Quant à la vitesse de sortie w, elle est évidemment à très peu près la même que la vitesse de la roue; on a donc $w = v$.

D'après cela l'équation générale des récepteurs hydrauliques devient dans ce cas

$$Pv = \frac{1}{2} MV^2 - \frac{1}{2} M(V-v)^2 - \frac{1}{2} Mv^2 = M(V-v)v = \frac{1\,000Q}{g}(V-v)v.$$

Telle est la relation, l'équation, des roues à aubes planes recevant l'eau en dessous, et, pour reconnaître les conditions du maximum d'effet, il faut chercher le rapport de la vitesse v à la vitesse donnée V pour lequel l'effet utile est le plus grand. Or, si l'on prend AB $= V$, qu'on décrive le cercle dont cette longueur est le diamètre, et qu'on prenne BC $= v$, il est

Fig. 55.

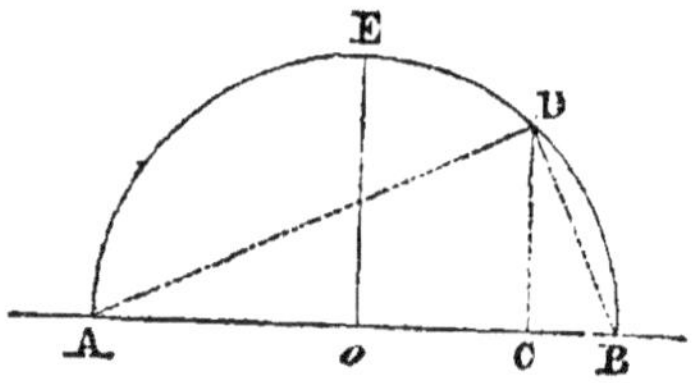

évident, d'après une propriété connue du cercle, que l'on aura

$$\overline{CD}^2 = AC \times BC = (V-v)v.$$

La figure montre donc que la plus grande valeur de CD ou du produit $(V-v)v$ sera la ligne OE élevée par le centre perpendiculairement à AB, et qui correspond à

$$v = BO = \frac{AB}{2} = \frac{1}{2} V.$$

Donc, la vitesse de la roue qui, théoriquement, correspond au maximum d'effet est $v = \frac{1}{2} V$, et l'effet utile correspondant est

$$Pv = \frac{1\,000Q}{g} \left(V - \frac{1}{2} V\right) \frac{1}{2} V = \frac{1}{4}.\frac{1\,000Q}{g} V^2 = \frac{1}{2} 1\,000Qh',$$

h' étant toujours la hauteur due à la vitesse V d'arrivée de l'eau sur la roue. Si, par la disposition de l'orifice et le peu de longueur des coursiers, la hauteur h' différait très peu de la chute totale H, le maximum d'effet théorique de ces roues serait

$$Pv = \frac{1}{2} 1\,000Q.H,$$

ou la moitié au plus du travail absolu du moteur.

On voit donc que théoriquement les roues de ce genre sont d'un emploi fort peu avantageux sous le rapport de l'effet utile que l'on pourrait en obtenir. En pratique elles le sont encore moins, puisque l'on a négligé les pertes d'eau toujours assez notables qu'occasionne le jeu qu'on est obligé de laisser aux aubes dans le coursier qui les emboîte, jeu qui ne peut guère être moindre que $0^m.01$, et s'élève parfois à $0^m.02$ et $0^m.03$.

118. *Résultats d'expériences sur les roues en dessous.*
— Examinons maintenant ce que l'expérience nous apprend, et comparons les résultats qu'elle fournit à ceux de la théorie.

Les recherches les plus complètes sur les roues de ce genre sont dues à Smeaton, célèbre ingénieur anglais, et à l'abbé Bossut.

119. *Expériences de Smeaton.* — Ces expériences, qui sont consignées dans un mémoire traduit de l'Anglais par M. Girard, et intitulé : *Recherches sur l'eau et le vent*, ont été faites sur un modèle de roue de $0^m.606$ de diamètre, portant 24 palettes de $0^m.071$ environ de hauteur dans le sens du rayon, dont l'effet utile était mesuré par l'élévation d'un poids suspendu à une corde qui s'enroulait sur un treuil lié à son arbre. Le volume d'eau dépensé était déduit du nombre de coups de piston donnés par une pompe qui entretenait le réservoir à un niveau constant, et dont le produit avait été observé d'avance.

La vitesse d'arrivée de l'eau sur les palettes était déterminée de la manière suivante : on observait d'abord la vitesse que prenait la roue marchant à vide ou sans charge à la levée de vanne. Il est évident qu'alors l'action de l'eau ayant à vaincre le frottement des tourillons et la résistance de l'air, la vitesse des palettes choquées était moindre que celle de l'eau affluente. On déterminait ensuite par tâtonnement un contrepoids qui, agissant dans le même sens que l'eau, imprimait à la roue, marchant sous son action seule et sans le secours de l'eau, une vitesse qui restait la même quand ensuite on laissait couler l'eau ou quand on fermait la vanne. Il est clair qu'alors, puisque l'eau ne faisait varier en rien la vitesse de la roue, elle avait sensiblement la même vitesse que les palettes, et par conséquent la vitesse de celles-ci donnait celle de l'eau affluente.

120. *Perte de force vive occasionnée par la présence du coursier*. — Cette détermination, exécutée avec soin pour toutes les expériences, a montré combien dans les roues de ce genre la vitesse et par suite la force vive que l'eau possède à sa sortie de l'orifice sont altérées par la présence du coursier. Les quarrés des vitesses de sortie à l'orifice et à l'arrivée sur les palettes, ou les forces forces vives possédées à ces instants par la masse fluide dépensée, étant entre eux comme les hauteurs correspondantes, la comparaison ou le rapport de la hauteur due à la vitesse d'affluence sur les palettes à la charge sur le seuil donnera le rapport de ces forces vives. On trouvera cette comparaison dans les 2ᵉ, 7ᵉ et 8ᵉ colonnes du tableau suivant (page 184), où l'on a transformé les mesures anglaises en mesures françaises.

Cette dernière contient la valeur du rapport $\frac{h'}{H}$ des hauteurs dues à ces vitesses ou des quarrés de ces vitesses, c'est-à-dire des forces vives possédées par l'eau à son arrivée sur la roue et à sa sortie de l'orifice.

L'examen de cette colonne montre que la force vive perdue dans le coursier est d'autant plus grande que la charge sur le seuil est plus considérable. Mais, en outre, comme sous des charges très différentes il y a eu des dépenses à peu près égales produites par des levées de vanne en raison inverse des vitesses de sortie, et que les levées les plus fortes correspondent aux moindres pertes de force vive, il y a lieu de penser que ces pertes sont aussi proportionnellement moindres dans les grandes dépenses d'eau que dans les petites, ce qui est conforme à des observations de Bossut.

Ces pertes provenant d'ailleurs de la contraction et de la résistance des parois, on voit qu'on améliorerait considérablement ces roues en atténuant le plus possible la contraction et diminuant la longueur des coursiers, c'est-à-dire en adoptant les vannages très inclinés, avec les dispositions indiquées par M. Poncelet pour les roues à aubes courbes, et dont nous parlerons plus tard.

121. *Données à l'aide desquelles on a formé ce tableau.* — Pour chaque levée de vanne, l'auteur a donné : la vitesse de la roue correspondante au maximum d'effet, la charge relative à ce maximum, la charge qui arrête la roue, et le travail correspondant au maximum d'effet.

Connaissant le volume et le poids de l'eau dépensée, la chute totale égale à la charge sur le seuil, on a pu calculer le travail absolu du moteur inséré dans la 4ᵉ colonne.

De même en introduisant dans la formule théorique le poids de l'eau dépensée, la vitesse d'affluence sur les aubes, la vitesse de la circonférence extérieure, on a eu l'effet théorique, 16ᵉ colonne.

Enfin on a ensuite calculé les rapports de l'effet utile, réel, au travail absolu du moteur et à l'effet théorique. Le dernier est le coefficient de correction de la formule théorique.

Le diamètre de la roue étant 0ᵐ.606, et sa circonférence de 75 pouces anglais $=1^m.902$, en appelant n le nombre de tours qu'elle faisait en $1'$ en marchant à vide avec la vitesse de l'eau, on a eu la valeur de cette vitesse par la formule

$$V = \frac{1^m.902 \times n}{60} = 0.0\,317n.$$

De même on a obtenu la vitesse de la circonférence de la roue correspondante au maximum d'effet par la formu'e $v = 0.0317n'$, n' étant le nombre de tours relatif à ce maximum, par conséquent le rapport

$$\frac{v}{V} = \frac{n'}{n}.$$

La circonférence moyenne du tambour auquel était suspendue la charge était de 9 po. angl. $= 0^m.2\,286$; mais, comme le poids élevé était porté par une poulie mobile, cette charge ne montait que de la moitié de cette circonférence par tour de roue ou de $0^m.1143$. En nommant F la charge du maximum d'effet, on a donc pour l'effet utile

$$\frac{0.1\,143 \times n'}{60}.\,F = 0.0019.n'F.$$

Il faut observer que la charge F donnée dans le tableau suivant comprend le poids nécessaire pour vaincre le frottement des tourillons et la résistance de l'air à la vitesse du maximum d'effet, poids qui avait été, dans chaque cas, déterminé par une expérience spéciale : de sorte que l'effet utile, réel, qu'on en déduit, est ce qu'on peut appeler *l'effet utile total* produit par l'action de l'eau.

122. *Expériences de* SMÉATON *sur les roue*

Numéros des expériences.	Charge sur le seuil ou chute totale H.	Poids de l'eau dépensée en 1″ $1000Q$.	Travail absolu du moteur $1000Q.H$.	Nombre de tours de la roue marchant à la vitesse de l'eau n.	Vitesse de l'eau affluente $V = 0.0517n$.	Hauteur correspondante à cette vitesse h'.	Rapport $\dfrac{h'}{H}$
1	2	3	4	5	6	7	8
	m	kil	km		m	m	
1	0.858	2.075	1.756	88	2.785	0.597	0.475
2	0.762	1.998	1.520	86	2.720	0.378	0.497
3	0.685	1.835	1.258	82	2.595	0.344	0.502
4	0.609	1.775	1.080	78	2.470	0.312	0.512
5	0.555	1.615	0.862	75	2.572	0.288	0.540
6	0.457	1.505	0.687	70	2.218	0.256	0.561
7	0.381	1.550	0.514	65	2.060	0.217	0.570
8	0.305	1.217	0.571	60	1.900	0.184	0.695
9	0.228	1.012	0.250	52	1.645	0.158	0.606
10	0.152	0.861	0.131	42	1.550	0.0902	0.595
11	0.609	2.580	1.570	84	2.660	0.561	0.594
12	0.555	2.242	1.198	81	2.560	0.335	0.628
13	0.457	2.155	0.983	72	1.280	0.265	0.582
14	0.381	2.072	0.796	66	2.090	0.225	0.586
15	0.305	1.767	0.558	63	1.995	0.205	0.665
16	0.228	1.518	0.546	56	1.771	0 160	0.702
17	0.152	1.265	0.192	46	1.456	0.108	0.710
18	0.381	2.840	1.080	72	2.280	0.265	0.696
19	0.305	2.490	0.759	66	2.090	0.225	0.731
20	0.228	1.925	0.438	58	1.855	0.172	0.754
21	0.152	1.722	0.262	48	1.520	0.118	0.777
22	0.305	2.717	0.827	68	2.150	0.236	0.774
23	0.228	2.500	0.570	58	1.855	0.155	0.680
24	0.152	1.980	0.501	48	1.520	0.178	0.777
25	0.228	2.080	0.611	60	1.900	0.184	0.808
26	0.152	2.315	0.552	50	1.582	0.127	0.855
27	0.152	2.720	0.413	50	1.582	0.127	0.855

planes recevant l'eau à la partie inférieure.

$v=0.0817m^2.$	Rapport des vitesses $\frac{v}{V}$	Charge du maximum d'effet F.	Charge qui arrête la roue.	Rapport de ces charges.	Effet utile réel $0.0019nF.$	Effet théorique $\frac{1000Q}{g}(V-v)v.$	Rapport de l'effet utile réel	
							à l'effet théorique.	au travail absolu du moteur.
	11	12 kil	13 kil	14	15 km	16 km	17	18
50	0.341	4.589	6.178	1.37	0.2616	0.3687	0.7095	0.152
60	0.349	4.251	5.724	1.345	0.242	0.3420	0.7076	0.160
85	0.342	3.797	5.044	1.328	0.202	0.2851	0.7136	0.161
76	0.335	3.316	4.564	1.319	0.174	0.2526	0.6888	0.161
20	0.343	2.862	3.910	1.370	0.141	0.2096	0.6727	0.164
44	0.355	2.409	3.005	1.250	0.107	0.1685	0.6557	0.156
40	0.360	1.927	2.524	1.175	0.086	0.1344	0.6397	0.167
96	0.367	1.502	2.359	1.700	0.065	0.1039	0.6059	0.170
02	0.366	1.133	1.247	1.100	0.041	0.0648	0.6552	0.179
07	0.380	0.736	0.792	1.080	0.022	0.0366	0.6007	0.168
74	0.378	4.830	6.178	1.280	0.282	0.4519	0.6529	0.180
17	0.358	4.251	5.270	1.240	0.226	0.3446	0.6558	0.189
25	0.561	3.823	4.564	1.110	0.189	0.2632	0.7181	0.192
92	0.578	3.116	3.437	1.11	0.148	0.2197	0.6750	0.186
92	0.597	2.210	2.330	1.155	0.105	0.1716	0.6118	0.195
28	0.411	1.728	1.814	1.048	0.075	0.1175	0.6582	0.217
65	0.457	1.020	1.135	1.11	0.040	0.0678	0.5898	0.208
18	0.403	4.251	5.270	1.24	0.234	0.3619	0.6465	0.217
45	0.403	3.344	3.910	1.17	0.169	0.2671	0.6528	0.223
75	0.422	2.267	2.493	1.10	0.106	0.1597	0.6658	0.242
43	0.490	1.360	1.417	1.04	0.060	0.1013	0.5920	0.229
55	0.597	4.251	4.138	0.97	0.218	0.3066	0.7109	0.264
30	0.432	3.088	2.777	0.805	0.154	0.2126	0.7244	0.270
75	0.511	1.586	1.700	1.07	0.074	0.1165	0.6550	0.246
64	0.455	2.890	3.060	1.06	0.150	0.2446	0.6133	0.246
78	0.493	1.842	1.984	1.08	0.086	0.1476	0.5825	0.214
23	0.520	2.069	1.984	0.96	0.102	0.17 2	0.5889	0.218
							0.6300	

125. *Conséquences de ces expériences.* En discutant séparément les résultats des expériences où quelquesuns des éléments étaient les mêmes, Smeaton a conclu :

1° Que, les charges virtuelles, ou, plus clairement, les vitesses d'affluence de l'eau sur les roues étant les mêmes, l'effet est proportionnel de la quantité d'eau dépensée.

2° Que, la dépense d'eau étant la même, l'effet utile est à peu près proportionnel au quarré de la vitesse d'affluence de l'eau.

3° Que, la quantité d'eau dépensée étant la même, l'effet utile est à peu près proportionnel au quarré de la vitesse de la roue.

4° Que, l'ouverture de la vanne étant la même, l'effet utile est à très peu près proportionnel au cube de la vitesse d'affluence de l'eau.

La formule théorique de l'effet utile étant

$$Pv = \frac{1\,000\,Q}{g}(V-v)v.$$

on voit d'abord que, V et v restant les mêmes, la première loi est d'accord avec cette formule.

Si l'on suppose que v soit égal à $\frac{1}{2}V$, ou dans un rapport quelconque k avec V, de sorte qu'on ait $v=kV$, la formule devient

$$Pv = \frac{1\,000\,Q}{g}\left(\frac{1}{k}-1\right)v^2;$$

ce qui s'accorde avec la troisième règle, ou bien

$$Pv = \frac{1\,000\,Q}{g}(1-k)V^2,$$

ce qui est vérifié par la deuxième règle.

L'ouverture de la vanne étant donnée, le volume d'eau dépensé est proportionnel à la vitesse de sortie de l'eau ; mais cette vitesse n'étant pas dans un rapport constant avec celle d'affluence, la quatrième règle, qui d'ailleurs n'est pas tout à fait vérifiée par l'expérience, n'est pas non plus complétement d'accord avec la formule théorique.

Le rapport des vitesses v de la roue et V de l'eau affluente pour le maximum d'effet est compris entre ceux de 1 à 3 et de 1 à 2 ; la première de ces limites étant relative aux grandes vitesses, et la deuxième aux plus grandes quantités d'eau. Mais il nous semble que c'est plutôt à cause de la petitesse de la vitesse que ce rapport augmente ; et, comme dans les roues de grande dimension la vitesse dépasse ou atteint presque toujours les plus grandes que l'auteur ait expérimentées, il me semble convenable d'adopter en général la valeur $\frac{v}{V} = 0.35$ à $\frac{v}{V} = 0.40$.

L'examen de l'effet utile total comparé à l'effet théorique montre que, pour le cas du maximum d'effet, le rapport de ces deux quantités a pour valeur moyenne 0.65, ce qui conduit à la formule pratique

$$Pv = 0.65 \frac{1\,000 Q}{g} (V - v)v = 66.2.Q\,(V - v)v).$$

Mais il faut bien remarquer que la vitesse d'affluence V est très différente de celle de sortie de l'orifice, et doit être déterminée par le calcul ou par l'observation, comme nous l'avons indiqué dans les leçons précédentes, n°s 56 et suivants.

La comparaison du travail absolu du moteur à l'effet

utile total montre que, pour les fortes charges avec faibles levées de vanne, ce dernier n'est guère que 0.16 à 0.18 du premier ; que ce rapport s'élève à mesure que les charges diminuent, et atteint 0.25 pour les plus petites. Cela tient évidemment à la plus grande perte de force vive faite par l'eau dans le coursier avec les fortes charges qu'avec les petites, puisque, quand on connaît la vitesse d'affluence V, le rapport de l'effet utile total à l'effet théorique est à peu près constant et indépendant de la hauteur de la charge. On peut donc penser qu'en atténuant par des dispositions convenables les pertes de force vive dans le coursier, on rendrait le rapport de l'effet utile total ou travail absolu du moteur à peu près aussi grand pour toutes les chutes ordinaires, c'est-à dire de $1^m.50$ et au dessous.

Enfin Smeaton a reconnu qu'il y avait avantage à emboiter inférieurement les deux palettes du bas de la roue par une portion de coursier circulaire, pour empêcher l'eau de s'échapper par l'intervalle qui correspond à la corde de la circonférence extérieure qui joint les bords de ces palettes. Au moyen de cette disposition, il a trouvé le même effet utile avec 12 palettes qu'avec 24, c'est-à-dire quand l'écartement extérieur de deux palettes consécutives était double de leur hauteur que quand il était seulement égal à cette hauteur.

124. *Vitesse du maximum d'effet.* — Smeaton n'a rapporté dans son mémoire que les résultats relatifs au maximum d'effet, ce qui ne permet de comparer la formule théorique aux effets réels que pour la vitesse correspondante à ce maximum, et ne montre pas si elle représente dans le même rapport les résultats obtenus à d'autres vitesses, et jusqu'à quelles limites on peut l'employer avec sureté. Mais une des séries d'expériences se trouve complète, c'est celle du maximum d'effet inscrit sous le n° 2 du tableau précédent. Nous la reproduisons ici en entier. Le volume d'eau dépensé en $1''$ était $1^{\text{lit}}.998$; les nombres des tours de la roue marchant à la vitesse de l'eau était de 86 en $1'$; la vitesse de l'eau affluente $V = 0.0317n = 2^m.72$, la hauteur de l'eau au dessus du seuil $H = 0^m.762$.

Poids de l'eau dépensée 1000Q.	Vitesse de l'eau affluente V.	Nombre de tours de la roue avec charge n'.	Vitesse de la circonférence de la roue v.	Rapport de ces vitesses $\frac{v}{V}$.	Effet utile théorique $\frac{1000Q}{g}(V-v)v$.	Charge totale F (1).	Effet utile total 0.0019n'F.	Rapport de l'effet utile total au travail théorique.	
kil	m		m		km	kil	km		
		45.00	1.425	0.523	0.575	2.437	0.210	0.557	
		42.00	1.330	0.489	0.577	2.890	0.231	0.614	
		56.25	1.150	0.423	0.567	3.343	0.230	0.627	
1.998	2.72	33.75	1.070	0.393	0.560	3.797	0.243	0.675	Maximum.
		30.00	0.950	0.349	0.342	4.250	0.242	0.708	Id.
		26.50	0.840	0.308	0.321	4.704	0.236	0.736	
		22.00	0.697	0.256	0.287	5.157	0.216	0.753	
		16.50	0.523	0.192	0.234	5.610	0.175	0.748	

Roue arrêtée 0.000 »

(1) Les charges F indiquées ici sont celles du tableau, page 10, de la traduction de M. Girard, augmentées de $1^{\text{liv}}.6^{\text{on}} = 0^{\text{kil}}.623$, poids nécessaire pour vaincre le frottement et la ré-istance de l'air à la vitesse de 30 tours, et par conséquent un peu faible pour les vitesses supérieures, et un peu fort pour les vitesses inférieures. De cette estimation des résistances passives il résulte qu'elles absorbent environ $\frac{1}{6.85} = 0.1459$ du travail total utilisé.

On voit par ce tableau que le rapport de l'effet utile total à l'effet théorique n'est pas constant, qu'il croît à mesure que la vitesse de la roue diminue, et que par conséquent la formule ne représente l'effet utile avec l'approximation suffisante que quand la vitesse s'éloigne assez peu de celle qui correspond au maximum d'effet.

Quant à l'effet utile lui-même, il reste à peu près le même quand la vitesse v de la roue varie depuis 0.489V à 0.308 V, et ne s'écarte même que de $\frac{1}{8}$ à $\frac{1}{9}$ de sa valeur maximum quand cette vitesse varie depuis $v = 0.525V$ à 0.256V. Ce qui montre que la vitesse de ces roues peut varier entre des limites assez étendues sans que l'effet utile transmis diminue beaucoup.

125. *Expériences de Bossut.* — L'abbé Bossut a fait aussi des expériences sur un modèle de roue à palettes planes de $1^m.024$ de diamètre extérieur placé dans un courant à vitesse uniforme. La largeur des palettes était de $0^m.155$, avec un jeu de $1^{mil}.15$ de chaque côté, sur $0^m.108$ à $0^m.155$ dans le sens du rayon. Il a d'abord fait varier le nombre des palettes de 48 à 12, pour reconnaître l'influence de ce nombre sur l'effet utile.

La vitesse v de la circonférence extérieure de la roue est donnée par la formule

$$v = \frac{3.1416 \times 1^m.024}{60} \times n = 0.0536n,$$

n étant le nombre de tours de la roue en $1'$; celle de l'ascension de la charge, par la formule

$$\frac{3.1416 \times 0^m.05865}{60} n = 0.00307n,$$

attendu que le diamètre moyen du treuil, y compris celui de la corde, était $0^m.05865$.

L'effet utile est donc donné par la formule

$$0.00307 nF.$$

Le volume d'eau dépensé est calculé au moyen des données suivantes :

$$L = 0^m.13535, \quad E = 0^m.027, \quad H = 0^m.3115, \quad m = 0.625,$$

fournies par l'auteur (*Hydrodynamique*, n° 744).

A l'aide de ces données il est facile de comparer le résultat de ces expériences à celui de la formule théorique.

Expériences de l'abbé BOSSUT *sur les roues à palettes planes recevant l'eau par dessous.*

Nombre de palettes.	Poids de l'eau depensée 1000Q.	Vitesse d'affluence de l'eau sur la roue V.	Nombre de tours de la roue en 1' n.	Vitesse de la circonférence extérieure de la roue $v = 0.0556n$.	Rapport de ces vitesses $\frac{v}{V}$.	Effet théorique $\frac{1000Q}{g}(V-v)v$.	Charge élevée F.	Effet utile disponible 0.00507nF.	Rapport de l'effet utile à l'effet théorique.
	kil	m		m		km	kil	km	
48			53.25	1.785	0.605	1.155	5.87	0.589	0.511
48			28.50	1.560	0.528	1.193	7.85	0 685	0.555
24			29.00	1.556	0.528	1.192	5.87	0.525	0.558
24	5.390	2.955	25.50	1.570	0.464	1.192	7.85	0.615	0.514
12			25.50	1.570	0.464	1.192	5.87	0.460	0.386
12			19.50	1.055	0.550	1.088	7.85	0.465	0.5-8
			en 48″.	0.067n.				0.00384nF.	
48			54.00	2.275	0.700	1.813	5.87	0.766	0.425
48	8.050	3.248	51.25	2.092	0.645	1.980	7.85	0.959	0.475
24			30.33	2.050	0.626	2.050	5.87	0.684	0.557
24			28.50	1.910	0.588	2.095	7.85	0.856	0.408
12			25.00	1.675	0.517	2.160	5.87	0.564	0.261
12			25.00	1.580	0.487	2.100	7.85	0.691	0.521

126. *Conséquences de ces expériences.* — Ces expériences, dans lesquelles l'auteur n'a pas tenu compte des frottements ni de la résistance de l'air, montrent que la roue fonctionnerait plus avantageusement avec 48 palettes qu'avec 24, et avec 24 qu'avec 12.

Si l'on admet que dans ces expériences la résistance passive consommait, comme dans celles de Smeaton, environ $\frac{1}{7}$ de l'effet utile total, le rapport de cet effet utile total s'élèverait pour les premières expériences de la première série à environ 0.65, ainsi que Smeaton l'a trouvé.

127. *Résultats d'une autre série d'expériences.* — Dans une autre série d'expériences (*Hydrodynamique de* Bossut, 2ᵉ vol., page 382), faites sur une roue de $0^m.9745$ de diamètre placée dans le même coursier, avec 48 palettes, le diamètre moyen de l'arbre sur lequel s'enroulait la corde était de $0^m.0720$. Les résultats en sont consignés dans le tableau suivant.

Autres expériences de l'abbé BOSSUT *sur les roues
à palettes recevant l'eau par dessous.*

Poids de l'eau dépensée en 1″ 1000Q.	Vitesse d'affluence de l'eau sur la roue V.	Nombre de tours de la roue en 40″ n.	Vitesse de la circonférence extérieure de la roue $v = 0.07\,653n$.	Rapport de ces vitesses $\frac{v}{V}$	Effet théorique $\frac{1000Q}{g}(V - v)v$.	Charge élevée F.	Effet utile disponible 0.00 366nF.	Rapport de l'effet utile à l'effet théorique.
kil	m		m		km	k	km	
		22.25	1.705	0.474	3.65	14.930	1.880	0.516
		22.08	1.690	0.470	3.62	15.175	1.895	0.524
		21.87	1.675	0.465	3.64	15.420	1.910	0.524
		21.67	1.660	0.461	3 64	15.664	1.918	0.526
		21.42	1.640	0.456	3.64	15.909	1.930	0.530
		21.17	1.620	0.450	3.50	16.155	1.930	0.531
11.040	3.609	20.92	1.600	0.445	3.49	16.398	1.935	0.533
		20 67	1.583	0.440	3.49	16.642	1.945	0.538
		20.44	1.565	0.435	3.60	16.887	1.957	0.544
		19.92	1.525	0.423	3.58	17.131	1.930	0.538
		19.51	1.480	0.411	3.54	17.376	1.898	0.536
		18.58	1.422	0.395	3.50	17.622	1.850	0.528

Cette série d'expériences montre que le maximum
d'effet correspond à peu près au rapport des vitesses
$\frac{v}{V} = 0.45$, et qu'alors l'effet utile disponible est d'environ 0.558 de l'effet théorique. Si l'on admet encore
ici que le travail des résistances soit $\frac{1}{7}$ de l'effet total,
comme dans les expériences de Smeaton; on voit que
le coefficient de la formule de l'effet théorique serait

encore 0.64 ainsi qu'on le déduit des expériences de Smeaton.

On remarquera aussi que le rapport des vitesses a pu varier depuis $\frac{v}{V}=0.474$ jusqu'à 0.395, sans que l'effet utile ait varié de plus de $\frac{1}{16}$ de sa valeur maximum.

Bossut a recherché s'il y avait quelque avantage à incliner les arbres sur le rayon, et il a reconnu que la position la plus favorable était la direction même du rayon, quand les coursiers sont peu inclinés, ainsi qu'il est d'usage ; mais il ajoute que pour les coursiers très inclinés il conviendrait de disposer les palettes de façon qu'elles fussent choquées à peu près perpendiculairement.

128. *Conséquences générales des expériences de Smeaton et de Bossut.* — En résumé l'on voit :

1° Que le coefficient de la formule théorique est, d'après les expériences de Smeaton et de Bossut, 0.64 à 0.65 pour le cas du maximum d'effet et quand les roues ont très peu de jeu dans leur coursier ;

2° Que la vitesse du maximum d'effet est d'environ 0.35 de celle de l'eau affluente, mais que la vitesse peut varier dans des limites assez étendues sans que l'effet utile diminue notablement ;

3° Que les pertes de forces vives dans les coursiers en amont des roues sont très considérables, et qu'il faut employer tous les moyens propres à les diminuer, tels que l'inclinaison des vannages, leur rapprochement des roues et la diminution de la contraction à l'orifice.

Il suit de là que, quand la vitesse de la roue s'éloignera peu de $v = 0.35V$, en plus ou en moins, l'effet utile total sera donné par la formule pratique

$$Pv = 0.65 \times \frac{1\,000}{g}\, Q(V-v)v^{km} = 66.2Q\,[V-v]v^{km}.$$

Mais comme les roues ont ordinairement $0^m.02$ à $0^m.03$ de jeu dans le coursier, et que ces roues sont rarement très bien exécutées, on prend habituellement pour coefficient de correction 0.60, et on emploie la formule pratique

$$Pv = 0.60\,\frac{1\,000Q}{g}\,(V-v)v = 61Q\,(V-v)v^{km}$$

pour calculer l'effet utile de ces roues, en déterminant V soit par l'observation, soit par le calcul, à l'aide des règles données dans l'hydraulique.

129. *Charge maximum et observations sur l'influence du coursier d'aval.* — Les expériences de Smeaton ont aussi montré que la charge ou la résistance qui arrête la roue ou rend son mouvement incertain, n'est guère que 1.1 à 1.2 fois celui qui correspond au maximum d'effet. Or, comme il arrive souvent que les roues hydrauliques ont, au moment de la mise en train des machines, à vaincre une résistance beaucoup plus grande que celle qui correspond à leur marche normale, il faut s'assurer la faculté de surmonter cet excès de résistance. Il conviendra donc de donner aux arbres et aux orifices des dimensions supérieures, et particulièrement en hauteur, à celles qui seraient nécessaires pour la marche ordinaire.

Enfin, il est bon de dire que, dans les cas où les roues n'étaient pas exposées à des arrière-eaux qui les auraient noyées, les constructeurs étaient dans l'usage de placer la partie inférieure des aubes ou le fond du coursier au dessous du niveau d'aval d'une certaine quantité, en prolongeant les joues ou cotés verticaux de ce coursier à une assez grande distance en aval, et en tenant leurs bords notablement au dessus du même niveau. Par suite de cette disposition, l'eau qui quittait la roue avec une vitesse sensiblement égale à celle de sa circonférence, possédait une force vive assez grande pour refouler les eaux d'aval, dégorger la roue et repousser le remou qui se forme au bas du coursier à une assez grande distance de la roue, pour qu'elle tournât sans être noyée. On utilisait donc ainsi une partie de la force vive possédée par l'eau à sa sortie de la roue, et la hauteur de chute était alors la différence du niveau du réservoir au dessus de la veine fluide qui quittait les palettes, et par conséquent plus grande que la différence des niveaux d'amont et d'aval de la rivière.

En temps de crues l'élevation des bords du coursier de fuite au dessus du niveau des eaux d'aval empêchait celle-ci de pénétrer dans le coursier par les côtés, et la grande masse d'eau que l'on pouvait dépenser alors permettait de refouler le remou ou *regors*, et empêchait la roue d'être noyée et arrêtée.

Nous reviendrons sur les avantages de cette disposition, qu'il convient d'employer dans d'autres cas.

130. *Application*. — *Exemple* : Comme application de la formule précédente et pour indiquer la marche à

suivre dans le calcul de l'effet utile de ces roues, supposons

$$L = 1^m.20, \quad E = 0^m.30, \quad H = 1^m.50, \quad m = 0.62,$$

on aura d'abord, attendu que la charge sur le centre de
l'orifice est $1^m.50 - 0^m.15 = 1^m.35$,

$$Q = 0.62 \times 1^m.20 \times 0^m.30 \sqrt{19.62 \times 1^m.35} = 1^{mc}.147.$$

Le travail absolu du moteur est donc

$$1\,000Q\,H = 1\,147^{kil} \times 1^m.50 = 1\,721^{km} = 23^{chev}.$$

En admettant que le coursier soit presque horizontal
et qu'on puisse négliger la résistances des parois, la vitesse d'arrivée de l'eau sur la roue sera à peu près

$$V = \sqrt{\frac{19.62 \times 1^m.35}{1 + \left(\frac{1}{0.62} - 1\right)^2}} = 0.852 \times 5^m.15 = 4^m.388.$$

Ce qui montre la perte considérable de vitesse et de force
vive produite dans ce cas par le coursier, abstraction
faite de celle qu'occasionne la résistance des parois.

Si la vitesse de la roue est convenablement réglée, et
d'environ 0.40 de celle de l'eau, on a

$$v = 0.40 \times 4^m.38 = 1^m.752,$$

et par suite

$$Pv = 61 \times 1^{mc}.147\,[4^m.38 - 1^m.752]\,1^m.752 = 332^{km} = 4^{ch}.3.$$

Le rapport de cet effet utile réel au travail absolu du
moteur est donc

$$\frac{4.3}{23} = 0.187.$$

Ce qui montre combien ces roues sont d'un emploi dés-
avantageux sous le rapport de l'économie de la puis-

sance motrice. Leurs seuls avantages sont la simplicité de leur construction et la rapidité de leur marche, qui permet d'obtenir de suite des vitesses de rotation assez grandes.

130. *Cas où les palettes ont un jeu considérable dans le coursier.* — On rencontre quelquefois d'anciennes roues dont les palettes ont dans le coursier, soit au dessous, soit sur les côtés, un jeu si considérable, qu'une portion très notable de l'eau qui est dépensée passe sans avoir produit d'effet. Dans ce cas il est évident que la partie de l'eau qui agit réellement est à peu près au volume total dépensé dans le rapport de l'aire immergée de chaque palette à la section du canal. D'après cela, quand on aura calculé la vitesse d'affluence V de l'eau sur les palettes, et que l'on connaîtra la dépense de fluide en $1''$, on aura pour l'aire de la section d'eau qui afflue sur la roue $A = \dfrac{Q}{V}$; ou, si l'on peut mesurer cette section directement, cela sera encore plus exact.

La largeur L du coursier étant connue, on aura pour l'épaisseur E de la lame d'eau,

$$E = \frac{A}{L} = \frac{Q}{VL}.$$

Le lever de la roue donnera la largeur l des palettes et leur jeu au dessus du coursier; d'où l'on déduira la quantité dont elles sont immergées, et par suite la superficie a de la palette verticale soumise à l'action du fluide.

D'après cela l'effet théorique sera exprimé par la même formule que dans le cas où il y a très peu de jeu, excepté que le volume d'eau Q fourni par l'orifice devra être réduit au volume $\frac{a}{A} Q = a V$, et par conséquent l'effet utile théorique serait

$$Pv = \frac{1\,000.a}{g} V(V - v)v^{km}.$$

Quant à l'effet utile pratique, on ne possède pas d'expériences directes sur les roues de genre; mais, comme cette formule tient compte du jeu de la roue et de la perte qui en résulte, il y a lieu de penser que le rapport de l'effet utile à l'effet théorique est d'environ 0.75, ce qui s'accorde avec quelques observations dues à M. Christian, lesquelles ont aussi montré que la vitesse de la roue devait être d'environ $v = 0.40$ de celle de l'eau affluente.

D'après cela la formule pratique de ces roues serait

$$Pv = 0.75 \frac{1\,000.aV}{g} (V - v)v = 76.45\,aV(V - v)v.$$

Exemple : Quel est l'effet utile d'une roue hydraulique à aubes planes, qui a dans son coursier un jeu de $0^m.10$ sur chaque côté, et de $0^m.06$ au dessous des aubes avec les données suivantes :

$$Q = 0^{mc}.600, \quad V = 5^m.50, \quad v = 3^m.0, \quad L = 1^m.0, \quad l = 0^m.80,$$

on a d'abord pour l'épaisseur de la lame d'eau

$$E = \frac{Q}{VL} = \frac{0^{mc}.600}{5^m.50 \times 1^m.0} = 0^m.109;$$

d'où

$$a = 0^m.80\,(0^m.109 - 0^m.060) = 0^q.0\,392,$$

puis

$$Pv = 76.45 \times 0^m.0\,392 \times 5^m.50\,(5^m.50 - 3^m.0)\,3^m = 124^{km} = 1^{cb}.65.$$

Les roues placées dans de semblables circonstances sont évidemment trop désavantageuses pour qu'on doive adopter ce mode de construction ; il faut donc chercher des dispositions plus favorables.

XIe LEÇON.

132. *Roues à palettes planes emboîtées dans des coursiers circulaires.* — Lorsque la roue est emboîtée sur une portion de sa circonférence par un coursier circulaire et qu'elle reçoit l'eau à une hauteur intermédiaire entre le niveau du réservoir ou du canal d'arrivée et celui du canal de fuite, elle est soumise à l'action de la gravité, depuis le point moyen d'introduction jusqu'au point de sortie. La vitesse d'arrivée de l'eau sur la circonférence étant encore désignée par V, sa composante dans le sens de la tangente est $V\cos a$, en appelant a l'angle de cette vitesse V avec la tangente, angle que nous savons déterminer par le tracé. Après les premiers tourbillonnements l'eau ne conserve plus de mouvements relatifs par rapport aux palettes, et elle se meut avec la vitesse V de la roue. La vitesse qu'elle a perdue à son introduction est donc (n° **24** et suiv.), $V\cos a - v$ dans le sens de la tangente à la circonférence, et $V\sin a$ dans le sens du rayon ; on a donc

$$u^2 = (V\cos a - v)^2 + V^2\sin^2 a,$$

et la force vive correspondante est

$$M\,[(V\cos a - v)^2 + V^2\sin^2 a].$$

La force vive qu'elle conserve à la sortie est

$$Mw^2 = Mv^2.$$

Enfin celle qu'elle possède à l'entrée est MV^2.

L'équation générale des moteurs hydrauliques appliquée à ce cas est donc

$$Pv = Mgh + \tfrac{1}{2}MV^2 - \tfrac{1}{2}M\,[(V\cos a - v)^2 + V^2\sin^2 a] - \tfrac{1}{2}Mv^2,$$

qui, tous calculs faits, se réduit à

$$P v = M g h + M (V \cos a - v) v = 1\,000 Q h + \frac{1\,000 Q}{g} (V \cos a - v) v.$$

Expression qui ne diffère de celle qui se rapporte aux roues en dessous que par le terme Mgh, relatif au travail développé par la gravité sur l'eau depuis le point d'introduction jusqu'au point de sortie.

Lorsque la roue est construite, la hauteur h du point d'arrivée du filet moyen de la veine fluide au dessus du point inférieur de la roue est donnée ; et, pour obtenir le maximum d'effet relatif, on ne peut faire varier que les quantités contenues dans le terme $\dfrac{1\,000 Q}{g} (V \cos a - v) v$, relatif à l'effet produit par la variation de force vive de l'eau ; ce qui conduit, comme pour les roues en dessous (n° 117), à la condition $v = \frac{1}{2} V \cos a$. Si de plus il était possible de rendre l'angle a nul, on aurait $\cos a = 1$ et $v = \frac{1}{2} V$; et, si l'on appelle comme par le passé $h' = \dfrac{V^2}{2 g}$ la hauteur due à la vitesse V, l'effet utile maximum serait

$$P v = 1\,000 Q h + \frac{1\,000 Q}{g} \frac{1}{4} V^2 = 1\,000 Q \left[h + \frac{1}{2} h \right],$$

On voit donc que, même dans ces hypothèses, la somme $h + \frac{1}{2} h'$ étant toujours évidemment plus petite que la chute totale, l'effet utile maximum ne peut être égal au travail absolu du moteur 1000QH.

Mais, en admettant même que, dans son trajet de l'orifice au point d'arrivée sur la roue l'eau n'éprouve aucune perte de force vive, ce qui donne $h + h' = H$, on voit que l'on n'atteindrait théoriquement le maximum d'effet absolu qu'en faisant $h'=0$, ce qui donne $h=$ II, $V=0$, et par suite $v=0$.

135. *Conditions du maximum d'effet.* — Ainsi les conditions théoriques du maximum absolu d'effet utile sont que l'eau arrive sur la roue sans vitesse et que la vitesse de la roue soit nulle ; conditions évidemment impossibles à satisfaire, mais qui montrent que l'on se rapproche d'autant plus du maximum d'effet que l'on prend l'eau plus près de la surface du réservoir supérieur et que la roue marchera plus lentement. Telles sont les considérations qui ont conduit à employer, pour les roues de ce genre , des vannes en déversoir qui, en s'abaissant, laissent couler l'eau par la superficie, et à fixer la vitesse de ces roues à $1^{m}.00$ en $1''$.

Mais il faut remarquer que l'emploi des vannes en déversoir et la faible vitesse des roues présentent des inconvénients assez graves, dès qu'il s'agit de moteurs d'une grande force. Il en résulte en effet la nécessité de donner à ces roues de grandes largeurs et par suite des poids considérables, ainsi que des frais de construction très élevés.

134. *Du frein dynamométrique de M. de Prony.* — Avant de rapporter les résultats des expériences faites en grand sur les moteurs hydrauliques, il ne sera pas inutile de donner quelques notions sur l'appareil que l'on emploie ordinairement à ces recherches, et que M. de Prony a eu l'idée d'y appliquer à l'occasion d'une expertise sur la machine à vapeur du Gros-Caillou (*Journal des mines,* 12e vol.), mais qui, sous une forme différente, avait déjà été mis en usage en 1821 par MM. Piobert et Tardy, dans leurs expériences sur les roues à axe vertical des moulins de Toulouse (1).

L'appareil se compose d'un collier annullaire en fonte formé, soit par une poulie à rebords d'une seule pièce, soit de deux parties (fig. 36) qui s'assemblent par des

Fig. 56.

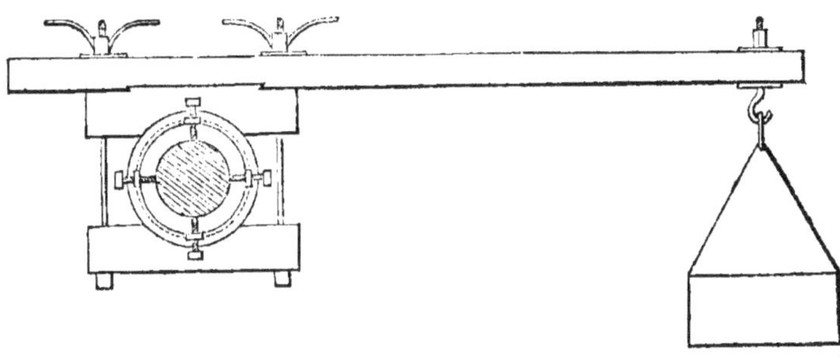

oreilles avec boulons et écrous. Quelquefois un arbre tourné cylindriquement peut remplacer ce collier, mais pour mesurer seulement de faibles forces. Il convient que le diamètre de ce collier soit d'autant plus grand, que la force à mesurer est plus considérable, et la vitesse de rotation moindre.

Lorsqu'on emploie une poulie coulée exprès pour une expérience spéciale, on a soin de faire allézer son œil exactement au diamètre de l'arbre qui doit la recevoir, et sur lequel on la fixe avec une clef de calage. S'il s'agit d'un arbre en bois de grosses dimensions on emploie le collier en deux pièces, et des vis de $0^m.025$ à $0^m.030$ de diamètre, à têtes quarrées, au nombre de huit, dis-

---

(1) *Expériences sur les roues hydrauliques à axe vertical et sur l'écoulement de l'eau dans les coursiers et dans les buses de forme pyramidale*, par G. Piobert et A.-L. Tardy, officiers d'artillerie. *Paris*, 1840, chez A. Mathias.

tribuées dans des plans perpendiculaires entre eux et passant par l'axe, traversant autant d'oreilles réservées aux côtés du collier, servent à centrer sa surface extérieure par rapport à l'axe.

Cette opération préliminaire doit être exécutée avec beaucoup de soin, car de son exactitude dépend la régularité de la marche de l'instrument.

Il n'y a d'ailleurs pas plus de difficultés pour placer le collier sur un arbre vertical que sur un arbre horizontal.

Cette partie cylindrique de l'appareil est serrée entre deux pièces de bois placées parallèlement et réunies par deux forts boulons munis de rondelles formant rosettes, et d'écrous à poignées ou à longue clef ; au moyen de ces boulons et écrous l'on peut déterminer entre le collier et les pièces de bois, qu'on appelle les machoires du frein, un frottement considérable, qu'on est libre de faire varier.

L'une des deux pièces de bois n'a que la longueur suffisante pour recevoir les boulons, l'autre beaucoup plus longue s'appelle le levier du frein. Toutes deux sont entaillées ou garnies de coussinets cylindriques en bois à la partie qui est en contact avec le collier.

Pour des arbres horizontaux on place ordinairement le levier en dessus ; mais je crois qu'il vaudrait mieux, quand les localités le permettent, le mettre en dessous, pour le rendre plus stable dans ses positions d'équilibre. A ce levier et à une distance déterminée, on suspend une caisse destinée à recevoir des poids qui forment la charge du frein.

Des points d'appuis solides, tels que chevalets, chantiers, pointaux, etc., doivent être disposés en avant et en arrière de l'arbre, pour limiter les oscillations du levier de manière à ne lui permettre que de petits écarts au dessus et au dessous de l'horizontale.

Quand il s'agit d'arbres verticaux, on dispose une poulie de renvoi, sur laquelle on fait passer la corde à laquelle on suspend la caisse ou la charge du frein. Dans sa position normale le levier doit être perpendiculaire à la direction du brin horizontal de cette corde, et des arrêts doivent aussi être disposés pour l'empêcher de s'écarter notablement de cette position. Un fil à plomb, suspendu au dessus du levier, indique et sert à reconnaître quand il est à sa position d'équilibre.

A la plus petite des pièces de bois qui forment les mâchoires du frein on substitue quelquefois, et j'ai moi-même employé, une bande de tôle mince ou une chaîne articulée avec coussinets en bois; mais l'appareil simple proposé par M. de Prony est encore celui qui fournit les résultats les plus réguliers, parce que la compressibilité du bois se prête mieux à de petites différences de centrage que des pièces métalliques plus rigides.

155. *Précautions à prendre pour rendre le frottemeut régulier.*—L'effet du frein étant, comme nous le verrons tout à l'heure, de remplacer la résistance utile que le moteur doit vaincre par le frottement des mâchoires contre le collier, il importe pour la régularité de la marche que ce frottement soit aussi uniforme que possible. A cet effet il faut maintenir les surfaces en contact au même état, et autant que faire se peut à la même température. On y parvient en versant avec continuité sur les mâchoires du frein un filet d'eau chargée de savon,

qui les mouille et le lubrific toujours également. Un ba-
quet entretenu plein d'eau, placé au dessus du levier, et
dans lequel on met un peu de savon noir, laisse tomber
un filet d'eau d'un ou deux millimètres de diamètre dans
un entonnoir placé sur le levier ou sur l'autre mâchoire
du frein. Cette pièce est percée d'un trou qui conduit
l'eau à la surface du collier, le long de laquelle elle est
répartie par de petites canelures pratiquées dans le bois.

Pour les arbres verticaux, si l'on coule la poulie du
collier à fond plein, elle sert de cuvette et de réservoir,
et la force centrifuge répartit l'eau à sa circonférence.

136. *Nécessité d'assurer l'équilibre autour de l'axe.*
— Dans les expériences sur les arbres horizontaux il
importe de s'assurer que toutes les pièces qui tournent
avec eux sont en équilibre autour de leur axe, et d'é-
tablir cet équilibre par des contrepoids, s'il n'existe pas.

De plus, quand on fait les expériences, et que l'on
compte les nombres de tours, il faut répéter les observations pour s'assurer que le mouvement est parvenu à
l'uniformité, ou tout au moins à la périodicité, sans quoi
l'inertie des masses en mouvement pourrait induire en
erreur.

137. *Théorie du frein dynamométrique.* — D'après
cette description il est facile de concevoir ce qui se passe
dans l'emploi du frein. Prenons pour exemple une expérience sur une roue hydraulique. La vanne étant levée
d'une quantité connue et constante, et le niveau se
maintenant à la même hauteur dans le réservoir, la
roue se met en mouvement; on serre les mâchoires du
frein contre le collier progressivement, et de manière à

maintenir la charge du levier en équilibre, ce qui se manifeste quand ce levier oscille légèrement en deçà ou au delà de sa position normale. A cet état de choses, la roue étant parvenue à une vitesse uniforme ou au moins périodique, il est évident que tout le travail disponible transmis à la roue, ou à l'arbre sur lequel l'appareil est placé, est consommé par le frottement des mâchoires du frein, et qu'en appelant :

P' l'effort moyen disponible à la distance R de l'axe de rotation. (Cet effort est évidemment moindre que celui qui est transmis par l'eau à l'extrémité du rayon R, et que nous avons précédemment appelé P, attendu qu'une partie de celui-ci est employée à vaincre les résistances passives, c'est pourquoi nous le distinguons par le nom d'effort disponible),

v la vitesse à la circonférence du rayon R,

S le frottement qui se produit à la surface du collier,

R' le rayon de cette surface,

F la charge du frein, y compris son poids propre rapporté au crochet de suspension,

L le bras du levier de cette charge ou la distance horizontale de l'axe de l'arbre à la verticale du crochet de suspension.

Lorsque le levier, sollicité par le frottement du collier contre ses mâchoires à participer au mouvement de l'arbre, et par son propre poids et la charge de la caisse à tourner en sens contraire, se maintiendra en équilibre entre ces deux forces, il est clair que l'on aura pour exprimer cet équilibre la relation des moments, $FL = SR'$.

Mais, d'un autre côté, la roue soumise à l'action de l'effort P', qui tend à accélérer son mouvement et dont le travail est $P'v$ en $1''$, et à celui du frottement exercé contre le collier, qui tend à le retarder et dont le travail en $1''$ est $S\dfrac{R'}{R}v$, est, par hypothèse, parvenue au mouvement uniforme ou périodique. On a donc entre les quantités de travail développées par ces forces la relation

$$P'v = S\frac{R'}{R}\,v \text{ ou } P'R = SR'.$$

Par conséquent aussi

$$FL = P'R \text{ ou } P'v = F\frac{L}{R}v.$$

Or $\dfrac{L}{R}v$ est évidemment le chemin que parcourrait le point de suspension de la charge en $1''$ si le levier marchait avec l'arbre qui porte le frein.

On voit donc que *la quantité de travail disponible transmise à l'arbre sur lequel on a placé le collier est mesurée par le produit de la charge totale F du frein et du chemin que le point de suspension de cette charge tend à parcourir.*

138. *Manière de tenir compte du poids du levier.* — M. de Prony avait proposé de faire les deux pièces en bois qui forment les mâchoires du frein de mêmes dimensions, et de les équilibrer autour de l'axe. Mais cette condition parfois gênante n'est pas nécessaire, et l'on peut facilement tenir compte de la prépondérance du poids du levier. En effet son poids total Q, considéré comme agissant à son centre de gravité situé à la distance G du plan vertical de l'axe de rotation, produit le même effet qu'un poids Q' placé à la distance L du même plan, et qui serait déterminé par la relation

$$Q'L = Q.G, \text{ d'où } Q' = Q\frac{G}{L}.$$

Les distances G et L étant faciles à déterminer, on en déduira la valeur de Q'. Mais on peut la trouver directement et sans calcul en posant le levier sur un couteau, ou sur l'arête vive d'une barre de fer, de manière que la trace verticale du plan de l'arbre de rotation corresponde à cette arête, et en plaçant le crochet de suspension de la charge fixe à l'extrémité du levier dans un plateau de balance. Le poids qui, mis dans l'autre plateau, fait équilibre au levier, donne directement l'effort Q', ou la portion du poids total du levier qu'il faut ajouter à la charge. Il va sans dire que le poids de la caisse et de ses chaînes doit être compris aussi dans la charge totale du frein.

Lorsque l'on opère sur un arbre vertical, le poids du levier n'agissant pas dans le sens de la charge et du chemin que tend à parcourir son point de suspension, il n'y a pas lieu d'en tenir compte; mais il faut éviter que ce poids, en faissant baiser ce levier, ne produise soit sur les rebords du levier, soit sur d'autres appuis, un frottement irrégulier. A cet effet on soutient l'extrémité de ce levier dans une position horizontale au moyen d'une corde fixée à la partie la plus élevée possible de la charpente du bâtiment. Les oscillations du levier ayant fort peu d'amplitude, cette corde ne prend jamais une obliquité telle que la composante horizontale de sa tension puisse exercer une influence notable sur la sensibilité de l'appareil.

139. *Marche à suivre pour les expériences.* — Une fois que l'appareil est monté, les expériences n'offrent aucune difficulté, et l'on y procède ainsi qu'il suit : La

vanne étant ouverte d'une quantité donnée et constante,
on laisse marcher la roue à vide pendant quelques instants ; et, quand le niveau ainsi que sa vitesse paraissent
réglés, on commence à serrer un peu les mâchoires du
frein sans suspendre de charge à son levier. Le mouvement se ralentit un peu ; et, quand on voit que le levier
oscille légèrement autour de sa position d'équilibre ou
la conserve, on commence à compter les tours de l'arbre
au moyen d'une bonne montre à secondes. On répète
l'observation plusieurs fois, pour s'assurer que le mouvement est exactement périodique, et que l'inertie des
masses en mouvement n'a pas d'influence sur l'effet
utile ; on constate la constance des niveaux des eaux,
et l'on note toutes les données de l'expérience. On ajoute alors un poids de 5 ou de 10 kilogrammes à l'extrémité du levier, on serre un peu plus les mâchoires du
frein pour tenir cette nouvelle charge en équilibre, et
l'on fait une seconde expérience. On continue ainsi à
augmenter graduellement la charge, jusqu'à ce que l'on
parvienne à une charge qui arrête la roue ou rende son
mouvement tout à fait irrégulier. En procédant ainsi par
séries, on se procure les moyens d'étudier les circonstances et les conditions de la marche de la roue ; et si l'on
représente les résultats des expériences par des courbes,
en prenant les nombres de tours en 1' pour abscisses, et
les effets utiles ou leur rapport au travail absolu du
moteur pour ordonnées, on reconnaît à la continuité des
courbes si l'on a bien opéré, et l'on en déduit ensuite
la vitesse correspondante au maximum d'effet, l'influence des variations de la vitesse sur l'effet utile, etc.,
ainsi que nous le ferons voir par des exemples.

140. *Résultats d'expériences sur les roues à aubes planes emboîtées dans des coursiers circulaires.* — Sans discuter plus que nous ne l'avons fait aux n°s 132 et 133 les conditions théoriques du maximum d'effet de ces roues, comparons la formule précédente avec les résultats des expériences exécutées sur différentes roues avec le frein dynamométrique de M. de Prony.

Nous nous occuperons d'abord des roues qui reçoivent l'eau par des orifices avec charge sur le sommet. Celles qui ont été soumises par nous à l'expérience sont :

1° La roue de la fonderie de Toulouse, ayant un vannage incliné à 34° 30' sur la verticale, et emboîtée dans un coursier circulaire sur une hauteur de 0^m.48 seulement, et fonctionnant avec une chute qui a varié de 1^m.74 à 1^m.99 pendant les expériences ;

2° La roue de la sécherie artificielle de la poudrerie de Metz, ayant une vanne verticale emboîtée dans un coursier circulaire sur une hauteur de 0^m.43 environ, et fonctionnant avec une chute que l'on a fait varier depuis 0^m.81 jusqu'à 1^m.00 ;

3° L'une des roues de la manufacture d'armes de Châtellerault, ayant une vanne inclinée à 45°, emboîtée dans un coursier circulaire sur une hauteur de 1^m.15 environ, et fonctionnant avec une chute de 1^m.65 environ ;

4° La roue de l'atelier des meules à broyer de la cristallerie de Baccarat, ayant une vanne inclinée à 71° sur la verticale, emboîtée dans un coursier circulaire de 1^{m}30 de hauteur, et fonctionnant sous une chute totale qui a varié de 1^m.80 à 1^m.90.

Pour chacune de ces roues on a exécuté plusieurs

séries d'expériences, correspondantes chacune à une même levée de vanne, et pour laquelle on faisait varier les charges du frein depuis zéro jusqu'à celle qui arrêtait la roue ou rendait son mouvement incertain et irrégulier. Il a donc été possible dans chaque série de reconnaître l'influence de la vitesse de la roue sur l'effet utile et sa valeur correspondante au maximum d'effet.

Dans toutes les expériences il n'a pas été possible de placer le frein sur l'arbre même de la roue, et alors au travail correspondant à la charge du frein il a fallu ajouter celui qui était consommé par les frottements des tourillons et des engrenages. On a ainsi obtenu l'effet utile total transmis à la circonférence extérieure de la roue, et on a pu le comparer à l'effet théorique fourni par la formule. Mais, dans cette comparaison, on a dû se borner à introduire les résultats relatifs aux expériences où toute l'eau dépensée par les orifices était admise dans les roues, sans donner lieu à des jaillissements trop considérables à l'intérieur, et exclure celles où la vitesse de la roue était plus grande que celle de l'eau affluente, auquel cas les palettes choquaient l'eau en sens contraire du mouvement au lieu d'en être choquées, circonstance anormale qui ne doit pas se produire dans des roues passablement réglées.

141. *Résultats de la troisième série d'expériences sur la roue de la sécherie de Metz.* — Comme exemples nous rapporterons ici quelques unes des séries d'expériences, et d'abord la troisième série de celles qui ont été exécutées sur la roue hydraulique de la sécherie artificielle de la poudrerie de Metz.

Poids de l'eau dépensée en 1″.	Chute totale.	Travail absolu du moteur en 1″.	Nombre de tours en 1′.	Charge du frein.	Vitesse que le point de suspension de la charge tendait à prendre.	Effet utile mesuré par le frein.	Travail consommé par les frottements.	Effet utile total.	Effet utile théorique.	Rapport de l'effet utile total à l'effet théorique.
kil	m	km		kil	m	km	km	km	km	
207.0	0.985	203.0	14.50	11.86	3.75	44.48	6.78	51.26	66.50	0.77
207.5	0.988	203.0	13.60	19.06	3.50	56.72	6.50	53.02	79.25	0.67
207.0	0.985	203.0	10.90	29.06	2.86	83.25	5.16	88.41	104.00	0.85
207.0	0.985	203.0	9.67	24.06	2.54	86.52	4.57	90.09	109.00	0.85
215.0	1.023	221.0	9.10	39.06	2.52	90.88	4.50	95.18	123.80	0.77
215.0	1.023	221.0	8.00	44.06	2.10	92.56	3.77	96.55	127.40	0.75
215.5	1.025	221.5	7.50	49.06	1.97	97.62	3.55	101.17	128.50	0.79
215.5	1.025	221.5	5.87	54.06	1.54	85.49	2.76	86.25	128.50	0.77
215.5	1.025	221.5	5.66	59.06	1.48	87.75	2.67	90.42	128.25	0.70
215.0	1.025	221.5	5.39	64.06	1.40	90.80	1.55	91.75	127.50	0.71
175.0	0.877	155.2	2.79	69.06	0.73	50.56	1.53	51.69	89.50	»
171.0	0.857	147.0	»	79.06	»	51.75	»	»	Moy.	0.75

Les cinq autres séries d'expériences exécutées sur la même roue ont donné des résultats analogues, et ont fourni pour la valeur moyenne du rapport de l'effet utile à l'effet théorique les résultats suivants :

1re série.	0.708
2e série.	0.738
3e série.	0.751
4e série.	0.760
5e série.	0.713
6e série.	0.722
Moyenne générale. . . .	0.737 ou 0.74

142. *Résultats généraux des expériences sur les roues avec charge sur le sommet de l'orifice.* — La comparaison générale de tous les résultats de l'expérience à ceux de la formule théorique a montré que le rapport de ces effets ou le coefficient de correction de la formule théorique était pour

La roue de la fonderie de Toulouse. 0.74

La roue de la sécherie de la poudrerie de Metz (moyenne de six séries). 0.74

La roue de la manufacture d'armes de Châtellerault. 0.75

La roue de l'atelier des meules à Baccarat (moyenne de cinq séries). 0.794

Moyenne générale. . . . 0.756

De sorte que l'ensemble de tous les résultats de ces expériences sera représenté avec l'exactitude nécessaire pour la pratique par la formule

$$Pv = 0.756 . 1000 Q \left[h + \frac{(V\cos a - v')v}{g} \right] = 750 Q \left[h + \frac{(V\cos a - v)v}{g} \right]$$

143. *Expériences sur les roues qui ont des vannes en déversoir.* — Des expériences analogues ont été exécutées sur la même roue de l'atelier des meules de Baccarat recevant l'eau par un orifice formant déversoir, et sur la grande roue de la taillerie de cristaux de la même usine ayant une vanne en déversoir.

Résultats de la quatrième série d'expériences sur la roue de la taillerie de Baccarat. — Parmi les expériences faites sur cette dernière roue, nous rapporterons la série suivante.

Poids de l'eau dépensée en t^{ll}.	Chute totale.	Travail absolu du moteur en t^{ll}.	Rapport des vitesses v et V cos α.	Charge du frein.	Vitesse que le point de suspension de la charge tendait à prendre.	Effet utile mesuré par le frein.	Travail consommé par les frottements.	Effet utile total.	Effet utile théorique.	Rapport de l'effet utile total à l'effet théorique.
kil	m	km		kil	m	km	km	km	km	
861.4	2.073	1790	0.925	72.625	19.94	1383	85	1468	1650	0.889
871.5	2.075	1808	0.78	82.625	16.12	1352	68	1400	1683	0.852
876.6	2.076	1820	0.69	92.625	14.50	1325	65	1390	1695	0.820
891.8	2.079	1854	0.61	102.625	12 59	1292	52	1544	1728	0.778
891.8	2.079	1854	0.69	92.625	14.50	1525	65	1390	1725	0.806
891.8	2.079	1854	0.80	82.625	16.53	1565	79	1444	1719	0.840
891.8	2.079	1854	0.87	72.625	18.48	1542	85	1425	1714	0 831
891.8	2.079	1854	»	62.625	20.95	1312	110	1522	1698	0.773
									Moyenne . .	0.821

Trois autres séries d'expériences ont été exécutées sur la même roue, et le résultat général a fourni les valeurs moyennes suivantes du rapport de l'effet utile total à l'effet théorique.

1re série.	0.750
2e série.	0.755
3e série.	0.817
4e série.	0.821
Moyenne générale. . . .	0.786

144. Conséquence des expériences sur les roues avec vannes en déversoir. — Par la comparaison générale du rapport de l'effet utile total à l'effet théorique on a ob-

tenu pour le rapport de ces quantités ou le coefficient de
la formule pour

La roue de l'atelier des meules (moyenne de deux séries). 0.809

La roue de la taillerie (moyenne de quatre séries). . . 0.786

Moyenne générale. . . . 0.797

L'ensemble des résultats de toutes ces expériences
peut donc être représenté par la formule pratique

$$Pv = 0.797 \cdot 1000Q\left[h + \frac{(V\cos a - v)v}{g}\right] = 796Q\left[h + \frac{(V\cos a - v)v}{g}\right]^{km.}$$

On voit par ces expériences que, dans des limites très
étendues de vitesse et de force, l'effet utile est total est
pour chaque genre de roue dans un rapport à peu près
constant avec l'effet théorique.

145. *Avantage des vannes en déversoir pour ces roues.*
— La discussion de la formule théorique nous ayant
conduit à conclure que l'effet théorique était d'autant
plus grand, que la roue recevait l'eau plus près de la
surface, cette conséquence sera encore vraie pour l'effet utile pratique. C'est ce que confirment complètement les expériences et l'examen des deux formules
pratiques ci-dessus.

Mais cela est rendu encore plus évident par la comparaison immédiate du travail disponible mesuré par le
frein avec le travail absolu dépensé par le moteur. Les
expériences ont en effet montré que le rapport de ces
quantités prenait les valeurs suivantes :

Rapport du travail disponible au travail absolu du moteur.

Roue de la fonderie de Toulouse, où l'on a eu . . . . $\dfrac{h}{H} = \dfrac{1}{3.6}$ à $\dfrac{1}{4.2}$ — 0.33

Roue de la sécherie artificielle de Metz, où l'on a eu . . . . . $\begin{cases} \dfrac{h}{H} = \dfrac{1}{2.3} = 0.43 \\[2ex] \dfrac{h}{H} = \dfrac{1}{1.9} = 0.53 \end{cases}$ — 0.37 à 0.41 ; 0.44 à 0.49

Roue de la manufacture de Chatellerault, où l'on a eu . . . . $\dfrac{h}{H} = \dfrac{1.15}{1.65} = 0.637$ plus grande que 0.47 à 0.50

(L'effet utile étant mesuré sur un arbre de couche et les frottements considérables.)

Roue de l'atelier des meules à Baccarat. Vanne avec charge sur le sommet. . . . . $\begin{cases} \dfrac{h}{H} = \dfrac{1.30}{1.80} = 0.722 \end{cases}$ plus grande que 0.50 à 0.55

(L'effet utile étant mesuré sur un arbre de couche et les frottements considérables.)

Roue de l'atelier des meules à Baccarat. Vanne en déversoir. . . . . $\begin{cases} \dfrac{h}{H} = \dfrac{1.49}{1.60} = 0.93 \end{cases}$ plus grande que 0.67

(L'effet utile étant mesuré sur un arbre de couche et les frottements considérables.)

Roue de la taillerie à Baccarat. Vanne en déversoir. . . . . . $\dfrac{h}{H} = \dfrac{1.84}{2.06} = 0.89$ plus grande que 0.67 à 0.75

(L'effet utile étant mesuré sur un arbre de couche et les frottements considérables.)

De cette comparaison on tire cette conséquence, conforme aux déductions théoriques précédentes, qu'il y a pour ces roues un avantage notable à prendre l'eau à la surface par des vannes en déversoir toutes les fois qu'il n'en résultera pas de largeurs trop considérables.

Si l'on examine les résultats immédiats des expériences, ou qu'on les représente graphiquement (pl. III, fig. 1), en prenant pour abscisses le rapport de la vitesse de la circonférence extérieure de la roue à celle de l'eau affluente, et pour ordonnées le rapport de l'effet utile total ou celui du travail disponible à l'effet théorique, on voit que, pour des variations très grandes du rapport $\frac{v}{V\cos a}$, celui des effets utiles au travail dépensé n'en éprouve que d'assez faibles; ce qui montre que la vitesse de ces roues peut éprouver de grandes variations sans que leur effet utile s'éloigne beaucoup du maximum d'effet, circonstance très avantageuse dans certains cas.

Les expériences montrent aussi que la vitesse de la circonférence extérieure de ces roues peut, sans inconvénients ou sans diminution notable de leur effet utile, atteindre $1^m.50$, et même $2^m.00$, selon la grandeur des abaissements de vanne. Ce résultat, différent de la pratique jusque alors suivie par les constructeurs, qui limitaient cette vitesse à 1^m ou à 1^m50, est important pour les roues destinées à débiter des volumes d'eau considérables, attendu qu'il permet d'en renfermer la largeur dans des limites plus resserrées, et d'éviter ainsi un des inconvénients les plus graves que ces roues offraient dans des circonstances semblables.

146. *Proportion de la capacité des augets au volume d'eau qui doit y être introduit.* — L'examen attentif de la marche de ces roues a montré que, par l'effet des tourbillonnements et du dégagement de l'air contenu entre les aubes, l'eau commence à jaillir dans l'intérieur des roues par les évents ménagés pour l'échappement de l'air à peu près dès que le volume d'eau introduit entre deux palettes consécutives atteint la moitié ou les deux tiers de la capacité de l'espèce d'auget qu'elles forment. On doit donc poser pour règle de la construction de ces roues que le volume de ces augets devra être double du volume d'eau qu'ils doivent admettre. Nous verrons plus tard la manière simple dont on peut satisfaire à cette condition.

147. *Avantage des forts abaissements de vanne.* — S'il est convenable de ne pas introduire trop d'eau dans les augets formés par les aubes, il importe aussi que le volume du liquide ne soit pas trop petit par rapport à la même capacité. On le conçoit facilement, puisqu'il est évident que, les fuites produites par le jeu inévitable que les aubes ont dans leur coursier dépendant principalement de ce jeu, et étant à peu près constantes pour une même vitesse, elles auront, toutes choses égales d'ailleurs, plus d'influence sur le rapport de l'effet utile au travail absolu du moteur dans les petites dépenses d'eau, ou quand les augets seront peu remplis, que dans les grandes dépenses. C'est ce que les expériences citées avaient mis en évidence, et ce qui m'avait conduit à admettre pour règle qu'à l'état normal on doit proportionner les roues pour les faire marcher avec des abaissements de vanne d'environ $0^m.20$ au dessous du niveau du réservoir.

Cette règle a été confirmée pleinement par des expériences intéressantes exécutées par M. Marozeau, ancien élève de l'École polytechnique, sur une roue de côté, qu'il a fait établir à la blanchisserie du Breuil, près Saint-Amarin.

Cette roue, de $3^m.87$ environ de largeur dans œuvre, et de $5^m.18$ à $5^m.20$ de diamètre, a 42 aubes, et elle est partagée dans sa largeur, ainsi que sa vanne, en trois compartiments; de sorte que la vanne, qui a une largeur totale de $3^m.71$ d'orifice libre, peut s'ouvrir par parties : l'une de $1^m.247$ au milieu, et les deux autres de $1^m.231$ environ, qui correspondent chacune à l'un des compartiments de la roue.

Des expériences au frein faites par M. Marozeau (1), et dont une partie a été répétée par le comité de mécanique de la Société industrielle de Mulhouse, ont prouvé que, pour utiliser une même quantité d'eau, il valait mieux n'abaisser qu'une seule des trois vannes d'une hauteur de $0^m.180$ à $0^m.200$ que d'en abaisser deux de $0^m.127$, et *a fortiori* que d'en abaisser trois de $0^m.095$. Le rapport de l'effet utile au travail absolu du moteur a été respectivement pour ces trois modes de dépenser le même volume d'eau à peu près dans le rapport des nombres 0.71, 0.66 et 0.52.

Ainsi, de ces expériences, on conclut d'abord qu'il convient d'employer des abaissements de vanne assez

---

(1) Voir le 86ᵉ *Bulletin de la Société industrielle de Mulhouse*. 1844.

forts, de 0^m.20 à 0^m.25; et que, quand le volume d'eau que la roue doit dépenser varie considérablement par l'effet des sécheresses et des crues, il vaut mieux, quand on a peu d'eau, la verser sur un seul des compartiments de la roue en abaissant une seule des vannes de toute la hauteur nécessaire, que de la répartir entre les trois compartiments au moyen d'un faible abaissement simultané des trois vannes.

148. *Influence de la direction des palettes.* — Toutes les roues soumises aux expériences avaient leurs palettes dirigées dans le sens du rayon, à l'exception de celle de Chatellerault, où elles étaient inclinées de manière à se présenter à peu près horizontalement devant l'orifice. Les résultats ayant été les mêmes dans tous les cas, il s'ensuit que cette disposition, qui complique la construction, ne présente aucun avantage. Il en est de même de celle où l'angle intérieur des palettes et du fond de la roue est remplacé par un pan coupé formant des angles obtus avec la palette et le fond. Cette disposition, qui a l'inconvénient de restreindre la capacité de l'auget et de compliquer la construction, n'a pas l'avantage qu'on lui attribue de diminuer la perte de force vive qui se produit à l'introduction de l'eau, perte qui est d'ailleurs d'autant plus faible que l'on prend l'eau plus près de la superficie du réservoir.

La grandeur du rayon de la roue est sans importance sous le rapport de l'effet utile qu'elle produit; il suffit qu'il soit plus grand de 0^m.25 à 0^m.30 environ que la chute totale, afin que l'eau entre convenablement dans les augets ; et, à moins que des circonstances particuliè-res, telles que les chances d'inondation, les rapports de vitesses à établir, n'obligent à l'augmenter, on devra s'en abstenir, puisque ce serait accroître inutilement la dépense et le poids de la roue, et par suite le travail perdu par les frottements.

149. *Avantages que présente le prolongement des coursiers circulaires par un plan légèrement incliné.* — Nous avons déjà signalé à l'occasion des roues à palettes planes l'avantage qu'il y avait à prolonger leur coursier latéralement et en dessous jusqu'à une certaine distance en aval, afin d'utiliser la force vive que l'eau possède en quittant les palettes pour refouler l'eau du canal de fuite, et permettre à la roue de marcher facile-ment, même quand le niveau des eaux dans ce canal est plus élevé que le bas de cette roue. M. Belangé, sa-vant ingénieur des ponts et chaussées, a pensé avec raison qu'une disposition analogue serait favorable aux roues emboîtées dans des coursiers circulaires, et qu'il y aurait avantage à supprimer le ressaut brusque que l'on est dans l'usage de pratiquer sous ces roues. J'ai ap-pliqué cette disposition à l'une des roues nouvellement établies de la poudrerie du Bouchet, et l'on a pu en con-stater les effets.

Cette roue a $4^m.00$ de diamètre. Son coursier circu-laire est prolongé sur une longueur de $3^m.50$ environ par un plan incliné à $\frac{1}{12}$, et les joues latérales de ce coursier qui emboîtent les palettes s'étendent jusqu'à la même distance. La capacité d'un auget est d'environ $0^{mc}.288$. En abaissant la vanne de différentes hauteurs, on a fait varier les dépenses d'eau et les vitesses, et l'on a observé à quelle distance horizontale de l'axe de la roue se formait le remous qu'elle produisait. Ces résultats se résument ainsi qu'il suit :

Abaissement de la vanne.	Vitesse de la circonférence extérieure de la roue.	Hauteur dont la roue est noyée au repos.	Épaisseur de la lame d'eau dans l'auget du bas.	Distance horizontale à laquelle se forme le remous.	Rapport du volume d'eau admis à la capacité des augets.	
m	m	m	m	m		
0.20	2.235	0.55	0.12	Plus de 2.00	$\frac{1}{3.44}$	Dans tous ces cas l'eau entre très bien dans la roue.
0.22	1.860	0.35	0.12	1.45	$\frac{1}{3.47}$	
0.24	2.140	0.55	0.11	2.00	$\frac{1}{3.5}$	
0.51	3.550	0.55	0.11	2.50	$\frac{1}{3.73}$	

Ces observations montrent le bon effet que produit cette disposition du coursier, puisque la roue noyée au repos de $0^m.35$ se trouvait ainsi tout à fait débarrassée des arrières eaux, et fonctionnait absolument comme si la chute totale disponible avait été augmentée de $0^m.35$: car l'eau qui la quittait, ayant la même vitesse que les palettes, n'opposait aucune résistance au mouvement des roues. C'est d'ailleurs ce que vérifient les expériences suivantes dues à M. Dieu, lieutenant-colonel d'artillerie, alors inspecteur de la poudrerie du Bouchet.

150. *Expériences sur les roues à palettes noyées par les eaux d'aval.* — Ces expériences ont été exécutées sur l'une des roues de cette poudrerie, qui était emboîtée dans un coursier circulaire avec ressaut, et recevait l'eau par un orifice avec charge sur le sommet. On a fait varier la hauteur dont les palettes inférieures étaient noyées, au moyen d'un petit barrage en aval, et l'on a déterminé pour chaque cas le maximum d'effet et son rapport au travail absolu du moteur. Les résultats de ces expériences se résument ainsi qu'il suit :

Levée de la vanne.	Rapport de l'effet utile disponible au travail absolu du moteur quand la roue est noyée au repos de			
	$0^m.00$	$0^m.08$	$0^m.12$	$0^m.16$
m 0.06	0.557	0.580	0.570	0.548
0.08	0.559	0.576	0.594	0.585
0.10	0.555	0.587	0.589	0.602
0.14	0.569	0.597	0.593	0.626

Il résulte donc de ces expériences que, loin de nuire

à la marche de la roue, on en augmente à proportion l'effet utile quand on noye les palettes inférieures d'une certaine quantité. Cela tient évidemment à ce que l'eau qui quitte la roue, refoulant le remous, comme on l'a vu, la débarrasse des eaux d'aval ; et que, pendant le mouvement, la roue cessant réellement d'être noyée, on utilise, en l'immergeant ainsi, une partie de la force vive que l'eau conservait en pure perte quand la roue n'était pas noyée.

Si l'on observe que la roue sur laquelle ces expériences ont été faites avait un coursier à ressaut, on reconnaîtra que cette disposition, dont nous avons reconnu les inconvénie nts, a dù rendre les résultats obtenus moins favorables qu'ils ne l'eussent été si le coursier avait été prolongé par un plan incliné.

Il résulte de là 1° que dans tous les cas on devra prolonger le coursier par un plan incliné à $\frac{1}{12}$ environ, et les joues par des plans verticaux jusqu'à quelques mètres en aval de la roue. Ces plans verticaux et les joues du coursier devront avoir une hauteur supérieure à celle des grandes eaux d'aval par lesquelles on peut encore marcher.

2° Que, quand on n'aura pas à craindre des crues d'aval trop considérables et trop prolongées, on pourra placer le point inférieur de la partie circulaire du coursier au dessous du niveau moyen des eaux d'aval d'une quantité à peu près égale à la hauteur que l'eau occupe entre les palettes inférieures. Mais quand on sera exposé à de grandes et fréquentes crues, il faudra pla-

cer le bas du coursier à une hauteur qui permette à
la roue de marcher noyée le plus longtemps possible, tout en ne sacrifiant que la portion indispensable de la chute disponible en temps de basses eaux.
La connaissance du régime des eaux et de la durée
des crues pourra seule mettre à même de fixer cette
hauteur.

151. *Cas où les augets sont remplis au delà des* $\frac{2}{3}$ *de
leur capacité.* — Les formules pratiques que nous avons
déduites précédemment des résultats d'expériences se
rapportent exclusivement au cas où le volume d'eau qui
devait être admis dans chaque auget, ou entre deux
palettes consécutives, n'excédait pas les $\frac{2}{3}$ de la capacité
de cet intervalle, ce qui est la proportion convenable
pour la bonne marche de ces roues. Quand, au contraire,
les augets reçoivent un volume d'eau plus grand, ce qui
sera très facile à reconnaître, soit par le jaillissement
de l'eau à l'intérieur, soit par la règle que nous indiquerons plus loin, l'effet utile sera diminué, parce qu'une
partie de l'eau s'échappe soit par l'intérieur, soit par
les côtés de la roue. Dans de semblables circonstances, que l'on devra toujours éviter dans une bonne
construction, le rapport de l'effet utile total à l'effet
théorique n'est plus que 0.60 environ, et il va toujours
en diminuant à mesure que le volume d'eau à introduire
est plus grand et le jeu de la roue dans son coursier
plus considérable. Alors l'habitude ou des observations,
des expériences directes peuvent seules permettre d'ap-

précier avec quelque approximation la valeur qu'il convient d'assigner au coefficient de correction de la formule.

152. *Volume d'eau reçu dans chaque auget.* — La vitesse v de la roue à sa circonférence extérieure étant connue, ainsi que le nombre et l'écartement e des palettes, on en déduira de suite le nombre $\frac{v}{e}$ d'augets qui passent devant l'orifice en $1''$, et entre lesquels le volume d'eau Q dépensé dans le même temps doit être partagé. En appelant q le volume admis dans chaque auget, on aura donc

$$q = \frac{Q}{\frac{v}{e}} = \frac{Q.e}{v}.$$

153. *Applications des formules pratiques précédentes.* — 1° Quel est l'effet utile de la roue hydraulique de l'atelier des meules à Baccarat dans les circonstances suivantes?

$Q = 0^{mc}.392$, $h = 1^{m}.40$, $a = 50°$, $V\cos a = 1^{m}.985$, $v = 1^{m}.375$.

La formule donne pour cette roue, qui a une vanne avec charge sur le sommet,

$$P v = 750 \times 0.392 \left[1^{m}.40 + \frac{1.^{m}985 - 1.^{m}375)}{9.81} \, 1.^{m}375 \right] = 437^{km}.$$

L'expérience faite avec le frein dans les mêmes conditions a donné le même résultut.

2° Quel est l'effet utile de la roue à aubes planes de

l'atelier de la taillerie à Baccarat dans les circonstances suivantes?

$$L = 3^m.90, \quad H = 0^m.175, \quad Q = 0^{mc}.493,$$

chute totale $2^m.056$, $h = 1^m.935$, $V\cos a = 1^m.033$, $v = 0^m.728$.

La formule donne

$$Pv = 797 \times 0^{mc}.493 \left[1^m.935 + \frac{(1^m.033 - 0^m.728)}{9\,81} \, 0^m.728 \right] = 772^{km}.$$

L'expérience au frein a donné 748^{km}.

XIIe LEÇON.

154. *Roues à aubes courbes.* — On a vu que les roues à palettes planes, recevant l'eau à la partie inférieure, n'utilisaient qu'une faible portion du travail absolu dépensé par le moteur, et que sous ce rapport elles étaient d'un emploi très défavorable. Mais elles ont l'avantage de marcher à des vitesses assez grandes, d'être d'une construction facile, et d'occuper peu de place en largeur. M. Poncelet s'est proposé de les modifier sans sacrifier aucune de leurs qualités, tout en augmentant beaucoup le rapport de l'effet utile au travail absolu dépensé par le moteur. On se rappelle n° 117 que les conditions du maximum absolu d'effet de ces roues sont que l'eau entre sans choc et sorte sans vitesse. Afin d'y satisfaire le plus possible pour les roues en dessous, M. Poncelet a disposé la roue ainsi qu'il suit : Les aubes ont une courbure circulaire et présentent leur tranchant à la lame d'eau affluente; elles sont emboîtées entre deux couronnes et la partie inférieure du coursier est formé par un arc de cercle dont le développement est supérieur à l'intervalle de deux aubes. Le vannage est incliné à 1 de base sur 2 de hauteur, ou mieux à 1 sur 1 s'il se peut. La contraction est annulée sur le fond et sur les côtés, et la partie du coursier intermédiaire entre l'orifice et la roue est formée par un plan incliné tangent à l'arc de cercle qui le termine. Sur les côtés les couronnes sont elles-mêmes emboîtées dans une partie de coursier circulaire, limitée verticalement par deux plans qui sont le prolongement des côtés de l'orifice. Un ressaut de 0^m.25 à 0^m.30 est pratiqué sous la roue pour faciliter l'évacuation de l'eau.

Il résulte d'abord de la disposition du vannage que, la contraction étant diminuée considérablement et l'orifice très près de la roue, la perte de force vive éprouvée par le liquide entre l'orifice et la roue est faible, et que l'emploi d'une portion de coursier circulaire diminue la perte d'eau qui peut se faire entre les aubes et le bas du coursier.

Appliquons à ces roues l'équation générale des moteurs hydrauliques. Il est d'abord clair que l'eau arrivant et sortant par le bas de la roue, cette équation se réduit comme pour les roues à aubes planes ordinaires à

$$P v = \frac{1}{2} M V^2 - \frac{1}{2} M u^2 - \frac{1}{2} M w^2.$$

Cela posé, considérons la marche d'un filet fluide arrivant en suivant le coursier tangentiellement à la roue, et supposons l'aube formée d'une feuille de tôle aussi tangente à cette circonférence, et par conséquent au filet fluide. Il est clair que dans cette hypothèse les vitesses V d'affluence et v de l'extrémité de la palette étant dirigées dans le même sens ainsi que cette palette, il n'y aura pas de choc à l'entrée, et qu'on aura $u = o$. L'eau s'introduira sur la palette avec une vitesse relative, dirigée dans le sens de la tangente à son premier élément, et égale à $V - v$. En vertu de cette vitesse, elle s'élèvera le long de la palette; et pendant le mouvement elle sera soumise à l'action de la gravité et de la force centrifuge, qui tendent à le retarder. Bientôt elle s'arrêtera, et rétrogradera, accélérée dans son mouvement de retour par les mêmes forces, qui, reprenant en chacune de ses positions la même intensité qu'elles avaient pendant la période de retard, lui restitueront successivement les éléments de vitesse qu'elles avaient détruits ; et par conséquent l'eau, revenue à l'extrémité de l'aube courbe, aura acquis de nouveau la vitesse relative qu'elle possédait en y entrant, sauf ce que la résistance des parois aura pu en détruire. Le filet fluide aura donc dans le sens de la tangente au dernier élément de la courbe, et par conséquent aussi dans celui de la tangente à la circonférence extérieure de la roue, une vitesse relative $V-v$, dirigée en sens contraire du mouvement de la roue. Mais, de plus, la palette étant emportée dans ce dernier mouvement avec la vitesse v à son extrémité, il s'ensuit que la vitesse absolue w avec laquelle le filet fluide quitte la roue est $w = V-v-v = V-2v$.

Dans ces conditions, relatives à un seul filet qui monte et redescend pendant que la roue tourne d'un fort petit angle, l'effet théorique de la roue serait donc

$$Pv = \frac{1}{2}MV^2 - \frac{1}{2}M(V-2v)^2 = 2.M(V-v)v = \frac{2000Q}{y}(V-v)v;$$

c'est-à-dire qu'il serait double de l'effet théorique produit par une roue à aubes planes (n° 117).

La condition du maximum d'effet est encore ici, comme pour les roues ordinaires à palettes planes (n° 117), $v = \frac{1}{2}V$, ce qui donne pour le maximum d'effet

$$Pv = 2M \times \frac{1}{4}V^2 = \frac{1}{2}MV^2 = M\,yH = 1000Q.H,$$

en nommant toujours H la chute totale ou la hauteur due à la vitesse V.

Il suit de là que, théoriquement et en ne considérant que l'action d'un seul filet, cette roue donnerait un effet utile égal au travail absolu du moteur.

Avant de comparer les résultats de l'expérience à ceux de la théorie, il est bon de rappeler que les considérations précédentes ne se rapportent qu'au mouvement d'un seul filet très mince et même à celui d'une molécule isolée, introduite sur une palette; tandis que, dans l'introduction, l'élévation et la descente d'une veine fluide d'une certaine épaisseur, les choses doivent se passer différemment. En effet, il n'est d'abord pas possible de rendre les palettes tangentes à la circonférence extérieure de la roue; car alors il est évident qu'en traversant la veine fluide elles la choqueraient par leur convexité et n'admettraient tangentiellement que le filet inférieur; et ensuite, l'eau n'aurait qu'un passage beaucoup trop petit entre deux aubes consécutives pour entrer et pour sortir. Il faut donc que l'angle des aubes avec la circonférence extérieure ait une certaine ouverture que l'expérience a indiquée devoir être d'environ 25 à 30°.

D'une autre part les filets fluides entrent successivement et avec des vitesses différentes; et, les premiers introduits étant poussés par les suivants, le mouvement de descente de l'eau ne se fait régulièrement que quand il n'afflue plus d'eau entre les palettes.

Toutes ces circonstances changeant considérablement les conditions dans lesquelles la théorie précédente a été établie, on ne doit pas s'étonner si l'expérience a montré que la formule que l'on a déduite n'est pas toujours une représentation fidèle de la marche des effets.

155. *Expériences de M. Poncelet.* — Les premières expériences faites par M. Poncelet ont été exécutées sur un modèle de 0^m.50 de diamètre, dont les aubes en bois avaient 2 à 3 mill. d'épaisseur, et les couronnes 62 mill. de largeur dans le sens du rayon. La roue avait 76 mill. de largeur dans œuvre, et 103 mill. hors œuvre. Le poids de la roue était de 3^{kil}.25. Le vannage était incliné à 45° sur la verticale, le coursier à $\frac{1}{10}$. Les quantités d'eau écoulées par les orifices de différentes ouvertures étaient déterminées directement en les recevant dans un réservoir.

L'effet utile était mesuré par l'élévation d'un poids suspendu à une corde qui s'enroulait sur l'arbre de la roue. L'influence du frottement et celle de la résistance de l'air ont été déterminées directement par l'observation des poids qui, sans l'action de l'eau, imprimaient à la roue des vitesses uniformes, que l'on a fait varier entre des limites très étendues. On a ainsi formé une table des poids qui, rapportés à la circonférence extérieure de la roue, équivalaient au frottement et à la résistance de l'air à différentes vitesses. Ces poids, ajoutés à celui qui représentait le poids réellement élevé dans les expériences, donnait l'effort total transmis par l'eau à la circonférence de la roue.

Cette méthode, employée par Smeaton et par d'autres expérimentateurs, n'est pas tout à fait exacte, comme le fait observer M. Poncelet, car elle ne tient pas compte de la partie de la pression des tourillons sur leurs coussinets qui provient de l'action de l'eau. Mais comme cette composante de la pression est toujours très petite par rapport au poids de la roue, l'erreur qui en résulte a peu d'influence sur les résultats.

156. *Expériences préalables sur l'écoulement de l'eau.* — Les expériences préalables exécutées sur l'écoulement de l'eau par l'orifice, et dans lesquelles on a relevé avec beaucoup de soin au moyen d'un peigne à dents mobiles le profil de la lame d'eau, ont permis de déterminer avec toute l'exactitude désirable la vitesse d'arrivée de l'eau sur la roue. Il résulte de ces observations que cette vitesse d'arrivée a été égale à 0.92 ou 0.93 de celle due à la charge sur le centre de l'orifice; ce qui montre, comme nous l'avons dit précédemment, que la disposition de l'orifice, où la contraction était considérablement diminuée, et son rapprochement de la roue, contribuent beaucoup à atténuer la perte de force vive qui se fait dans le coursier entre l'orifice et la roue. Des résultats analogues ont été obtenus dans des expériences en grand.

La comparaison de ces résultats avec ceux de la formule

$$\frac{\sqrt{2gH}}{\sqrt{1+\left(\frac{1}{m}-1\right)^2}}$$

dans laquelle H est la charge sur le centre de l'orifice, et qui ne tient compte que de la perte de force vive produite par le gonflement de la veine fluide, et non de la résistance des parois avec les vitesses effectives sous la roue déduites de l'observation, montre que cette formule conduit à des valeurs de la vitesse un peu plus fortes que celles de l'expérience, mais cependant qu'elle peut servir à calculer cette vitesse d'arrivée quand on ne pourra pas procéder par mesure directe.

157. *Comparaison des résultats des expériences à ceux de la formule théorique.* — La vitesse V d'arrivée de l'eau sur la roue étant connue, et celle v de la circonférence étant déduite de l'observation, il a été facile de comparer les résultats des expériences avec ceux de la formule théorique.

Le tableau suivant contient les résultats des expériences de M. Poncelet, rapportés page 29 de son Mémoire, sur les roues à aubes courbes, et les quantités nécessaires pour procéder à leur représentation graphique et à leur discussion. Ces résultats sont représentés (pl. III, fig. 2) en prenant pour abscisses les nombres de tours de la roue en 1″, et pour ordonnées les poids totaux soulevés, comme l'a fait M. Poncelet dans son Mémoire; et (fig. 3) en prenant pour abscisses les différences V—v des vitesses, et pour ordonnées les poids totaux soulevés, ainsi qu'il est expliqué au numéro suivant.

Expériences de M. Poncele[t

Numéros.	Durée de 25 tours de roue.	Nombre de tours en 1″.	Hauteur à laquelle le poids est élevé en 1″.	Poid[s soulev[é
	″		m	kil
1	19.50	1.2821	0.2805	0.00[
2	23.20	1.0776	0.2558	1.00[
3	23.50	1.0638	0.2528	1.10[
4	24.00	1.0417	0.2279	1.20[
5	24.40	1.0246	0.2242	1.50[
6	24.80	1.0081	0.2206	1.40[
7	25.20	0.9921	0.2171	1.50[
8	25.60	0.9766	0.2137	1.60[
9	26.00	0.9615	0.2104	1.70[
10	26.50	0.9434	0.2064	1.80[
11	27.00	0.9259	0.2026	1.90[
12	27.50	0.9091	0.1989	2.00[
13	28.00	0.8929	0.1954	2.100
14	28.50	0.8772	0.1919	2.200
15	29.00	0.8621	0.1886	2.300
16	29.50	0.8475	0.1854	2.400
17	50.10	0.8306	0.1817	2.500
18	30.60	0.8170	0.1788	2.600
19	31.30	0.7987	0.1746	2.700
20	52.00	0.7813	0.1709	2.800
21	32.50	0.7692	0.1683	2.900
22	33.50	0.7463	0.1635	3 000
23	54.50	0.7289	0.1593	5.100
24	35.00	0.7143	0.1563	3.200
25	35.50	0.7042	0.1541	5.300
26	36.50	0.6849	0.1499	3.400
27	57.50	0.6667	0.1459	5.500
28	38.50	0.6494	0.1421	3.600
29	39.50	0.6329	0.1385	3.700
30	41.00	0.6097	0.1354	3.800
31	42.50	0.5882	0.1287	5.900
32	44.00	0.5682	0.1245	4.000
33	45.50	0.5495	0.1202	4.102
34	52.75	0.4739	0.1037	4.417
35	96.75	0.2583	0.0565	5.119

modèle de roue à aubes courbes.

Poids qui fait équilibre aux résistances passives.	Poids total soulevé par la roue.	Quantité d'action fourni par la roue.	Valeur de V — v.	Vitesse de la circonférence v.
km	kil	km	m	m
0.222	0.222	0 0623	0.015	1.900
0.190	1.190	0.2806	0.319	1.596
0.180	1.280	0.2980	0.335	1.580
0.176	1.376	0.3136	0.367	1.548
0.174	1.474	0.3303	0.395	1.520
0.172	1.572	0.3408	0.422	1.493
0.170	1.670	0.3626	0.445	1.470
0.167	1.767	0.3776	0.467	1.448
0.164	1.864	0.3922	0.490	1.425
0.160	1.960	0.4045	0.517	1.398
0.158	2.058	0.4170	0.545	1.370
0.156	2.156	0.4288	0.567	1.348
0.154	2.254	0.4404	0.595	1.320
0.152	2.352	0.4513	0.615	1.300
0.150	2.450	0.4621	0.637	1.278
0.149	2.549	0.4726	0.657	1.258
0.148	2.648	0.4811	0.688	1.250
0.145	2.745	0.4908	0.708	1.210
0.142	2.842	0.4968	0.733	1.185
0.140	2.940	0.5024	0.760	1.158
0.137	3.037	0.5111	0.778	1.140
0.134	3.134	0.5118	0.813	1.105
0.131	3.231	0.5153	0.838	1.080
0.128	3.328	0.5202	0.858	1.060
0.126	3.426	0.5279	0.875	1.043
0.123	3.523	0.5281	0.905	1.013
0.120	3.620	0.5282	0.928	0.990
0.115	3.715	0.5279	0.956	0.962
0.110	3.810	0.5277	0.979	0.939
0.108	3.908	0.5213	1.014	0.904
0.106	4.006	0.5156	1.046	0.872
0.103	4.103	0.5100	1.075	0.843
0.100	4.202	0.5051	1.103	0.815
0.088	4.505	0.4672	1.215	0.703
0.068	5.187	0.2931	1.535	0 383

158. *Examen des résultats contenus dans ce tableau.* — L'examen de la première courbe, qui représente les résultats de 35 expériences faites à une levée de vanne de 0ᵐ.03, montre que, pour les 31 premières, la courbe se confond avec une ligne droite, et ne s'en écarte pour les suivantes, où la vitesse de la roue était plus faible, que parce qu'à ces vitesses l'eau dépassait les aubes et jaillissait dans la roue. Le point D, déterminé par le prolongement de la ligne droite des efforts totaux jusqu'à sa rencontre avec la ligne des abscisses, donne la vitesse correspondante à un poids soulevé égal à zéro, et à la vitesse de la roue égale à celle de l'eau, ou plutôt d'après la construction à un nombre de tours égal à 1.2 775, et qui correspond à une vitesse de l'eau ou de la circonférence moyenne de 1ᵐ.895, et tel que la vitesse à la circonférence v fût égale à V. Il résulte de là que AD est proportionnel à V, et une abscisse quelconque Am à P, ou que mD est proportionnel à V—v. Donc, dans toute la partie droite de la courbe, c'est-à-dire pour toutes les expériences où l'eau ne jaillissait pas dans la roue, l'effort ou le poids soulevé P représenté par l'ordonnée mn était proportionnel à la différence des vitesses V —v, comme l'indique la formule théorique

$$P v = \frac{2\,000 Q}{g} (V - v) v,$$

qui revient à

$$P = \frac{2\,000 Q}{g} (V - v)$$

De plus pour $v = o$, ou un nombre de tours nul, on a

par le tracé $p = \mathrm{AP} = 7^{\mathrm{kil}}.55$, et alors la figure donne

$$\frac{p}{1.2\,275 - \mathrm{T}} = \frac{\mathrm{PA}}{\mathrm{AD}} = \frac{7.55}{1.2275},$$

en appelant T le nombre de tours correspondant à la vitesse v. Cette relation revient à

$$p = \frac{7.55}{1.2275}\,[1.2\,275 - \mathrm{T}]\,;$$

ou, attendu que $v = 1^{\mathrm{m}}.483\mathrm{T}$, en prenant pour cette vitesse v celle qui répond au centre d'impulsion, que l'auteur a supposé à hauteur du milieu de la veine fluide affluente, cette relation se réduit à

$$p = \frac{7.55}{1.2275}\left[1.2\,275 - \frac{v}{1.483}\right].$$

Telle est la relation que fournit le tracé entre les limites où l'eau admise dans la roue ne rejaillit pas à l'intérieur.

En observant qu'à chaque tour de roue le poids p s'élevait de $0^{\mathrm{m}}.2188$, tandis que le point d'application de l'effort P, exercé à la circonférence moyenne d'impulsion, décrit une circonférence de $1^{\mathrm{m}}.483$, on a pour rapporter l'effort p à cette circonférence

$$p \times 0^{\mathrm{m}}.2\,188\,\mathrm{P} = \mathrm{P} \times 1^{\mathrm{m}}.483,$$

d'où

$$p = \frac{1.483}{0.2\,188}\,\mathrm{P} = 6.7\,778\mathrm{P}\,;$$

et par suite, la relation ci-dessus devient, tous calculs faits,

$$\mathrm{P} = 0.58\,797\,(1.895 - v).$$

D'une autre part, la forme théorique

$$\mathrm{P}v = \frac{2\,000\mathrm{Q}}{g}\,(\mathrm{V} - v)v$$

pour le cas actuel où $Q=0^{mc}.0\,038942$ et $V=1^m.895$ donne pour l'effort théorique la relation

$$P=0.794\,022\,[1.895-v].$$

En prenant donc le rapport de la formule déduite de l'expérience à la formule théorique, on voit qu'il a pour valeur

$$\frac{0.58\,797}{0.79\,402}=0.740.$$

De sorte que l'effet utile réel est les 0.74 de l'effet théorique.

159. *Autre mode de représentation graphique de ces expériences.* — M. Poncelet a procédé dans la représentation et la discussion de ces expériences ainsi que l'on vient de l'indiquer succinctement, parce qu'il a voulu déduire du tracé même la vitesse d'arrivée V de l'eau sur la roue, ce qui lui a donné $V=1^m.895$. Mais il me semble que l'on peut suivre une marche plus directe en se servant des expériences qu'il a faites sur l'écoulement de l'eau par les orifices de $0^m.01, 0^m.02$ et $0^m.05$ d'ouverture.

Le dernier étant celui qui avait été employé dans les expériences sur l'effet utile, c'est particulièrement de la série d'expériences (IIIe tableau, page 97 de son Mémoire) qui y est relative que je me servirai. Or, on voit par cette série que le rapport de la vitesse effective de l'eau dans cette série à la vitesse théorique, prise égale à celle qui est due à la charge sur le centre de l'orifice, s'éloigne fort peu de sa valeur moyenne 0.923, que l'on peut donc adopter.

Dans les expériences sur l'effet utile, la charge sur le seuil de l'orifice était de $0^m.254$, la hauteur de l'orifice $0^m.03$: donc la charge sur le centre étai $0^m.234 — 0^m.015 = 0^m.219$, hauteur à laquelle correspond la vitesse théorique $2^m.072$. Par conséquent, la vitesse d'arrivée de l'eau sur la roue devait être $0.923 \times 2^m.072 = 1^m 912$, en la regardant comme due à cette charge sur le centre.

Le nombre de tours T de la roue en $1''$ à chaque expérience et le développement $1^m.483$ de la circonférence du centre d'impulsion étant donnés, on a pu en déduire la vitesse $v = 1.483 \times T$ de ce point, et par conséquent la différence $V — v$ des vitesses pour chaque expérience. Cela fait, en prenant (pl. III, fig. 3) ces différences $V — v$ pour abscisses, et les poids totaux soulevés pour ordonnées, on reconnaît que tous les points ainsi déterminés jusqu'à la 31e expérience sont sur une ligne droite qui coupe l'axe des abscisses un peu en avant de l'origine ; ce qui indique qu'à un poids soulevé nul correspondait un léger excès v_1 de la vitesse de l'eau sur celle de la roue, et semblerait montrer que les expériences préalables sur les résistances passives de l'appareil avaient conduit à une estimation un peu faible de ces résistances, ce qui d'ailleurs n'a ni inconvénient, ni importance. Cette trente-et-unième expérience est celle où la vitesse de la roue a commencé à devenir assez faible pour que l'eau jaillît dans l'intérieur de la roue.

L'inclinaison de la ligne droite sur l'axe des abscisses étant de $\dfrac{4.1}{1}$, on a entre les poids soulevés p et la différence $V — v$ des vitesses la relation

$$p = 4.10(V - v - v_1) = 4.10(V - v) - 0^m.2255,$$

et, comme on sait que $p \times 0.2188 = P.\ 1.483$, on en déduit

$$P = \frac{0.2\,188}{1.483} \times 4.10\,(V-v-v_{\prime}) = 0^{kil}.6\,049\,(V-v) - 0^{k}.033.$$

Le terme constant étant fort petit et pouvant provenir de quelques légères incertitudes dans la mesure des résistances passives de l'appareil, il est permis de le négliger, et de réduire la formule qui représente les résultats de l'expérience à

$$P = 0.6\,049\,(V-v)\ ^{kil}.$$

La formule théorique donnant pour la dépense

$$Q = 0^{mc}.0\,038\,942,\quad P = 0.7\,940\,(V-v),$$

il s'ensuit que le rapport de l'effet utile à l'effet théorique est

$$\frac{0.6\,049}{0.7\,940} = 0.762,$$

et que la formule pratique qui représente les résultats de l'expérience est

$$Pv = 0.762 \times \frac{2\,000Q}{g}\,(V-v)v = 155.4Q.\,(V-v)v.$$

Il résulte donc de l'ensemble de ces expériences sur le petit modèle : 1° que la vitessse d'arrivée de l'eau sur la roue était en moyenne les 0.923 de la vitesse due à la charge sur le centre de l'orifice; 2° que l'effet utile total de la roue est proportionnel à l'effet théorique dans le rapport de 0.740 d'après le tracé de M. Poncelet, et de 0.762 d'après le nôtre, depuis les plus grandes vitesses jusqu'à celles où l'eau commence à jaillir dans l'intérieur de la roue.

D'autres expériences sur le même modèle, avec des levées de vanne de 0^m.01, 0^m.02, 0^m.03, et des charges sur le seuil comprises entre 0^m.100 et 0^m.234, ont montré que le rapport $\frac{v}{V}$ de la vitesse de la circonférence extérieure à la vitesse d'arrivée de l'eau qui correspondait au maximum d'effet s'éloignait peu de 0.50, comme l'indique la théorie, et qu'alors l'effet utile total était compris entre 0^m.60 et 0.75 du travail absolu du moteur, c'est-à-dire qu'il est de deux à deux fois et demie plus grand que celui des meilleures roues en dessous, qui n'atteint presque jamais les 0.30 de la même quantité.

160. *Expériences en grand de M. Poncelet.* — Outre les expériences que nous venons d'analyser, l'auteur de cette roue en a exécuté d'autres sur une roue établie à Metz, et qui faisait marcher une scierie.

161. *Recherches du multiplicateur de la dépense pour l'orifice de cette roue.* — Les premières recherches sur cette roue ont eu pour but de déterminer pour le vannage incliné à peu près de deux de hauteur sur un de base le multiplicateur de la dépense quand la contraction était supprimée sur le fond et sur les côtés verticaux de l'orifice, et le rapport de la vitesse effective d'arrivée de l'eau sur la roue à la vitesse théorique due à la charge sur le centre de l'orifice. On a obtenu les résultats suivants :

Ouverture réelle de la vanne ou hauteur de l'orifice.	Charge sur le centre de l'orifice.	Coefficient de contraction de la veine fluide.	Rapport de la vitesse d'affluence de l'eau sur la roue à la vitesse due à la charge sur le centre.
m	m		
0.504	1.265	0.757	1.030
0.504	1.448	0.742	»
0.220	1.450	0.751	0.995

Il résulte de ces expériences que pour les orifices de ce genre le coefficient de contraction des veines est 0.74, et qu'en adoptant cette valeur on doit prendre la vitesse d'arrivée de l'eau sur la roue égale à la vitesse due à la charge sur le centre de l'orifice.

Cela posé, il a été facile de calculer la dépense d'eau faite à chaque expérience, et d'en déduire le travail absolu dépensé par le moteur, en multipliant le poids de l'eau par la hauteur de chute égale à la hauteur du niveau du réservoir au dessus du ressaut ménagé sous la roue et ordinairement placé au niveau moyen des eaux d'aval. Les résultats des expériences exécutées par M. Poncelet à différentes ouvertures de vanne et charges d'eau sont consignées dans le tableau suivant :

	Ressaut de 0m.50 de hauteur.							Ressaut de 0m.08 de hauteur.						
	Levée de la vanne.	Poids de l'eau dépensée en 1" 1 008Q.	Chute totale mesurée au dessus du ressaut H	Travail absolu du moteur 1 000QH.	Effet utile disponible mesuré par le frein.	Rapport des vitesses $\frac{v}{V}$	Rapport de l'effet utile au travail absolu du moteur.	Levée de la vanne.	Poids de l'eau dépensée en 1" 1 000Q.	Chute totale mesurée au dessus du ressaut.	Travail absolu du moteur 1 000QH.	Effet utile disponible mesuré par le frein.	Rapport des vitesses $\frac{v}{V}$	Rapport de l'effet utile au travail absolu du moteur.
	m	kil	m	km	km			m	kil	m	km	km		
1	0.120	525.7	1.55	497	252	0.54	0.466	0.100	274	1.59	455	202	0.46	0.456
2	0.210	489	1.22	597	286	0.59	0.480	0.095	275	1.71	470	218	0.47	0.464
3	0.195	514	1.49	766	372	0.56	0.482	0.210	458	1.02	446.7	249	0.52	0.556
4	0.200	528	1.50	792	582	0.56	0.482	0.210	457	1.01	441	259	0.59	0.541
5	0.220	547	1.67	915.5	465	0.51	0.491	0.220	524	1.27	666	573	0.60	0.556
6	0.205	602.7	1.81	1091	520	0.54	0.473	0.210	525	1.57	719	402	0.59	0.558
7	0.504	652	1.06	670	322	0.69	0.480	0.200	528	1.50	792	416	0.52	0.525
8	0.504	707	1.27	898	402	0.63	0.446	0.200	552	1.62	859	421	0.52	0.520
9	0 504	720	1.40	1007	463	0.59	0.460	0.504	555	0.81	424	254	0.69	0.555
10								0.504	687.8	1.21	852	458	0.61	0.549
11								0.504	807.8	1.52	1225	655	0.59	0.532

Dans le calcul des résultats de ces expériences, M. Poncelet a pris pour le coefficient de la dépense la valeur 0.75, tandis que le jaugeage direct par la mesure des profils ne lui avait donné que 0.74 pour le rapport de l'aire de la section contractée à celle de l'orifice, nombre déjà trop fort quand on l'adopte pour coefficient de dépense. L'on sait en effet que dans le cas de la contraction complète la mesure des veines donne 0.64 pour le rapport de l'aire de la section contractée à celle de l'orifice, tandis que la comparaison de la dépense effective à la dépense théorique ne donne que 0.60 à 0.62 pour leur rapport.

162. *Conséquences de ces expériences.* — Ces résultats ont conduit l'auteur à conclure que l'existence d'un ressaut sous les roues à aubes courbes était nécessaire au dégorgement de l'eau, et qu'il convient de le faire d'autant plus élevé que le volume d'eau à dépenser est plus considérable. M. Poncelet indique que la hauteur de ce ressaut placé au niveau des eaux d'aval, au dessus du fond du canal de fuite, ne doit jamais être moindre que $0^m.30$ à $0^m.40$, et que quand il n'y a pas d'inconvénients ou de difficultés de construction, on doit la faire égale à la profondeur de ce canal.

M. Poncelet conclut de ses expériences que le rapport $\frac{v}{V}$ de la vitesse de la circonférence de la roue à celle de l'eau affluente ou à la vitesse due à la charge sur le centre de l'orifice doit pour le maximum d'effet avoir la valeur 0.55 environ.

163. *Nouvelles expériences.* — D'autres expériences

que j'ai eu l'occasion d'exécuter sur différentes roues, de 1837 à 1838, et qui ont été présentées en 1839 à l'Académie des sciences, ont conduit à des conséquences analogues, et jeté quelque jour sur différents points importants, que nous examinerons successivement.

Ces expériences ont été faites sur les roues du moulin à farine de Fleur-Moulin (Moselle), de l'arsenal de Metz, du moulin des Trois-Tournants à Metz, et du lissoir de la poudrerie d'Esquerdes. On a pu quelquefois pour une même roue faire varier la hauteur de la chute, afin de reconnaître l'influence de la proportion de la largeur des couronnes à cette hauteur. De plus, pour chaque chute, on a opéré à diverses levées de vanne, et à chaque levée on a fait varier les charges du frein, et par suite les vitesses de la roue depuis la charge nulle ou la plus grande vitesse jusqu'à la charge qui arrêtait la roue.

164. *Influence des levées de vanne.* — On remarque d'abord dans ces expériences que le rapport de l'effet utile total à l'effet théorique (n° 154) va en augmentant avec la levée de la vanne jusqu'à une certaine limite, la charge sur le seuil restant la même. Ainsi, par exemple, pour la roue de l'arsenal de Metz, on a trouvé pour ce rapport, dans les séries faites à une chute variable entre $1^m.70$ à $1^m.20$, les valeurs *maxima* correspondantes suivantes :

Hauteur de l'orifice.	Charge sur le sommet.	Poids de l'eau dépensée en 1".	Chute totale mesurée au dessus du ressaut.	Travail absolu du moteur.	Effet utile disponible mesuré par le frein.	Rapport de l'effet utile au travail absolu du moteur.
m	m	kil	m	km	km	
0.067	1.711	135	1.882	253	81	0.520
0.090	1.688	180	1.883	529	167	0.492
0.180	1.488	358	1.773	599	367	0.612
0.339	1.173	567	1.616	916	579	0.632
0.412	1.204	697	1.721	1199	655	0.556

La largeur de l'orifice était de 0^m.47.

La dépense de 697 litres en 1" était trop considérable pour la capacité de la roue, et l'eau jaillissait déjà abondamment dans l'intérieur à la vitesse du maximum d'effet, ce qui explique comment à cette levée de 0^m.412 le rapport maximum de l'effet utile au travail absolu du moteur est inférieur à celui que l'on a obtenu avec la levée de 0^m.339.

Ces résultats montrent qu'il est plus avantageux d'employer pour ces roues de fortes levées de vanne que de faibles. Il conviendra donc de prendre dans les circonstances ordinaires des levées comprises entre 0^m. 20 et 0^m.30 ou 0^m.40; cette dernière devant d'ailleurs être réservée pour les cas où il s'agit de dépenser beaucoup d'eau, et de limiter la largeur de la roue.

165. *Influence de la proportion de la largeur des couronnes à la chute totale.* — Les expériences ont aussi montré que pour une même roue le rapport de l'effet utile total à l'effet théorique augmente à levées de vanne égales quand la chute totale diminue. Ainsi pour la roue d'Esquerdes on a trouvé les valeurs correspondantes suivantes :

Levées de vanne.	0.200ᵐ	0.250ᵐ	ᵐ
	Valeurs du rapport de l'effet utile au travail absolu du moteur.		
Chute totale . . . { 1.60 à 1.40ᵐ	0.543	0.549	
{ 0.85ᵐ	0 597	0.574	»

Cela tient à ce que, pour les grandes chutes, la largeur de la couronne n'était que 0.363 de la chute, et trop faible pour empêcher l'eau de jaillir dans la roue, tandis que pour la petite chute cette largeur en était les 0.70, et que l'eau ne jaillissait pas aussitôt dans l'intérieur de la roue. On doit d'ailleurs ajouter que les aubes de cette roue sont trop couchées, ce qui facilite le jaillissement. Ainsi, quoique les frottements et les autres résistances passives fussent, à proportion de l'effet utile, beaucoup plus considérables pour les petites chutes que pour les grandes, on voit que le rapport de l'effet utile mesuré par le frein au travail absolu du moteur n'en est pas moins plus élevé pour les petites chutes que pour les grandes.

La même conséquence a été aussi observée sur la roue de Fleur-Moulin, où, la levée de la vanne étant restée la même, la charge a successivement diminué.

166. *Rapport de l'effet utile total au travail absolu du moteur.* — Le tableau suivant contient les résultats d'une série complète d'expériences exécutée sur la roue du martinet de l'arsenal de Metz à la levée de vanne de $0^m.339$. La largeur de l'orifice étant $0^m.47$, et le vannage incliné à 2 de hauteur sur 1 de base, on a pris pour coefficient de la dépense le nombre 0.74, et pour les vitesses moyennes d'écoulement celles qui sont dues à la charge sur le sommet de l'orifice.

Charge sur le sommet de l'orifice.	Poids de l'eau dépensée en 1″.	Chute totale mesurée au dessus du ressaut.	Travail absolu du moteur en 1″.	Effet utile disponible mesuré par le frein en 1″.	Rapport de l'effet utile au travail absolu.	Vitesse de l'eau effluente V.	Vitesse de la circonférence extérieure v.	Rapport des vitesses $\frac{v}{V}$
m	kil	m	km	km		m	m	
1.251	585	1.695	987	249	0.252	4.95	4.64	0.94
1.264	587	1.708	1005	293	0.289	4.98	4.40	0.88
1.263	587	1.707	1000	343	0.343	4.98	4.30	0.86
1.273	589	1.717	1010	394	0.390	5.00	4.24	0.85
1.289	592	1.733	1025	433	0.422	5.03	4.10	0.82
1.276	589	1.720	1012	463	0.457	5.00	3.90	0.78
1.269	587	1.713	1005	497	0.494	4.99	3.77	0.76
1.269	587	1.713	1005	529	0.527	4.99	3.65	0.73
1.266	587	1.710	1002	562	0.560	4.98	3.56	0.72
1.167	563	1.611	907	567	0.625	4.78	3.30	0.69
1.173	567	1.616	916	579	0.632	4.80	3.13	0.65
1.152	560	1.596	893	548	0.612	4.73	2.77	0.58
1.155	561	1.599	896	529	0.591	4.76	2.51	0.53
1.154	561	1.593	896	510	0.570	4.76	2.27	0.48
1.153	560	1.597	894	476	0.553	4.76	2.02	0.42
1.149	558	1.593	890	449	0.503	4.75	1.80	0.38
1.145	558	1.589	890	414	0.466	4.74	1.59	0.33
1.187	568	1.631	925	571	0.401	4.83	1.37	0.28

L'examen de ces résultats montre que l'effet utile s'est élevé à 0.632 du travail absolu du moteur, et peut-être aurait-il été plus considérable si les couronnes eussent été plus larges ; car l'eau a commencé à jaillir dans la roue dès que la vitesse est devenue un peu moindre que celle qui correspondait à ce maximum d'effet, ce qui ne lui a plus permis de s'accroître. La vitesse d'affluence de l'eau, déduite de la charge sur le sommet, était de 4^m.80, tandis que celle de la circonférence de la roue était de 3^m.13. Le rapport 0.65 est plus grand que la valeur ordinairement observée, ce qui tend, avec l'observation précédente, à faire penser que, si la largeur des couronnes avait permis de laisser diminuer la vitesse, sans que l'eau ne jaillît dans la roue, l'effet utile eût été plus grand.

167. *Influence de la vitesse de la roue sur l'effet utile.* — Les expériences ayant été exécutées par séries, dans lesquelles la vitesse a varié depuis la plus grande que la roue prenait sous la charge nulle du frein jusqu'à la vitesse nulle ou très faible correspondante à la charge qui arrêtait la roue, on a pu observer l'influence de cette vitesse sur l'effet utile total et sur le travail disponible. Pour exemple de la marche des résultats, nous citerons encore la série précédente des expériences exécutées sur la roue du martinet de l'arsenal de Metz, dans laquelle la levée de vanne était de 0^m.339, et qui a fourni les résultats suivants :

Rapport des vitesses $\frac{v}{V}$	0.76	0.73	0.72	0.69	0.65	0.58	0.53	0.48	0.42	0.38	0.33	0.28
Rapport de l'effet utile au travail absolu.	0.494	0.527	0.560	0.625	0.632	0.612	0.591	0.570	0.533	0.505	0.466	0.401

Si l'on prend pour abscisses (pl. III, fig. 4) les rapports $\frac{v}{V}$ des vitesses de la circonférence de la roue et de l'eau affluente, et pour ordonnées ceux de l'effet utile total ou du travail disponible au travail absolu du moteur, on obtient deux courbes qui représentent graphiquement la loi de variation des effets utiles en fonction des vitesses. Or l'on voit que la valeur maximum des effets utiles correspond pour cette série à celle de $\frac{v}{V} = 0.65$ environ, et qu'en deçà et au delà, c'est-à-dire pour des vitesses plus petites ou plus grandes, le rapport des effets utiles au travail absolu du moteur diminue rapidement à mesure que l'on s'éloigne de la valeur de $\frac{v}{V}$ correspondante au maximum d'effet.

Des résultats semblables sont fournis par toutes les séries d'experiences exécutées sur les roues citées; et de cette discussion l'on doit conclure que, quand la vitesse de la circonférence d'une roue à aubes courbes s'écarte sensiblement de celle qui correspond au maximum d'effet, l'effet utile est inférieur à ce maximum. Cet effet doit être attribué à la forme rectiligne du coursier, qui ne permet pas à tous les filets d'entrer également bien dans la roue à différentes vitesses, et l'on verra que le nouveau tracé proposé par M. Poncelet a pour résultat de corriger cet inconvénient.

XIIIe LEÇON.

168. *Effort maximum qu'une roue à aubes courbes peut transmettre.* — Les séries d'expériences ayant été poussées jusqu'à la charge qui arrêtait la roue ou rendait son mouvement tout à fait incertain, il a été facile de comparer cette charge à celle qui correspond au maximum d'effet, afin de rechercher quelque règle approximative qui permît de déduire l'une de l'autre. Il est en effet nécessaire dans certains cas de connaître cet effort maximum. C'est en particulier ce qui arrive pour les usines dans lesquelles des masses considérables à mettre en mouvement exigent au moment de la mise en train des efforts bien supérieurs à celui qui correspond à la marche habituelle. Le tableau suivant contient les résultats des observations faites à ce sujet sur la roue du lissoir d'Esquerdes.

Numéros des séries.	Charge sur le centre de l'orifice.	Levées de la vanne.	Charge du frein		Rapport de la seconde à la première de ces charges.	
			correspondante au maximum d'effet.	au delà de laquelle le mouvement devient irrégulier		
	m	m	kil	kil		
1	1.56	0.050	29.45	39.45	1.35	
2	1.53	0.100	55.75	80.75	1.45	
3	1.50	0.150	90.75	120.75	1.35	
4	1.40	0.200	120.75	150.75	1.25	
5	1.45	0.250	125.75	179.75	1.43	
6	»	»	»	»	»	Dans cette 6e série l'on n'a pas poussé la charge jusqu'à celle qui arrêtait la roue.
7	0.73	0.100	29.45	40.75	1.39	
8	0 66	0.150	40.75	55.75	1.35	
9	0 68	0.200	55.00	65.75	1.25	
10	0.70	0.250	65.75	75.75	1.15	

M. Poncelet, dans ses expériences sur la roue de la scierie de Metz, a trouvé pour ce rapport une valeur plus considérable et voisine de deux. Il est probable qu'avec des couronnes plus larges et des aubes mieux tracées, les roues que j'ai expérimentées eussent aussi fourni une valeur plus forte.

169. *Largeur des couronnes.* — La comparaison des dépenses d'eau et de la largeur des couronnes des différentes roues mises en expériences nous a conduit à reconnaître que dans beaucoup de cas ces largeurs étaient trop faibles, et qu'il convenait de les augmenter d'autant plus que les levées de vanne étaient plus considérables. Il faut d'ailleurs ici comme dans les autres roues que la capacité destinée à recevoir le liquide soit supérieure au volume de celui-ci. Or, si l'on nomme R et R' les rayons extérieur et intérieur de la roue, E' la largeur des couronnes $= R - R'$, L' la largeur dans œuvre de la roue parallèlement à l'axe, le volume total de l'espace compris entre ces couronnes aura pour valeur $3.14(R^2 - R'^2)L'$; mais comme la vitesse de la roue à la circonférence extérieure est v, la portion de ce volume qui se présente devant l'orifice est seulement

$$3.14\,(R^2 - R'^2)L'\,\frac{v}{6.28R}$$

ou

$$\frac{R^2 - R'^2}{R}\,\frac{v}{2}\,L';$$

et comme on a

$$R^2 - R'^2 = (R + R')\,E' = (2R - E')\,E',$$

cette expression revient à

$$E' \left(1 - \frac{E'}{2R}\right) vL'.$$

C'est ce que nous appellerons la capacité des aubes pour l'admission de l'eau. On voit que, pour des dimensions données de la roue, elle est proportionnelle à la vitesse de la circonférence extérieure. M. Poncelet, pour tenir compte de l'épaisseur des palettes, et faire en sorte que cette capacité excédât le volume d'eau à admettre, la suppose réduite aux $\frac{6}{7}$ de sa valeur ou à

$$\frac{6}{7} E' \left(1 - \frac{E'}{2R}\right) vL'.$$

D'une autre part, en appelant E la hauteur de l'orifice, et V la vitesse de l'eau affluente, le volume d'eau à introduire sera moindre que VL'E, puisque l'épaisseur de la lame d'eau est plus petite que E, et que la largeur L de l'orifice est ordinairement moindre que celle de la roue : on aurait donc au plus

$$\frac{6}{7} E' \left[1 - \frac{E'}{2R}\right] vL' = VL'E,$$

et, à cause de la relation du maximum d'effet, $v = 0.55V$, cette formule revient à

$$\frac{6}{7} E' \left[1 - \frac{E'}{2R}\right] 0.56 = E$$

ou

$$E' \left[2 - \frac{E'}{R}\right] = 4.17E \,;$$

d'où l'on déduirait la valeur de E' quand la hauteur E de l'orifice et le rayon de la roue seraient donnés.

En comparant cette formule avec les dimensions des

couronnes des roues que j'ai expérimentées et dans lesquelles l'eau entrait convenablement ou jaillissait dans
la roue, il m'a semblé que pour beaucoup de cas il était
nécessaire d'augmenter la proportion du volume compris entre les couronnes, et au lieu du rapport $\frac{6}{7}$ d'employer les valeurs $\frac{3}{4}$ ou $\frac{2}{3}$. Mais nous reviendrons plus
loin sur cette proportion, après avoir parlé des expérien-
ces plus récentes de 1844 et 1845.

170. *Limites de la levée de la vanne.* — La comparaison de la charge qui arrête la roue et de celle du maximum d'effet montre aussi qu'avec des coursiers rectili-
gnes et des couronnes trop étroites, ainsi que cela avait
lieu pour la roue d'Esquerdes et pour celle du moulin
des Trois-Tournants à Metz, aux fortes levées de
vannes ces deux charges sont très voisines, de sorte
qu'un surcroît accidentel un peu notable de résistance
arrête la roue. Cela tient à ce que ces roues offraient
trop peu de capacité pour l'admission de l'eau. Le nouveau tracé du coursier et une bonne proportion des couronnes éviteront ce défaut. Mais, en général, je crois
qu'il conviendra de limiter les levées de vannes habituelles à $0^m.20$ ou à $0^m.25$ pour toutes les usines où la
résistance pourra être sujette à des variations un peu
grandes, tout en proportionnant les couronnes pour des
levées plus fortes. On sait d'ailleurs que la marche de
ces roues est plus favorable sous des levées de vannes
de $0^m.20$ et au dessus que pour des levées plus faibles.
C'est donc entre les limites de $0^m.20$ et $0^m.30$ que devra
être comprise la levée normale de la vanne, ce qui n'em-

pêche pas de se réserver la latitude de les dépasser accidentellement au besoin, et d'atteindre $0^m.40$ pour les
grandes dépenses d'eau.

171. *Expériences de 1844 et de 1845.* — Telles étaient
les données de l'expérience publiées sur les roues de M.
Poncelet, lorsque, ayant eu l'occasion d'étudier les conditions de l'établissement de moteurs de ce genre pour
la poudrerie du Ripault, je fus chargé par le ministère
de la guerre de faire quelques études préalables pour
en déterminer les meilleures proportions. Mon but était
d'abord principalement de reconnaître quelle était l'influence du diamètre et de la largeur des couronnes sur
l'effet utile; mais je fus aussi conduit à essayer l'effet
d'un perfectionnement important que M. Poncelet avait
introduit dans le tracé.

Nous avons fait remarquer au n° 155 que, par l'effet
du tracé adopté par ce savant ingénieur, les filets fluides
parallèles au fond du coursier venaient rencontrer la circonférence et par suite la surface de l'aube, en formant
avec elles des angles inégaux et parfois assez grands, ce
qui produisait nécessairement une perte de force vive
à l'entrée. Cet inconvénient n'avait point échappé à
l'auteur, et, pour le faire disparaître, il a imaginé le
tracé que nous allons indiquer.

De plus, on doit remarquer, avec M. Poncelet, que,
les filets fluides qui atteignent la roue se mouvant dans
un coursier de section régulière et constante, ils doivent
tous être animés de vitesses égales et parallèles, dues,
non à la hauteur du niveau d'amont au dessus de leur
point de sortie par l'orifice, mais à la charge sur le som-

met de cet orifice, puisque chacun d'eux se trouve soumis à une même pression, mesurée par la différence de hauteur du niveau d'amont et du niveau d'aval au dessus de ce point. Par conséquent, en admettant que la pente du coursier compense la résistance de ses parois, ou en négligeant celle-ci, la vitesse V d'arrivée des filets fluides à la circonférence extérieure de la roue sera due à la charge sur le sommet de l'orifice , et non à la charge sur son centre. C'est ce qui nous a engagé à introduire cette charge sur le sommet dans les calculs précédents, ainsi que nous le ferons dans tous les calculs subséquents. On doit même remarquer qu'il faudrait prendre la charge au dessus de la veine ; mais, comme il est impossible de la mesurer quand les roues sont établies, on est obligé d'employer la charge sur l'orifice.

Cela posé, voici le nouveau tracé du coursier indiqué par M. Poncelet.

172. *Nouveau tracé du coursier.* — Le rayon de la roue étant déterminé, on mène à sa circonférence une tangente inclinée d'environ $\frac{1}{10}$ sur l'horizontale. Parallèlement à cette tangente on mène une ligne bc, qui en soit éloignée de l'épaisseur que l'on veut donner à la lame d'eau, et qui rencontre la circonférence extérieure en un point c. Par ce point et par le centre o de la circonférence on mène un rayon, que l'on prolonge jusqu'à sa rencontre en d avec la tangente ad. On trace ensuite approximativement la spirale qui passe par ce point et par celui du contact de la tangente avec la circonférence, et qui correspond au développement de l'arc

de cercle qu'ils limitent. A cet effet, on partage l'arc *ac*
et la partie extérieure *cd* du rayon en un même nom-

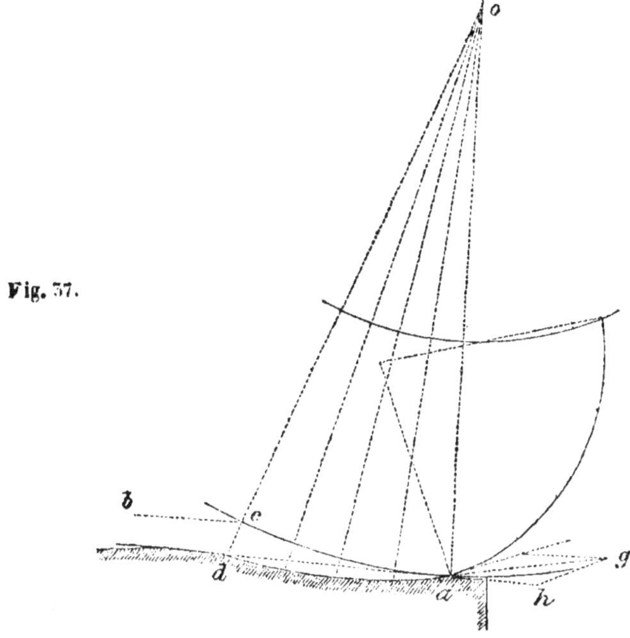

Fig. 57.

bre de parties égales. Par les points de division de l'arc
on mène des rayons, sur lesquels on prend en dehors
du cercle des longueurs égales à autant de parties de
cd qu'il y a d'unités dans le rang du rayon à partir de *a*.
La série des points ainsi obtenus forme la spirale, que
l'on trace à la règle ployante.

Il est évident que, si l'on donne au fond du coursier
la forme de cette spirale, tous les filets fluides de la
veine, qui conservera sensiblement la même épaisseur
depuis l'orifice jusqu'à la roue, s'infléchiront de manière
à décrire des spirales semblables, et rencontreront aussi

la circonférence sous le même angle, ce qui n'a pas lieu quand le fond du coursier est un plan incliné.

Cela fait, il ne reste plus qu'à déterminer la direction du premier élément de l'aube, de façon qu'un filet quelconque, en y arrivant, n'ait qu'une vitesse relative tangente à cette aube, et sa vitesse normale à la même surface se trouvera alors nulle. C'est ce qu'il est facile de faire, en sachant que la vitesse de la circonférence de la roue correspondante au maximum d'effet est égale à 0.55 de la vitesse due à la charge sur le sommet de l'orifice. Sur la tangente à la spirale menée au point a on prend $ag = 1$ et sur ad prolongé $ah = 0.55$. En traçant l'aube de manière que la tangente à son premier élément soit parallèle à hg, on sera sûr qu'il n'y aura pas de choc à l'entrée quand la roue marchera à la vitesse que ce tracé suppose. Après avoir déterminé la direction de la tangente au premier élément de l'aube, on lui élève une perpendiculaire à son point de contact a, et c'est sur cette ligne qu'on prend le centre de courbure des aubes, en ayant soin de choisir un rayon tel, que ce cercle rencontre la circonférence intérieure de la couronne, en formant avec elle un angle aigu, mais très voisin de l'angle droit.

175. *Dispositions pour les expériences.* — Pour reconnaître l'influence du diamètre des roues sur l'effet utile, nous avons fait construire trois roues des diamètres de $1^m.60$, $2^m.40$ et $3^m.20$, ayant une largeur commune de $0^m.40$. Elles ont été successivement placées dans un coursier tracé suivant la première méthode indiquée par M. Poncelet. La largeur des couronnes

était de 0ᵐ.75; et, les aubes étant faites en planchettes
minces et étroites engagées dans les rainures, on pouvait, en retirant par le haut quelques unes de ces planchettes, faire varier pour chaque roue la largeur que
l'eau devait occuper.

Ces roues, construites en sapin pour les expériences,
étaient fort légères, par conséquent leur moment d'i-
nertie était très faible, et il en est résulté que les variations de la résistance provenant du frottement des mâchoires du frein produisaient dans la vitesse des variations sensibles, surtout quand cette vitesse était faible
et s'approchait de celle qui correspondait au maximum
d'effet. Par suite de ces retards accidentels, l'eau jaillissait dans la roue, troublait son mouvement, le rendait
irrégulier et l'arrêtait; c'est ce qui, pour beaucoup de
séries, a empêché d'atteindre la vitesse correspondante
au maximum d'effet.

Cet inconvénient, qui ne provenait uniquement que
de la petitesse du moment d'inertie des modèles, pourrait avoir pour des usines dont les roues seraient trop
légères des conséquences fâcheuses, car des variations
accidentelles de la résistance auraient alors pour effet
de troubler et d'arrêter la marche du moteur, tandis
que d'autres roues, exactement semblables quant aux
proportions et au tracé, mais ayant un moment d'inertie plus considérable, seraient exemptes de ce défaut,
que l'on attribue, à tort quelquefois, au système même
de la construction.

174. *Jaugeage des dépenses d'eau.* — Dans les expériences dont il est question, le jaugeage des volumes

d'eau dépensés a été fait au moyen de l'observation des levées de vanne et des charges d'eau sur le seuil de l'orifice décrit au n° 15. De ce mode de jaugeage il est résulté, comme je l'ai déjà dit, que le coefficient de la dépense pour cet orifice a eu des valeurs qui ont varié de 0.675 à 0.722 ; tandis que, si l'on avait procédé d'après les règles ordinaires, on aurait été conduit à lui assigner des valeurs comprises entre 0.60 et 0.63, c'est-à-dire plus petites de $\frac{1}{9}$ ou 0.11 environ. On voit donc que les volumes d'eau dépensés, et par suite le travail absolu fourni par le moteur, ont été estimés dans nos expériences plus haut qu'on ne l'eût fait par les règles habituelles.

J'ajouterai de suite que la comparaison des dépenses effectives avec les dépenses théoriques faites par l'orifice de la roue nous a fourni l'occasion de constater que, toutes les fois que la hauteur de l'orifice et la vitesse de la roue sont telles qu'il n'y ait pas de choc des aubes sur la veine fluide, le coefficient de la dépense par le vannage incliné à 45° est d'environ 0.80, comme M. Poncelet l'a observé, par un relevé géométrique des veines, avec cette différence que nous prenions les charges sur le sommet, tandis que M. Poncelet les prenait au centre de l'orifice : ce qui confirme l'observation du n° 61 et prouve que ce savant ingénieur a, dans ses expériences, estimé les dépenses d'eau un peu trop haut. On a, de plus, remarqué que, dès qu'il y a choc et remous de l'eau à l'entrée, ce coefficient diminue et descend parfois à 0.70 ou 0.72.

175. *Résultat des expériences.* — Dans toutes les expériences exécutées sur la roue de 1^m.60 de diamètre, avec des couronnes de 0^m.75 de largeur, elle a été trouvée trop légère pour que son mouvement eût la stabilité convenable, et n'a marché d'une manière un peu avantageuse qu'aux chutes de 0^m.45 à 0^m.55, et à des levées de vannes telles, que le volume de la capacité angulaire de la roue qui passait en une seconde devant l'orifice était égal à deux fois le volume d'eau dépensé dans le même intervalle. Cette condition paraissait de rigueur pour cette petite roue, afin d'empêcher l'eau de jaillir abondamment dans l'intérieur de la roue et de troubler sa marche.

Aux chutes de 0^m.90 à 1^m.00, et à plus forte raison à des chutes supérieures, l'expérience a montré que, même aux plus grandes vitesses de la roue, l'eau atteignait la limite supérieure des aubes, quoique la couronne eût 0^m.75 de large. Cet effet s'est produit avec des hauteurs d'orifices de 0^m.100 seulement, et l'on a été conduit à en conclure que le diamètre de 1^m.60 est trop petit pour des chutes de 0^m.90 et au dessus.

A la chute de 0^m.755, avec la levée de vanne de 0^m.150, la marche de la roue a été un peu plus favorable, et l'effet utile s'est élevé à 0.46 du travail absolu du moteur. Il est même plus que probable qu'il se fût élevé plus haut, si la légèreté de la roue, dont le coursier était rectiligne, n'avait été, aux petites vitesses, un obstacle à la régularité de son mouvement.

Parmi les expériences faites sur cette petite roue, nous rapporterons ici celles qui ont été exécutées avec la chute 0^m.551 et la levée de vanne de 0^m.150.

Poids de l'eau dépensée.	Charge sur le seuil de l'orifice.	Hauteur de l'orifice.	Dépense théorique.	Coefficient de la dépense.	Chute mesurée au dessus du ressaut.	Travail absolu du moteur.	Effet utile mesuré par le frein.	Rapport de l'effet utile au travail absolu.	Nombre de tours de la roue en 1'.
kil	m	m	kil		m	km	km		
153.98	0.514	0.150	165.98	0.807	0.557	74.63	27.52	0.514	24.0
152.99	0.509	0.150	164.84	0.807	0.552	75.41	30.56	0.416	22.2
155.37	0.504	0.150	165.69	0.815	0.547	72.96	33.93	0.465	21.1
152.48	0.504	0.150	163.69	0.809	0.547	72.47	35.21	0.485	19.05
								Irrégulier.	17.4

176. *Conséquences de ces expériences.* — Cette série d'expériences est représentée (pl. III, fig. 5), et l'on voit que les ordonnées qui représentent le rapport de l'effet utile au travail absolu du moteur n'avaient pas atteint leur valeur maximum quand le mouvement de cette roue trop légère est devenu irrégulier. Il y a tout lieu de penser, d'après les résultats obtenus sur la roue en fonte dont nous parlerons plus tard, qu'une roue qui aurait un moment d'inertie plus considérable fournirait un effet utile d'au moins 0.55 du travail absolu du moteur, malgré la petitesse de son diamètre. Or, de semblables roues, simples et économiques à établir sur les petites chutes de $0^m.30$, $0^m.40$, $0^m.50$ et plus, que l'on peut souvent se procurer dans les canaux d'irrigation des prairies, seraient un moteur bien précieux pour l'agriculture. En les combinant avec quelques unes des machines les plus simples et les moins dispendieuses à entretenir que l'on emploie à l'élévation des eaux, elles deviendraient un puissant moyen d'irrigation.

On remarquera dans le tableau précédent que le coef-

ficient de la dépense de l'orifice de la vanne inclinée à
1 de base sur un de hauteur a été obtenu à l'aide du
jaugeage direct, et qu'il s'éloigne peu de la valeur 0.80
qui avait été trouvée par M. Poncelet.

On se rappellera de plus que notre mode de jaugeage
pour ces expériences est celui qui a été rapporté au
n° 15 ; et, pour cette série, par exemple, nous avons
pris le coefficient 0.705 pour un orifice auquel, selon les
règles ordinaires, on n'aurait appliqué que le coefficient
0.63 ; nous avons donc estimé la dépense plus haut
qu'on ne l'aurait fait, d'après ces règles, dans le rapport
de 0.705 à 0.630, et par conséquent ces mêmes règles
nous auraient conduit à un effet utile égal à

$$\frac{0.705}{0.630} \times 0.485 = 0.543$$

du travail absolu du moteur pour cette petite roue.

177. *Expériences sur la roue de* $2^m.40$ *de diamètre.*
— Nous rapporterons ici l'une des séries d'expériences
exécutées sur cette roue à une chute moyenne de $0^m.753$
environ, qui est celle pour laquelle son diamètre a paru
le plus convenable, et à une levée de vanne de $0^m.150$,
en rappelant que son coursier était rectiligne.

Poids de l'eau dépensée	Chute totale au dessus du ressaut.	Travail absolu du moteur.	Nombre de tours de la roue en 1′.	Effet utile mesuré par le frein.	Rapport de l'effet utile au travail absolu.	Capacité des aubes pour l'admission de l'eau.	Rapport de cette capacité au volume d'eau dépensé.	Observations.
kil	m	km		k m		mc		
167.05	0.757	126.44	22.6	26.79	0.212	0.419	2.51	
171.00	0.767	131.16	22.2	56.83	0.281	0.411	2.51	
167.45	0.757	126.75	21.4	55.50	0.280	0.597	2.57	
170.14	0.797	135.60	20.55	48.14	0.355	0.576	2.21	
166.40	0.743	123.65	18.75	44.57	0.359	0.547	2.08	
166.48	0.757	126.05	17.65	50.12	0.398	0.527	1.96	
162.95	0.727	118.47	16.65	59.16	0.499	0.508	1.89	
166.19	0.743	125.48	16.42	66.14	0.536	0.504	1.83	
165.22	0.727	120.11	15.40	61.90	0.515	0.285	1.72	L'eau commence à jaillir dans la roue
167.05	0.743	124.10	15.18	71.90	0.579	0.281	1.68	Id.
168.94	0.763	120.90	14.80	77.14	0.598	0.274	1 62	Elle jaillit beaucoup.
166.61	0.757	126.12	13.52	78.89	0.625	0.247	1.48	

178. *Conséquences de ces expériences.* — L'examen de ce tableau, et la fig. 6, pl. III, qui en représente les résultats, montrent que le rapport de l'effet utile au travail absolu du moteur croissait avec la vitesse, et qu'il s'est élevé à 0.62 sans avoir encore atteint sa valeur maximum, parce qu'à cette vitesse l'eau jaillissait avec abondance dans la roue. La largeur de couronne, égale à $0^m.65$, c'est-à-dire à peu près aussi grande que la chute, n'était donc pas suffisante. On voit de plus, par la dernière colonne, que, quand la capacité offerte par la roue au volume d'eau affluent a été inférieure à 1.72 fois ce volume, l'eau a commencé à jaillir dans l'intérieur de la roue.

Malgré ce défaut de proportion, l'effet utile s'est élevé à 0.62 du travail absolu ; et, avec une roue offrant une plus grande capacité et ayant un moment d'inertie plus considérable, il est probable qu'il eût été encore plus avantageux.

3ᵉ *Roue.* Dans les expériences sur la roue de 3ᵐ.20 de diamètre, on a étudié l'influence des largeurs de couronnes, et l'on a successivement employé celles de 0ᵐ.43, 0ᵐ.59 et 0ᵐ.75. On a reconnu que, même pour de faibles chutes, de 0ᵐ.56 environ, la largeur de couronne de 0ᵐ.43 était trop petite ; qu'il en était de même de la largeur de 0ᵐ.59 avec des chutes de 0ᵐ.70 et au dessus, et que la marche de la roue offrait plus de régularité et se troublait plus tard par le jaillissement de l'eau dans l'intérieur, à mesure que la largeur des couronnes augmentait.

178. *Influence du diamètre des roues.* — De la comparaison des résultats obtenus avec les roues de différents diamètres, il est résulté cette conséquence, que le diamètre de la roue ne paraît pas avoir une influence immédiate sur l'effet utile, mais qu'il en a seulement une indirecte', qui dépend de ce que, toutes choses égales d'ailleurs, plus il est grand pour une même vitesse de la circonférence, plus la capacité dans laquelle l'eau peut être admise est grande. En effet on a vu (169) que la capacité de la roue ou des aubes pour l'admission de de l'eau a pour expression

$$\left(1 - \frac{E'}{2R}\right) E'L'v \, ;$$

et, en faisant par exemple,

$$2R = 4E', \text{ d'où } \frac{E'}{2R} = 0.250, \text{ on trouve } 1 - \frac{E'}{2R} = 0.750 ;$$

$$2R = 5E' \qquad \frac{E'}{2R} = 0.200 \qquad 1 - \frac{E'}{2R} = 0.800$$

$$2R = 6E' \qquad \frac{E'}{2R} = 0.166 \qquad 1 - \frac{E'}{2R} = 0.833$$

Ce qui montre que l'expression

$$\left(1 - \frac{E'}{2R} \right) E'L'v$$

ne croît que lentement avec le rayon, quand la largeur de couronne a une certaine grandeur.

Il y a d'ailleurs, pour augmenter la capacité de la roue, plus d'avantage à faire croître la largeur E' que le rayon R, en même temps que l'on se donne la facilité d'admettre un plus grand volume d'eau au moment de la mise en train. C'est pourquoi, lorsque l'on sera maître du diamètre et de la largeur de couronne, on pourra adopter la relation $\frac{E'}{2R} = 0.25$, et même 0.33.

180. *Influence du nouveau tracé du coursier. Expériences sur une roue en fonte de* $3^m.20$ *de diamètre —* Après les expériences dont il vient d'être question sur les roues à coursier rectiligne, on a appliqué à la roue en bois du diamètre de $3^m.20$ le tracé du coursier proposé par M. Poncelet et indiqué au n° 172, et l'on a recommencé les observations avec des chutes comprises entre $1^m.00$, et $1^m.40$, et des hauteurs d'orifices variables de $0^m.100$ à $0^m.250$.

On a de suite remarqué que le choc de l'eau, au pas-

sage des aubes devant l'orifice, avait cessé, que le liquide entrait beaucoup plus facilement et s'étendait
sur les aubes en lames plus épaisses. De plus, on a aussi
reconnu que la vitesse pouvait varier entre des limites
beaucoup plus étendues que précédemment, avant que
l'eau ne jaillît dans la roue; que l'effet utile se rappro-
chait beaucoup plus de sa valeur maximum, que son
rapport au travail absolu du moteur croissait avec la
hauteur des orifices, et qu'enfin l'eau ne jaillissait dans
la roue que quand la capacité dans laquelle le liquide
peut être admis cessait de dépasser 1.50 à 1.60 de fois
le volume débité; circonstance favorable qui est une
conséquence directe de la plus grande facilité d'introduction de la veine fluide.

Mais la roue en bois étant, comme on l'a déjà remarqué, trop légère, et son moment d'inertie trop faible
pour que le mouvement fût stable, on a pensé qu'il était
convenable de répéter ces expériences sur une roue
construite en fer et en fonte, avec la précision que l'on
donne aujourd'hui aux autres moteurs hydrauliques.
Cette roue est destinée à fonctionner à la poudrerie du
Ripault, avec une chute de $1^m.00$ à $1^m.20$; son diamètre
est de $2^m.80$, sa largeur extérieure de $0^m.80$; les couronnes ont $0^m.75$ dans le sens du rayon; les aubes, tracées comme il a été dit précédemment, sont au nombre
de quarante-deux.

Les expériences ont été faites avec des chutes comprises entre $1^m.20$ et $1^m.40$, quand la roue n'était pas
noyée, et à la chute de $0^m.90$ quand elle était noyée
de $0^m.36$; les levées de vanne ont été de $0^m.150$,
$0^m.200$, $0^m.250$ et $0^m.277$.

Les résultats ont été représentés graphiquement, et l'examen des courbes montre que, dans toutes les séries, l'on a pu atteindre et dépasser de beaucoup, en plus et en moins, la vitesse correspondante au maximum d'effet, ce que nous croyons pouvoir attribuer, d'une part, à l'amélioration dans l'introduction de l'eau, et, de l'autre, à la grandeur du moment d'inertie de la roue, construite entièrement en fonte et en fer.

181. *Expériences faites à la chute moyenne de* $1^m.20$ *à* $1^m.25$ *et à la hauteur d'orifice de* $0^m.227$. — Nous rapporterons ici cette série d'expériences, parce qu'elle est celle qui a le mieux manifesté l'avantage de la nouvelle disposition du coursier.

Poids de l'eau dépensée en 1″.	Chute totale au dessus du ressaut.	Travail absolu du moteur.	Nombre de tours de la roue en 1r.	Effet utile mesuré par le frein.	Rapport de l'effet utile au travail absolu.	Capacité des aubes pour l'admission de l'eau.	Rapport de cette capacité au volume d'eau dépensé.	
kil	m	km		km		mc		
594.4	1.252	744.3	20.8	396.0	0.552	1.203	2.125	
628.0	1.312	823.9	20.5	440.7	0.555	1.250	1.991	
607.8	1.252	760.9	20.5	414.9	0.545	1 246	2.030	
571.3	1.252	703.8	20.2	337.4	0.479	1.229	2.152	
631.4	1.322	834.7	19.8	448.2	0.537	1.205	1.908	
648.4	1.282	831.3	18.7	445.8	0.534	1.108	1.744	
601.4	1.272	764.5	17.6	438.7	0.574	1.067	1.776	
584.4	1.252	720.0	16.7	436.5	0.606	1.014	1.755	
617.8	1.312	810.0	16.1	497.6	0.614	0.979	1.584	
594.4	1.192	708.5	15.8	431.1	0.609	0.938	1.612	
584.4	1.272	743.4	14.8	478.9	0.640	0.901	1.543	
574.5	1.182	679.1	14.6	418.0	0.616	0.898	1.550	
601.1	1.252	740.5	13.2	440.2	0.594	0.804	1.541	L'eau jaillit dans la roue.
571.3	1.132	646.7	11.8	349.7	0.541	0.716	1.255	
624.6	1.252	782.0	10.9	576.5	0.482	0.664	1.065	Id., très fort, mouvement irrégulier.

On voit, par ce tableau et par le tracé (pl. III, fig. 7) qui en représente les résultats, que l'effet utile s'est élevé à 0.62 ou 0.63 du travail absolu du moteur à la vitesse de 15 tours de la roue, ce qui correspond à une vitesse de 2ᵐ.20 à sa circonférence, égale à 0.52 environ de celle de l'eau affluente.

L'observation de la marche de cette roue a montré que l'eau n'a commencé à jaillir dans l'intérieur qu'à des vitesses pour lesquelles la capacité offerte par les aubes pour son admission était inférieure à **1.5** fois le volume de l'eau dépensée.

182. *Influence de la grandeur des levées de vanne.* — En général l'on a observé que, dans les quatre séries exécutées à des levées de vanne de $0^m.150$, $0^m.200$, $0^m.250$ et $0^m.277$, la valeur maximum de l'effet utile mesuré par le frein a été successivement en croissant avec la hauteur de l'orifice, et s'est élevée respective-ment à

$$0.520, \quad 0.570, \quad 0.600, \quad 0.620,$$

du travail absolu du moteur.

De plus, dans chacune de ces séries, la vitesse de la roue a pu varier respectivement de

$$12 \text{ à } 21, \; 13 \text{ à } 21, \; 11 \text{ à } 19.8, \; 12 \text{ à } 19 \text{ tours en } 1'$$

sans que l'effet utile s'éloignât de plus de

$$\frac{1}{15}, \qquad \frac{1}{14}, \qquad \frac{1}{12}, \qquad \frac{1}{9}$$

de sa valeur maximum.

Ces derniers résultats sont une amélioration très importante pour la marche de ces roues, qui, dans l'ancienne construction, avaient, au contraire, l'inconvénient quelquefois assez grave de ne pouvoir marcher à des vitesses différentes de celles du maximum d'effet, sans qu'il n'en résultât sur le champ une grande diminution de l'effet utile.

183. *Expériences sur la roue noyée.* — Deux séries d'expériences ont été faites en noyant la roue, d'abord de $0^m.242$, puis de $0^m.357$, les localités n'ayant pas permis d'élever plus haut le niveau des eaux d'aval.

Dans le premier cas, la levée de vanne étant de $0^m.25$, l'effet utile a été trouvé égal à 0.60 du travail absolu du moteur, comme quand la roue n'était pas noyée. Dans le second, ce rapport ne s'est élevé qu'à 0.47 ou 0.48, à la vitesse du maximum d'effet; et comme, dans les temps de crues, ce n'est pas tant la grandeur de l'effet utile que la marche du moteur qui importe, on voit que la roue essayée jouit de la propriété importante de fonctionner encore d'une manière satisfaisante quand elle est noyée.

La forme de la roue et ses assemblages avaient été disposés de manière qu'aucune saillie extérieure autre que quelques têtes de boulons ne présentât de résistance à l'eau.

La largeur des couronnes, fixée à $0^m.75$ ou aux trois quarts de la chute, et la capacité destinée à recevoir le liquide, égale à deux fois le volume de l'eau dépensée, ont paru des proportions convenables pour la marche de cette roue, qui est exposée à des crues assez fortes.

L'expérience ayant donc montré que l'effet utile de la roue ne diminuait pas quand elle était noyée d'une faible quantité, on voit que l'on ne risque rien de placer, en temps d'eaux basses, le sommet du ressaut à fleur d'eau, si l'on n'est pas exposé à des hautes eaux très fortes et prolongées.

184. *Comparaison des résultats de l'expérience avec ceux de la théorie.* — Enfin, pour achever la discussion de ces expériences, nous en avons comparé les résultats avec ceux de la formule

$$ \mathrm{P}v = \frac{1}{2}\,\mathrm{M}\,[\,\mathrm{V}^2 - w^2\,], $$

dans laquelle on représente par

M la masse de l'eau dépensée en une seconde;

V la vitesse d'arrivée de l'eau à la circonférence de la roue, et que l'on peut prendre égale à celle qui est due à charge sur le sommet de l'orifice, d'après ce que l'on a dit au n° 171 ;

w la vitesse absolue avec laquelle l'eau quitte les palettes, et qui est donnée par la formule

$$ w = \sqrt{u^2 + v^2 - 2uv\cos c}, $$

dans laquelle c est l'angle formé par la tangente au dernier élément de la courbe avec la tangente à la circonférence extérieure de la roue, et u la vitesse relative d'introduction de l'eau sur les aubes, égale elle-même à

$$ \sqrt{\mathrm{V}^2 + v^2 - 2\mathrm{V}v\cos a} $$

en nommant a l'angle formé par la vitesse V ou la tangente à l'extrémité de la spirale du coursier avec la circonférence extérieure de la roue.

On remarquera que, le nouveau tracé du coursier ayant pour objet d'annuler la perte de force vive éprouvée par l'eau à l'entrée, le liquide ne perd que la force vive $\mathrm{M}w^2$ qu'il possède à sa sortie de la roue. C'est ce qui conduit à la formule ci-dessus.

Les résultats de cette comparaison pour la série que nous avons reproduite dans le tableau précédent sont consignés dans le suivant.

Poids de l'eau dépensée.	Charge sur le sommet de l'orifice.	Vitesse due à cette charge V.	Vitesse de la circonférence extérieure v.	Vitesse relative d'introduction u.	Vitesse absolue de sortie w.	Effet utile théorique.	Effet utile réel.	Rapport ou coefficient de la formule.
k	m	m	m	m	m	km	km	
594.4	0.975	4.373	3.044	1.732	1.859	474.84	396.0	0.834
628.0	1.035	4.506	3.012	1.848	1.805	545.64	440.7	0.808
607.8	0.975	4.373	3.002	1.740	1.858	487.90	414.9	0.850
571.3	0.955	4.328	2.962	1.729	1.809	450.54	337.4	0.749
631.4	1.045	4.528	2.903	1.946	1.687	568.14	448.2	0.789
648.4	1.005	4.440	2.732	1.985	1.553	570.38	443.8	0.778
601.4	1.993	4.418	2.572	2.100	1.439	534.68	438.7	0.820
584.4	0.995	4.328	2.444	2.065	1.286	508.81	436.5	0.858
617.8	1.035	4.506	2.359	2.354	1.378	579.6	497.6	0.859
594.4	0.915	4.237	2.309	2.138	1.310	491.8	431.1	0 877
584.4	0.995	4.418	2.172	2.426	1.366	525.9	473.9	0.905
574.5	0.905	4.214	2.145	2.251	1.289	471.2	418.0	0.887
601.1	0.995	4.328	1.958	2.540	1.449	509.6	440.2	0.864
571.3	0.885	4.095	1.725	2.497	1.439	428.2	349.7	0.817
624.6	0.975	4.373	1.599	2.882	1.795	506.4	376.5	0.743
							Moyenne.	0.829

L'examen de ce tableau et de la courbe (pl. III fig. 8) qui en représente les résultats montre que les effets réels suivent sensiblement la même marche que les effets théoriques, et l'on voit qu'en prenant les 0.829 de l'effet utile donné par cette formule, on représenterait à $\frac{1}{19}$ près tous les résultats de l'expérience, et que par conséquent l'effet utile réel, ou le travail disponible transmis par la roue, pourrait être exprimé avec toute l'exactitude convenable pour la pratique, par la formule

$$P v = 0.829 \frac{500 Q}{g} (V^2 - w^2) = 42.23 Q (V^2 - w^2),$$

dans laquelle Q exprime en mètres cubes le volume d'eau dépensé par seconde.

135. *Conséquences générales des expériences de 1844.* — En résumé, il nous semble résulter de ces expériences et de cette discussion :

1° Que le nouveau tracé du coursier et des aubes indiqué par M. Poncelet offre l'avantage de diminuer de beaucoup, si ce n'est de détruire entièrement, les effets du choc de l'eau à l'entrée sur les aubes et de faciliter son admission et sa circulation ;

2° Qu'avec cette disposition, une exécution soignée et un moment d'inertie suffisant, la roue à aubes courbes a acquis la propriété, qu'elle ne possédait pas auparavant, de pouvoir marcher à des vitesses notablement supérieures ou inférieures à celle qui correspond au maximum d'effet, sans que l'effet utile s'éloigne considérablement de ce maximum ;

3° Que la valeur du rapport de l'effet utile disponible au travail absolu du moteur s'est élevé à 0.60 et 0.62, pour la roue de $3^m.20$ mise en expérience, dont la force n'a été que de 6 chevaux, et que, pour des roues plus puissantes, il s'élèverait probablement à 0.65 ;

4° Que l'effet utile augmente avec les hauteurs d'orifices, et que celles de $0^m.20$, $0^m.25$ et même $0^m.35$, paraissent favorables avec le nouveau coursier, pourvu que les couronnes soient proportionnées de façon que la capacité offerte par la roue à l'admission du liquide soit au moins une fois et demie le volume débité dans le même temps à la vitesse du maximum d'effet, et même plus grande quand la roue est exposée à être noyée ;

5° Que la vitesse, mesurée à la circonférence extérieure de la roue, doit être égale à 0.50 ou 0.55 de celle qui est due à la charge sur le sommet de l'orifice ;

6° Qu'à charge et hauteur d'orifices égales, la roue rend un effet utile sensiblement le même quand elle est placée à $0^m.12$ au-dessus du niveau de l'eau d'aval, ou quand elle est noyée de $0^m.20$ à 0.25 ; ce qui tient en partie à la disposition de sa surface extérieure, qui n'offrait pas de parties en saillie, et montre que, pour les cas où l'on n'a pas à craindre de crues fréquentes et durables, on doit se dispenser de placer le point inférieur du coursier au dessus du niveau d'aval, pourvu que la section d'eau, dans le canal de fuite, ait une superficie assez grande pour que la vitesse moyenne y soit faible pendant le travail ;

7° Que quand la roue est noyée de $0^m.337$ ou de la moitié de la hauteur de ses couronnes, elle rend encore un effet utile égal à 0.46 ou 0.47 du travail absolu du moteur, et qu'il y a lieu de penser qu'elle aurait encore marché convenablement si l'on avait pu la noyer davantage.

Enfin l'expérience montrant que la vitesse de la circonférence extérieure doit être dans le rapport indiqué ci-dessus avec celle de l'eau, quel que soit le diamètre de la roue, il suffira, pour les cas ordinaires, c'est-à-dire pour les chutes de $0^m.90$, $1^m.20$ et $1^m.30$, d'établir, entre la largeur des couronnes dans le sens du rayon et le diamètre, le rapport $\frac{E'}{2R} = 0.25$; de sorte que, d'après ce qui a été dit ci-dessus, l'on aura pour le cas où la roue ne sera pas très exposée à être noyée

$$1.5\,Q = \left(1 - \frac{E'}{2R}\right) E'L'v = 0.375\,RL'v,$$

et pour celui où l'on craindra des grandes eaux d'aval

$$2.\,Q = \left(1 - \frac{E'}{2R}\right) E'L'v = 0.375\,RL'v,$$

d'où l'on tirera respectivement

$$R = 3.813\,\frac{Q}{L'v} = 6.933\,\frac{Q}{L'\sqrt{2gH}}$$

ou

$$R = 5.333\,\frac{Q}{L'v} = 9.606\,\frac{Q}{L'\sqrt{2gH}}.$$

Après avoir établi cette proportion pour la marche normale, ou le cas des eaux moyennes, on examinera si la hauteur des crues, ou le poids des masses à mettre en mouvement lors de la mise en train, n'exige pas que l'on augmente la proportion de la couronne, ce qui n'aurait que l'inconvénient léger d'accroître un peu le poids de la roue.

XIVᵉ LEÇON.

186. *Des roues à augets.* — Ces roues, ordinaire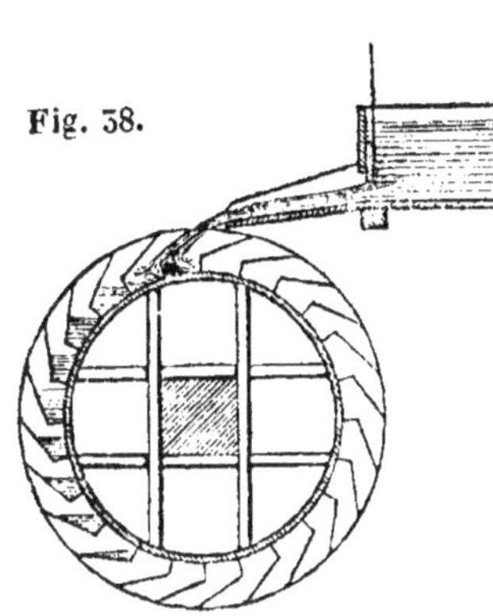ment employées pour utiliser de grandes chutes, se composent de deux couronnes réunies par un fond cylindrique, et entre lesquelles sont disposées des espèces de pots appelés *augets* qui reçoivent l'eau, et ne la laissent déverser que vers le bas. Le tracé des augets généralement employé, et presque toujours le plus convenable, se fait ainsi qu'il suit. L'écartement des augets ordinairement compris entre 0ᵐ.30 et 0ᵐ.40 étant donné, on en déduit leur nombre, que l'on prend entier et divisible par le nombre des bras. La largeur de la couronne est intérieurement égale à l'écartement des augets à la circonférence extérieure. On mène les rayons correspondants aux points de division de la circonférence extérieure, et l'on prend la moitié de la partie interceptée entre les circonférences de la couronne pour former le fond de l'auget, on joint le point milieu de cette partie au bord de l'auget précédent, et la ligne ainsi tracée est la direction de la face. Le contour que l'on obtient est le profil intérieur de l'auget. Dans quelques cas, que nous indiquerons, on est conduit à pren-

Fig. 38.

dre les $\frac{2}{3}$ de la portion du rayon interceptée entre les couronnes pour le fond de l'auget, afin de rendre l'introduction plus facile.

187. *Théorie ordinaire des roues à augets.* — L'eau admise dans chaque auget marche avec lui à la vitesse de la roue, et parcourt une certaine hauteur h, toujours inférieure à celle du point d'introduction du filet moyen au dessus du bas de la roue.

A son entrée le liquide, animé de la vitesse V formant l'angle a avec la tangente à la circonférence extérieure, ou avec la vitesse v, perd, comme dans les roues de côté, une vitesse

$$u = \sqrt{(V\cos a - v)^2 + V^2\sin^2 a},$$

et à sa sortie il conserve une vitesse w, au moins égale et même un peu supérieure à celle v de la roue.

Si donc on fait pour le moment abstraction du versement de l'eau au dessus du bas de la roue, et que l'on suppose qu'il n'ait lieu qu'au point inférieur, l'effet utile théorique de ces roues nous sera encore donné à peu près par la formule

$$Pv = Mgh + M(V\cos a - v)v = 1\,000Q\left[h + \frac{(V\cos a - v)v}{g}\right].$$

La discussion de cette expression nous conduirait encore, comme pour les roues à aubes planes n° **(117)**, à reconnaître que pour le maximum d'effet il faut établir entre les vitesses la relation $v = \frac{1}{2}V\cos a$, et que le maximum absolu d'effet utile ne pourrait être atteint qu'en faisant $v = o$; ce qui ne peut être obtenu, mais ce

qui indique au moins que l'eau doit être prise aussi
près que possible de la surface du réservoir supérieur.

138. *Résultats des expériences de Smeaton.* — Comparons maintenant les résultats de l'expérience avec
ceux de la théorie, et commençons par les recherches
de Smeaton, exécutées sur un petit modèle de $0^m.606$
de diamètre, ayant 56 augets de $0^m.0508$ de profondeur. L'auteur n'indique pas la largeur de l'orifice ni
celle de la roue, ce qui ne permet pas de calculer les
dimensions des augets et le rapport de leur capacité au
volume d'eau qui doit y être admis. La charge sur le
seuil était de $0^m.1525$; et, comme l'orifice était tout auprès de la roue et seulement un peu en arrière de la
verticale passant par son centre, on peut admettre,
sans erreur notable, que la vitesse d'arrivée du filet
moyen était d'environ $1^m.728$. La hauteur h, parcourue
par l'eau sur la roue, était théoriquement égale à son
diamètre. Le poids de l'eau dépensée était mesuré directement.

La vitesse de la circonférence extérieure de la roue
était déduite, comme pour la roue à aubes planes de
même diamètre, de la formule

$$v = \frac{1^m.902 \times n}{60} = 0.0317n,$$

et celle d'élévation du poids par l'expression $0^m.0019n$.

La charge élevée doit être augmentée du poids du
plateau et du poids qui faisait équilibre au frottement
ou à la résistance de l'air, et égal à $0^{kil}.480$, ce qui
donne la charge totale F; et l'effet utile total se déduit
alors de la formule $0.0019nF$.

L'auteur rapporte d'abord (1) une première série d'expériences, dans laquelle la dépense d'eau était de $43^{kil}.826$ en 1', ou $0^{kil}.7304$ en 1", et où il a fait varier la charge depuis 0 jusqu'à $10^{kil}.908$ pour reconnaître l'influence de la vitesse sur l'effet utile.

La chute totale était de $30^{po.\ ang}$. ou $0^m.762$; par conséquent le travail absolu du moteur était

$$0^{kil}.7304 \times 0^m.762 = 0^{km}.557,$$

et le travail développé par la gravité sur l'eau depuis son introduction jusqu'au bas de la roue, en supposant qu'elle ne l'abandonnât qu'en ce point, était pour le diamètre de

$$24^{po} = 0^m.610, \quad 0^{kil}.7404 \times 0^m.61 = 0^{km}.4455.$$

(1) *Recherches expérimentales sur l'eau et le vent*, par Smeaton, traduction de M. Girard, pages 25 et suivantes.

Numéros des expériences.	Travail absolu du moteur.	Vitesse d'affluence de l'eau.	Nombre de tours de la roue en 1' n.	Vitesse de la circonférence en 1'' 0.0317 n.	Rapport des vitesses $\frac{v}{V}$	Effet utile théorique.	Charge totale F.	Effet utile total.	Rapport de l'effet utile total	
									au travail absolu du moteur.	à l'effet théorique.
	km	m		m		km	kil	km		
1			60	1.90	1.100	0.4212	0.480	0.0547	0.098	0.150
2			56	1.775	1.027	0.4596	0.953	0.0990	0.178	0.220
3			52	1.648	0.954	0.4658	1.587	0.1568	0.246	0.294
4			49	1.550	0.897	0.4807	1.840	0.1710	0.307	0.357
5			47	1.448	0 862	0.4810	2.294	0.2042	0.367	0.424
6			45	1 425	0.825	0.4876	2.747	0.2545	0.422	0.481
7			42.5	1.548	0.779	0.4935	3.200	0.2580	0.464	0.522
8			41	1.500	0.755	0.4969	3.654	0.2845	0.512	0.575
9			58 5	1.220	0.706	0.5016	4.107	0 301	0 540	0.600
10			56.5	1.157	0.670	0.5046	4 561	0.517	0.570	0.627
11			55.5	1.126	0.652	0.5058	5.014	0.557	0.605	0.665
12	0.557	1.728	52.75	1.058	0.601	0.5088	5.467	0.540	0.611	0.668
13			51.25	0.990	0.573	0.5099	5.920	0.552	0.652	0.690
14			28.5	0.904	0.525	0.5108	6.374	0.545	0.620	0.676
15			27.5	0.872	0.505	0.5109	6.827	0.557	0.642	0.698
16			26.0	0.821	0.477	0.5109	7.280	0 360	0.647	0.705
17			24.5	0.777	0.450	0.5105	7.754	0.360	0.647	0.703
18			22.75	0.720	0.417	0.5042	8.188	0.553	0.635	0.702
19			21.75	0.689	0 598	0.5087	8.641	0.557	0.642	0.702
20			20.75	0.657	0 380	0.5078	9.094	0.557	0.642	0.701
21			19.75	0.626	0.365	0.5069	9.547	0.858	0.643	0.702
22			18.25	0.578	0.355	0 5051	9.990	0.547	0.624	0.707
23			18.00	0.570	0.350	0.5045	10.455	0.557	0.642	0.707
24			»	»			10.908	»		

189. *Conséquences de ces expériences.* — L'examen de ce tableau montre que, quand la vitesse de la circonférence varie depuis 0.33 jusqu'à 0.60 de la vitesse V d'arrivée de l'eau sur la roue, l'effet utile reste à peu près le même, et égal à 0.61 ou 0.64 du travail absolu du moteur, et qu'entre les mêmes limites le rapport de l'effet utile total à l'effet théorique s'éloigne fort peu de 0.70.

Cette constance de l'effet utile malgré l'étendue considérable des variations de la vitesse vient de ce que le terme $\dfrac{1\,000Q}{g}(V\cos a - v)v$, qui seul contient la vitesse de la roue dans la relation théorique, n'acquiert jamais que des valeurs très faibles par rapport au terme $1\,000Q.h$, et comprises entre $\dfrac{1}{8}$ et $\dfrac{1}{9}$ de ce terme, et qui ne diffèrent au plus entre elles que de $\dfrac{1}{11}$ de leur valeur extrême, et par conséquent de $\dfrac{1}{88}$ à $\dfrac{1}{99}$ de celles du terme $1\,000Q.h$. Nous verrons le même résultat se reproduire pour les grandes roues.

Il faut remarquer que dans une roue aussi petite que ce modèle le versement de l'eau devait commencer très haut, et que c'est à cette circonstance qu'il faut attribuer la faiblesse du rapport de l'effet utile au travail absolu dépensé par le moteur.

Quoique le maximum d'effet utile obtenu dans cette série paraisse correspondre au rapport des vitesses égal à 0.50 environ, comme la théorie l'indique, on voit donc que l'on peut sans inconvénient s'éloigner de cette proportion.

190. *Autres expériences du même auteur.* — Smeaton a exécuté d'autres séries d'expériences, dans lesquelles il a déterminé l'effet utile maximum, qu'il s'est borné à faire connaître. La chute totale et la dépense d'eau ont varié entre des limites assez étendues, et les résultats de ces expériences sont résumés dans le tableau suivant.

	Chute totale.	Poids de l'eau dépensée en 1'.	Travail absolu du moteur.	Charge totale F.	Nombre de tours en 1'.	Effet utile total maximum.	Rapport de l'effet utile total au travail absolu du moteur.	
	m	m	km	kil		km		
1		0.2265	0.155	2.947	19.00	0.1060	0.684	
2		0.4270	0.292	6.571	16.25	0.2025	0.695	
3	0.685	0.4270	0.292	5.654	20.75	0.2230	0.764	0.713
4		0.4775	0.335	6.107	20.50	0.258	0.715	
5		0.5790	0.396	7.024	21.50	0.287	0.626	
6		0.5550	0.399	7.951	18.25	0.277	0.694	
7	0.725	0.750	0.528	9.297	20.25	0.558	0.679	
8		0.679	0.516	8.858	20.00	0.356	0.652	
9	0.761	0.730	0.555	9.296	20.75	0.366	0.660	
10		0.855	0.650	9.645	21 00	0.384	0.592	
11		0.427	0 557	6.107	20.25	0.255	0.662	
12	0.857	0.805	0.675	9.758	22.25	0.411	0.610	
13		1.107	0.925	12.459	25.00	0.545	0.575	
14		0.491	0.456	7.477	19.75	0.280	0.644	
15	0.888	0.906	0.805	11.552	21.50	0.472	0.587	
16		1.234	1.097	12.005	25.00	0.570	0.520	

L'examen de ce tableau montre que l'effet utile total s'élève au maximum à 0.73 et 0.76 du travail absolu du moteur, et pour les six premières expériences la moyenne de ce rapport est 0.713. Pour les autres, et à mesure que le volume d'eau dépensé augmente, le rapport de l'effet utile au travail absolu diminue; ce que l'on peut attribuer à ce qu'alors ce volume d'eau était trop grand par rapport à la capacité des augets. Cette conjecture sera justifiée plus tard par la discussion d'expériences en grand; mais ici on ne peut en vérifier l'exactitude, parce que la capacité des augets ne nous est pas connue.

Telles sont à peu près les conséquences que l'on peut déduire des expériences de Smeaton sur son modèle de roue à augets.

191. *Expériences de Bossut.* — On trouve aussi dans l'*Hydrodynamique de Bossut*, 2ᵉ vol., p. 425, quelques expériences en petit nombre sur un modèle de roue à augets de $0^m.9745$ de diamètre, fonctionnant sous une chute totale d'environ $1^m.07$. Cette roue avait 48 augets de $0^m.0812$ de hauteur sur $0^m.1354$ de largeur. Elle recevait l'eau par un canal où le liquide n'avait qu'une très faible vitesse, et qui la versait à son sommet.

Le diamètre de la bobine cylindrique sur laquelle s'enroulait la corde qui soutenait le poids élevé était de $0^m.0699$, et celui de la corde de $0^m.0045$, ce qui donne pour le bras de levier de la résistance $0^m.0744$. La vitesse d'ascension de la charge est donc donnée par la formule

$$\frac{3.1416 \times 0^m.0744}{60}.n = 0.003908n.$$

Le poids d'eau dépensé en 1″ était de $0^{kil}.395$, et la chute totale étant à peu près de $1^m.07$ (d'après la figure), le travail absolu dépensé par le moteur était de $0^{kil}.395 \times 1^m.07 = 0^{km}.423$. A l'aide des données et des résultats des expériences, on peut former le tableau suivant :

Travail absolu du moteur.	Poids élevé.	Nombre de tours en 1″.	Effet utile disponible.	Rapport de l'effet utile disponible au travail absolu.
km	kil		km	
	5.385	11.900	0.256	0.605
	5.874	11.220	0.258	0.610
	6.364	10.521	0.265	0.627
	6.855	9.834	0.262	0.619
0.423	7.343	9.209	0.265	0.622
	7.832	8.646	0.264	0.624
	8.322	8.087	0.262	0.619
	8.811	7.667	0.263	0.622

Ces expériences, dans lesquelles il faut observer que l'effet utile obtenu ne comprend pas le travail consommé par le frottement des tourillons, ni la résistance de l'air, montrent que le travail disponible transmis par cette roue varie peu avec sa vitesse entre des limites assez étendues, et qu'il est environ 0.62 du travail absolu dépensé par le moteur. Si l'on admettait que le travail consommé par les résistances passives fût $\frac{1}{7}$ de l'effet utile disponible, on voit que l'effet utile total s'élèverait à $0.62 + \frac{0.62}{7} = 0.71$ environ du travail absolu du moteur, ce qui s'accorderait avec les résultats des expériences de Smeaton.

192. *Expériences en grand.* — Aux résultats d'expériences faites sur des modèles et dans des limites assez resserrées, nous pouvons en joindre d'autres que j'ai eu l'occasion d'exécuter sur des roues de grandes dimensions, correspondant à peu près aux limites extrêmes de celles qui sont employées dans la pratique. Ces roues sont :

1° Celle de la filature de M. N. Schlumberger à Guebwiller, département du Haut-Rhin, entièrement construite en fonte, fer et tôle. Son diamètre est de $9^m.10$. Sa largeur extérieure de $3^m.155$. Elle porte 96 augets en tôle, espacés à la circonférence de $0^m.30$, et fixés à deux joues en fonte de $0^m.30$ de largeur dans le sens du rayon. L'eau y entre à $50°$ environ du sommet, au moyen d'une vanne inclinée à $40°$ avec la verticale. Cette vanne, en s'abaissant, démasque des directrices destinées à conduire l'eau dans les augets, en évitant en grande partie le choc contre leur face, mais qui ne remplissent ce but qu'imparfaitement.

La chute totale a varié pendant les expériences de $7^m.70$ à $7^m.80$. Cette roue pèse environ 25,000 kilog.; elle faisait alors marcher 25,000 broches de filature.

2° L'une des roues du moulin à farine de Senelles, près Longwy, département de la Moselle. Son diamètre est de $5^m.425$, sa largeur intérieure de $2^m.21$; elle porte 50 augets, et reçoit l'eau à son sommet par un orifice ouvert au fond du canal en bois qui conduit l'eau sur la roue en passant au dessus.

3° La roue d'une aiguiserie pour des pointes de Paris établie à Fleurmoulin, département de la Moselle. Elle a 2^m.28 de diamètre extérieur, 24 augets en tôle, et en forme d'arc de cercle, presque tangents à la circonférence extérieure. Elle reçoit l'eau à son sommet.

4° La roue du marteau de forge de l'usine de la Renardière à Framont, département des Vosges. Son diamètre extérieur est de 2^m.74. Elle a 20 augets, et reçoit l'eau vers son sommet par un coursier très incliné à son orifice, sur le seuil duquel il y a toujours eu pendant les expériences une charge comprise entre 0^m.73 et 1^m.40 environ.

Dans toutes ces expériences on a procédé par séries correspondantes à une même ouverture d'orifice, et autant que possible à une même charge, et en variant dans chaque série la charge du frein depuis zéro, à laquelle correspondait la plus grande vitesse, jusqu'à celle qui rendait le mouvement incertain ou l'arrêtait tout à fait. On a donc pu étudier l'influence des levées de vanne, celle de la vitesse de la roue, et toutes les autres circonstances propres à comparer les effets pratiques avec la formule théorique. On a d'ailleurs toujours tenu compte du travail consommé par les frottements, qui est compris dans l'estimation du travail total transmis à la roue.

193. *Résultats des expériences.* — En comparant entre eux les effets obtenus dans toutes les expériences où le volume d'eau admis dans chaque auget était égal à la moitié au plus de la capacité de cet auget, et où la vitesse de la roue n'était pas assez grande pour que la force centrifuge exerçât une influence notable sur le versement de liquide, on a obtenu les résultats suivants :

194. *Roue de Guebwiller.* — Le coefficient de correction à appliquer au premier terme de la formule théorique a été trouvé pour la

$$1^{re} \text{ série.} \quad . \quad . \quad . \quad . \quad . \quad . \quad . \quad . \quad 0.81$$
$$2^e \text{ série.} \quad . \quad . \quad . \quad . \quad . \quad . \quad . \quad 0.79$$
$$3^e \text{ série.} \quad . \quad . \quad . \quad . \quad . \quad . \quad . \quad 0.74$$

$$\text{Moyenne générale.} \quad . \quad . \quad . \quad 0.78$$

Le second terme n'a besoin d'aucune correction, attendu qu'ici la variation de la force vive de l'eau est estimée exactement par la théorie, puisque l'eau contenue dans les augets y conserve effectivement après le choc et à très peu près à sa sortie la vitesse v de la roue.

La formule pratique de l'effet utile devient donc

$$Pv = 780 Qh + \frac{1\,000 Q}{g} (V\cos a - v)v.$$

A l'aide de cette correction la formule représente à $\frac{1}{18}$ près tous les résultats des expériences.

Dans les expériences où le volume d'eau introduit dans la roue excédait la moitié et devenait égal aux $\frac{2}{3}$ ou plus de la capacité des augets, le rapport de l'effet utile à l'effet théorique diminuait, parce que le versement de l'eau commençait à proportion plus tôt, et le coefficient de correction du premier terme de la formule s'abaissait à 0.65, et même à 0.60.

Il résulte évidemment de là qu'il ne convient pas de remplir les augets au delà de la moitié de leur capacité.

On a de plus remarqué que le rapport $\frac{v}{V}$ des vitesses de la roue et de l'eau affluente a pu varier de 0.25 à 0.80 sans qu'il en résultât de différence notable dans l'effet utile, ce qui tient à la petitesse du terme

$$\frac{1\,000Q}{g}\,(V\cos a - v)v$$

par rapport au premier terme $1\,000Qh$.

Enfin la vitesse de la circonférence s'est élevée à $1^m.75$ et à $2^m.02$, sans que l'effet utile de la roue ait diminué.

195. — *Roue du moulin de Senelles.* — Les six séries d'expériences exécutées sur cette roue ont montré que, quand la vitesse de la roue était plus grande que celle de l'eau affluente, et telle que toute cette eau fût admise dans la roue, le rapport de l'effet utile total à l'effet théorique variait fort peu dans une même série, et l'on a trouvé pour le coefficient du premier terme de la formule théorique les valeurs moyennes suivantes :

Numéros des séries. . 1re, 2e, 3e, 4e, 5e, 6e.
Valeurs du coefficient. 0.775, 0.752, 0.859, 0.780, 0.744, 0.764.

Moyenne générale. . . . 0.775

On a encore reconnu que le rapport $\frac{v}{V}$ des vitesses de la roue et de l'eau affluente pouvait varier de 0.36 à 0.80 sans que l'effet utile et le coefficient du premier terme fussent influencés notablement par cette variation considérable.

La vitesse absolue de la circonférence ayant dépassé $2^m.30$ en $1''$ sans que la force centrifuge ait exercé sur le versement de l'eau une influence capable de diminuer notablement l'effet utile, on voit que pour les roues de grandes dimensions on peut sans inconvénient atteindre cette vitesse.

Enfin, le frein ayant été placé directement sur l'arbre de la roue, on a reconnu que le travail disponible mesuré par l'instrument s'élevait moyennement à 0.65 du travail absolu dépensé par le moteur, ce qui s'accorde avec le résultat des expériences en petit de Smeaton et de Dubuat.

Comme exemple de la concordance des résultats, nous rapporterons la série suivante d'expériences.

Poids de l'eau dépensée en 1″.	Chute totale.	Travail absolu du moteur en 1″.	Vitesse de la circonférence de la roue en 1″. v.	Vitesse de l'eau affluente en 1″ V.	Rapport de ces vitesses $\frac{v}{V}$.	Effet utile mesuré par le frein ou travail disponible.	Effet utile total.	Effet utile théorique.	Coefficient de correction du 1ᵉʳ terme de la formule théorique.	Rapport du travail disponible au travail absolu du moteur.
kil.	m.	km.	m.	m		km.	km.	km.		
159	3.94	548	2.442	2.690	0.91	320	357	468.9	0.77	0.58
159	3.94	548	2.291	2.690	0.75	333	369	474.5	0.78	0.61
157	3.89	535	2.023	2.685	0.73	338	369	477.5	0.77	0.70
155	3.84	518	1.915	2.670	0.73	348	377	475.0	0.89	0.65
155	3.84	518	1.700	2.670	0.63	348	574	476.0	0.78	0.65
155	3.84	518	1.625	2.670	0.61	357	581	477.0	0.80	0.66
155	3.84	518	1.495	2.670	0.56	355	575	479.0	0.76	0.65
155	3.84	518	1.439	2.670	0.52	355	574	480.0	0.77	0.66
155	3.84	518	1.248	2.670	0.47	340	559	481.0	0.74	06 5
155	3.79	504	1.183	2.660	0.44	349	366	473.0	0.77	0-68
							Moyenne.		0.78	0.65

A la première et à la deuxième expériences de ce tableau la vitesse de la roue était un peu trop grande, et il rejaillissait encore de l'eau au dehors de la roue.

196. *Roue de l'aiguiserie de Fleur moulin.* — Trois séries d'expériences exécutées sur cette roue ont conduit à des conséquences analogues aux précédentes et donné pour le coefficient de correction du premier terme de la formule théorique les valeurs suivantes :

Numéros des séries. . . . . 1re,   2e,   3e.
Valeurs du coefficient. . . . 0.790   0.745   0.750

Moyenne générale. . . . 0.762

Le rapport des vitesses $\frac{v}{V}$ de la circonférence de la roue à celle de l'eau affluente a varié entre 0.45 et 0.80 sans que l'effet utile changeât notablement.

Le travail disponible a été trouvé moyennement égal à 0.69 du travail absolu du moteur, ce qui s'accorde encore avec les résultats des expériences de Smeaton et de Bossut.

197. *Roue de la renardière à Framont.* — Les expériences exécutées sur cette roue, d'un très petit diamètre, ont montré que, quand le rapport $\frac{v}{V}$ de la vitesse de la circonférence à celle de l'eau affluente n'excède pas 0.70, lorsque toute l'eau dépensée est admise sur la roue et que les augets ne sont remplis qu'à moitié de leur capacité, les résultats sont encore représentés par la formule théorique ordinaire, en appliquant au premier terme $1000Qh$ du second membre un coefficient de correction égal à 0.78.

La vitesse s'étant élevée à 2^m. et plus par seconde à

la circonférence sans que l'effet utile ait été altéré par un plus grand déversement de l'eau, il s'ensuit que l'on pourra atteindre cette vitesse de la circonférence sans inconvénients, même pour les petites roues, pourvu que les augets ne soient pas remplis au delà de la moitié de leur capacité.

On remarquera que, dans les expériences faites sur cette roue, la charge sur le seuil de l'orifice s'est élevée jusqu'à près de $1^m.40$, et qu'il en est résulté des vitesses d'affluence de l'eau sur la roue de $5^m.55$ environ, ce qui montre que, même pour de si grandes vitesses, le second terme de la formule représente bien les effets de la variation de force vive de l'eau à son entrée dans la roue quand elle y est toute admise. Mais il ne faut pas perdre de vue que cette charge considérable sur le seuil est trop grande à proportion de la chute totale, et qu'il en résulte une perte considérable sur l'effet utile, comme on pourra le voir plus loin.

198. *Conséquences générales.* — En résumé, l'on voit que ces expériences, exécutées sur des roues dont les diamètres ont varié depuis $9^m.10$ jusqu'à $2^m.28$, ont montré :

1° Que toutes les fois que les augets ne sont remplis qu'à moitié de leur capacité et que la vitesse de la circonférence extérieure de ces roues n'excède pas celle de l'eau affluente et ne dépasse pas $2^m.00$ en $1''$ pour les plus petites et $2^m.50$ pour les plus grandes, l'effet utile est représenté à $\frac{1}{20}$ par la formule pratique

$$\text{Pe} = 780\,Qh + \frac{1\,000\,Q}{9.80}\,(V\cos a - v)v\,;$$

2° Que le rapport du travail disponible transmis par ces roues au travail absolu du moteur s'élève à 0.65 et même à 0.70 ;

3° Que le rapport de la vitesse v de la circonférence extérieure à la vitesse V de l'eau affluente peut varier depuis 0.30 jusqu'à 0.80 sans que l'effet utile varie notablement : propriété avantageuse pour les cas où, par la nature du travail, la vitesse doit être variable ;

4° Que l'on peut, sans crainte de diminuer sensiblement l'effet utile, laisser sur le seuil de l'orifice une certaine charge d'eau proportionnée au diamètre de la roue, comme on l'indiquera plus tard.

On voit que les expériences en grand ont conduit à des résultats tout à fait d'accord avec ceux des expériences en petit de Smeaton et de Bossut.

199. *Roues à grande vitesse.* — Mais toutes ces conséquences ne sont relatives qu'aux cas où les roues ont été assez bien proportionnées pour que leurs augets ne fussent remplis qu'à moitié de leur capacité et leur vitesse renfermées dans des limites convenables ; de sorte que le versement de l'eau ne commençait qu'assez bas pour qu'elle eût à peu près parcouru les 0.78 de la hauteur h avant de quitter la roue. Lorsqu'au contraire les augets reçoivent trop d'eau ou que les roues marchent trop vite, les effets de la force centrifuge commencent à exercer une influence considérable et dont on peut tenir compte par une méthode indiquée par M. Poncelet (1).

____

(1) Cours lithographié de l'école de Metz.

200. *Effet de la force centrifuge.* — Pour comprendre ce qui se passe quand l'eau est soumise à l'action de la force centrifuge, examinons d'abord comment cette force se développe dans les mouvements en ligne courbe. Lorsqu'un point matériel ou une masse élé-

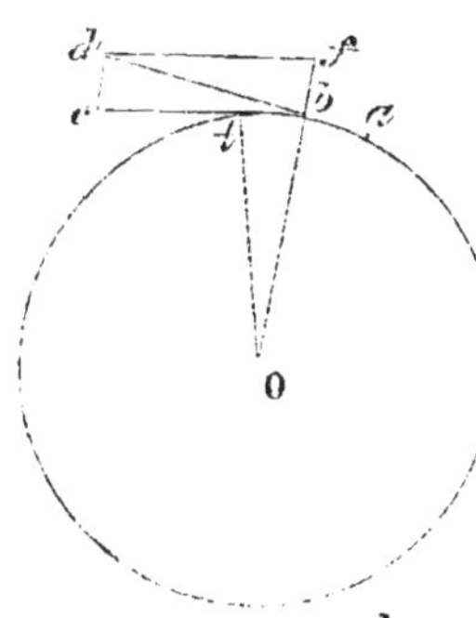

Fig. 39.

mentaire m a parcouru un élément ab d'une courbe, il tend en vertu de son inertie à continuer de se mouvoir dans le sens du prolongement de cet élément ou de la tangente bd à la courbe ; et si cette masse prend la direction de l'élément suivant, c'est qu'elle est retenue vers le centre par une cause, une force, qu'on nomme *force centripète,* et qui est égale et contraire à la réaction qu'exerce, qu'oppose, l'inertie du corps à ce changement de direction, et qu'on nomme par opposition *force centrifuge.* Ces forces centripète et centrifuge sont dirigées dans le sens du rayon ; et, si l'on nomme V la vitesse dont la masse m est animée dans la direction de ab, et qu'on prenne la longueur bd pour la représenter, il est clair que la vitesse communiquée par la force centripète sera représentée par le côté dc du parallélogramme $bcdf$, dont le côté dc est parallèle au rayon ob, selon lequel s'exerce cette force. Or l'inspection de la figure montre d'abord que les angles abo et bdc sont égaux comme interne et externe, et les angles dcb et cbo comme alterne et interne ; et comme d'ailleurs les angles cbo et abo sont égaux comme formés, de part et d'autre du rayon, par deux éléments égaux et consécutifs du cercle ou du polygone d'un nombre infini de côtés qui le remplace, il s'ensuit que les angles bdc et dcb sont égaux, et le triangle bdc isocèle. Donc enfin la vitesse bc avec laquelle la masse m se meut dans le sens de l'élément suivant bt est la même que celle qu'elle avait dans le sens de l'élément précédent. Ainsi, *dans le mouvement circulaire, la force centrifuge n'altère pas la vitesse de rotation*, ce qui est d'ailleurs conforme aux principes que nous avons exposés, puisque cette force dirigée dans le sens du rayon, ou normalement au chemin décrit, ne produit pas de travail dans le sens du mouvement, attendu qu'il n'y a pas de chemin parcouru dans sa direction propre et par son action.

Cela posé, la vitesse communiquée dans l'élément de temps t par la force centripète a, d'après la figure, dc pour mesure, et les forces centripète et centrifuge ont pour mesure commune

$$F = \frac{m.dc}{t}.$$

Or les triangles bdc et obt sont semblables comme ayant les angles égaux, l'on a

$$bo : bt :: bd : dc,$$

d'où

$$dc = \frac{bd \times bt}{bo} = \frac{V.s}{R},$$

en appelant R le rayon du cercle décrit, et s l'axe élémentaire parcouru dans l'élément de temps t; et comme on a $V = \frac{s}{t}$, d'où $s = Vt$, il s'ensuit que

$$dc = \frac{V \times Vt}{R} = \frac{V^2 t}{R},$$

et enfin que la force centrifuge a pour mesure

$$F = \frac{m.V^2 t}{t.R} = \frac{mV^2}{R}.$$

Si d'ailleurs on appelle V_1 la vitesse angulaire ou à l'unité de distance, on a, comme on sait, $V = V_1 R$, et l'expression de la force centrifuge devient

$$F = \frac{m V_1^2 R^2}{R} = m V_1^2 R.$$

201. *Application à la recherche de la surface de niveau de l'eau dans les augets.* — Cela posé, considérons une molécule fluide, de masse m, située dans un auget et soumise à la force centrifuge et à la gravité. — Nommant R sa distance aO à l'axe de rotation, et V_1 la vitesse angulaire, la force centrifuge dirigée suivant Oa aura pour expression $m V_1^2 R$; le poids de cette molécule est mg, et agit selon la verticale ad, si alors on prend

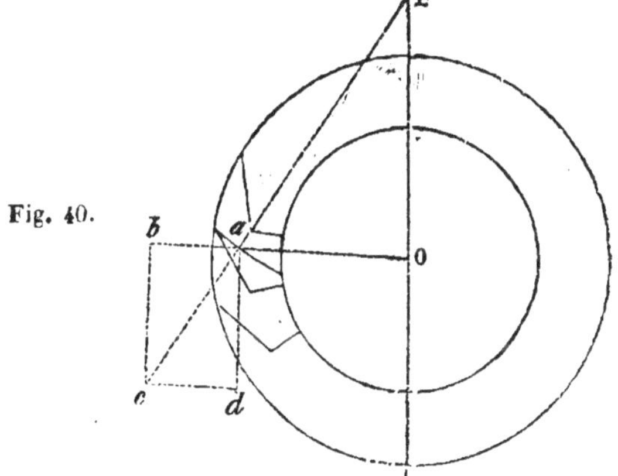

Fig. 40.

$ab = m V_1^2 R$ et $ad = mg$, et que l'on construise le parallélogramme $abcd$, la résultante de ces deux forces sera représentée par sa diagonale ac. Or si l'on prolonge cette diagonale jusqu'au point I, où elle rencontre la

verticale du centre O, on a par les triangles semblables
aOI et abc.

$$ab \text{ ou } mV_1^2R : bc \text{ ou } mg : : aO \text{ ou } R : OI,$$

d'où

$$OI = \frac{mg \times R}{m \cdot V_1^2 R} = \frac{g}{V_1^2}$$

D'où il suit que la distance OI ne dépend que de la
valeur de g et de celle de la vitesse angulaire de la roue,
la même pour tous les points de la masse fluide et de la
roue.

Si nous appliquons ceci à la surface du liquide, dont
la forme dépend des forces auxquelles il est soumis, il
résulte d'un principe fondamental d'hydrostatique que
la surface d'une masse fluide en équilibre est toujours
normale aux forces qui en sollicitent les molécules. —
Donc en chaque point de la surface de l'eau dans l'auget
la ligne aI sera normale à cette surface; et comme toutes
les lignes semblables, qui sont les directions des résul-
tantes de la force centrifuge et de la gravité, passent par
le même point I, dont la position ne dépend que de la
vitesse angulaire, la même pour tous ces points, il s'ensuit que la courbe du profil de la surface de niveau perpendiculaire à l'axe est un cercle dont le centre est I.

Ce centre sera d'ailleurs le même pour tous les augets,
de sorte que, pour une position quelconque de la roue,
on aura la courbe qui limite la surface de l'eau, ou le
volume qu'elle peut occuper dans chaque auget, en traçant des arcs de cercle du point I, comme centre, et
avec des rayons égaux à la distance du bord de chaque
auget à ce point.

202. *Conséquence relative au versement de l'eau.* — Tant que le produit de l'aire mixtiligne comprise entre cet arc de cercle, la face, le fond de l'auget et le tambour intérieur, multiplié par la largeur intérieure de la roue, sera supérieur au volume d'eau introduit dans chaque auget, il n'y aura pas de versement. Mais dès que ce produit, qui donne le volume de liquide qui peut rester dans l'auget, sera inférieur au volume admis, le versement commencera.

La distance $OI = \dfrac{g}{V_1^2}$ étant d'autant plus courte que la vitesse angulaire est plus grande, on voit que la surface de niveau du liquide s'éloigne d'autant plus de l'horizontale que la roue marchera plus vite ; et l'on conçoit facilement ainsi pourquoi les roues qui font un grand nombre de tours versent leur eau beaucoup plus tôt que celles qui vont lentement.

Si l'on nomme n le nombre de tours en 1', on a

$$V_1 = \frac{6^m.2832.n}{60},$$

et alors la distance OI a pour expression

$$OI = \frac{9.8088 \times \overline{60}^2}{(6.2832)^2.n^2} = \frac{894^m.6}{n^2}.$$

Exemple : Quelle est la hauteur du centre de courbure de la surface de l'eau dans les augets de la roue de la Renardière, à Framont, au dessus de l'axe de cette roue quand elle fait 24.25 tours en 1'.

La formule ci-dessus donne

$$OI = \frac{894^m.6}{(24.25)^2} = 1^m.52.$$

Ce centre se trouve donc très près de la circonférence extérieure de la roue, qui n'a que 1^m.57 de rayon.

L'examen des courbes de la surface que l'eau peut prendre dans les différents augets montre que, dans des cas pareils l'eau, quitte la roue beaucoup au dessus de sa partie inférieure, et que la théorie ordinaire devient complétement inexacte.

205. *Cas où l'eau ne peut être admise dans les augets supérieurs.* — Si la vitesse devenait tellement grande que le centre I fût en dedans de la roue, il s'ensuivrait alors que la surface de niveau passerait en dehors de la face de l'auget supérieur, et peut être même du suivant, ce qui indiquerait que l'eau parvenue sur ces augets n'y pourrait être admise ou en serait expulsée aussitôt. Ce cas se présente quelquefois sur d'anciennes roues de marteaux de forge; et c'est pour éviter cette projection de l'eau hors des augets supérieurs que les constructeurs de ces roues, éclairés non par la théorie mais par l'observation, avaient été conduits à diriger le coursier d'amenée de façon que la veine fluide passant au dessus du premier et du deuxième auget, à partir de la verticale, n'arrivât que dans le troisième. On la voyait ensuite sortir presque aussitôt, dès que l'auget avait un peu marché.

On voit par cette discussion, dans laquelle il était indispensable d'entrer pour faire sentir les effets qui se produisent quand les roues marchent trop vite, quelle influence énorme la force centrifuge peut exercer dans des cas pareils, et combien il est nécessaire d'en tenir compte. C'est ce que M. Poncelet a fait de la manière suivante :

204. *Théorie des roues à augets en tenant compte du versement de l'eau.* — Connaissant le point de rencontre du filet moyen de la veine fluide avec la circonférence extérieure de la roue, le prenant pour le point d'arrivée de l'eau, et sachant d'ailleurs quel est le volume d'eau admis dans chaque auget, on déterminera d'abord à quelle hauteur le versement de l'eau peut commencer, c'est-à-dire la position où le volume limité par la surface de niveau est égal au volume d'eau admis. A cet effet on tracera par premier aperçu un arc de cercle représentant cette surface pour une position quelconque; et, par le point a où il coupe la circonférence extérieure, on construira le profil d'un auget; puis par quadrature on calculera la surface du quadrila-

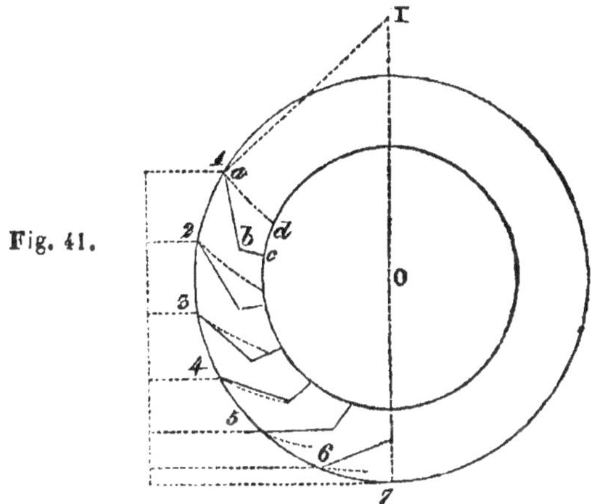

Fig. 41.

latère mixtiligne *abcd*. Si cette aire est supérieure au quotient $\frac{q}{l}$ du volume d'eau q admis dans chaque auget par la largeur l de la roue, l'eau ne se déverse pas encore quand l'auget arrive à cette position; si au contraire elle est plus petite, le déversement a commencé plus haut. On voit alors que, par quelques tâtonnements préalables, on parviendra par le tracé à déterminer avec une exactitude suffisante la position du point a où le versement commence. Pour déterminer ce point on peut se servir de la méthode des courbes, en prenant pour abscisses les hauteurs h des points analogues à a pour lesquels on a fait le tracé et la quadrature du profil, et pour ordonnées les surfaces s trouvées. En menant ensuite une parallèle à la ligne des abscisses à la distance $s = \dfrac{q}{L}$, elle coupera la courbe en un point, dont l'abscisse sera la hauteur H' du point où le versement commence.

Fig. 42.

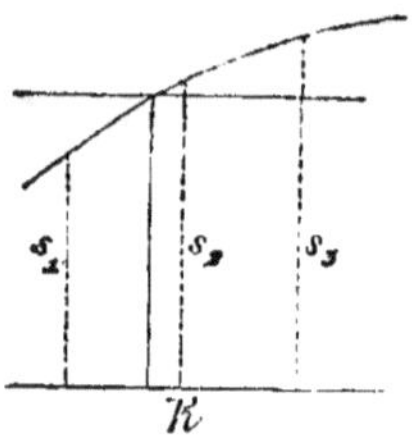

Cela posé, si l'on nomme H la hauteur du point a au dessous du point d'introduction (fig. 42), le travail développé par la gravité par le poids d'eau $1\,000q$ introduit dans un auget sur cette hauteur sera $1\,000q.H$.

A partir de la position où le bord de l'auget est parvenu en a (fig. 41), le volume d'eau q qu'il contient varie; et, quand l'auget s'abaisse d'une quantité infiniment petite h, le travail développé par la gravité dans cet abaissement élémentaire est $1\,000q.h$, expression dans laquelle q et h varient ensemble, et la somme de toutes les quantités semblables depuis le point a jusqu'au bas de la roue est le travail total développé par la pesanteur pendant la période du versement de l'eau. Pour obtenir cette somme à l'aide du théorème de Simpson, il faut partager la hauteur totale H' du point a, où le versement commence, au dessus du bas de la roue, en un nombre pair de parties égales, soit six, par exemple;

par les points de division mener des horizontales, qui
coupent la circonférence extérieure en des points 1, 2,
3, 4, 5, 6, 7; puis en chacun de ces points construire
le profil intérieur de l'auget et la courbe de niveau, et
calculer les volumes d'eau correspondants q_1, q_2, q_3, q_4,
q_5, q_6, q_7, que l'auget, supposé parvenu en ces positions, peut contenir.

Cela fait, on aura le travail développé par la gravité
sur l'eau admise dans un auget pendant la période du
versement par la formule

$$1\,000 . \frac{1}{3}\frac{H'}{6}\,[q_1 + 4\,(q_2 + q_4 + q_6) + 2\,(q_3 + q_5) + q_7];$$

de sorte que le travail total développé par la gravité sur
ce même volume d'eau, depuis son entrée jusqu'à sa
sortie, sera

$$1\,000q . H + \frac{1\,000}{3}\frac{H'}{6}\,[q_1 + 4\,(q_2 + q_4 + q_6) + 2\,(q_3 + q_5) + q_7]$$

On remarque d'ailleurs que l'on aura $q_1 = q$, puisque
q_1 est la capacité de l'auget au moment où le versement
commence; et $q_7 = o$, attendu qu'il n'y a plus d'eau
dans l'auget parvenu au bas de la roue; et même souvent q_6 et q_5 seront nuls, ce qui sera indiqué par la
courbe de la surface de niveau quand elle passera au
dessous de la face de l'auget.

Cette expression nous donne le travail total développé
par la gravité sur l'eau reçue dans un auget; et, si l'on
appelle toujours e l'écartement des augets à la circonférence extérieure, et v la vitesse à cette circonférence,
le nombre des augets qui passeront dans une seconde

devant l'orifice sera $\frac{v}{e}$. Le travail développé par la pesanteur en 1' sur l'eau dépensée sera donc

$$1\,000\,\frac{v}{e}\left[q.\mathrm{H}+\frac{1}{3}\cdot\frac{\mathrm{H}'}{6}\,[q+4\,(q_2+q_4+q_6)+2\,(q_3+q_5)]\right].$$

A ce travail il faut ajouter celui qui correspond à la variation de force vive éprouvée par l'eau depuis l'instant où elle atteint la roue jusqu'à sa sortie, et qui a, comme précédemment, pour expression

$$\frac{1\,000\,\mathrm{Q}}{g}\,(\mathrm{V}co\cdot a - v)v.$$

Le travail total transmis à la circonférence de ces roues ou leur effet utile a donc en résumé pour valeur

$$\mathrm{P}v=100\,0\,\frac{v}{e}\left[q\mathrm{H}+\frac{1}{3}\frac{\mathrm{H}'}{6}\,[q+4(q_2+q_4+q_6)+2\,q_3+q_5)]\right]+\frac{1\,000\,\mathrm{Q}}{g}(\mathrm{V}\cos a-v)v.$$

Cette formule ne suppose qu'une chose, c'est que l'eau dépensée est admise dans les premiers augets de la roue ; et lorsque cette condition sera remplie, ce qui sera facile à reconnaître à simple vue, l'effet utile total, y compris le travail consommé par le frottement des tourillons, sera donné par cette formule, sans l'emploi d'aucun coefficient de correction.

205. *Application et vérification de cette théorie.* — Comme exemple et vérification de cette formule nous rapportons ici une des séries d'expériences exécutées sur la roue du marteau de la Renardière, marchant à grande vitesse.

Poids de l'eau dépensée en 1″.	Chute totale.	Travail absolu du moteur.	Vitesse de la circonférence extérieure de la roue.	Vitesse de l'eau affluente en 1″.	Poids de l'eau introduite dans chaque auget.	Distance du centre de courbure $\frac{g}{V_1^2}$.	Effet utile mesuré par le frein.	Effet utile total.	Effet utile théorique.	Différence entre le travail théorique et l'effet total.	Rapport de cette différence au travail théorique.	Rapport de l'effet utile disponible au travail absolu.
kil.	m.	km.	m.	m.	kil.	m.	km.	km.	km.	km.		
350.57	4.274	1412.0	4.054	4.675	33.05	0.994	348.69	489.25	494.0	+ 4.8	0.0097	0.23
324.75	4.240	1376.9	3.908	4.615	35.72	1.205	487.75	607.20	580.0	-- 27.2	0.047	0.33
319.65	4.211	1546.0	3.443	4.595	39.95	1.535	580.27	686.11	674.0	— 12.1	0.018	0.40
314.10	4.179	1412.6	3.015	4.535	44.74	2.028	639.91	735.20	721.0	— 12.2	0.017	0.49
301.00	4.153	1214.0	2.608	4.500	49.53	2.706	668.19	748.97	726.0	— 22.9	0.052	0.54
298.65	4.093	1222.4	2.264	4.442	56.67	3.594	679.11	749.88	748.0	— 1.9	0.003	0.56
289.87	4.046	1172.8	2.100	4.375	59.52	4.175	722.04	788.28	729.0	— 60.7	0.084	0.62
282.00	4.006	1129.7	1.722	4.315	70.50	6.219	667.29	722.25	697.0	+ 24.8	0.056	0.59
275.25	3.972	1093.3	1.480	4.280	79.81	8.414	638.67	686.30	682.0	— 3.5	0.005	0.58

Si l'on fait attention aux incertitudes inévitables qui peuvent exister dans la valeur des dimensions mesurées et dans quelques unes des données d'observation, quand il s'agit d'usines de ce genre grossièrement construites et entretenues avec peu de soin, on sera plutôt surpris de l'accord des résultats de l'expérience avec ceux de la théorie, que frappé des différences observées et dont le rapport moyen à l'effet théorique ne s'élève qu'à 0.027. Il suit de là que la formule précédente, qui tient compte du versement de l'eau et de l'action de la force centrifuge, représente avec toute l'exactitude désirable pour la pratique les résultats de l'expérience.

206. *Inconvénients des roues qui marchent trop vite.* — Ce tableau montre aussi que, quand les roues à augets marchent trop vite et que le versement de l'eau commence trop haut, le rapport du travail disponible qu'elles transmettent au travail absolu du moteur ne s'élève qu'à 0.25 ou 0.35, ce qui montre tout le désavantage de cette marche rapide.

On voit de plus que, même dans les cas où la marche de cette roue était assez lente pour que la formule ordinaire s'y appliquât avec le même coefficient de correction du premier terme 0.78 que pour les grandes roues, le travail disponible qu'elle transmettait n'était au plus que 0.60 du travail absolu du moteur. — Cela tient à ce que la hauteur du niveau de l'eau du réservoir au dessus du point d'arrivée était dans ce cas de $0^m.95$ environ, sur une chute totale de $4^m.00$, ce qui est à proportion trop considérable, et diminue beaucoup trop la hauteur que l'eau parcourt sur la roue depuis le point d'introduction jusqu'au point de sortie.

207. *Cas où la totalité de l'eau dépensée ne peut pas être admise dans la roue.* — Il arrive quelquefois, dans les forges, que la levée de vannes est tellement grande que le volume d'eau dépensé est supérieur à celui que les augets peuvent contenir. Dans des cas pareils le calcul de l'effet utile devient difficile ; mais cependant on pourra encore y procéder avec un certaine exactitude, en déterminant le volume d'eau que peut admettre et conserver l'auget en passant sous la lame fluide à l'aide du tracé de la courbe de niveau, et observant que le déversement commençant depuis cette position, on a $H = o$, et que la hauteur H' à partager en parties égales est celle du point d'introduction au dessus du bas de la roue. De plus, au lieu du volume Q dépensé en $1''$, il faudra introduire le volume $q.\dfrac{v}{e}$ effectivement reçu par les augets qui passent en $1''$ devant le coursier.

La formule de l'effet utile deviendra alors

$$Pv = 1\,000\,\frac{v}{e}\left[\frac{1}{3}\frac{H'}{6}\left(q_1 + 4(q_2 + q_4 + q_6) + 2(q_3 + q_5) + \frac{(V\cos a - v)v}{g}\right]\right.$$

XVe LEÇON.

208. *Roues pendantes des bateaux.* — On établit souvent sur les rivières un peu rapides des roues à aubes planes, montées soit en dehors d'un bateau, soit entre deux bateaux, et dont les palettes plongent ainsi dans un courant indéfini. On donne ordinairement aux aubes une hauteur égale à $\frac{1}{5}$ ou $\frac{1}{4}$ du rayon de la roue, et leur bord supérieur plonge au dessous du niveau dans les courants profonds, dont la plus grande vitesse est au dessous de la surface.

Si l'on nomme V la vitesse de l'eau affluente,

v la vitesse du milieu de la partie immergée de la palette,

A l'aire de cette partie,

on peut concevoir l'action du fluide ainsi qu'il suit. Le volume de fluide qui arrive dans chaque seconde sur la palette est AV, et sa masse $\dfrac{1\,000\,\text{AV}}{g}$. Cette masse, animée de la vitesse V, rencontrant la palette la choque, et perd l'excès de sa vitesse pour ne conserver que la vitesse v de la palette avec laquelle elle marche. Elle a donc perdu la vitesse V—v, et par suite dans chaque seconde le liquide perd sur les palettes la quantité de mouvement

$$\frac{1\,000.\text{AV}}{g}\,(\text{V}-v) \times 1''.$$

D'après le principe de la réaction, égale et contraire à l'action, l'effort P transmis à la palette développe la quantité du mouvement $P \times 1''$ dans le même temps, et l'on a

$$P = \frac{1\,000.\text{AV}}{g}(\text{V} - v).$$

Par conséquent le travail transmis par l'eau en $1''$ à la palette choquée est

$$Pv = \frac{1\,000.\text{AV}}{g}(\text{V} - v)v.$$

Telle est la théorie que M. Poncelet donne de l'action de l'eau sur ces roues (*Cours de l'école de Metz*, sect. VII, page 47). Il faut remarquer que cette théorie ne tient compte que d'une seule palette et la suppose immergée de la même quantité pendant toute la durée de l'action de l'eau, tandis qu'en réalité il y a plusieurs palettes immergées à la fois et de quantités sans cesse variables. Il est donc nécessaire de consulter l'expérience à ce sujet, et malheureusement on possède fort peu de résultats.

209. *Expériences de l'abbé Bossut.* — Ces expériences ont été exécutées avec une roue de $0.^{\text{m}}97$ de diamètre, ayant des aubes de $0^{\text{m}}.135$ de large sur $0^{\text{m}}.162$ de hauteur; les palettes plongeaient dans l'eau de $0^{\text{m}}.108$, ce qui réduisait le diamètre du centre d'immersion à $0^{\text{m}}.866$. La roue élevait un poids, qui s'enroulait sur un treuil de $0^{\text{m}}.036$ de rayon moyen, y compris l'épaisseur de la corde. Les expériences ont été faites dans un canal de $4^{\text{m}}.00$ environ de largeur, et la vitesse de l'eau affluente était mesurée à l'aide d'un moulinet léger placé à côté de la roue, et portant six ailettes plongées de $0^m.009$ et qui prenaient, dit l'auteur, sensiblement la vitesse du courant. Il a trouvé ainsi que cette vitesse à la surface était de $1^m.85\,429$.

Or il faut remarquer que ce mode de mesure de la vitesse présente des incertitudes. D'abord on sait que la vitesse à la surface n'est pas aussi grande qu'un peu au desssous, mais la différence dans le cas actuel devait être assez faible. Je croirais plutôt que la vitesse mesurée était supérieure à la vitesse de l'eau de la surface *en avant de la roue*, attendu que le moulinet étant placé *à côté de la roue*, la vitesse sur ses côtés devait être nécessairement plus grande qu'en avant.

La roue pesait $19^{kil}.580$, et ses tourillons avaient $0^m.00\,602$ de diamètre. En admettant qu'ils fussent passablement graissés, le frottement était

$$0.10 \times 19^{kil}.580 = 1^{kil}.9\,580,$$

et par conséquent cette résistance équivalait à un poids de

$$1^{kil}.9\,580 \times \frac{0.00\,602}{0.03\,609} = 0^{kil}.3\,592$$

à ajouter à la charge soulevée pour obtenir l'effort total exercé par l'eau à la circonférence moyenne.

Les résultats obtenus par Bossut, traduits en nouvelles mesures, sont contenus dans le tableau suivant.

La vitesse du centre d'immersion des palettes est donnée par la formule

$$v = \frac{3.1\,416 \times 0.866}{40} \times n = 0.068\,n,$$

en appelant n le nombre de tours faits [par la roue
en 40″.

La superficie des palettes étant

$$0^m.13\,535 \times 0^m.10\,828 = 0^{mq}.014\,656 \text{ et } V = 1^m.854,$$

l'effort théorique est

$$P = \frac{14.656 \times 1.855}{9.8\,088} (V - v) = 2.77\,013\,(V - v).$$

L'effort réel exercé par l'eau à la circonférence moyenne
d'immersion est égal à la charge

$$p \times \frac{0\,03\,609}{0.43\,312} = 0.08\,332 p,$$

en nommant p le poids suspendu à la corde.

Numéros des expériences.	Poids élevé par la roue.	Nombre de tours en 40".	Vitesse du centre d'immersion. $v = 0.038 n$.	Valeur de $V - v$.	Effort exercé par l'eau à la circonférence moyenne d'immersion.	Effort théorique.	Rapport de ces efforts.	Valeurs réduites de $V - v - 0^m.26$.	Effort théorique correspondant.	Rapport de l'effort mesuré à ce second effort théorique.
	kil.		m	m	kil.	kil.		m	kil	
1	15.044	17.46	1.187	0.667	1.254	1.843	0.668	0.407	1.127	1.095
2	17.492	16.52	1.123	0.731	1.456	2.025	0.720	0.471	1.301	1.118
3	19.929	15.58	1.060	0.791	1.662	2.200	0.755	0.554	1.478	1.125
4	22.586	14.64	0.995	0.859	1.860	2.350	0.795	0.599	1.658	1.122
5	24.824	13.71	0.952	0.922	2.068	2.550	0.813	0.662	1.850	1.130
6	27.281	12.77	0.868	0.986	2.270	2.728	0.853	0.726	2.010	1.130
7	27.771	12.58	0.855	0.999	2.505	2.758	0.841	0.739	2.042	1.130
8	28.260	12.40	0.845	1.011	2.350	2.800	1.841	0.751	2.080	1.130
9	28.750	12.21	0.851	1.025	2.590	2.835	0.812	0.765	2.110	1.134
10	29.239	12.02	0.818	1.036	2.435	2.865	0.851	0.776	2.120	1.149
11	29.729	11.85	0.805	1.049	2.470	2.902	0.852	0.789	2.180	1.134
12	30.218	11.62	0.791	1.065	2.515	2.940	0.854	0.805	2.220	1.133
13	30.708	11.40	0.775	1.079	2.555	2.987	0.854	0.819	2.262	1.130
14	31.197	11.15	0.758	1.096	2.596	3.070	0.858	0.836	2.310	1.124
15	31.687	10.85	0.758	1.116	2.635	3.085	0.854	0.856	2.568	1.115
16	32.176	10.52	0.716	1.158	2.680	3.150	0.851	0.878	2.430	1.104
17	32.666	10.10	0.687	1.167	2.720	3.250	0.872	0.907	2.510	1.083

210. *Discussion de ces résultats.* — Si l'on représente graphiquement ces résultats (Pl. III, fig. 9), en prenant les différences V—v des vitesses pour abscisses et les poids totaux soulevés pour ordonnées, on reconnaît que tous les points ainsi déterminés, à l'exception des quatre derniers correspondants aux 14e, 15e, 16e et 17e, expériences, sont à très peu près en ligne droite. Mais comme cette ligne droite ne passe pas par l'origine, l'on trouve que pour une différence de vitesse de $0^m.260$ l'effort serait nul; ce qui n'est pas possible. Pour que cette ligne droite représente bien les 13 premiers résultats d'expérience, il faut donc admettre dans la vitesse observée de l'eau une erreur de $0^m.26$, ce qui ne paraît nullement improbable d'après l'observation que nous avons faite (n° 209) plus haut sur le lieu où l'on avait placé le moulinet. Si l'on admet cette correction dans la vitesse de l'eau, on voit que l'effort donné par l'expérience et l'effort donné par la formule sont à peu près d'accord, car le rapport moyen de l'un à l'autre, donné par la dixième colonne du tableau précédent, est 1.121.

Il résulte de là que les résultats de l'expérience seront bien représentés par la formule

$$P = \frac{1\,121.AV}{g}\,(V-v),$$

et l'effet utile de la roue par

$$Pv = \frac{1\,121 AV(V-v)v}{g}$$

Mais on ne peut se dissimuler que les expériences de Bossut présentent quelque incertitude.

211. *Influence du nombre des palettes*. — Bossut a aussi fait quelques expériences pour reconnaître l'influence du nombre des palettes, et il a trouvé que l'effet utile de sa roue était le même à très peu près avec 48 et avec 24 palettes, mais qu'il était moindre avec 12. Le nombre de 24 paraît donc convenir, et il était tel dans son modèle que l'écartement à la circonférence extérieure était à peu près égale à la hauteur des palettes.

Quant à l'inclinaison des palettes, les expériences de Bossut offrent des résultats fort peu concluants.

212. *Expériences de M. Christian*. — M. Christian a fait aussi quelques expériences sur une roue de $0^m.6366$ de diamètre ou $2^m.00$ de circonférence extérieure, portant 33 aubes de $0^m.05$ de hauteur dans le sens du rayon sur $0^m.10$ de largeur parallèle à l'axe. Ces palettes étant entièrement plongées dans l'eau, le centre d'immersion était à $0^m.2933$ de l'axe, et la circonférence décrite par ce centre était de $1^m.843$.

Le canal avait $0^m.20$ de largeur; on ne dit pas à quelle distance les aubes passaient du fond.

La partie de l'arbre au tour de laquelle s'enroulait le poids soulevé avait $0^m.081$ de circonférence. D'après cela la charge soulevée p, rapportée à la circonférence du centre d'immersion, équivalait à

$$p \times \frac{0.081}{1.843} = 0.0439p.$$

La vitesse d'arrivée de l'eau était $V = 1^m$ en $1''$. La surface de palette immergée $A = 0^m.05 \times 0^m.10 = 0^{mq}.0050$, on a donc

$$P = \frac{1\,000\,AV}{g}\,(V-v) = \frac{5 \times 1}{9.5088}\,(V-v) = 0.5096\,(V-v).$$

Nombre de tours en 1″.	Vitesse du centre d'immersion	Valeur de V − v.	Effort théorique $P = 0.509\,(V-v)$.	Effort déduit de l'expérience.	Rapport de ces efforts
	m	m	kil.	kil.	
9.00	0.554	0.446	0.227	0.0911	0.402
8.50	0.523	0.477	0.243	0.1088	0.449
7.75	0.476	0.524	0.267	0.1220	0.458
7.00	0.430	0.570	0.290	0.1352	0.467
6.00	0.368	0.632	0.322	0.1570	0.488
5.50	0.338	0.662	0.337	0.1705	0.506
5.33	0.327	0.673	0.343	0.1725	0.504

Ces expériences sont en désaccord avec celles de Bossut; et, comme elles n'ont duré que 50″, et que rien n'indique que le mouvement ait été bien uniforme, on ne saurait en tirer de conclusion, si ce n'est que le coefficient de la formule des roues à aubes planes se mouvant dans des coursiers très larges, où elles ont du jeu, ne s'élève qu'à 0.50 environ, et non pas à 0.75, comme on l'admet généralement.

213. *Observations de M. Poncelet.* — M. Poncelet, d'après l'observation de la mouture obtenue par les moulins du Rhône, et en prenant pour V la vitesse de l'eau à la surface, a été conduit à adopter, pour les rapports de l'effet utile total à l'effet théorique, la valeur 0.80, ce qui donne la formule pratique

$$P v = \frac{800\,A V}{g}\,(V - v)\,v = 81.56\,A V.\,(V - v)\,v.$$

On ne peut guère se dissimuler que des expériences

complètes sur ce genre de roues hydrauliques ne soient encore à faire, et que la théorie expérimentale n'en soit fort peu avancée.

214. *Roues à axe vertical.* — Les roues hydrauliques à axe vertical, auxquelles on a donné dans ces derniers temps le nom général de *turbines*, sont connues de temps immémorial. Parmi les plus anciennes formes en usage on distingue les *roues à rouet volant*, composées simplement d'un arbre dans la partie inférieure auquel sont assemblées, plus ou moins grossièrement, des palettes creuses en forme de cuillères, et le plus souvent faites d'une seule pièce ; ou quelquefois, comme au moulin du canal à Toulouse, composées d'aubes creuses assemblées dans l'arbre et dans une couronne extérieure. On trouve encore beaucoup de ces rouets volants dans le Dauphiné, dans la Bretagne et, en Algérie, dans la province de Constantine.

Les effets des roues du moulin du canal à Toulouse, ont été étudiés expérimentalement, en 1821, par MM. Piobert et Tardy à l'aide d'un moyen analogue au frein de M. de Prony, et ce que nous allons en dire est extrait de leur mémoire déjà cité.

Ces roues, appelées *rouets volants*, sont ordinairement placées au dessus du niveau du canal de fuite, et l'eau s'en échappe aussitôt qu'elle a choqué les augets, de sorte, qu'elle n'y perd pas tout l'excès de sa vitesse sur celles des palettes. Il est donc très difficile, si ce n'est impossible, d'en étudier les effets au point de vue théorique, et l'on est obligé de se borner à des règles pratiques et à des formules d'interpolation qui représentent les résultats de l'expérience dans des limites et avec une exactitude suffisantes.

215. *Expériences sur l'une des roues du moulin du canal à Toulouse.* — L'eau arrive sur les roues du moulin du canal de Toulouse par une buse pyramidale dont on sait calculer la dépense à l'aide des expériences de M. Piobert, que nous avons citées précédemment n° 22. Les expériences sur l'effet utile d'une de ces roues ont fourni les résultats suivants :

Hauteur du niveau supérieur au dessus de la roue.	Chute totale jusqu'en bas des roues.	Travail absolu du moteur.	Nombre de tours de la roue en 1″.	Effet utile mesuré par le frein.	Rapport de l'effet utile au travail absolu.	Vitesse du point moyen d'arrivée de l'eau sur la roue.	Vitesse d'arrivée de l'eau sur la palette.	Rapport de la vitesse de la roue à celle de l'eau.
m.	m.	kil.	tour.	km.		m.	m.	
4.23	4.39	1351	1.90	213.7	0.158	7.16	9.10	0.798
4.16	4.32	1318	2.03	213.7	0.162	7.65	9.20	0 835
4.10	4.26	1290	1.85	402.0	0.318	6.90	8.96	0.771
4.07	4.23	1275	1.73	407.8	0.320	6.52	8.93	0.730
4 01	4.17	1248	1.70	421.1	0.350	6.41	8.86	0.724
3.91	4.07	1201	1.73	351.8	0.293	6.52	8.75	0.745
3.88	4.04	1187	1.45	479.2	0.403	5.38	8.72	0.618
3.90	3.96	1151	1.50	451.2	0.392	5.66	8.74	0.648
4.15	4.31	1315	2.10	137.0	0.120	7.920	9.02	0.878
4.14	4.30	1308	0.00	»	»	0 00	9.00	»

Cette roue à 1ᵐ.62 de diamètre extérieur, en dehors des couronnes.

La zone occupée par les palettes a 0ᵐ.36 de largeur

et $0^m.60$ de rayon moyen. L'axe de la canelle qui y verse l'eau est dirigé tangentiellement à la circonférence de ce rayon. Le centre de l'orifice ou du cadre inférieur de la canelle est à $0^m.27$ au dessus de la roue, et en admettant que la vitesse de sortie fût à peu près celle due à la charge sur le centre, on a pu calculer approximativement la vitesse d'arrivée de l'eau sur la roue, et la comparer à celle de la circonférence moyenne des palettes.

L'examen du tableau précédent montre que l'effet utile de ces roues s'élève aussi haut que celui des roues à palettes planes recevant l'eau à la partie inférieure, et qu'il varie de 0.32 à 0 40 du travail absolu du moteur, quand la vitesse de la circonférence moyenne varie de 0.73 à 0.65 de celle due à la hauteur du niveau au dessus de la roue. C'est donc entre ces limites de vitesse qu'il convient de faire marcher ces roues, et l'on voit que, dans des pays de montagne, la simplicité de leur construction et l'avantage qu'elles ont de marcher très vite les rendent très convenables pour des moulins à farine quand on a de l'eau en abondance.

Il faut remarquer que les roues du moulin du canal à Toulouse ont des couronnes extérieures et intérieures entre lesquelles les palettes sont emboîtées, tandis que souvent, en Bretagne et en Afrique, les palettes ne sont que des cuillères creuses grossièrement implantées dans l'arbre, et qu'alors l'effet utile doit être sensiblement moindre que celui qu'on a obtenu à Toulouse.

215. *Roues à cuve.* — Une autre espèce de roues fort anciennes aussi, que l'on rencontre encore à Tou-

louse, à Cahors, à Metz et dans d'autres villes, ce sont les roues *dites à cuve*, qui se composent, comme celles du moulin du canal, de palettes creuses ou cuillères assemblées dans ces couronnes, mais sur lesquelles l'eau arrive par un coursier dont le fond, peu incliné, vient affleurer leur surface supérieure. Une des faces verticales de ce coursier est tangente à la circonférence extérieure de la roue, l'autre est inclinée sur celle-ci à $\frac{1}{5}$ environ. L'eau fournie par un orifice vertical, placé en tête de ce coursier, s'y élève au dessus de la roue à une hauteur qui dépend de la levée de la vanne, et s'écoule le long des palettes creuses de la roue, sur lesquelles elle agit plutôt par pression que par choc.

La roue est renfermée dans une cuve en maçonnerie et cylindrique, dans laquelle elle ne doit avoir que le moins de jeu possible. Il résulte de cette disposition que le liquide s'élève dans la cuve, et comme il arrive tangentiellement à sa circonférence, il y prend, en outre de cette direction, un mouvement gyratoire entretenu et favorisé par celui de la roue, et sa surface devient concave. Ce mouvement du liquide, les tourbillonnements qui l'accompagnent et la résistance des parois de la cuve, doivent consommer une portion notable de la force vive du liquide et présentent, d'ailleurs, une telle complication, qu'il n'est pas possible de les soumettre au calcul.

216. *Expériences sur l'une des roues du moulin de l'hôpital à Toulouse.*— Nous rapporterons ici les résultats d'une des séries d'expériences exécutées sur l'une des roues du moulin de l'hôpital, à Toulouse, par MM. Piobert et Tardy.

Le diamètre D de la cuve cylindrique était de $0^m.88$ ainsi que celui D' de la roue. La hauteur de la roue était de $0^m.15$ à $0^m.17$.

La chute totale a varié de $2^m.95$ à $3^m.02$.

Dépense d'eau en 1″.	Chute totale jusqu'en bas des roues.	Travail absolu du moteur.	Nombre de tours de la roue en 1″.	Effet utile mesuré par le frein.	Rapport de l'effet utile au travail absolu du moteur.	Rapport déduit de la formule pratique.	Vitesse de la circonférence de la roue.	Vitesse due à la charge d'eau au dessus de la roue.	Rapport de ces vitesses.
m.	m.	km.		km.			m.	m.	
0.510	299	9.50	1.75	134.3	0.143	»	4.78	7.44	0 642
0.510	299	9.50	1.53	185.4	0.193	»	3.67	7.44	0.493
0.510	299	9.50	1.30	195.7	0.207	»	3.59	7.44	0.483
0.515	302	9.40	1.10	193.9	0.206	»	3.04	7.68	0.396
0.515	202	9.40	1.05	196.8	0.210	»	2.90	7.68	0.578
0.475	295	1.400	2.30	188.0	0.156	0.150	6.36	7.60	0.858
0.476	295	1.400	2.15	258.4	0.184	0.175	5.95	7.60	0.783
0.476	295	1.400	1.90	308.5	0.221	0.227	5.25	7.60	0.691
0.476	295	1.370	1.95	297.9	0.217	0.217	5.38	7.39	0.750
0.476	295	1.400	1.90	317.5	0.227	0.227	5.25	7.39	0.712
0.474	295	1.400	2.05	305.5	0.218	0.196	5.67	7.39	0.767
0.475	296	1.400	2.00	317.2	0.226	0.207	5.53	7.40	0.748
0.474	295	1.400	2.00	307.6	0.219	0.207	5.53	7.39	0.749
0.472	296	1.340	2.25	217.5	0.162	0.154	6.23	7.40	0.834
0.451	296	1.340	2.00	280.6	0.209	0.207	5.57	7.40	0.749
0.452	296	1.340	1.85	315	0.235	0.230	5.12	7.40	0.693
0.452	296	1.340	1.75	336.3	0.252	0.257	4.84	7.40	0.655
0.452	296	1.340	1.65	356.9	0.267	0.269	4.56	7.40	0.616

L'examen de ce tableau montre que le rapport de l'effet utile au travail absolu du moteur s'élève au plus à 0,25 ou 0.27 et atteint cette valeur maximum, lorsque la vitesse de la circonférence de la roue est d'environ 0.60 à 70 de celle due à la hauteur du niveau du réservoir au dessus de la roue. Mais, en général, le maximum d'effet ne paraît être que de 0.20 à 0.22 du travail absolu du moteur.

Il faut, au surplus, remarquer ici qu'il se produit dans le coursier, après le passage par l'orifice, une perte de force vive considérable, qui doit être une cause très influente du mauvais résultat que l'on obtient avec ces roues. De plus, le remous qui se forme dans la cuve varie de hauteur avec les proportions de la roue et la levée des vannes.

217. *Cas où le jeu de la roue dans la cuve est considérable.* — MM. Piobert et Tardy ont fait des expériences analogues sur deux roues semblables du moulin du Basacle à Toulouse, mais pour lesquelles les diamètres de la cuve et de la roue étaient dans des rapports différents. Pour celles du moulin n° 3, on avait : le diamètre de la cuve $D = 1^m.02$, et le diamètre de la roue $D' = 0^m.89$; pour le moulin n° 4 $D = 1^m.12$, et le diamètre de la roue $D' = 1^m.00$.

La hauteur de la roue du n° 3 était de $0^m.40$. Les résultats des expériences sur la roue n° 3 sont consignés dans le tableau suivant·

Dépense d'eau en 1″.	Chute totale jusqu'en bas des roues.	Travail absolu du moteur.	Nombre de tours de la roue en 1″.	Effet utile mesuré par le frein.	Rapport de l'effet utile au travail absolu du moteur.	Rapport déduit de la formule pratique	Vitesse de la circonférence de la roue.	Vitesse due à la charge d'eau au dessus de la roue.	Rapport de ces vitesses.
mc.	m.	km.		km.			m.	m.	
0.555	2.35	1301	1.25	208.6	0.160	0.175	5.49	6.18	0.565
0.552	2.35	1297	1.10	241.1	0.185	0.183	5.07	6.18	0.497
0.556	2.35	1305	1.44	157.8	0.121	0.155	4.02	6.18	0.651
0.556	2.35	1305	1.60	112.7	0.086	0.128	4.47	6.18	0.723
0.556	2.35	1305	1.65	92.50	0.071	0.115	4.61	6.18	0.745
1.375	2.35	3252	2.50	158.9	0.049	0.028	6.98	6.18	1.150
1.370	2.35	3214	2.27	227.2	0.071	0.055	6.35	6.18	1.028
1.370	2.35	3214	2.25	266.0	0.083	0.058	6.28	6.18	1.018
1.360	2.35	3197	2.00	331.8	0.103	0.031	5.58	6.18	0.903
1.360	2.35	3179	1.50	352.9	0.110	0.104	4.19	6.18	0.678
1.853	2.35	4360	2.50	227.7	0 052	0.048	6.98	6.18	1.130
1.842	2.35	4330	2.10	346.1	0.079	0.072	5.87	6.18	0.950
1.842	2.35	4330	2.00	433.5	0.099	0.076	5.58	6.18	0.903

On voit par ce tableau que, dans le cas où les roues ont beaucoup de jeu dans leur cuve, les pertes d'eau qui résultent de ce jeu occasionnent une diminution considérable dans l'effet utile, qui ne s'élève alors au maximum, qu'à 0.18 du travail absolu du moteur quand la vitesse de la circonférence extérieure est environ de 0,50 à 0.60, de celle qui est due à la hauteur du niveau du réservoir au-dessus de la roue.

En résumé, l'on voit que ces roues sont fort désavantageuses sous le rapport de l'effet utile qu'elles produisent ; mais il y a lieu de croire qu'en leur conservant la propriété, précieuse pour les moulins à farine, de marcher très vite et de transmettre directement le mouvement, on pourrait les améliorer considérablement.

Comme on en rencontre encore quelquefois, et qu'il peut être utile de savoir calculer leur effet, on se servira de la formule suivante, donnée par M. Piobert comme règle empyrique, et qui tient compte de l'influence du jeu de la roue dans sa cuve

$$R = \frac{4.2n\,\dfrac{D'^2}{D^2}\,\sqrt[4]{E} - n^2}{39.\dfrac{D'}{D}\,E},$$

dans laquelle on appelle R le rapport de l'effet utile au travail absolu du moteur,

n le nombre de tours de la roue en $1''$,

D le diamètre de la cuve cylindrique,

D' le diamètre de la roue,

E la levée de la vanne.

Ainsi, par exemple, pour la roue de la meule n° 3 du moulin du Basacle à Toulouse, on a $n = 1.50$,

$D = 1^m.02, D' = 0^m.89$; et si $E = 0^m.51, Q = 1^{mc}.353, H = 2^m.35,$

on a d'abord

$$R = \frac{4.2 \times 1.50 \left(\dfrac{0.89}{1.02}\right)^2 \sqrt[4]{0.50} - (1.50)^2}{39.\dfrac{0.89}{1.02} \times 0.50} = 0.105 ;$$

et comme

$$1\,000Q.H = 1^{mc}.353 \times 2^m.35 = 3\,179^{km}.55,$$

l'effet utile doit être égal à

$$0.105 \times 3\,179^{km}.55 = 333^{km}.85.$$

L'expérience a donné 353^{km}.

Quant à la vitesse correspondante au maximum d'effet, elle peut être approximativement calculée par la formule

$$n = 2.1 \cdot \frac{D'^2}{D^2} \sqrt{E} \cdot$$

Ainsi, dans l'exemple précédent, on aurait

$$n = 2.1 \left(\frac{0.89}{1.02} \right)^2 \sqrt{0.50} = 1.55.$$

XVIᵉ LEÇON.

218. *Des nouvelles roues à axe vertical, appelées turbines.* — Les avantages importants des roues à axe vertical, leur propriété de tourner très vite, de transmettre directement le mouvement aux meules, de marcher sous l'eau, d'occuper peu de place, ont depuis long-temps fixé l'attention des ingénieurs et celle des plus grands géomètres. Il ne sera pas inutile, sans doute, de dire en peu de mots par quelles tentatives on est passé pour arriver aux progrès actuels.

Le nom de turbines est nouveau, et a été introduit par M. Burdin, qui l'a donné à l'une des roues de ce genre qu'il a construite, et depuis on l'a appliqué indifféremment à toutes les roues à axe vertical qui jouissent plus ou moins avantageusement de la propriété de marcher noyées dans les eaux d'aval.

Tous les moteurs de ce genre peuvent être partagés en deux grandes classes : la première comprenant les roues qui reçoivent et laissent échapper l'eau à la même distance de l'axe en rotation ; la seconde contenant les roues dans lesquelles l'eau sort plus loin ou plus près de l'axe qu'elle n'y est entrée.

A la première classe se rattachent les *rouets volants* du midi de la France, de la Bretagne, et de l'Algérie, analogues à ceux dont nous avons parlé au n° **214**, et les roues à cuve de Toulouse et de Metz, n° **215**. Signer a proposé, vers **1750**, une roue dont Euler (1) a donné

(1) *Mémoires de la Société de Gœttingue*, 1752, sous le nom d'Albert Euler, et *Mémoires de l'Académie de Berlin*, 1754.

la théorie, et dans laquelle l'eau était distribuée, sur la totalité ou sur certains points d'une zone annulaire concentrique à l'axe, par des tuyaux convenablement inclinés. Mais, dans l'étude théorique qu'il fit de ce moteur, le savant géomètre reconnut et indiqua qu'il serait préférable de remplacer les tuyaux distributeurs par des directrices courbes continues et contiguës, versant l'eau sur des aubes semblables disposées en sens inverse. Cette disposition, rappelée par M. Navier dans ses notes sur l'architecture hydraulique de Bélidor, page 451, doit être regardée comme l'origine de l'emploi des directrices, adoptées par plusieurs constructeurs.

La roue proposée et établie par M. Burdin, en 1826, au moulin de Pontgibaut, département du Puy-de-Dôme, offre la plus grande analogie avec la turbine étudiée par Euler. Dans l'une et dans l'autre la hauteur du réservoir est à peu près égale à la moitié de la chute.

La turbine pour laquelle M. Fontaine Baron a pris un brevet, le 11 mars 1839, est du même genre; mais elle présente cette différence que la zone annulaire qui contient les directrices, et celle qui forme la roue proprement dite, n'ont que très peu de hauteur par rapport à la chute totale, et que chacun des orifices formés par les directrices est muni d'une petite vanne, dirigée dans un plan passant par l'axe de la roue. Nous en parlerons plus loin.

M. Bourgeois a établi récemment, à Saint-Maur, une autre turbine qui se rattache à cette classe, et qui se compose simplement de surfaces hélicoïdes, disposées autour d'un axe vertical. Nous manquons encore d'expériences authentiques sur cette variété.

Dans la seconde classe de turbines, qui comprennent

les roues qui reçoivent et rejettent l'eau, soit de l'intérieur à l'extérieur, soit de l'extérieur à l'intérieur, il
faut placer :

1° Les roues à réaction, et en particulier la roue ou
volant à réaction du docteur Barker, décrite en 1792
dans un mémoire lu à la société philosophique américai-
ne par le docteur Waring. Ce volant se composait
d'un tuyau vertical recevant l'eau par la partie supérieure, et terminé par un autre tuyau ou une caisse
rectangulaire horizontale, percée vers ses extrémités
et loin de l'axe de deux trous par lesquels l'eau s'échap-
pait en sens opposé, horizontalement et perpendiculairement au plan que contenait l'axe des deux tuyaux.
Pour remédier aux inconvénients occasionnés par le
poids considérable de ce volant sur son pivot inférieur,
James Ramse proposa, vers le même temps, de faire
arriver l'eau par dessous au moyen d'un conduit inférieur.

Le volant hydraulique, proposé plus tard par M. Manoury-d'Ectot, qui probablement n'avait pu connaître les
travaux des Américains, offre beaucoup d'analogie avec
cette disposition.

La turbine de M. Passot rentre dans cette variété.

2° Les roues à palettes planes ou courbes, recevant
l'eau sur le contour d'une zone annulaire intérieure, et
la rejetant à l'extérieur, comme celle que M. Manoury
d'Ectot établit vers 1804 au moulin de Montaigu, près
de Caen, laquelle a fonctionné jusqu'en 1828, et fut
l'objet d'un rapport favorable présenté par Carnot à l'A-
cadémie le 21 juin 1813. Cette roue recevait l'eau en
dessous par un conduit souterrain et sur toute l'étendue

de son contour intérieur. Son fond supérieur, en forme de cloche, soutenait les aubes, et était fixé sur l'arbre vertical, qui transmettait le mouvement. Elle marchait noyée dans les eaux d'aval.

Cette disposition générale a été conservée par M. Combes dans la turbine qu'il a présentée, en 1839, à l'exposition de l'industrie.

Cette variété comprend aussi la turbine établie, en 1827, à Pont-sur-l'Ognon, département de la Haute-Saône, et qui est le type de celles auxquelles M. Fourneyron a donné son nom, et dont nous parlerons au numéro suivant.

3° Les *roues à poire*, décrites par Belidor (n° 668 de son architecture hydraulique), qui reçoivent l'eau dans une enveloppe annulaire tronçonique fixe, portent des palettes héliçoïdes, disposées sur un noyau tronçonique, et laissent échapper l'eau vers le centre.

La danaïde de M. Manoury-d'Eclot est une modification de ce système. On sait qu'elle fut l'objet d'un rapport favorable lu, le 23 août 1815, à l'Académie des sciences par Carnot.

4° Enfin M. Poncelet a aussi proposé, en 1826, l'emploi d'une roue à aubes courbes, recevant l'eau sur toute la partie de son contour extérieur au moyen de ventelles et de directrices, et la versant à l'intérieur. Plusieurs roues de ce genre sont établies dans le midi, et particulièrement à Toulouse.

Nous nous bornerons ici à parler des moteurs sur lesquels des expériences authentiques et exactes ont été exécutées, et nous commencerons par la turbine de M Fourneyron.

219. *Des turbines de M. Fourneyron.* — Le canal
qui amène l'eau sur la roue est terminé par une espèce

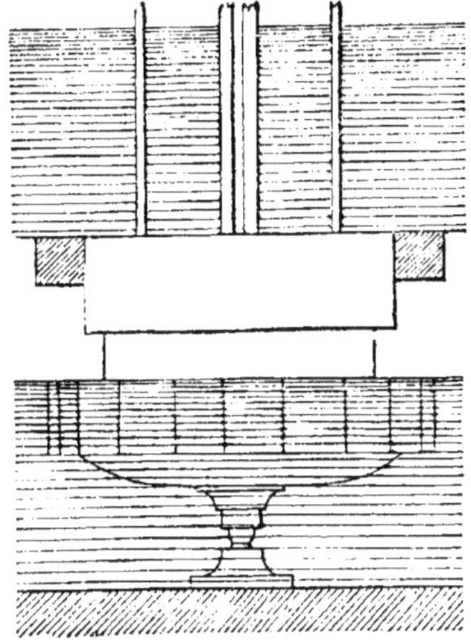

Fig. 45.

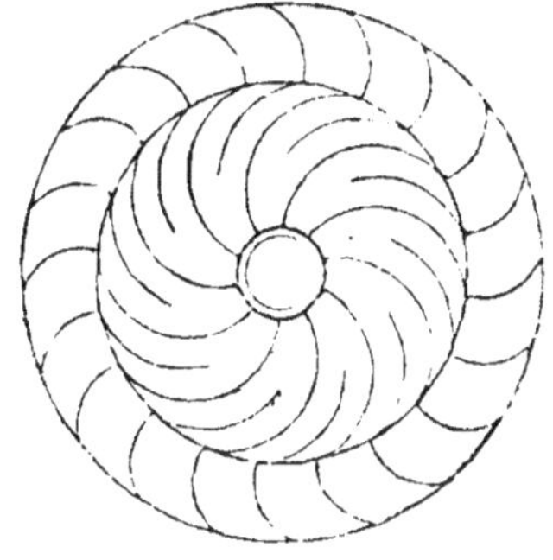

de chambre ou réservoir, dont le fond, ordinairement
en charpente, est percé d'une ouverture circulaire dans
laquelle s'ajuste et se fixe un cylindre en fonte à rebords
supérieurs arrondis. Dans ce cylindre immobile, qui
remplace la tête d'eau des roues ordinaires, se meut, à
l'aide de trois tiges verticales, un autre cylindre servant
de vanne, et garni à sa partie supérieure d'un cuir qui
s'oppose aux fuites d'eau qui pourraient se faire entre

son bord et la surface intérieure du cylindre fixe. Quand cette vanne est complétement abaissée, elle repose sur un plateau en fonte fixe, et assemblé avec un long tuyau creux de même matière, qui est solidement scellé par des boulons à la charpente du plancher supérieur de la turbine, de sorte que le fond se trouve ainsi suspendu à l'extrémité du tuyau. Lorsqu'on lève la vanne, l'eau s'écoule par l'espace annulaire, qu'elle démasque ; mais comme elle sortirait normalement à son contour ou dans le sens des rayons, tandis que pour faciliter son entrée dans la roue, il est nécessaire, pour la disposition des aubes adoptée par M. Fourneyron, de placer sur ce fond des directrices verticales pour l'introduire convenablement sur ces aubes : ces directrices forment autant de surfaces cylindriques à base ordinairement circulaire, qui rencontrent la circonférence intérieure de la roue sous un angle de 25° à 35°, et qui passent près du centre de la roue, mais à quelques centimètres au delà.

Le nombre de ces directrices doit être assez multiplié pour que l'ouverture horizontale des orifices qu'elles offrent à l'eau ne soit que de $0^m.06$ à $0^m.08$ au plus, et ordinairement moindre, afin que la direction donnée aux jets du liquide soit à très peu près celle qui est fixée. Il résulte de là que toutes les directrices ne sont pas de même longueur, afin de ne pas causer de difficultés d'assemblage, et que la moitié seulement est prolongée jusqu'au noyau du plateau de fond, tandis que l'autre moitié ne s'étend à peu près que jusqu'à la circonférence moyenne de ce fond.

Cette disposition et la forme plane du fond atténuent ou annulent à très peu près la contraction sur le fond et sur les côtés de l'orifice ; et pour la diminuer sur le côté supérieur, et surtout faire en sorte que l'eau s'écoule à peu près horizontalement, l'auteur a fixé au contour intérieur du vannage cylindrique des tasseaux en bois qui s'insèrent entre les directrices, et qui sont arrondis à leurs angles inférieurs, de manière que l'eau, en s'écoulant entre les directrices, le fond et les taquets, sort en jet sensiblement horizontal.

Telles sont les dispositions principales du vannage ; passons à la turbine elle-même. Elle se compose : 1° d'une couronne inférieure en fonte, présentant au dehors une surface annulaire horizontale, et intérieurement celle d'une sorte de cuvette qui s'assemble sur l'arbre de rotation ; 2° d'une couronne supérieure ordinairement en fer. Entre ces deux couronnes sont assemblées les aubes en tôle, qui forment avec la circonférence extérieure un angle d'environ 25°, et dont le nombre excède ordinairement de $\frac{1}{3}$ à $\frac{1}{2}$ à celui des courbes directrices.

L'arbre vertical traverse le tuyau porte-fond, et reçoit à sa partie supérieure la roue d'engrenage destinée à communiquer le mouvement aux machines. A sa partie inférieure il repose sur un pivot qui, par une disposition ingénieuse, est toujours alimenté d'huile, quoique plongé dans l'eau. Ce pivot est d'ailleurs supporté par un levier qui sert à relever la roue de quantités assez petites, mais suffisantes pour son ajustage.

La couronne supérieure est ordinairement placée au dessous ou à fleur du niveau des plus basses eaux, ce qui permet, à cette époque où le volume d'eau dont on dispose est à son minimum, de faire travailler la roue sous sa plus grande chute, avantage important dans beaucoup de cas, mais qui est en partie compensé par la résistance que la roue éprouve de la part du liquide dans lequel elle se meut, et par les sujétions de construction que l'abaissement du pivot entraîne avec lui.

Après cette description, occupons-nous des effets obtenus avec ces roues.

220. *Conditions générales des effets mécaniques.* — D'après la description précédente, on voit que l'eau entre dans ces roues ordinairement au dessous du niveau d'aval dans la direction horizontale, et en sort à même hauteur. La quantité de travail qu'elles peuvent utiliser théoriquement se réduit donc, d'après les notations admises, à

$$P v = \frac{1}{2} M V^2 - \frac{1}{2} M u^2 - \frac{1}{2} M w^2 = M g H - \frac{1}{2} M u^2 - \frac{1}{2} M w^2,$$

En appelant H la hauteur due à la vitesse d'affluence de l'eau dans la roue, et que l'on peut prendre égale à la différence des niveaux d'amont et d'aval, attendu que la disposition des orifices atténue et réduit à fort peu de chose la contraction à leur sortie.

La recherche des conditions à satisfaire pour rendre nulle la perte de force vive à l'entrée et à la sortie de l'eau, ainsi que celle des effets théoriques de la turbine, a été l'objet d'un beau mémoire de M. Poncelet, que nous reproduirons en partie dans la note 1, à la fin de ces leçons, en donnant les résultats de son application à l'une des séries d'expériences exécutées sur la turbine établie à Müllbach. Nous nous bornerons ici à faire connaître les résultats de l'expérience, et les conséquences que l'on en déduit.

221. *Résultats d'expériences obtenus sur la turbine d'Inval.* — Les premières expériences publiées sont celles qui ont été exécutées par M. Fourneyron sur la turbine du tissage mécanique d'Inval, près Gisors, en 1836 (*Comptes-Rendus*, 2ᵉ trimestre 1836).

Dans ces expériences la chute totale a varié de $1^m.88$ à $2^m.20$, et la turbine a toujours été noyée dans l'eau du bief inférieur. Les levées de vanne ont été successivement de $0^m.091$, $0^m.145$, $0^m.200$, $0^m.300$, $0^m.345$; mais on n'a exécuté qu'une seule série assez complète, la seconde, pour pouvoir reconnaître la marche des effets, quand la vitesse varie.

Le frein était placé sur l'arbre de couche auquel la turbine communiquait le mouvement, et l'expérience a montré que le rapport de l'effet utile ainsi mesuré au travail absolu dépensé par le moteur prenait les valeurs moyennes suivantes :

	m	m	m	m	m
Levées de vanne.	0.091	0.145	0.200	0.300	0.345
Rapport de l'effet utile au travail absolu.	0.49	0.58	0.69	0.67	0.71

On voit par ces résultats que le rapport de l'effet utile au travail absolu dépensé par le moteur est beaucoup plus faible pour les petites levées de vannes que pour les grandes; mais qu'une fois que ces ouvertures ont atteint les $\frac{2}{3}$ environ de la hauteur de la turbine, qui est de $0^m.380$, l'effet utile s'élève à 0.70 environ du travail absolu du moteur.

La seconde série, qui comprend onze expériences dans lesquelles le nombre de tours de l'arbre de couche a varié de 49 à 19.70 en 1′, ou celui de la turbine de

32.7 à 12.75, a montré que pour des vitesses comprises entre 26.7 et 15.6 tours de la turbine en 1' le rapport de l'effet utile au travail absolu du moteur varie fort peu, ce qui montre que ces roues ont la propriété de pouvoir marcher avantageusement à des vitesses très différentes.

D'autres expériences ont été exécutées, par une commission composée de MM. Mary, de Saint-Léger, Maniel et par M. Fourneyron, sur la même turbine, en faisant varier la chute totale et la hauteur dont le niveau d'aval s'élevait au dessus de la couronne supérieure. On a ainsi opéré avec des

Chutes successives de $1^m.127$ à $1^m.174$; $0^m.598$ à $0^m.626$, $0^m.295$ à $0^m.317$. Hauteur dont la turbine était noyée, environ $\qquad$ $0^m.77$, $\qquad$ $1^m.500$ $\qquad$ $1^m.560$.

Ces expériences peu nombreuses, où l'on n'a pas fait varier les charges du frein et la vitesse dans des limites assez étendues pour bien discuter la marche des effets, ont montré que le rapport de l'effet utile au travail absolu était compris entre les limites suivantes :

1re série, 0.64 à 0.77; 2e série, 0.54 à 0.71; 3e série, 0.55 à 0.62.

Frappé des résultats remarquables obtenus sur la turbine d'Inval, et désireux de les vérifier sur d'autres moteurs du même genre, en même temps que d'étudier leur marche et l'influence des divers éléments de la question, j'ai exécuté en 1837, dans les Vosges, plusieurs séries d'expériences sur deux turbines placées dans des circonstances différentes.

222. *Expériences sur la turbine de Moussay.* — Cette turbine a $0^m.85$ de diamètre extérieur, 0^m11 de hauteur entre ses couronnes. La chute disponible est de

8^m.04, mais dans les expériences elle n'a été que de 7^m.50 environ.

Le volume d'eau dépensé était déterminé par l'observation d'un déversoir placé en amont de l'usine, et sur lequel le liquide passait avant d'arriver à la roue. Dans le calcul des résultats des expériences faites sur la turbine de Moussay en 1837, j'ai employé, pour le coefficient m de la formule des déversoirs

$$Q = m\mathrm{LH}\sqrt{2g\mathrm{H}},$$

la valeur M$=0.405$ relative au cas où les côtés du déversoir sont très éloignés des bords du canal ou du réservoir. Mais les expériences faites en 1835 et 1836, par M. Castel, à Toulouse, sur l'influence du rapport de la largeur du déversoir à celle du canal, et dont on a rapporté les résultats au n° 35, ayant été publiées depuis (1), il y a lieu d'en tenir compte. Or le déversoir employé avait 2^m.682 de largeur et ses bords étaient à 0^m.25 de ceux du canal, qui avait par conséquent 3^m.182 environ de largeur. Donc le rapport de la largeur du déversoir à celle du canal était $\frac{2.682}{3.182} = 0.84$; et en procédant par interpolation, le coefficient de la formule des déversoirs devait être, d'après les expériences de M. Castel, n° 35.$m = 0.434$, c'est-à-dire supérieur de 0.029, ou de 7.1 pour 100 à celui que j'avais adopté dans le premier calcul des expériences.

Il y a donc lieu d'introduire cette correction dans les résultats que j'ai publiés en 1838, et cette modification

_____

(1) *Traité d'hydraulique* de M. d'Aubusson. 1840, pages 78 et suivantes.

est d'autant plus nécessaire que, dans les expériences récentes que j'ai eu l'occasion de faire sur d'autres turbines, j'ai tenu compte d'une correction analogue qui m'a aussi conduit à estimer la dépense plus haut de $\frac{1}{7}$ à $\frac{1}{10}$ qu'on ne l'aurait fait si l'on n'avait pas tenu compte de l'influence de la largeur de l'orifice de jaugeage.

223. *Jaugeage de la dépense d'eau pour les deux dernières séries.* — Nous devons ajouter que pour les deux dernières séries d'expériences exécutées sur cette turbine nous avons supprimé le déversoir, et calculé la dépense d'eau à l'aide des observations que nous avions faites sur l'écoulement de l'eau par les orifices distributeurs de la turbine. Nous signalerons plus loin les effets assez remarquables de la vitesse de la roue sur la dépense de ces orifices. Pour le moment, nous nous bornerons à dire que connaissant d'une part la dépense réelle, calculée comme nous l'avons dit au numéro précédent, et d'une autre part la somme des aires des orifices et la charge motrice ou différence des niveaux, et par suite la dépense théorique, nous avons pu en déduire le multiplicateur de cette dernière dépense correspondant aux diverses ouvertures des vannes et vitesses de la roue. Connaissant pour certaines levées de vanne les valeurs de ces multiplicateurs, qui diminuent à mesure que la levée augmente, nous avons admis que, pour l'étendue très limitée des variations de ces levées, on pouvait regarder le décroissement du multiplicateur comme proportionnel à la différence des levées de vanne. D'après cette base et la modification du multiplicateur de la formule des déversoirs, on est conduit à prendre pour celui de la formule de la dépense théorique des orifices de la turbine

$$m = 0.921 \text{ pour la levée de } 0^m.086,$$
$$\text{et } m = 0.889 \text{ pour la levée de } 0^m.107.$$

Il faut cependant reconnaître que ce mode de jaugeage n'est pas sans incertitude, et qu'il conviendra toujours mieux, quand on le pourra, de jauger directement, comme on l'a fait pour les autres séries d'expériences.

224. *Observations des données des expériences.* — La grande vitesse de la roue empêchant de compter à la vue les tours qu'elle faisait, on a disposé près d'une clef de calage une lame de ressort qu'elle venait choquer à chaque tour, et deux observateurs, guidés par le bruit, comptaient en même temps et à plusieurs reprises le nombre de tours faits en 1'.

La chute totale a été mesurée pour chaque expérience par l'observation simultanée de deux flotteurs placés l'un en amont dans la huche, et l'autre en aval dans le bassin inférieur. Ces flotteurs, gradués et repérés à des points fixes, avaient été placés dans de petites caisses et dans des lieux convenables pour mettre leurs indications à l'abri de l'influence des ondulations du niveau. Le flotteur d'aval servait aussi à déterminer la hauteur dont la couronne inférieure de la turbine était noyée.

Toutes ces dispositions étant prises, on a procédé à l'exécution des expériences dont les résultats sont consignés dans le tableau suivant.

TURBINE DE M. FOURNEYRON.

Expériences faites en mai 1857 sur la turbine du ti[cut off]

Numéros des expériences.	Levée de la vanne de la turbine.	Charge d'eau sur le seuil du déversoir de 2m.682 de largeur.	Poids de l'eau dépensée en 1″.	Chute totale.	Travail absolu du moteur en kilog. élevés à 1m en 1″.	Charge du frein.
	m	m	k	m	km	kil
1	0.0500	0.179	587.9	7.091	2751	7.50
2	0.0490	0.179	587.9	7.056	2737	10.50
5	0.0465	0.179	587.9	7.160	2778	12.50
4	0.0500	0.184	598.6	7.255	2890	12.50
5	0.0500	0.1815	590.1	7.229	2812	15.50
6	0.0500	0.181	589.0	7.151	2775	17.50
7	0.0500	0.1755	574.0	6.927	2592	20.50
8	0.0470	0.185	599.7	7.127	2849	22.50
9	0.0480	0.1755	574.0	7.315	2755	25.50
10	0.0480	0.179	587.9	7.239	2793	27.50
11	0.0480	0.176	571.1	7.294	2736	50.50
12	0.0480	0.176	576.1	7.154	2685	52.50
15	0.0480	0.174	569.7	7.054	2601	35.50
14	0.0480	0.175	572.9	6.854	2555	37.50
15	0.0470	0.187	405.1	7.595	2995	40.50
16	0.0510	0.188	414.7	7.575	5058	42.50
17	0.0510	0 184	405.7	7.087	2897	47.50
18	0.0500	0.181	592.2	6.911	2716	52.50
19	0.075	0.250	560.4	7.278	4080	32.50
20	0.072	0.233	572.2	7.355	4194	37.50
21	0.079	0.255	578.7	7.105	4112	42.50
22	0.075	0.255	578.7	7.285	4216	47.50
25	0.075	0.227	551.9	7.150	5946	52.50
24	0.071	0.226	550.4	6.951	5895	57.50
25	0.071	0.228	557.2	6.986	5895	62.50
26	0.071	0.225	559.4	7.017	5925	67.50
27	0.071	0.224	548.7	7.019	5851	72.50
28	0.071	0.222	557.9	7.002	3767	77.50
29	0.071	0.224	548.7	6.994	5855	82.50
50	0.071	0.227	551.9	7.046	5889	87.50

...ique de Moussay, près Senones (département des Vosges).

à prendre en 1f.	Effet utile mesuré par le frein ou quantité du travail disponible		Rapport de l'effet utile mesuré par le frein au travail absolu du moteur.	Hauteur dont la turbine est noyée au dessus de la couronne inférieure.	Observations.
	en kilogrammes élevés à 1^m en $1''$.	en chevaux de 75 km.			
	km	ch		m	
1	501	6.68	0.182	0.307	
8	659	8.78	0.241	0.302	
6	726	9.68	0.261	0.303	
7	795	10.60	0.275	0.303	
4	925	12.33	0.328	0.301	
0	1013	13.51	0.329	0.301	
2	1128	15.02	0.435	0.301	
8	1120	14.93	0.392	0.296	
8	1267	16.89	0.464	0.295	
4	1281	17.08	0.465	0.296	
2	1342	17.89	0.491	0.294	
1	1387	18.49	0.516	0.294	
9	1423	18.97	0.547	0.294	
2	1492	19.89	0.584	0.294	
5	1547	20.62	0.516	0.293	
2	1691	22.54	0.553	0.293	
7	1667	22.22	0.385	0.293	
0	1445	19.80	0.548	0.287	
8	2044	27.25	0.501	0.395	
4	2258	29.84	0.534	0.360	
7	2528	33.70	0.615	0.353	
3	2574	34.32	0.610	0.350	
5	2578	31.70	0.300	0.348	
0	2260	30.12	0.580	0.342	
6	2257	30.08	0.580	0.342	
4	2119	28.25	0.559	0.341	
7	2015	26.86	0.523	0.341	
8	1984	26.45	0.525	0.341	
1	1816	24.20	0.472	0.343	
1	1742	23.20	0.448	0.342	

Suite des expériences faites en mai 1837 sur la turbine du ti

Numéros des expériences.	Levée de la vanne de la turbine.	Charge d'eau sur le seuil du déversoir	Poids de l'eau dépensée en 1″.	Chute totale.	Travail absolu du moteur en kilog. élevés à 1ᵐ en 1″.	Charge du frein.	Nombre de tours
	m	m	k	m	km	kil	
31	0.071	»	562.6	7.522	4231	42.50	[illegible]
32	0.071	»	564.7	7.562	4269	52.50	[illegible]
33	0.071	»	564.7	7.563	4270	62.50	[illegible]
34	0.071	»	564.7	7.554	4264	72.50	[illegible]
35	0.071	»	556.2	7.554	4201	82.50	[illegible]
36	0.071	»	564.7	7.556	4264	92.50	[illegible]
37	0.086	»	660.1	7.421	4898	42.50	[illegible]
38	0.086	»	662.5	7.476	4953	52.50	[illegible]
39	0.086	»	664.4	7.484	4970	62.50	[illegible]
40	0.086	»	664.4	7.498	4982	72.50	[illegible]
41	0.086	»	664.4	7.505	8990	82.50	[illegible]
42	0.086	»	664.4	7.511	4998	92.50	[illegible]
43	0.107	»	781.2	6.779	5297	42.50	[illegible]
44	0.107	»	782.5	6.858	5567	52.50	[illegible]
45	0.107	»	784.4	6.911	5420	62.50	20
46	0.107	»	788.7	6.952	5481	72.50	[illegible]
47	0.107	»	788.7	6.950	5481	82.50	[illegible]
48	0.107	»	790.8	6.965	5505	92.50	[illegible]

...ique de Moussay, près Senones (département des Vosges).

à prendre en 1″.	Effet utile mesuré par le frein ou quantité du travail disponible		Rapport de l'effet utile mesuré par le frein au travail absolu du moteur.	Hauteur dont la turbine est noyée au dessus de la couronne inférieure.	Observations.
	en kilogrammes élevés à 1ᵐ en 1″.	en chevaux de 75 km.			
	km	ch		m	
6	2472	52.95	0.584	0.256	
6	2765	36.86	0.649	0.256	Dans cette série d'expériences et dans les suivantes, on a supprimé le déversoir pour pouvoir disposer de la totalité de la chute ordinaire.
0	2587	54.49	0.607	0.255	
2	2466	52.88	0.581	0.264	
2	2204	29.59	0.524	0.264	
6	1959	25.85	0.454	0.282	
0	2784	37.11	0.568	0.352	
4	3024	40.32	0.611	0.342	Pour calculer le volume d'eau écoulé en 1″ on a pris pour coefficient de la dépense relative aux orifices de la turbine 0.921.
4	3015	40.16	0.607	0.334	
1	2944	59.25	0.592	0.320	
4	2734	36.45	0.547	0.305	
0	2617	54.89	0.524	0.287	
0	2784	37.11	0.524	0.974	
8	3302	44.03	0.608	0.930	Pour calculer le volume d'eau écoulé en 1″ on a pris pour coefficient de la dépense relative aux orifices de la turbine 0.889. On a augmenté la hauteur dont la turbine était noyée, au moyen d'un barrage placé dans le canal de fuite.
0	3406	45.41	0.650	0.887	
9	3212	42.82	0.618	0.856	
3	5110	41.87	0.597	0.848	
6	2957	59.40	0.616	0.856	

225. *Discussion et représentation graphique des résultats contenus dans ce tableau.* — Pour examiner et discuter les résultats contenus dans ce tableau, on a construit des courbes (pl. IV) dont les abscisses sont les nombres de tours faits par la roue en 1' et dont les ordonnées représentent les rapports de l'effet utile mesuré par le frein, ou du travail disponible au travail absolu du moteur.

En faisant passer parmi tous les points, ainsi déterminés pour chaque série, des courbes, tracées de manière à représenter le mieux possible l'ensemble des résultats, on a obtenu une loi graphique continue de ces résultats, dégagée des anomalies accidentelles de l'observation. C'est d'après l'examen de ces courbes que nous allons discuter les conséquences de ces expériences.

La courbe (fig. 1, pl. IV), relative à la série où la levée de la vanne de la turbine était moyennement de $0^m.050$, montre que le maximum d'effet correspond à une vitesse de 135 tours en 1', et qu'alors le rapport de l'effet utile au travail absolu du moteur était égal à 0.61 environ, quoique le calcul immédiat de l'expérience correspondante ait donné 0,625. Mais on voit que, depuis la vitesse de 100 tours jusqu'à celle de 170 tours en 1', ce rapport a toujours été compris entre 0.565 et 0.610, de sorte qu'entre ces limites étendues il n'a varié que de $\frac{1}{13}$ de sa valeur moyenne 0.587.

La courbe (fig. 2), relative à la série d'expériences où la levée de la vanne de la turbine était de $0^m.071$, montre que le maximum d'effet correspond à la vitesse de 190 tours en 1', et qu'alors le rapport de l'effet utile au travail absolu du moteur était égal à 0.680, quoique le calcul immédiat de l'expérience ait donné 0.696. On voit aussi que, depuis la vitesse de 130 tours jusqu'à celle de 230 tours en 1', ce rapport a toujours été compris entre 0.625 et 0.680; de sorte qu'entre ces limites étendues il n'a varié que de $\frac{1}{12}$ environ de sa valeur moyenne 0.652.

La courbe (fig. 3), relative aux séries où la levée de la vanne de la turbine a été de 0^m.086 et de 0^m.107, qu'on a réunies pour obtenir un tracé plus exact, mais dont on a distingué les points par des signes particuliers, montre que le maximum d'effet correspond à la vitesse de 180 à 190 tours en 1', et qu'alors le rapport de l'effet utile au travail-absolu du moteur était égal à 0.690. On voit aussi que, depuis la vitesse de 140 tours en 1' jusqu'à celle de 230 tours en 1', ce rapport a toujours été compris entre 0.650 et 0.690; de sorte qu'entre ces limites étendues il n'a varié que de $\frac{1}{17}$ de sa valeur moyenne 0.675.

Il suit évidemment de cette discussion que cette roue jouit de la propriété fort remarquable et avantageuse de marcher à des vitesses extrémement différentes, sans que son effet utile varie notablement. Or il est important de faire ressortir tout ce que cette faculté a de précieux, surtout pour ce moteur, qui est propre à fonctionner sous l'eau.

226. *Observation sur l'avantage que présente cette roue de pouvoir marcher à des vitesses très différentes.* — Dans beaucoup de fabrications la vitesse de l'outil, et par conséquent celle du récepteur, doit varier avec le degré d'avancement du travail, et comme il importe toujours de réaliser le maximum d'effet relatif à chaque cas, l'avantage signalé est évident pour ces usines. Mais il n'est pas moins grand pour celles où la vitesse doit rester constante, quoique la hauteur de la chute disponible puisse varier notablement, soit par l'abaissement du niveau supérieur, soit par l'exhaussement du niveau inférieur; car la vitesse de la roue correspondante au maximum d'effet dépendant de la hauteur totale de cette chute, il s'ensuivrait que pour obtenir ce maximum il faudrait à la rigueur, faire varier la vitesse de la roue avec la chute, ce que, par hypothèse, la nature de la fabrication ne permet pas. Tandis que, par la propriété qu'ont ces turbines de pouvoir marcher à des vitesses très différentes de celle qui correspond au maximum d'effet, sans que l'effet utile s'éloigne notablement de cette limite, on voit que l'on pourra toujours conserver aux outils la vitesse convenable au travail, sans perdre une partie considérable du travail moteur. On reconnaîtra par les expériences que nous rapportons plus loin que cette constance de l'effet utile a lieu pour des chutes très différentes de celle de Moussay. On verra d'ailleurs plus loin que cette propriété est commune à plusieurs turbines.

227. *Remarque relative aux expériences dans lesquelles la turbine a été noyée.* — On observera aussi quei dans les expériences consignées au tableau précédent, le niveau des eaux d'aval s'est élevé, pour les premières séries à $0^m.300$ au dessus de la couronne inférieure de la turbine, et pour la dernière série à près d'un mètre, et que cependant l'effet utile observé dans cette dernière série n'en a pas moins été encore plus grand que dans les précédentes. Ce résultat confirme ceux qui ont été observés sur la turbine d'Inval, et montre de nouveau que ces roues peuvent marcher noyées, sans que leur effet utile soit notablement diminué par la résistance du liquide qui les entoure.

228. *Observation sur l'accroissement de l'effet utile à mesure que la levée de vanne augmente.* — Nous ferons observer que l'effet utile est notablement plus grand pour les levées de vanne qui se rapprochent de la hauteur de la turbine que pour les plus petites; mais comme cet effet s'est manifesté d'une manière plus sensible aux expériences faites à Müllbach, nous nous réservons d'en rechercher l'explication à leur sujet. Cependant on remarquera qu'à la levée de vanne de $0^m.050$, moitié à peu près de la hauteur de la turbine, l'effet utile est environ 0.61 du travail absolu du moteur et se rapproche beaucoup de la valeur 0.69, qu'il atteint à la levée de $0^m.107$.

229. *Résumé des conséquences tirées de ces expériences.* — En résumé l'on voit :

1° Que la roue du tissage mécanique de Moussay, qui n'a que $0^m.85$ environ de diamètre extérieur, et $0^m.11$ de hauteur de couronne peut, sous la chute de $7^m.50$, débiter un volume d'eau de $0^{mc}.738$ et plus, et qu'elle transmet alors un effet utile net, ou un travail disponible, de plus de 45 chevaux de 75 kilogrammes élevés à 1 mètre en 1″;

2° Qu'à la vitesse de 180 à 190 tours en 1′ elle rend en travail disponible 0.69 du travail absolu dépensé par le moteur ;

3° Que la vitesse de la roue peut varier dans des limites très étendues, sans que l'effet utile s'éloigne de plus de $\frac{1}{12}$ à $\frac{1}{15}$ de sa valeur maximum ;

4° Que le rapport de l'effet utile au travail dépensé ne diminue pas quand la roue est noyée par les eaux d'aval.

230. *Expériences sur la turbine de Müllbach.* — La seconde turbine sur laquelle j'ai fait des expériences est celle qui était établie au tissage mécanique de Müllbach, département du Bas-Rhin. Elle avait 1ᵐ.90 de diamètre extérieur, 0ᵐ.335 de hauteur entre les couronnes avec un diaphragme horizontal placé à 0ᵐ.212 au dessus de son fond, 32 aubes et 24 courbes directrices. Elle était destinée à fonctionner sous une chute de 4ᵐ.50, et à produire alors un effet utile de 45 chevaux. Mais le cours d'eau étant sujet à des crues considérables, qui noient la roue en aval et diminuent la chute, le constructeur, pour obtenir alors cet effet utile de 45 chevaux, a été conduit à augmenter les dimensions de la roue au delà de ce qui eût été nécessaire en temps d'eau moyennes ou basses.

Pendant les expériences, qui ont été exécutées avant le complet achèvement des canaux, la chute n'a été que de 5ᵐ.75 au plus.

Un déversoir de 5ᵐ.014 de largeur dont le seuil formé par une planche de sapin de 0ᵐ.027 d'épaisseur, était à 0ᵐ.50 ou 0ᵐ.60 du fond et dont les côtés verticaux étaient à 0ᵐ70 de chacun des bords du canal fut établi à l'extrémité de la voûte du canal de fuite. Le canal ayant 6ᵐ.414 de largeur, le rapport de la largeur du déversoir à cette dimension était

$$\frac{5^m.014}{6^m.414} = 0.78.$$

D'après les expériences de M. Castel, rapportées au n° 35, on a dù prendre prendre, pour le coefficient de la formule

$$Q = m \text{LH} \sqrt{2g\text{H}},$$

la valeur $m = 0.429$ au lieu de celle de 0.41, qui avait été adoptée en 1837, mais la différence a peu d'importance.

On a tenu compte des fuites qui se faisaient par le réservoir, et l'on a retranché le produit de la dépense indiquée par le déversoir de jaugeage.

Les résultats des expériences sont rapportés dans le tableau suivant:

Expériences faites en juillet 1837 sur la turbine du ...

Numéros des expériences.	Levée de la vanne de la turbine.	Charge d'eau sur le seuil du déversoir de 5m.014 de largeur.	Poids de l'eau dépensée en 1".	Chute totale.	Travail absolu du moteur en kilog. élevés à 1m en 1".	Charge du frein.
	m	m	k	m	km	kil
1	0.050	0.174	651	3.552	2310	8.13
2	0.050	0.174	651	3.547	2311	13.13
3	0.050	0.174	651	3.560	2316	18.13
4	0.050	0.174	651	3.580	2329	23.13
5	0.550	0.174	651	3.580	2329	28.13
6	0.050	0.174	651	3.565	2316	33.13
7	0.050	0.172	639	3.555	2271	38.13
8	0.050	0.172	639	3.565	2285	43.13
9	0.050	0.172	639	3.580	2288	48.13
10	0.050	0.173	638	3.585	2295	53.13
11	0.050	0.173	638	3.621	2310	58.13
12	0.050	0.173	638	3.621	2310	63.13
13	0.050	0.173	638	3.650	2326	68.13
14	0.050	0.173	638	3.680	2356	75.13
15	0.050	0.174	651	3.703	2408	78.13
16	0.050	0.174	651	3.725	2422	83.13
17	0.050	0.174	651	3.730	2430	88.13
18	0.050	0.174	651	3.750	2522	98.13
19	0.090	0.262	1209	3.224	3900	35
20	0.090	0.255	1157	3.199	3640	50
21	0.090	0.254	1152	3.208	3696	60
22	0.090	0.250	1120	3.210	3597	70
23	0.090	0.250	1120	3.196	3579	80
24	0.090	0.250	1120	3.177	3575	90
25	0.090	0.245	1084	3.190	3458	100
26	0.090	0.241	1063	3.190	3391	110
27	0.090	0.241	1063	3.207	3400	120
28	0.090	0.241	1065	3.207	3409	130
29	0.090	0.240	1055	3.215	3386	140
30	0.090	0.240	1055	3.225	3394	150
31	0.090	0.236	1016	3.265	3308	160
32	0.090	0.236	1016	3.305	3350	170
33	0.090	0.237	1021	3.295	3358	180

...anique de *Müllbach* (département du Bas-Rhin).

…charge tendait à prendre en 1″.	Effet utile mesuré par le frein ou quantité du travail disponible		Rapport de l'effet utile mesuré par le frein au travail absolu du moteur.	Hauteur dont la turbine est noyée au dessus de la couronne inférieure.	Observations.
	en kilogrammes élevés à 1m en 1″.	en chevaux de 75 km.			
m	km	ch		m	
2.54	185	2.44	0.079	0.520	
4.26	278	3.70	0.120	0.520	
0.48	371	4.93	0.160	0.520	
9.75	457	6.09	0.215	0.520	
8.80	529	7.00	0.227	0.520	
8.05	598	7.63	0.241	0.520	Dans cette série la charge d'eau sur le seuil du déversoir et provenant des fuites était de 0m.0 265, ce qui correspond à une perte d'eau de 0 m.039 en 1″, que l'on a retranchée du volume qui passait sur le déversoir pendant les expériences. C'est le poids du volume restant qui est indiqué dans la quatrième colonne.
7.35	662	8.82	0.292	0.520	
6.75	722	9.62	0.316	0.520	
5.90	765	10.20	0.334	0.520	
4.90	792	10.88	0.341	0.520	
3.76	800	10.99	0.335	0.520	
2.80	808	10.77	0.351	0.520	
1.72	793	10.64	0.344	0.520	
0.73	785	10.46	0.334	0.520	
9.70	758	10.10	0.317	0.520	
8.80	732	9.75	0.301	0.520	
8.52	733	9.77	0.302	0.520	
6.80	667	8.89	0.283	0.520	
3.26	814	10.85	0.208	0.926	
1.60	1080	14.40	0.297	0.926	
0.36	1221	16.28	0.331	0.877	
9.30	1351	18.01	0.375	0.875	
8.55	1484	19.78	0.413	0.874	
7.52	1577	21.02	0.441	0.875	Dans cette série la charge d'eau sur le seuil du déversoir et provenant des fuites était de 0m.037, ce qui correspond à une perte d'eau de 0 m.064 en 1″, que l'on a retranchée du volume qui passait sur le déversoir pendant les expériences.
6.29	1620	21.72	0.470	0.875	
5.42	1698	22.61	0.500	0.865	
4.19	1705	22.70	0.501	0.870	
2.92	1675	22.22	0.489	0.870	
1.64	1650	21.72	0.482	0.875	
0.95	1645	21.90	0.484	0.875	
0.26	1642	21.88	0.497	0.865	
9.25	1575	20.93	0.468	0.865	
8.61	1550	20.66	0.464	0.865	

2e Partie.   23

Suite des expériences faites en juillet 1837 sur la turbine

Numéros des expériences.	Levée de la vanne de la turbine.	Charge d'eau sur le seuil du déversoir de 5m.014 de largeur.	Poids de l'eau dépensée en 1″.	Chute totale.	Travail absolu du moteur en kiloz. élevés à 1m en 1″.	Charge du frein.	Nombre de tours de la roue en 1′.
	m	m	k	m	km	kil	
34	0.150	0.554	1968	5.164	6228	20	99.5
35	0.150	0.549	1868	5.164	5910	40	92.0
36	0.150	0.548	1865	5.150	5800	60	90.0
37	0.150	0.545	1852	5.155	5969	80	85.5
38	0.150	0.542	1828	5.110	5685	100	78.5
39	0.150	0.557	1848	5.076	5675	120	75.0
40	0.150	0.551	1745	5.070	5561	140	69.0
41	0.150	0.526	1716	5.075	5280	160	65.0
42	0.150	0.522	1659	5.055	4950	180	58.2
43	0.150	0.520	1649	5.085	5088	200	52.0
44	0.150	0.518	1655	5.085	5059	220	48.0
45	0.150	0.512	1597	5.085	4921	240	44.0
46	0.150	0.551	1728	5.580	5842	260	45.3
47	0.150	0.515	1599	5.272	5251	280	58.0
48	0.150	0.515	1599	5.400	5428	280	58.5
49	0.150	0.515	1599	5.405	5455	300	54.4
50	0.200	0.580	1799	5.026	6129	10	104.0
51	0.200	0.577	2122	5.045	6475	20	105.0
52	0.200	0.575	2149	5.080	6526	40	101.5
53	0.200	0.575	2096	5.120	6546	60	95.0
54	0.200	0.571	2085	5.170	6626	80	90.4
55	0.200	0.571	2085	5.190	6651	100	87.1
56	0.200	0.565	2041	5.205	6559	120	82.8
57	0.200	0.561	2002	5.240	6485	140	80.0
58	0.200	0.561	2002	5.255	6516	160	75.0
59	0.200	0.561	2002	5.270	6545	180	70.0
60	0.200	0.561	2002	5.505	5606	200	67.6
61	0.200	0.561	2002	5.510	6625	200	67.1
62	0.200	0.555	1949	5.510	6469	220	65.0
63	0.200	0.555	1959	5.555	6517	240	58.0
64	0.200	0.519	1896	5.546	6269	260	50.6
65	0.200	0.519	1896	5.286	6256	280	48.5
66	0.200	0.519	1896	5.521	6295	300	44.0

...age mécanique de Müllbach (département du Bas-Rhin).

de suspension de la charge tendait à prendre en 1″.	Effet utile mesuré par le frein ou quantité du travail disponible — en kilogrammes élevés à 1ᵐ en 1″.	en chevaux de 75 km.	Rapport de l'effet utile mesuré par le frein au travail absolu du moteur.	Hauteur dont la turbine est noyée au dessus de la couronne inférieure.	Observations.
m	k	ch		m	
51.10	622	8.29	0.100	0.960	
29.10	1164	15.52	0.196	0.960	Dans cette série la charge d'eau sur le seuil du déversoir et provenant des fuites était de 0ᵐ.037, ce qui correspond à une perte d'eau de 0ᵐᶜ.064 en 1″, que l'on a retranchée du volume qui passait sur le déversoir pendant les expériences.
28.15	1689	22.52	0.291	0.960	
26.10	2088	27.84	0.361	0.940	
24.55	2455	52.73	0.432	0.955	
28.05	5366	44.88	0.593	0.965	
21.60	5024	40.32	0.565	0.965	Dans les quatre dernières expériences de cette série la charge d'eau sur le seuil du déversoir et provenant des fuites était de 0ᵐ.038, ce qui correspond à une perte de 0ᵐᶜ.067 en 1″, et dans la quarante-sixième expérience il passait en outre sur le déversoir 0ᵐᶜ.011 en 1″. Ces volumes dépensés en pure perte ont été retranchés de celui qui passait sur le déversoir pendant les expériences.
19.70	3152	42.05	0.596	0.965	
18.25	3285	45.80	0.665	0.965	
16.29	3258	43.44	0.641	0.955	
15.01	3502	44.03	0.655	0.955	
13.79	5172	42.28	0.645	0.855	
14.20	3692	49.22	0.655	0.865	
11.89	5529	44.38	0.636	0.850	
12.05	3574	44.98	0.622	0.950	
10.79	3237	43.16	0.598	0.820	
52.55	526	1.34	0.053	0.890	
52.25	645	8.60	0.099	0.890	
51.75	1270	16.93	0.194	0.890	
29.70	1782	25.76	0.268	0.890	
28.25	2260	50.15	0.341	0.890	
27.15	2715	56.20	0.407	0.885	
25.95	3108	41.44	0.474	0.885	Dans cette série la charge d'eau sur le seuil du déversoir et provenant des fuites était de 0ᵐ.038, ce qui correspond à une perte d'eau de 0ᵐᶜ. en 1″. que l'on a retranchée du volume d'eau qui passait sur le déversoir pendant les expériences.
25.60	3500	46.66	0.510	0.885	
25.48	5757	50.09	0.577	0.885	
21.96	5942	52.56	0.604	0.880	
21.16	4252	56.42	0.641	0.880	
21.90	4200	56.00	0.655	0.870	
19.70	4554	57.78	0.671	0.870	
18.15	4556	58.08	0.669	0.870	
15.84	4118	54.91	0.656	0.884	
15.16	4245	56.59	0.680	0.884	
15.79	4157	55.16	0.659	0.884	

Suite des expériences faites en juillet 1857 sur la turbine

Numéros des expériences.	Levée de la vanne de la turbine.	Charge d'eau sur le seuil du déversoir de 3ᵐ.014 de largeur.	Poids de l'eau dépensée en 1″.	Chute totale.	Travail absolu du moteur en kilog. élevés à 1ᵐ en 1″.	Charge du frein.	Nombre de tours de la roue en 1′.
	m	m	kil	m	km	kil	
67	0.200	0.392	2274	3.610	8224	90	100.0
68	0.200	0.383	2178	3.650	7968	110	97.0
69	0·200	0.388	2242	3.560	7997	130	91.0
70	0.200	0.384	2179	3.475	7589	150	87 0
71	0.200	0.378	2156	3.500	7131	170	80.0
72	0.200	0.371	2075	3.250	6757	190	72.0
73	0.200	0.367	2053	3.250	6581	210	67.0
74	0.200	0.364	2022	3.358	6806	250	62.1
75	0.200	0.560	1996	3.343	6688	240	57.5
76	0.200	0 356	1949	3.595	6610	270	54.0
77	0.200	0.356	1949	3.598	6650	290	49.4
78	0.270	0.452	2640	2.290	7913	170	90.6
79	0.270	0.452	2640	3.070	8118	190	87.0
80	0.270	0.422	2555	3.170	8120	210	84.6
81	0.270	0.422	2555	3.180	8109	250	77.25
83	0.270	0.422	2555	3.510	8744	290	69.0
85	0.770	0.432	2640	3.475	9185	550	66.1
84	0.270	0.425	2558	3.590	8686	540	61.5

...age mécanique de Müllbach (département du Bas-Rhin).

de suspension de la charge tendait à prendre en 1″.	Effet utile mesuré par le frein ou quantité du travail disponible		Rapport de l'effet utile mesuré par le frein au travail absolu du moteur.	Hauteur dont la turbine est noyée au dessus de la couronne inférieure.	Observations.
	en kilogrammes élevés à 1ᵐ en 1″.	en chevaux de 75 km.			
m	km	ch		m	
1.25	2815	57.50	0.341	0.640	
0.35	3339	44.51	0.420	0.640	
8.50	5705	49.40	0.464	0.640	
7.20	4080	54.40	0.557	0.680	Dans cette série la charge d'eau sur le seuil du déversoir et provenant des fuites était de 0ᵐ.058, ce qui correspond à une perte d'eau de 0 .067 en 1″, que l'on a retranchée du volume d'eau qui passait sur le déversoir pendant les expériences.
5.03	4255	56.70	0.598	0.680	
2.60	4312	57.79	0.640	0.680	
0.90	4389	58.52	0.669	0.680	
9.43	4579	58.58	0.646	0.557	
8.00	4500	60.00	0.672	0.557	
6.90	4563	60.84	0.689	0.557	
5.46	4483	59.77	0.750	0.557	
8.19	4592	61.22	0.582	0.750	
7.20	5168	68.90	0.640	0.750	
7.50	5565	74.20	0.689	0.750	
4.20	6050	80.66	0.750	0.750	Même observation.
6.50	6264	83.52	0.726	0.720	
7.20	6831	91.08	0.676	0.720	
8.19	6545	87.26	0.758	0.720	

231. *Conséquences de ces expériences.* — Pour faciliter la discussion des expériences on en a représenté graphiquement les résultats en prenant pour abscisses les nombres de tours de la roue en 1', et pour ordonnées les valeurs du rapport de l'effet utile au travail absolu du moteur.

La fig. 7, pl. IV, est relative à la quatrième série d'expériences. On y voit que l'effet utile s'est élevé à 0.67 ou 0.69 du travail absolu dépensé par le moteur, et qu'entre les vitesses de 35 à 72 tours en 1' il n'est pas descendu au dessous de 0.62, de sorte qu'entre ces limites étendues il ne s'est pas écarté de plus $\frac{1}{9}$ de sa valeur maximum.

232. *Influence des levées de vannes sur l'effet utile.* — Si l'on examine l'ensemble des expériences, on reconnaît encore ici que la grandeur de la levée de la vanne par rapport à la hauteur de la roue a une grande influence sur l'effet utile. Ainsi, en ne nous occupant que des valeurs relatives au maximum d'effet des différentes séries, on trouve les résultats suivants :

Levées de vanne.	0.050^{m}	0.090^{m}	0.150^{m}	0.200^{m}	0.270^{m}
Rapport maximum de l'effet utile au travail absolu du moteur.	0.57	0.52	0.69	0.71	0.79

On voit par ce rapprochement que le rapport de l'effet utile au travail absolu dépensé par le moteur croît avec la levée de la vanne.

Cet effet doit dépendre de deux causes distinctes. L'une est la perte de force vive que le liquide éprouve dans la roue après y être entré, et en rencontrant les tranches précédemment admises qui s'y sont épanouies. La différence de section, et par suite de vitesse, entre ces tranches épanouies et la veine fluide étant évidemment d'autant plus grande que la levée est plus faible, on voit que la perte de force vive qui en résulte doit croître à proportion lorsque la levée de la vanne diminue.

D'une autre part, la roue ayant été dans ces expériences, et devant toujours, à son état normal, être noyée dans les eaux d'aval, la résistance que le fluide oppose à son mouvement, qui dépend de la vitesse et des formes extérieures, a une influence proportionnelle plus grande aux petites dépenses d'eau qu'aux grandes.

Il convient néanmoins d'ajouter que, dans ces expériences, la dépense a varié de 1500 à 2500 litres environ en 1″, et qu'entre ces limites le rapport de l'effet utile au travail absolu du moteur n'a éprouvé que de faibles variations.

233. *Conclusions relatives à la turbine de Müllbach.* — De l'ensemble de ces expériences on peut conclure : 1° que cette turbine de $1^m.90$ de diamètre et $0^m.335$ de hauteur peut, sous une chute de $3^m.50$ à $3^m.75$, débiter au moins $2^{mc}.500$ d'eau en 1″ et qu'alors elle transmet un effet utile de 91 chevaux ; 2° qu'à la vitesse de 50 à 60 tours en 1′, avec une levée de vanne de $0^m.270$, elle rend un effet utile disponible égal à 0.746 du travail absolu du moteur ; 3° que la vitesse de la roue peut varier entre des limites très étendues sans que l'effet utile s'éloigne beaucoup de sa valeur maximum.

234. *Expériences de M. le lieutenant-colonel Dieu,*

sur la turbine établie au moulin de l'Epine. — Les résultats que nous venons de rapporter sont d'accord avec ceux qui ont été obtenus par M. Dieu, lieutenant-colonel d'artillerie, sur la turbine du moulin de l'Epine, près Arpajon. Dans ces expériences (1), bornées à une seule série, cet expérimentateur a reconnu que cette turbine, qui fonctionne sous une chute moyenne de $2^m.00$, rend un effet utile égal à 0 77 du travail absolu du moteur.

235. *Rapport de la charge qui arrête la roue à celle qui correspond au maximum d'effet.* — Dans les séries d'expériences où la levée de vanne était voisine de la hauteur totale donnée aux turbines du Moussay et de Müllbach, l'on n'a pas osé pousser toujours les charges jusqu'à celles qui arrêtaient la roue, ou rendaient son mouvement irrégulier, parce qu'alors ces roues et surtout celles de Müllbach dépassaient de beaucoup la force pour laquelle elles avaient été proportionnées ; mais, d'après l'examen des cas où l'on a pu augmenter la charge jusqu'à cette limite, on croit pouvoir conclure qu'en général l'effort maximum que la roue peut exercer, soit pendant sa marche, soit pour la mise en train, est au moins égal à 1.50 fois celui qui correspond à l'effet utile maximum fourni par la même levée de vanne.

236. *Influence de la vitesse de rotation de la turbine sur la dépense d'eau.* — En comparant les volumes d'eau débités par la turbine, et qui étaient déduits des

(1) Voir le compte-rendu des séances de l'Académie des sciences, séance du 5 février 1838.

observations faites au déservoir avec les vitesses de la
roue, on reconnaît facilement que ces dépenses croissent
notablement avec la vitesse de la roue, ce qui provient
de l'action exercée par la force centrifuge. Le tableau
suivant représente les valeurs du rapport de la dépense
effective à la dépense théorique, déduites de la somme
des aires des orifices du vannage et de la différence des
niveaux d'amont et d'aval, au moyen de la représentation graphique des résultats directs des expériences.

Nombres de tours de la roue en 1'.	Rapport de la dépense effective à la dépense théorique pour des levées de vanne de			
	0m.090.	0m.150.	0m.200.	0m.270.
40	0.946	0.058	»	»
50	0.988	0.901	0.762	»
60	1.020	0.941	0.777	»
70	1.040	0.974	0.798	0.758
80	»	0.997	0.820	0.755
90	»	1.012	0.849	0.780
100	»	1.025	0.878	0.802

Il convient de remarquer que le rapport des dépenses
effectives et théoriques est plus fort, à vitesse égale, pour
les petites levées de vanne que pour les grandes. Cela
tient à la disposition des orifices d'écoulement. On sait
en effet que ces orifices, formés par le fond fixe, les directrices verticales et le coussinet en bois, qui a environ
0m.11 dans le sens de l'axe de la veine fluide, forment
des ajustages où il n'y a qu'une très faible contraction pour
les faibles levées de vanne, mais que l'influence du cous-

sinet atténue d'autant moins la contraction que la levée
de vanne est plus grande, attendu que l'espèce de tuyau
qu'il forme a une longueur de moins en moins considérable par rapport à sa hauteur. Il y a donc ici, dans l'é-
coulement par ces orifices, une complication assez grande
pour obliger de rechercher directement par l'expérience
le volume d'eau dépensé, au lieu de le déduire du calcul à l'aide de quelque formule.

237. *Observation sur le jaugeage de la dépense d'eau
faite par les turbines.* — Lorsque le mouvement de la
roue sera régulier, et à une vitesse de régime bien établie, on pourra jauger la dépense par les orifices de prise
d'eau du canal d'amont, ou par l'observation de la vitesse qui s'y établit, et celle de sa section d'eau. Mais
pour des expériences au frein, où la variation des charges d'une observation à l'autre produit des changements
dans la vitesse et dans la dépense, et souvent des abaissements dans le niveau du réservoir, on s'exposerait à
des erreurs en jaugeant le volume d'eau dépensé par le
canal d'amont, qui n'a pas toujours alors le temps de
parvenir à l'état de régime. Il sera plus sûr de faire le
jaugeage par le canal de fuite, à l'aide d'un déversoir
provisoire établi à cet effet, comme on l'a pratiqué à
Müllbach.

238. *Conclusion générale.* — En résumé, l'ensemble
de toutes les expériences citées sur les turbines du système Fourneyron prouve :

1° Que ces roues sont aussi favorables pour les grandes chutes que pour les chutes moyennes ou petites :

2° Qu'elles transmettent aux grandes levées de vanne un effet utile net, égal à 0.70 environ du travail absolu dépensé par le moteur;

3° Qu'elles peuvent marcher à des vitesses très éloignées en plus ou en moins de celle qui correspond au maximum d'effet, sans que l'effet utile s'éloigne notablement de sa valeur maximum;

4° Que ces roues étant noyées aux plus basses eaux, la hauteur plus ou moins grande à laquelle elles se trouvent au dessous du niveau d'aval n'influe pas sensiblement sur les résultats.

Si l'on joint à ces propriétés précieuses sous le rapport mécanique l'avantage qu'elles offrent d'occuper peu de place, et de pouvoir être établies dans tel endroit d'une usine qu'on le veut, de marcher généralement à des vitesses bien supérieures à celles des autres roues, ce qui, dans beaucoup de cas, dispense de recourir à des transmissions de mouvement compliquées, on reconnaîtra sans doute avec nous que ces roues doivent prendre place parmi les meilleurs moteurs hydrauliques.

259. *Observation sur la hauteur et les dimensions principales de ces turbines.* — Les turbines du système qui nous occupe ont l'avantage de marcher noyées dans les eaux d'aval, ce qui est une qualité précieuse sur les cours d'eau sujets à des crues considérables et prolongées, mais à côté de laquelle se trouve un inconvénient difficile à éviter. Pour transmettre la même force en temps de crues, alors que la chute est réduite de beaucoup, qu'en temps d'eaux moyennes, où cette chute a sa valeur normale, il faut que la turbine ait la faculté de dépenser beaucoup plus d'eau dans le premier cas que dans le second, ce qui oblige à lui donner des dimensions proportionnées à cette dépense. Alors, en temps de grandes eaux, la turbine, avec sa vanne levée à peu près en totalité, immergée dans les eaux d'aval, fonctionne de la manière la plus avantageuse, et son effet utile s'élève à 0.70 environ du travail absolu dépensé par le moteur. Mais, en temps d'eaux moyennes, et surtout d'eaux basses, alors que la chute est à sa valeur maximum, et que le volume d'eau est au contraire à son minimum, la vanne ne peut plus être levée que d'une portion plus ou moins grande de la hauteur totale de la turbine; et l'on a vu qu'alors le rapport de l'effet utile au travail absolu du moteur diminuait considérablement avec la proportion de la levée de la vanne à sa hauteur. Ainsi ce moteur se trouve dans des conditions moins favorables en temps de basses eaux, alors qu'on aurait besoin au contraire d'obtenir le meilleur effet possible du peu de force dont on dispose, que dans les temps de crues, où il importerait peu de dépenser beaucoup, et de n'obtenir qu'un effet moins grand par rapport au travail dépensé.

M. Fourneyron a cherché, par la multiplication des diaphragmes, à diminuer cet inconvénient, qui est d'autant plus grave qu'il y a plus de différence dans la chute en temps de crues et en temps de basses eaux. Cette disposition est certainement favorable; mais jusqu'ici aucune expérience authentique n'a été publiée qui ait prouvé que ce moyen ait complétement réussi. Il serait à désirer que ce point important fût éclairci.

XVIIe LEÇON.

240. *Description*. — La turbine construite par M. Fon-

Fig. 44.

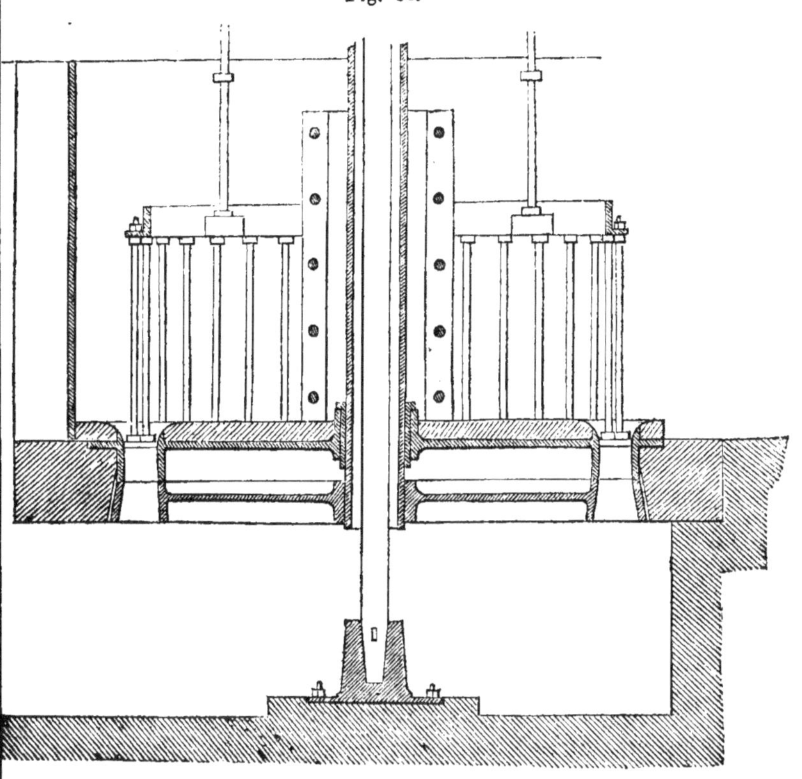

taine (fig. 44) se compose d'une zone annulaire en fonte,
portant des aubes courbes à surfaces hélicoïdes dont la
génératrice est une droite horizontale, passant par l'eax
vertical de la roue, et qui a pour directrice une courbe
dont l'élément supérieur est sensiblement vertical, tandis que son élément inférieur forme avec l'horizontale
un angle qui varie de 20° à 30°. La largeur de cette zone
annulaire est assez ordinairement égale à $\frac{1}{10}$ ou $\frac{1}{12}$ du

diamètre de la roue. L'écartement à la circonférence moyenne de la couronne varie de $0^m.06$ à $0^m.07$ jusqu'à $0^m.15$, et la hauteur ou l'épaisseur de la couronne est égale à environ deux fois l'écartement des aubes. Des directrices, dont le nombre est assez ordinairement moitié de celui des aubes, sont aussi des surfaces hélicoïdes engendrées par une ligne droite horizontale, passant par l'axe vertical, et dirigée par une courbe à plusieurs centres, qui devient à peu près verticale vers le haut, et qui forme en bas un angle qui varie de 12 à 25°, et même plus. Ces directrices sont coulées avec les deux enveloppes annulaires assemblées sur un fond fixe. Les aubes sont de même coulées avec les couronnes cylindriques qui les limitent, et assemblées avec un fond qui, pour les petites turbines, est quelquefois coulé d'une seule pièce avec elles.

La couronne des aubes ou la roue est placée immédiatement au dessous de celle des directrices, et assemblée sur un arbre cylindrique creux.

Le pivot qui supporte cet arbre et la roue, au lieu d'être placé dans l'eau, est établi beaucoup au dessus, et repose sur la tête d'un support fixe qui passe dans l'intérieur de l'arbre dans lequel il est ajusté à frottement doux vers le sommet, et qui s'appuie inférieurement sur un patin en fonte scellé dans la fondation.

L'arbre creux, qui se termine à une hauteur plus ou moins grande au dessus ou au dessous, reçoit à douille l'arbre vertical qui transmet le mouvement. (La figure montre les dispositions du montage de cette roue.) On trouvera de plus amples détails descriptifs sur cette roue dans le quatrième volume de la publication industrielle de M. Armaingaud, page 196 et suivantes.

On remarquera que la roue que nous venons de décrire succinctement et ses directrices offrent, ainsi que nous l'avons dit au n° 218, la plus grande analogie avec celle dont il est question soit dans le mémoire d'Euler, inséré dans l'histoire de l'Académie de Berlin, volume de 1754, soit dans celui d'Albert Euler dans les mémoires de la Société de Gœttingue pour l'année 1752. La distribution de l'eau sur les aubes de la roue renfermées dans une zone annulaire, et leur direction sous l'inclinaison convenable par des courbes contiguës, sont parfaitement indiquées dans ces mémoires. Cette même disposition a été rappelée par M. Navier dans ses notes sur l'architecture hydraulique de Bélidor, page 451 et suivantes. Ce n'est donc pas sous ce rapport que la construction adoptée par M. Fontaine présente quelque chose de nouveau, mais bien par la manière de régler la dépense d'eau que la roue doit faire.

De petites vannes, ayant chacune leur tige particulière, sont ajustées dans les conduits formés par les directrices. Elles portent une espèce de coussinet ou liteau arrondi qui diminue les effets de la contraction sur le côté supérieur de l'orifice. On a aussi le soin d'arrondir les bords circulaires intérieurs et extérieurs de la roue qui porte les directrices. Les faces de ces vannes sont dirigées suivant des plans verticaux qui passent par l'axe de la roue, et toutes leurs tiges sont réunies par un cercle horizontal en fer suspendu à trois autres tiges verticales que la manœuvre de vanne fait monter ou descendre.

A l'aide de cette disposition succincte, on voit qu'il est facile de faire varier la dépense d'eau, soit en agissant directement sur la manœuvre de vanne, soit en la mettant en rapport de mouvement avec un régulateur qui abaisse ou élève les ventelles, selon que le mouvement s'accélère ou se ralentit.

Mais cette facilité de faire varier la dépense d'eau est renfermée entre des limites assez restreintes, attendu qu'il convient autant que possible que l'ouverture des orifices d'écoulement ne diffère pas trop de celle qui correspond à l'état normal de la roue.

241. *Turbines doubles.* — Cette faculté suffit néanmoins pour les variations ordinaires de produit des cours d'eau passablement réguliers; mais, quand il s'agit de ceux où de variations considérables de niveau produites par les crues réduisent, pendant quelque temps, la chute de $\frac{1}{4}$, $\frac{1}{3}$ ou $\frac{1}{2}$ de sa valeur normale, il devient nécessaire d'avoir un moyen d'augmenter de beaucoup le volume d'eau que le moteur doit débiter. M. Fontaine y est parvenu récemment en formant alors les turbines de deux couronnes annulaires concentriques, coulées ensemble, ayant chacune leurs aubes, leurs courbes directrices et leurs vannes. Par cette disposition l'on peut à volonté faire fonctionner à la fois les deux systèmes d'orifices distributeurs et d'aubes, ou n'en employer qu'un seul, selon que les eaux sont très abondantes et la chute réduite, ou que les eaux et la chute ont leurs valeurs moyennes. L'on ne possède pas encore d'expériences bien faites sur ces turbines doubles, quoiqu'on en ait déjà exécuté plusieurs avec succès. Il nous paraît probable, que les vitesses des deux zones ne pouvant pas se trouver en même temps dans les conditions les plus favorables au maximum d'effet, le rapport de l'effet utile au travail absolu du moteur sera un peu moindre que pour une seule turbine: mais cela serait sans importance, puisqu'à l'époque où l'on doit employer simultanément les deux zones d'orifices les eaux sont très abondantes et que la chute seule est réduite.

Nous attendrons que l'expérience ait prononcé sur la valeur de cette innovation, et nous espérons que l'occasion nous sera bientôt offerte de l'étudier.

242. *Expériences sur la turbine Fontaine*. — Ces expériences ont été exécutées à la poudrerie du Bouchet, sur le même coursier et avec les mêmes moyens de jaugeage que celles qui ont été faites sur les roues à aubes courbes. Le volume d'eau dépensé était donc facilement déterminé avec l'exactitude désirable.

La turbine essayée a $1^m.20$ de diamètre moyen, mesure prise au milieu de la largeur des aubes, et $1^m.33$ de diamètre extérieur. Elle porte 58 aubes, et son vannage a 24 directrices. La hauteur verticale dont les petites vannes se lèvent est de $0^m.040$.

Le frein a été placé immédiatement sur l'arbre de la turbine ; son œil était exactement allézé sur l'arbre, il était parfaitement centré et fonctionnait avec la plus grande régularité, sans chocs et sans secousses. Il a été exécuté quatre séries d'expériences, dont trois à des chutes totales d'environ $1^m.55$ et des élévations de vannes de $0^m.02$, 0^m03 et $0^m.04$. La quatrième série a été faite avec la chute d'environ $1^m.00$ et une levée de vanne de $0^m.04$. Dans toutes ces expériences la roue était noyée de quelques centimètres dans l'eau du canal de fuite. Les résultats en sont consignés dans le tableau suivant et représentés pl. IV, fig. 9, 10, 11 et 12. Pour cette représentation graphique on a pris les nombres de tours de la roue en $1'$ pour abscisses, et les rapports de l'effet utile mesuré par le frein au travail absolu du moteur pour ordonnées.

243. *Expériences exécutées au Bouchet sur une turbine Fontaine.*

des séries.	des expériences.	Dépense d'eau en 1″. (mc)	Chute totale. (m)	Travail absolu du moteur en 1″. (km)	Levée des vannes de la turbine. (m)	Charge totale du frein. (k)	Nombre de tours de la turbine en 1′.	Vitesse que le point de suspension tendait à prendre. (m)	Effet utile mesuré au frein. (km)	Rapport de l'effet utile au travail absolu du moteur.	Observations.
1	1	0.2149	1.65	330.3		8.827	69.3	16.83	148.5	0.424	
	2	0.2085	1.62	337.5		10.827	64.3	15.63	169.2	0.5013	
	3	0.2088	1.605	333.1		12.827	58.1	14.11	181.0	0.5402	
	4	0.2088	1.59	341.7		14.827	52.2	12.68	188.2	0.5310	
	5	0.2106	1.55	326.5	0.02	16.827	46.8	11.36	191.2	0.5837	
	6	0.2185	1.615	352.9		18.827	42.9	10.41	196.1	0.5557	
	7	0.2205	1.58	348.4		20.827	38.5	9.309	195.9	0.5565	
	8	0.2140	1.58	338.2		22.827	32.7	7.934	181.6	0.5369	
	9	0.2215	1.56	345.5		24.827	30.5	7.415	184.1	0.5328	
	10	0.2195	1.55	340.3		26.827	25.4	6.162	165.3	0.4858	
2	1	0.2469	1.62	400.1		6.827	78.3	19.02	129.9	0.3246	
	2	0.2492	1.59	396.5		8.827	75.0	18.23	160.9	0.4061	
	3	0.2492	1.58	393.8		10.827	68 0	16.51	178.8	0.4539	
	4	0.2546	1.57	399.7		12.827	63.5	15.91	204.1	0 5106	
	5	0.2474	1.58	390.9		14 827	60.0	14.58	216.5	0.5539	
	6	0.2581	1.56	402.6	0.03	16.827	54.6	13.26	223.1	0.5541	
	7	0.2501	1.54	385.2		18.827	50.7	12.32	232.0	0.6024	
	8	0.2519	1.50	377.9		20.827	45.0	10.93	227.8	0.6028	
	9	0.2354	1.48	343.2		22.827	38.7	9.408	214.8	0.6218	
	10	0.2483	1.45	360.1		24.827	32.7	7.934	197.5	0.5485	
	11	0.2537	1.44	362.5		26.827	29.1	7.056	189.3	0.5182	
	12	0.2485	1.41	350.1		28.827	24.7	5.995	172.8	0.4954	
	13	0.2465	1.59	342.6		30.827	19.6	4.755	146.6	0.4278	

Suite des expériences exécutées au Bouchet, etc.

Numéros des séries.	Numéros des expériences.	Dépense d'eau en 1″.	Chute totale.	Travail absolu du moteur en 1″.	Levée des vannes de la turbine.	Charge totale du frein.	Nombre de tours de la turbine en 1′.	Vitesse que le point de suspension tendait à prendre.	Effet utile mesuré au frein.	Rapport de l'effet utile au travail absolu du moteur.	Observations.
		mc	m	km	m	k		m	km		
	1	0.2583	1.63	421.1		13.827	69.3	16 83	232.8	0.5529	
	2	0.2631	1.60	421.0		15.827	63.1	15.35	243.0	0.5771	
	3	0.2674	1.60	427.8		17.827	61.1	14.82	264.4	0.6179	
	4	0.2674	1.59	425.0		19.827	57.2	13.89	275.4	0.6477	
	5	0.2658	1.59	422.6		21.827	55.8	13.05	285.1	0.6745	
	6	0.2620	1.57	411.3		23.827	48.1	11.67	278.0	0.6759	
3	7	0.2652	1.55	411.0	0.04	25.827	43.9	10.67	275.6	0.6706	
	8	0.2652	1.52	403.1		27.827	41.4	10.057	279.9	0.6943	
	9	0.2613	1.54	402.4		29.827	36.0	8.75	260.9	0.6485	
	10	0.2639	1.51	398.5		31.827	30.8	4.479	238.0	0.5973	
	11	0.2639	1.50	395.9		33.827	27.7	6.731	227.7	0.5752	
	12	0.2639	1.49	393.2		35.827	19.6	4.755	214.5	0.4355	
	13	0.2702	1.485	401.5		35.827	19.6	4.755	214.5	0.4246	
	1	0.2190	1.12	245.3		6.827	66.7	16.20	110.6	0.4509	
	2	0.2190	1.10	240.9		8.827	61.1	14.85	150.9	0.5433	
	3	0.2190	1.09	238.7		10.827	55.4	13.46	145.8	0.6105	
	4	0.220	1.07	235.4		12.827	50.0	12.15	155.9	0.6622	
4	5	0.221	1.03	227 6	0 04	14.827	45.0	10.94	162.4	0.7134	
	6	0.221	1.02	225.4		16.827	39.2	9.511	160.0	0.7100	
	7	0.218	0.99	215.8		18.827	34.0	8.255	155.4	0.7199	
	8	0.2215	0.98	217.0		20.827	29 1	7.056	147.0	0.6771	
	9	0.2244	0.97	217.		22.827	26.9	6.53	149.1	0.6849	

244. *Examen des résultats directs de ces expériences.*
— Si nous examinons d'abord les résultats immédiats
des expériences, nous voyons, par le tableau ci-dessus
et par leur représentation graphique, qu'ils présentent
une grande continuité, et que les courbes qui donnent
le rapport de l'effet utile disponible au travail absolu du
moteur sont très surbaissées ; cela prouve que la vitesse
de cette roue peut varier entre des limites très étendues,
sans qu'il en résulte pour l'effet utile de différences considérables. Ainsi, dans la série relative à une levée des
vannes égale à $0^m.020$, l'effet utile disponible maximum a été trouvé égal à 0.575 du travail absolu du
moteur, à la vitesse de 45 tours en 1′ ; et aux vitesses
de 35 et de 55 tours il est encore de 0.55 de la même
quantité.

Dans la deuxième série, relative aux levées de vannes de $0^m.03$, l'effet utile maximum est 0.620 du travail
absolu du moteur, à la vitesse de 45 tours en 1′ ; et aux
vitesses de 35 et de 55 tours il est encore respectivement égal à 0.587 et 0.582 de la même quantité.

Dans la troisième série, où les vannes étaient levées
de $0^m.04$, l'effet utile disponible maximum est égal à
0.686 du travail absolu du moteur, à la vitesse de 45
tours en 1′ ; aux vitesses de 35 et de 55 tours, il est encore respectivement égal à 0.645 et 0.657 de la même
quantité.

Enfin dans la quatrième série, où la chute était de $1^m.00$
environ et l'élévation des vannes de $0^m.04$, la valeur
maximum du rapport de l'effet utile au travail absolu
dépensé par le moteur étant égale à 0.715, et correspondant à une vitesse de 58 tours en 1′, ce rapport con-

serve les valeurs 0.690 et 0.685 aux vitesses de 28 et 48 tours en 1'.

Ainsi la vitesse de la roue a pu en général différer en plus ou en moins de 0.25 de celle qui correspond au maximum d'effet sans que le rapport de l'effet utile au travail absolu dépensé par le moteur ait diminué de plus de $\frac{1}{16}$ à $\frac{1}{24}$.

Cette propriété est, comme on sait, un avantage important pour beaucoup d'usines, où la nature du travail peut exiger que le moteur prenne des vitesses différentes.

245. *Influence des levées de vannes.* — Les courbes et les résultats du calcul montrent aussi que, pour des levées de vannes très différentes de $0^m.02$, $0^m.03$ à $0^m.04$, et par conséquent pour des dépenses d'eau qui ont varié de $0^{mc}.200$ à $0^{mc}.280$ environ, le rapport de l'effet utile disponible au travail absolu du moteur n'a varié que de 0.573 à 0.690, c'est-à-dire que pour les faibles levées de vannes de $0^m.02$ il n'est inférieur à sa valeur correspondant aux plus fortes levées que de $\frac{1}{6}$ environ. Cette différence de l'effet utile, quand on passe des grandes levées de vannes aux petites, se manifeste dans toutes les turbines et même dans tous les moteurs hydrauliques, et pour la turbine Fontaine elle n'est pas plus grande que pour d'autres roues du même genre.

246. *Charge ou effort maximum que la roue peut transmettre au moment de la mise en marche.* — Si l'on compare les charges du frein correspondantes au maximum d'effet à celles qui rendent le mouvement de la roue incertain et irrégulier, on trouve les valeurs suivantes :

Numéros des séries.	Levées des vannes.	Charges		Rapport de la deuxième à la première charge.
		correspondant au maximum d'effet.	qui rendent le mouvement irrégulier.	
1	m 0.02	k 16.827	k 26.827	1.60
2	0.03	20.827	30.827	1.48
3	0.04	25.827	35.827	1.39
4	0.04	16.827	24.827	1.47
			Moyenne. .	1.48

Il résulte de cette comparaison que l'effort maximum que la roue peut exercer pour une charge d'eau et une levée des vannes données est environ moitié en sus de l'effort correspondant au maximum d'effet. Cette roue peut donc, soit au moment de la mise en train des usines, soit pendant leur travail, vaincre des résistances accidentellement beaucoup plus considérables que la résistance moyenne. Sous ce rapport encore elle est comparable aux meilleures roues hydrauliques.

247. *Emploi d'un régulateur de vannes.* — La disposition de la manœuvre des vannes de cette turbine permet d'y adapter avec facilité et avantage un régulateur à force centrifuge dans tous les cas où des variations accidentelles de la charge d'eau ou de la résistance pourraient produire des accélérations ou des retards nuisibles à la marche de l'usine. Et comme, pour de faibles variations de la levée des vannes, le rapport de l'effet utile au travail absolu du moteur varie fort peu, on voit que la roue ainsi réglée par le régulateur se trouvera toujours dans des conditions aussi favorables d e marche.

248. *Influence de la vitesse de la roue sur la dépense d'eau.* — Les expériences que j'ai exécutées, en 1837, sur les turbines de Moussay et de Müllbach, construites par M. Fourneyron, ont montré que la dépense d'eau croissait, toutes choses égales d'ailleurs, avec la vitesse de la roue; et la théorie que M. Poncelet a donnée des effets de cette turbine montre parfaitement que cet accroissement est dû à la force centrifuge. Dans la turbine qui nous occupe, comme dans celle de MM. A. Kœchlin, l'eau entre et sort à la même distance de l'axe; et comme la largeur des aubes est, surtout dans la première, une assez faible fraction du rayon, il en résulte que la force centrifuge a peu d'influence sur la circulation de l'eau à travers les orifices.

L'expérience montre en effet que, pour la turbine Jonval, la dépense ne paraît pas sensiblement modifiée par la vitesse; mais, dans la turbine Fontaine, l'examen des tableaux d'expériences prouve que la dépense diminue à mesure que la vitesse augmente. Cet effet, dont la théorie nous paraît incapable de rendre compte, nous semble tenir uniquement au choc qui se produit contre la tranche ou le bord des aubes, quand elles passent devant les orifices, et à l'espèce d'obstruction qu'elles produisent dans la veine fluide. Si cet effet est sensible dans la turbine Fontaine, tandis qu'il ne l'est pas dans la turbine Jonval, cela tient uniquement à ce que dans la première les aubes sont en fonte, beaucoup plus épaisses et multipliées par rapport à l'épaisseur des veines fluides que dans la seconde, où elles sont en tôle et en petit nombre ainsi que les orifices.

Cette circonstance ne paraît pas d'ailleurs occasionner une diminution notable de l'effet utile, mais elle semble indiquer qu'il serait avantageux de rendre les aubes plus minces en les faisant en tôle, et d'adopter pour ces roues des rayons plus petits.

249. *Résultats de la discussion théorique des effets de cette turbine.* — Après avoir discuté les résultats immédiats des expériences, nous avons cherché à les comparer à ceux que l'on déduit des principes de la théorie, en suivant la marche adoptée par M. Poncelet dans sa théorie des effets de la turbine de M. Fourneyron. Nous ferons de cette recherche l'objet d'une note particulière, que l'on trouvera à la fin de cette seconde partie; et pour le moment nous nous bornerons à indiquer les résultats auxquels elle nous a conduit.

Recherchant d'abord l'expression de la vitesse de passage de l'eau à travers les orifices d'évacuation formés par les aubes de la roue, nous sommes parvenu à une expression qui montre que cette vitesse est moindre que celle qui est due à la chute totale.

On arrive ainsi à une expression qui indique que la dépense d'eau devrait être indépendante de la vitesse de la roue, tandis que l'expérience montre qu'au contraire la roue dépense d'autant moins d'eau qu'elle marche plus vite. Mais nous avons expliqué plus haut que cette différence entre la théorie et l'observation doit être attribuée à l'épaisseur trop grande donnée à la fonte aux bords mêmes des aubes, qui, en passant devant l'orifice, gênent momentanément l'écoulement de l'eau.

En comparant les résultats de cette dernière formule avec la dépense effective déterminée directement, on trouve que la différence entre les résultats de la théorie et ceux de l'observation est comprise entre $\frac{1}{15}$ et $\frac{1}{36}$: accord très satisfaisant, surtout si l'on remarque que les tasseaux fixés aux vannes ne se raccordent pas aussi bien que l'on pourrait le désirer avec la surface inférieure des directrices et qu'il en résulte une légère perte de force vive que nous avons négligée.

En continuant ces applications on parvient à une formule qui donne le rapport de l'effet utile théorique au travail absolu du moteur.

L'application de cette formule à une série complète d'expériences a montré que les résultats de la théorie diffèrent peu de ceux de l'expérience, et surtout qu'ils suivent la même marche. En les représentant les uns et les autres par des courbes dont les nombres de tours étaient les abscisses, et dont les rapports de l'effet utile théorique et de l'effet utile réel au travail absolu du moteur étaient respectivement les ordonnées, l'on a reconnu que la différence de ces ordonnées croissait à très peu près comme le quarré de la vitesse. D'où résulte qu'en retranchant de l'effet utile théorique un terme fourni par cette discussion même et proportionnel à la surface immergée et au quarré de la vitesse de la roue, la formule théorique ainsi modifiée reproduit avec toute l'exactitude désirable les résultats de l'expérience, et peut servir de règle pour l'établissement de la roue.

250. *Conclusion générale.* — De l'ensemble de ces recherches on peut conclure :

1° Que la turbine pour laquelle M. Fontaine Baron est breveté rend un effet utile égal à 0.68 ou 0.70 du travail absolu dépensé par le moteur quand les vannes sont levées de manière à démasquer entièrement les orifices formés par les courbes directrices ;

2° Que, pour des levées de vannes moindres, qui réduisent la dépense dans le rapport de 2.65 à 2.00 ou de 4 à 3, l'effet utile ne descend pas au dessous de 0.573 du travail absolu dépensé par le moteur, ce qui montre qu'elle peut avec avantage être soumise dans ces limites à l'action d'un régulateur ;

3° Que la vitesse de cette roue peut varier dans des limites étendues en deçà et au delà de celle qui correspond au maximum d'effet, sans que le rapport de l'effet utile au travail absolu du moteur diminue d'une manière notable ;

4° Que l'effort maximum que la roue peut exercer s'élève à environ 1.48 fois celui qui correspond au maximum d'effet ;

5° Que ce moteur, facile à installer, dont les pivots sont hors de l'eau et peuvent être graissés et visités à volonté, et qui exige peu de constructions hydrauliques, peut être classé au rang des meilleures turbines.

Quant à la turbine double du même constructeur, nous attendrons que des expériences authentiques aient été faites pour nous prononcer sur son effet utile, tout en

faisant remarquer, dès à présent, que, pour les circonstances spéciales des crues, auxquelles elle est destinée,
il y a en général peu d'inconvénients à ce que le rapport
de l'effet utile au travail absolu dépensé par le moteur soit
faible, puisque l'on a alors de l'eau en trop grande abondance. Sous ce point de vue la turbine de M. Fontaine
serait dans une condition inverse et plus favorable que
les autres turbines étudiées, dont l'effet utile est, au contraire, plus grand à proportion dans les temps de grandes
eaux que dans ceux de basses eaux.

XVIIIe LEÇON.

251. *Turbine Jonval, construite et perfectionnée par MM. A. Kœchlin et Ce.* — D'après les renseignements que nous nous sommes procurés, cette turbine a été introduite dans les ateliers de construction de MM. A. Kœchlin par feu M. Jonval, qui avait pris, le 27 octobre 1841, un brevet comprenant trois moteurs de ce genre, disposés sur un même canal ou tuyau de circulation, et destinés à fonctionner ensemble ou séparément, selon l'abondance des eaux. L'un d'eux à axe horizontal était à la partie supérieure, le second à axe vertical vers le milieu de la chute, et le troisième à axe horizontal dans le bas. Dans les ateliers de MM. A. Kœchlin la turbine proposée par M. Jonval reçut des perfectionnements notables. Sur les trois dispositions indiquées par l'auteur, on admit d'abord à peu près exclusivement celle qui place la roue entre les deux niveaux supérieur et inférieur ; mais récemment, dans la vallée de Munster, pour une chute de 18^m.00 environ, on a établi deux turbines de 0^m.20 de diamètre, montées sur le même arbre horizontal à droite et à gauche du tuyau vertical d'arrivée et qui se partagent un volume d'eau d'environ 50 litres en 1″. Cette division de la force motrice diminue considérablement la pression sur le pivot de l'arbre, qui fait 1500 à 1600 tours en 1′ et conduit 54 métiers à tisser sans préparation, ce qui peut exiger une force de 8 à 9 chevaux.

252. *Description de la nouvelle turbine.* — Le récepteur hydraulique qui nous occupe se compose d'un tuyau vertical, qui se raccorde, à sa partie inférieure, avec un autre tuyau à section rectangulaire, dont l'axe est horizontal, et qui est muni d'une vanne verticale pour permettre ou suspendre à volonté le mouvement du liquide.

Vers sa partie supérieure le cylindre est rétréci et allézé exactement pour recevoir la roue, qui n'y a qu'un jeu d'un millimètre au plus. Au dessus de cette portion allézée le tuyau s'évase légèrement en tronc de cône et reçoit la couronne, qui porte les courbes directrice et à travers laquelle passe l'arbre vertical de la roue; une garniture exacte empêche l'eau de s'écouler entre l'arbre et l'ouverture qui lui est réservée.

La surface de ces directrices est engendrée par une ligne droite qui se meut horizontalement en passant par l'axe vertical du cylindre et en s'appuyant sur une courbe tracée sur la surface cylindrique du noyau de la couronne. L'élément supérieur de cette courbe est à peu près vertical, tandis que son élément inférieur forme un angle d'environ 34° avec l'horizontale.

Les aubes de la roue sont aussi des surfaces réglées à génératrices horizontales dirigées vers l'axe et qui suivent une directrice tracée sur le cylindre intérieur de cette roue. L'élément supérieur de cette directrice forme avec le plan horizontal un angle de 70°, et l'élément inférieur un angle d'environ 30°

On voit par cette description succincte que cette roue offre la plus grande analogie avec la turbine décrite par Euler et avec celle de M. Fontaine Baron. Elle diffère de la première en ce que les directrices et la roue n'ont

que fort peu de hauteur, et de la seconde en ce que
celle-ci a pour chaque directrice une petite vanne, dont
le plan passe par l'axe vertical et qui permet de régler
la dépense d'eau.

La roue, ordinairement placée dans une position intermédiaire entre le réservoir supérieur et le canal de
fuite, repose sur un support en fonte placé dans le cylindre. Des dispositions simples sont prises pour que la cra-
paudine et le pivot, constamment plongés dans l'eau,
puissent être lubrifiés d'huile.

Le tuyau supérieur s'assemble par des rebords avec
le fond du canal d'arrivée, sur lequel il doit y avoir une
profondeur d'eau telle qu'il ne se forme pas au dessus
des espèces de trombes aspirantes qui conduiraient l'air
au travers de la roue et nuiraient à sa marche.

A l'extrémité du tuyau horizontal inférieur est une
vanne qui sert à régler la dépense d'eau entre certaines
limites. Pour tous les cas où la diminution du volume
d'eau à dépenser est considérable et dure pendant quelque temps, on garnit les intervalles des aubes de la
roue avec des coins obturateurs qui diminuent la capacité des canaux de circulation du liquide dans la roue, et
que l'on place ou enlève en peu de temps, en mettant le
réservoir à sec.

253. *Observations sur les avantages de la disposition
adoptée pour l'emplacement de la roue.* — En plaçant,
comme nous venons de le dire, la roue vers la partie supérieure de la chute, on a trouvé 1° le moyen de réduire
à peu de chose la longueur de l'arbre et le poids du moteur, et 2° la facilité de la visiter, d'y placer ou d'enlever

les coins obturateurs. Mais c'est à cela que se réduit l'avantage de cette disposition ; sous le rapport de l'effet utile elle n'en présente aucun, et peut-être même est-elle plus nuisible que profitable.

Le nom de turbine à double effet donné à ce moteur n'est donc pas justifié, car il n'y a ici d'autre travail moteur que celui qui est développé par la pesanteur.

Quoi qu'il en soit, ce moteur n'en paraît pas moins d'un emploi avantageux dans beaucoup de circonstances.

C'est ce que démontrent les résultats des nombreuses expériences au frein, et parmi lesquelles nous citerons d'abord celles qui ont été communiquées par MM. A. Kœchlin et faites par leurs ingénieurs, puis répétées par le comité de mécanique de la Société industrielle de Mulhouse, sur une turbine établie chez MM. Kunnemann frères, au pont d'Aspach, dans le département du Haut-Rhin, et sur une turbine établie à Steinen.

254. *Expériences faites par la Société industrielle de Mulhouse.* — Dans les expériences sur la turbine du pont d'Aspach, le jaugeage des dépenses d'eau a été fait au moyen d'un déversoir établi à cent mètres en aval de la turbine dans le canal de fuite, et pour lequel on a pris pour coefficient de la formule

$$Q = m\mathrm{LH}\sqrt{2g\mathrm{H}}$$

le nombre $m = 0.40$, valeur qui nous paraît un peu faible, mais qui se rapproche beaucoup de celle de 0.41 que j'avais adoptée en 1838, et que l'on a remplacée au n° 229 par la valeur 0.429, par les raisons indiquées, pour le calcul des résultats des expériences sur la turbine établie à Müllbach par M. Fourneyron. Ce rapprochement a pour but de montrer que les résultats obtenus par le comité de mécanique de la Société industrielle de Mulhouse sont calculés d'après des données et des formules qui les rendent directement comparables à ceux qui ont été obtenus en 1838 à Müllbach.

255. *Observations sur le mode de jaugeage.* — Des observations préliminaires ont permis de jauger le produit des fuites et de le déduire de la dépense faite pendant les expériences. Mais il faut remarquer que, pour l'observation de ces fuites, la charge sur le déversoir n'ayant été que de $0^m.048$ et l'épaisseur du madrier étant au moins de $0^m.050$, le bord de ce madrier a dû produire dans la dépense une diminution notable, et qu'au lieu de prendre pour évaluer ces fuites la valeur $m = 0.42$ pour le coefficient de la dépense, on aurait dû, d'après les expériences de MM. Poncelet et Lesbors, adopter celle de $m = 0.26$; de sorte que ces fuites estimées à 66 litres devraient être réduites à $40^{lit}.8$, ce qui augmenterait la dépense réelle faite par la turbine de 25 litres environ ou de $\frac{1}{26}$. On voit donc que cette légère rectification n'aurait pas une influence considérable sur les résultats.

Ces expériences ont été exécutées sur deux roues de $0^m.800$ de diamètre, successivement placées dans le même tuyau, et la première roue avait les dimensions et proportions suivantes :

Diamètre extérieur. . . . . $0^m.800$
Largeur des augets. . . . . $0^m.140$
Nombre des augets. 16

Section des orifices de la roue, ensemble. . . .	0mq.290
Orifice de la vanne de sortie au bas de la roue. .	0mq.450
Chute disponible.	2m.720
Le nombre de tours a varié de	158 à 90

La seconde roue avait :

Diamètre extérieur.	0m.800
Largeur des augets.	0m.100
Nombre des augets.	18
Section ou orifices des augets, ensemble. . . .	0mq.220
Orifice de la vanne de sortie, au bas de la roue. .	0mq.450
Chute disponible.	2m.77
Le nombre de tours a varié de	168 à 90

Il a été remarqué et constaté que la première roue éprouvait contre les courbes conductrices un frottement qui a été assez considérable pour diminuer notablement l'effet utile. Mais la seconde, qui était montée avec plus d'exactitude, a donné, à des vitesses comprises entre 168 et 90 tours en 1', pour le rapport de l'effet utile disponible mesuré par le frein au travail absolu du moteur, des valeurs comprises entre 0.72 et 0.83, résultats sensiblement les mêmes que ceux qui avaient été précédemment obtenus et annoncés par MM. A. Kœchlin et Ce. En admettant que, d'après les observations précédentes, on dût estimer la dépense à $\frac{1}{8}$ en sus de la valeur admise par le comité de la Société industrielle de Mulhouse, le rapport de l'effet utile disponible au travail absolu dépensé par le moteur serait encore compris entre 0.63 et 0.71, pour des vitesses variables de 168 à 90 tours en 1'. L'effet utile de cette turbine a donc été égal à celui qui a été trouvé dans le cas le plus favorable avec la turbine de Mülbach, construite par M. Fourneyron.

256. *Expériences exécutées à la poudrerie du Bouchet.* — L'habileté et l'exactitude avec lesquelles procède la Société industrielle de Mulhouse suffisaient déjà pour montrer que la nouvelle turbine était un moteur digne d'entrer en concurrence avec les meilleurs récepteurs hydrauliques; mais il nous a paru utile, dans une question si importante pour l'industrie, de répéter ces expériences, en les variant davantage. A cet effet nous avons eu recours à MM. A. Kœchlin et Ce, qui ont mis à notre disposition une turbine, que l'on a installée à la poudrerie du Bouchet.

Cette turbine a les proportions suivantes :

Diamètre extérieur.	$0^m.810$
Largeur des augets sans obturateurs. . .	$0^m.120$
— avec obturateurs. . .	$0^m.048$
Nombre des augets.	18
Section ou orifices de la roue, ensemble. .	$0^{mq}.0706$
Aire de l'orifice de la vanne de sortie. . .	$0^{mq}.2977$
La chute disponible a varié de	$1^m.76$ à $1^m.40$

On a exécuté plusieurs séries d'expériences en faisant varier dans chacune d'elles la charge de frein, depuis la charge nulle jusqu'à celle qui arrêtait la roue ou rendait son mouvement tout à fait irrégulier, de sorte que la vitesse a aussi varié dans des limites très étendues.

On a fait fonctionner la roue d'abord sans obturateurs, ensuite avec la moitié, puis avec la totalité de ses aubes garnies d'obturateurs; et dans quelques cas, toutes choses restant égales d'ailleurs, on a fait varier l'aire de l'orifice de sortie du bas de la roue, afin de reconnaitre l'influence de sa proportion sur l'effet utile.

257. *Observations sur le frein.* — Le frein était monté sur l'axe même de la turbine, et sa poulie à fond plein formait une sorte de cuvette dans laquelle un filet d'eau tombant avec continuité, après s'être chargé d'une portion du savon noir qu'on y avait mis, était rejeté à la circonférence par la force centrifuge, mouillait et lubrifiait avec continuité les surfaces frottantes. A l'aide de cette disposition simple, cet appareil a fonctionné, dans toutes les expériences, avec une précision tellement remarquable que le levier restait immobile et sans oscillations apparentes pendant des quarts d'heure entiers.

Ces observations prouvent que, pour les turbines même les plus légères qui marchent vite, le frein bien monté sur leur axe vertical est un instrument d'une précision beaucoup plus grande qu'on ne le croit, et qu'il qu'il ne donne pas lieu à des chocs, comme on en éprouve souvent en le plaçant sur les arbres horizontaux, qui marchent doucement. Nous croyons, au surplus, que l'on diminuerait beaucoup les chocs dans ce dernier cas en plaçant le levier du frein, ou pour mieux dire le centre de gravité de tout son appareil, au dessous de l'axe de rotation, ce qui rendrait son équilibre plus stable et tendrait toujours à le faire revenir à la position horizontale.

258. *Résultats des expériences.* — Les données et les résultats des expériences sont consignés dans le tableau suivant :

séries.	expériences.	Dépense d'eau en 1″.	Chute totale.	Levée de la vanne de la turbine.	Nombre de tours de la roue en 1′.	Effet utile mesuré par le frein.	Travail absolu du moteur.	Rapport de l'effet utile au travail absolu du moteur.
		kil	m	m		km	km	
	Toutes les aubes étant ouvertes.							

Toutes les aubes étant ouvertes.

séries.	expériences.	Dépense d'eau en 1″. (kil)	Chute totale. (m)	Levée de la vanne de la turbine. (m)	Nombre de tours de la roue en 1′.	Effet utile mesuré par le frein. (km)	Travail absolu du moteur. (km)	Rapport de l'effet utile au travail absolu du moteur.
1	1	375.87	1.765		171.5	261.11	625.82	0.417
	2	369.09	1.705		180.0	359.17	629.51	0.571
	3	364.01	1.690		147.0	362.60	615.17	0.589
	4	361.22	1.685		128.7	378.00	608.66	0.621
	5	356.36	1.680	0.419	118.0	402.76	598.70	0.673
	6	358.25	1.670		107.5	417.19	598.28	0.697
	7	356.02	1.680		95.6	407.59	598.12	0.681
	8	355.25	1.700		90.0	434.62	603.93	0.720
	9	359.10	1.700		85.8	443.84	610.47	0.727
	10	361.48	1.740		78.1	435.05	628.97	0.688
2	1	308.25	1.475		112.5	171.35	454.67	0.377
	2	306.80	1.480		158.5	112.80	454.06	0.248
	3	307.33	1.455	0.178	152.0	158.72	447.16	0.310
	4	296.91	1.455		107.5	214.43	426.06	0.505
	5	293.14	1.390		100.0	246.77	407.46	0.606
	6	291.84	1.360		84.8	249.03	396.90	0.627

Neuf aubes étant ouvertes et neuf réduites.

séries.	expériences.	Dépense d'eau en 1″. (kil)	Chute totale. (m)	Levée de la vanne de la turbine. (m)	Nombre de tours de la roue en 1′.	Effet utile mesuré par le frein. (km)	Travail absolu du moteur. (km)	Rapport de l'effet utile au travail absolu du moteur.
3	1	274.55	1.425		144.0	219.33	391.25	0.561
	2	284.26	1.420		131.0	261.22	403.65	0.647
	3	278.27	1.425		112.5	277.62	395.97	0.701
	4	299.16	1.580		144.0	219.55	472.68	0.404
	5	304.85	1.580	0.426	126.3	252.05	481.64	0.523
	6	296.78	1.605		120.0	296.81	476.35	0.622
	7	301.18	1.630		109.0	320.75	490.91	0.655
	8	297.58	1.680		106.0	361.00	499.92	0.725
	9	296.40	1.730		94.8	368.04	512.24	0.718
	10	505.12	1.760		80.0	348.55	557.02	0.649

Neuf aubes étant ouvertes et neuf réduites.

séries.	expériences.	Dépense d'eau en 1″. (kil)	Chute totale. (m)	Levée de la vanne de la turbine. (m)	Nombre de tours de la roue en 1′.	Effet utile mesuré par le frein. (km)	Travail absolu du moteur. (km)	Rapport de l'effet utile au travail absolu du moteur.
4	1	273.65	1.608		114.4	174.07	440.00	0.396
	2	274.97	1.623		110.3	221.65	443.55	0.498
	3	266.83	1.615	0.176	103.0	253.82	430.40	0.590
	4	271.71	1.647		96.0	282.24	477.50	0.651
	5	277.52	1.680		84.8	289.04	465.90	0.620
	6	271.77	1.712		69.3	268.95	465.28	0.578

Numéros des séries.	expériences.	Dépense d'eau en 1″.	Chute totale.	Levée de la vanne de la turbine.	Nombre de tours de la roue en 1′.	Effet utile mesuré par le frein.	Travail absolu du moteur.	Rapport de l'effet utile au travail absolu du moteur.
		ki′	m	m		km	km	

Neuf aubes étant ouvertes et neuf réduites.

Numéros des séries.	expériences.	Dépense d'eau en 1″.	Chute totale.	Levée de la vanne de la turbine.	Nombre de tours de la roue en 1′.	Effet utile mesuré par le frein.	Travail absolu du moteur.	Rapport de l'effet utile au travail absolu du moteur.
5	1	255.52	1.675		114.4	93.11	428 00	0.218
	2	255.90	1.720		100.0	152.31	436.70	0.549
	3	228.00	1.640	0.095	103.0	152.57	573.92	0.354
	4	228.61	1.618		90.0	158 55	369.89	0.428
	5	222.77	1.595		85.8	171.05	354.88	0.482

Toutes les aubes étant réduites.

Numéros des séries.	expériences.	Dépense d'eau en 1″.	Chute totale.	Levée de la vanne de la turbine.	Nombre de tours de la roue en 1′.	Effet utile mesuré par le frein.	Travail absolu du moteur.	Rapport de l'effet utile au travail absolu du moteur.
6	1	224.10	1.540		150.0	86.78	545.11	0.251
	2	232.69	1.650		158.5	112.81	383.93	0.294
	3	257 46	1.715		124.2	150.45	407.25	0.520
	4	203.31	1.349		109.0	140.40	274.27	0.512
	5	213.39	1.485		109.0	140.40	516.67	0.443
	6	220.52	1.645		106 0	186.27	562.75	0.514
	7	218.79	1.727	0.426	98.7	196.81	577.85	0.521
	8	204.30	1.379		98.7	150.25	281.75	0.555
	9	199.69	1.449		95.5	164.50	289.55	0.568
	10	222.58	1.725		95.5	208.66	383.95	0.545
	11	198.65	1.474		92.4	184.19	292.78	0.629
	12	199.85	1.529		78.5	195.12	305.57	0.632
	13	206.47	1.499		69.5	191.27	309.49	0.618
7	1	185.68	1.482		109.0	63.11	275.18	0.229
	2	185.68	1.495		106.0	86.26	277.59	0 311
	3	184.51	1.500		97.5	102.24	276.76	0.369
	4	185.16	1.550	0.097	97.5	125.22	287.00	0.436
	5	185.89	1.558		86 8	152.12	289.62	0.456
	6	186.38	1.635		84.8	149.02	304.72	0.489
	7	184.98	1.650		75.1	149.65	305.21	0.490
8	1	170.92	1.743		94.8	54.81	296.70	0.185
	2	160.46	1.735		98.7	57.06	278.56	0.205
	3	159.56	1.730	0.055	92.4	75.20	275.69	0.273
	4	154.73	1.682		80.0	84.07	260.26	0.325
	5	147 63	1.635		65.2	81 28	241.57	0.337

259. *Représentation graphique des résultats des expériences.* — Pour faciliter l'examen et la discussion des résultats des expériences, on les a représentés graphiquement, en prenant pour abscisses les nombres de tours faits par la turbine et pour ordonnées les valeurs du rapport de l'effet utile disponible mesuré par le frein au travail absolu du moteur.

La fig. IV, pl. 15, relative à la première série, où tous les orifices ou canaux de circulation de la roue étaient complètement ouverts, et où la vanne inférieure était levée presque entièrement et de $0^m.419$, montre que cette roue, fonctionnant sous une chute moyenne de $1^m.69$, le rapport de l'effet utile au travail absolu du moteur s'est élevé à 0.72 environ, à la vitesse de 90 tours en $1'$, et que pour des vitesses comprises entre 75 et 106 tours en $1'$ il n'est pas descendu au-dessous de 0.70. Cela fait voir que cette roue jouit, comme plusieurs autres turbines, de la propriété avantageuse de pouvoir marcher à des vitesses très différentes de celles qui correspondent au maximum d'effet, sans que son effet utile diminue sensiblement.

La seconde série (pl. IV, fig. 14), pour laquelle les circonstances étaient à peu près les mêmes que pour la première, sauf que la levée de la vanne inférieure n'était que de $0^m.178$, ou 0.425 de celle de la première série, montre que le rétrécissement de l'orifice inférieur a une influence fâcheuse sur l'effet utile, puisqu'il ne s'est élevé au plus, dans cette série, qu'à 0.625 du travail absolu du moteur, valeur qui diffère de 0.095 ou de 15.2 p. 100 de celle qui a été obtenue dans la première série

La courbe relative à la troisième série (pl. IV, fig. 15), où la moitié des canaux de circulation de la roue avait été garnie de leurs coins obturateurs, et où la vanne inférieure était levée de $0^m.426$, fait voir que l'effet utile maximum s'est encore élevé à 0.712 du travail absolu du moteur. On remarquera seulement que la vitesse correspondante à ce maximum paraît être un peu plus grande que pour le cas où tous les orifices sont ouverts. Mais la différence peut rentrer dans les incertitudes de l'expérience.

On observe aussi que la vitesse a pu varier depuis 85 jusqu'à 117 tours en 1', sans que l'effet utile descendît au dessous de 0.66 du travail absolu du moteur.

Les quatrième et cinquième séries, relatives aux mêmes circonstances, mais pour lesquelles la vanne inférieure n'était levée respectivement que de $0^m.176$ et $0^m.095$, montrent que le rapport de l'effet utile au travail absolu dépensé par le moteur diminue rapidement avec l'ouverture de cet orifice. On voit même que si, par la nature du travail de l'usine, la vitesse devait rester constante, et qu'elle fût réglée à celle qui donne le maximum d'effet pour la levée totale de cette vanne et qui dans le cas actuel est d'environ 100 tours à la minute, l'effet utile se trouverait réduit à cette même vitesse,

Pour la levée de vanne de $0^m.176$ à $0^m.610$
— $0^m.095$ à $0^m.375$

du travail absolu du moteur.

Dans la sixième série, tous les orifices ou canaux de la turbine étaient garnis de leurs coins obturateurs, et la levée de la vanne inférieure était de $0^m.126$. La courbe

(fig. 18) montre que l'effet utile s'est élevé à 0.630 du
travail absolu du moteur, ce qui prouve que les effets
de contraction qui sont produits par la présence de ces
obturateurs diminuent alors notablement l'effet utile.
On remarque aussi que la vitesse correspondante au
maximum d'effet n'est que de 80 à 82 tours en 1', tandis que, pour tous les orifices ouverts, elle est de 90 à
100; mais cette faible différence peut provenir de celle
des chutes. Par conséquent il ne paraît pas que la présence des obturateurs doive obliger à modifier la vitesse
de la roue quand la chute reste la même, ce qui se conçoit d'ailleurs facilement.

La septième et la huitième série, relatives aussi au cas
où la roue était garnie de tous ses obturateurs, mais
pour lesquelles la vanne inférieure était levée seulement
de $0^m.097$ et $0^m.055$ respectivement, confirment que l'u-
sage de cette vanne comme moyen de régler la dépense
est très défavorable à l'effet de la roue.

On voit, en effet, que le rapport de l'effet utile au travail absolu du moteur prend, à la vitesse du maximum
d'effet, les valeurs suivantes :

$$0.630 \text{ à la levée de la vanne inférieure égale à } 0^m.426$$
$$0.485 \qquad — \qquad — \qquad 0^m.097$$
$$0.330 \qquad — \qquad — \qquad 0^m.055$$

Mais, en outre, les vitesses du maximum d'effet sont
changées; et si la roue devait conserver, par exemple,
la vitesse de 85 tours en 1', ce rapport aurait respectivement les valeurs suivantes :

$$0.630 \text{ à la levée de la vanne inférieure égale à } 0^m.426$$
$$0.457 \qquad — \qquad — \qquad 0^m.097$$
$$0.312 \qquad — \qquad — \qquad 0^m.055$$

260. *Comparaison des résultats de la théorie et de ceux de l'expérience.* — Après avoir discuté les résultats immédiats des expériences, nous avons cherché à les comparer à ceux que l'on peut déduire des principes de la théorie, et nous avons suivi à cet effet la marche adoptée avec succès par M. Poncelet, dans la théorie qu'il a donnée des effets mécaniques de la turbine Fourneyron.

Ces recherches théoriques feront l'objet de la note (3) que l'on trouvera à la fin de cette deuxième partie, et nous nous bornerons ici à en indiquer les principales conséquences.

En tenant compte des pertes de force vive que le liquide éprouve, 1° à l'entrée des directrices, 2° à l'entrée et au passage dans la roue, on parvient d'abord à une expression de la vitesse relative avec laquelle l'eau sort de cette roue. Cette expression montre que cette vitesse dépend de la vitesse de la roue, et que, quand il ne se forme pas de vide sous la turbine, elle est inférieure à celle qui est due à la chute, contrairement au principe admis par les constructeurs.

En appliquant, par exemple, cette expression à la huitième expérience de la première série, on trouve pour la vitesse de passage de l'eau à travers la turbine la valeur de $4^m.603$, tandis que la comparaison de la dépense effective, qui était de $0^m.355$ avec la somme des aires contractées de passage, donne pour cette vitesse $5^m.03$.

Cette comparaison indique que la vitesse réelle et la vitesse théorique ne diffèrent, dans le cas actuel, que de $\frac{1}{12}$ environ, et elle fait voir qu'il y a un assez grand accord entre les formules et les résultats de l'observation, surtout si l'on considère qu'il entre dans ces formules, qui ne tiennent pas compte des frottements de l'eau, des coefficients de contraction qui, pour les applications, ont été estimés, mais non déterminés directement.

En tenant ensuite compte des pertes de force vive qu'éprouve l'eau en débouchant de la roue dans le tuyau, et après son passage par la vanne régulatrice, on obtient, pour le rapport de l'effet utile au travail dépensé par le moteur, une expression qui se prête facilement au calcul.

Les résultats de la formule théorique, appliqués à la première série, ont été représentés graphiquement (pl. IV, fig. 13), et à la même échelle que pour les expériences, par une courbe qui a pour abscisses les nombres de tours en une minute, et pour ordonnées les valeurs du rapport de l'effet utile théorique au travail absolu du moteur.

L'examen de ces courbes montre que l'effet utile théorique et l'effet utile réel marchent dans le même sens; mais que le premier est toujours supérieur au second d'une quantité qui paraît croître avec le quarré de la vitesse de la roue, ce qui semblerait indiquer que la différence entre les résultats de la théorie et ceux de l'expérience est due à ce que la première ne tient pas compte de toutes les pertes de force vive, et en particulier de celle qui correspond au mouvement de rotation imprimé à l'eau qui est contenue dans le tuyau.

Pour que la formule théorique représentât avec toute l'exactitude désirable les résultats de l'expérience, il suffirait donc de retrancher de l'effet théorique une quantité proportionnelle au quarré de la vitesse de la roue, et dont nous avons déterminé la valeur particulière pour celle qui nous occupait.

En recherchant ensuite la vitesse de la roue qui correspond au maximum d'effet par la formule théorique ainsi modifiée, on a trouvé que, dans le cas actuel, cette vitesse, mesurée à la circonférence moyenne des aubes, devait être 0.641 de celle due à la chute, tandis que l'expérience a fourni la valeur 0.612, ce qui diffère peu.

Enfin la théorie et l'expérience sont d'accord pour montrer que l'emploi de la vanne inférieure comme moyen de régler la marche de la roue et la dépense d'eau produit une perte notable dans l'effet utile.

261. *Conclusions générales*. — En résumé des expériences et de la discussion théorique il résulte :

1° Que la turbine présentée par MM. A. Kœchlin et compagnie, fonctionnant à son état normal, et complétement ouverte, donne un effet utile égal à 0.72 du travail absolu du moteur ;

2° Que, quand la moitié seulement des canaux de circulation formés par les aubes sont garnis de leurs obturateurs, l'effet utile est encore d'environ 0.70 à 0.71 du travail absolu du moteur ;

3° Que, quand toutes les aubes sont garnies de leurs obturateurs, l'effet utile est encore égal à 0.63 du travail absolu du moteur : d'où résulte que la dépense d'eau peut varier dans des limites étendues, sans que le moteur cesse de fonctionner avantageusement ;

4° Que, pour chaque dépense d'eau et chaque chute, la vitesse de la roue peut varier entre des limites très étendues, en s'écartant en plus ou en moins de $\frac{1}{4}$ de celle qui correspond au maximum d'effet, sans que le rapport de l'effet utile au travail absolu du moteur diminue notablement ;

5° Que le rétrécissement de l'orifice d'évacuation inférieur produit toujours une diminution dans le rapport de l'effet utile au travail absolu du moteur, et que cette diminution est d'autant plus sensible que le rétrécissement est plus considérable : d'où résulte que la vanne de cet orifice ne peut sans désavantage être employée comme moyen de faire varier la dépense, et par suite la vitesse ; de sorte que jusqu'à présent ce moteur ne peut sans inconvénient être soumis aux moyens ordinaires de régler la vitesse des roues hydrauliques.

Cette discussion montre qu'en laissant de côté cette dernière considération, ce moteur joint à la propriété d'une installation facile celle d'utiliser avantageusement la puissance motrice des cours d'eau, et qu'il doit être classé au rang des meilleurs moteurs hydrauliques.

XIXe LEÇON.

262. *Canal d'arrivée ou réservoir*. — Nous avons indiqué en traitant de l'hydraulique les règles à suivre pour l'établissement des canaux en général. Elles s'appliquent à ceux de dérivation qui conduisent l'eau sur les récepteurs hydrauliques. La vitesse de fond et la vitesse moyenne seront déterminées, comme il a été dit, d'après la nature du sol; mais dans quelques cas on peut, dans le voisinage de l'usine, être gêné par les localités et obligé de restreindre les dimensions. Cependant on devra toujours chercher à donner à ce canal près des vannes des dimensions telles que l'aire de sa section transversale soit au moins égale à 10 ou 12 fois celle de l'orifice à sa plus grande ouverture. On évitera ou l'on atténuera ainsi la dénivellation ou perte de chute qui se produirait pour engendrer la vitesse que l'eau serait obligée de prendre dans cette partie du canal.

On se rappellera qu'à tous les embranchements de canaux il se produit une perte de force vive et par suite une dénivellation d'autant plus grande que la contraction est plus considérable; il convient donc que les bords du canal à l'endroit où il reçoit l'eau aient des contours convenablement arrondis ou raccordés avec les parois du réservoir au canal principal, et que le fond soit à même hauteur pour les deux parties.

263. *Etang ou réservoir*. — Lorsque les localités le permettent, il est souvent utile d'établir en amont de l'usine, soit et de préférence à l'extrémité inférieure du canal, soit à son origine, un étang ou réservoir dans lequel les eaux s'accumulent pendant les interruptions de travail. Cela permet de conserver des eaux qui se seraient écoulées en pure perte et présente surtout un avantage considérable dans la saison des basses eaux, où les usines dépensent plus d'eau que la source n'en fournit. À cette époque on est souvent obligé d'interrompre le travail non seulement pendant la nuit et les heures des repas des ouvriers, mais encore pendant la journée, afin de laisser accumuler les eaux et de les élever à une hauteur convenable.

L'emploi des étangs est surtout avantageux pour les usines qui, par la nature de l'ouvrage à faire, travaillent par intermittences, telles que les marteaux de forge, les laminoirs, etc. , etc. Alors en effet, pendant le travail, la dépense d'eau excède presque toujours le produit de la source, et le niveau baisse dans le réservoir ; puis, dans les intermittences, l'usine ne dépensant rien, le réservoir se remplit de nouveau.

Dans les pays de montagne, où l'on utilise beaucoup de petits cours d'eau avec de grandes chutes, on est dans l'usage de retenir aussi les eaux, soit pendant la nuit, soit pendant une partie du jour, pour les employer quand elles sont accumulées en quantité suffisante : cela s'appelle *travailler par éclusées*.

Mais il faut d'abord remarquer que les avantages que ce mode de travail peut présenter dans les cas que nous venons d'indiquer sont rachetés par quelques inconvénients. En effet, à mesure que le niveau du réservoir baisse, la chute totale diminue, et par conséquent pour obtenir la même force il faut dépenser plus d'eau, ce qui accélère encore l'abaissement de ce niveau. Cette influence est d'autant plus sensible et fâcheuse que la chute est plus faible, puisqu'une hauteur donnée d'abaissement du niveau est alors une fraction d'autant plus grande de la chute totale. De plus, c'est une sujétion pour la construction des moteurs hydrauliques que la condition de travailler à des niveaux variables. On sait en effet que la vitesse des roues correspondante au maximum d'effet est une certaine fraction de la vitesse de l'eau affluente ; et comme il convient presque toujours pour la marche des machines que la roue soit animée d'une vitesse constante, il s'ensuit que, si celle de l'eau affluente varie, le rapport de ces vitesses cesse d'être celui qui correspond au maximum d'effet. C'est ce qui arrive particulièrement pour les roues qui reçoivent l'eau en dessous. Quelque chose d'analogue a lieu pour les roues à augets recevant l'eau à la partie supérieure ; mais comme elles ont la propriété que le rapport des vitesses V et v peut varier notablement, sans que l'effet utile s'éloigne beaucoup du maximum d'effet, l'inconvénient est peu sensible entre certaines limites. Il en est de même des turbines.

Quant aux roues qui reçoivent l'eau par des vannes qui s'abaissent, comme les roues à aubes planes emboîtées dans des coursiers circulaires, et les roues à augets où elle arrive au dessous du sommet, on peut régler facilement la marche du vannage de façon que la vitesse d'affluence de l'eau varie assez peu.

On voit donc qu'il conviendra de limiter autant que possible l'amplitude des variations du niveau de l'eau dans le réservoir, et que, quand ce travail à niveau variable pourra être évité, il y aura plus d'avantages à travailler à niveau constant.

264. *Etendue à donner au réservoir et limites de variations des niveaux.* — Dans tous les cas on devra proportionner l'étendue du réservoir ou de l'étang au volume d'eau à conserver pendant les interruptions de travail. Connaissant le volume d'eau Q nécessaire pour la marche de l'usine en $1''$ à la chute moyenne, le volume Q' fourni par la source dans le même temps, et nommant T la durée en secondes du travail ou de l'écoulement, l'excès du volume d'eau dépensé sur le volume fourni par la source sera, pendant ce temps, $(Q-Q')T$ mètres cubes. Si l'on nomme A la superficie moyenne du bassin et h l'abaissement du niveau dans le même temps, on aura $(Q-Q')T = Ah$. Relation d'où l'on pourra déduire la superficie A du bassin quand on aura fixé la limite de l'abaissement du niveau.

D'une autre part, pendant les interruptions du travail, dont nous désignerons la durée par T', le produit de la source étant $Q'T'$, on aura, en appelant h' l'exhaussement du niveau, $Q'T' = Ah'$.

Si, pour régler les variations des niveaux et en diminuer l'amplitude maximum, on s'impose la condition que pour les plus grandes durées ces variations soient égales, on aura $(Q-Q')T = Q'T'$: ce qui donne alors pour le volume d'eau à dépenser en $1''$

$$Q = Q' \frac{(T'+T)}{T}.$$

comme on l'a déjà vu. Dans tous les cas, il conviendra

de limiter les variations h et h' le plus possible, et par conséquent d'augmenter la superficie du réservoir, sans toutefois tomber dans des exagérations de dépenses et de travaux.

Pour les roues dont les vannes s'abaissent, afin de laisser passer l'eau par dessus, il conviendra que les abaissements du niveau soient limités à 0ᵐ.30, 0ᵐ.40, et atteignent au plus 0ᵐ.50 et 0ᵐ.60. Il en sera de même pour les roues à augets recevant l'eau au sommet par des vannes avec charge sur le côté supérieur.

Quant aux roues en dessous à aubes planes ou courbes, il faut faire en sorte que la vitesse V de l'eau qui afflue sur la roue ne varie pas de plus de $\frac{1}{6}$ à $\frac{1}{8}$ de sa valeur moyenne, et pour les turbines la variation dans la vitesse due à la charge peut s'étendre à $\frac{1}{3}$ ou $\frac{1}{4}$ de sa valeur moyenne.

265. *Observation relative au droit d'écluser les eaux.* — On remarquera que quand une usine arrête les eaux pendant quelque temps pour ne commencer à les lâcher que quand son réservoir est plein, elle interrompt le travail des usines inférieures, et ne leur permet de le reprendre qu'à des intervalles d'autant plus éloignés que la distance des usines est plus grande et le courant moins rapide. Ainsi, quand une usine retient les eaux la nuit et ne commence son travail qu'à 5 heures du matin, si la vitesse moyenne du courant du canal de fuite est de 0ᵐ.30 en 1″, l'eau ne parcourera que $3\,600^m \times 0^m.3 = 1080^m$ en 1 heure, et une usine située à 5 kilomètres ne la recevra que $\frac{5\,000}{1\,080} = 4^h.63$ ou $4^h.38'$

plus tard. Il se pourrait même que sur des ruisseaux d'une grande longueur certaines usines ne reçussent l'eau qu'à la fin de la journée ou la nuit.

On voit donc que le travail par éclusées, avantageux aux usines supérieures, est très gênant pour celles d'aval. Aussi en règle générale n'est-il pas permis. Ce n'est que quand il est acquis par l'usage, qu'il remonte à des époques pour lesquelles il y a prescription, ou auxquelles l'usine supérieure existait seule, que ce mode d'aménagement des eaux peut être toléré.

La règle générale c'est le travail à eau courante et par conséquent à niveau constant en temps d'étiage ou de basses eaux. Quant aux temps d'eaux moyennes ou de crues, il faut se réserver la latitude de régler la marche des usines selon la hauteur et l'abondance des eaux.

266. *Vannes de prise d'eau et de garde.* — A l'origine des canaux de prise d'eau, il faut établir des vannes destinées à régler le volume d'eau admis dans le canal et à empêcher qu'en temps de crues il n'en entre trop. Il ne faut pas perdre de vue, en effet, que les canaux de dérivation destinés aux usines, devant être proportionnés, comme on l'a dit, de manière que l'eau n'y prenne que de faibles vitesses, ne peuvent servir à l'évacuation des crues, sans qu'on les expose à des dégradations considérables. Aussi, en règle générale, on ne devra pas compter sur le canal de prise d'eau pour l'évacuation des crues, quoique l'on puisse quelquefois au besoin accroître le volume qu'il débite dans une assez forte proportion.

Les vannes de prise d'eau doivent donc servir en

même temps de vannes de garde, de manière à donner la facilité de régler ou d'empêcher tout à fait l'introduction de l'eau. A cet effet, les bajoyers ou murs de soutènement latéraux, ou les charpentes qui les remplacent, devront avoir leur face supérieure au dessus du niveau des plus hautes eaux. Une fausse vanne ou tête d'eau solide devra réunir ces bajoyers et s'élever à la même hauteur ainsi que les digues latérales. L'appareil de manœuvre de ces vannes sera proportionné convenablement et disposé de manière à être toujours accessible.

Ces constructions doivent être d'autant plus solides que le cours d'eau est sujet à des crues plus violentes et plus rapides, à des débâcles de glaces, etc.

Quand on pourra craindre que le courant n'entraîne des corps flottants, des arbres, des débris d'usines, de ponts, etc., qu'il ne roule des rochers, etc., ce qui arrive dans les pays de montagnes, il sera prudent d'établir en amont, comme on l'a déjà dit au n° 71, et dans une direction oblique convenable pour rejeter ces corps vers le courant principal, une estacade solide formée de poteaux verticaux de $0^m.20$ à $0^m.25$ d'équarissage.

En amont des vannes et dans des chaînes de pierres de taille disposées aux bajoyers, il sera toujours prudent de ménager des rainures verticales de $0^m.15$ à $0^m.20$, destinées à recevoir des poutrelles pouvant servir, en cas de réparations ou de travaux, à appuyer un batardeau.

267. *Déversoir et vanne de décharge.* — Vers l'extrémité d'aval du canal et aussi près de l'usine que les localités le permettent, on établira un déversoir de superficie et des vannes de décharge versant les eaux dans le canal de fuite. Dans le cas, supposé jusqu'ici, où le canal de prise d'eau n'est établi que pour conduire à l'usine le volume d'eau dont elle a la jouissance, ce déversoir n'a pour objet que de régler le niveau des eaux de ce canal et de laisser évacuer le trop-plein accidentel, lors des diminutions de dépense ou des cessations de travail, sans obliger à manœuvrer les vannes de prise d'eau, souvent assez éloignées. Il est aussi nécessaire pour assurer le travail à eau courante, lorsque d'autres usines sont placées sur le canal de fuite ; on lui donne ordinairement une largeur égale à une fois ou une fois et demie la largeur de superficie du canal.

Les vannes de décharge ont alors pour objet de servir à vider le canal, ou à laisser, les jours de fête, couler les eaux avec une vitesse suffisante pour opérer l'enlèvement des vases. Dans ce cas, connaissant la vitesse de fond nécessaire pour entraîner ces matières sans être exposé à dégrader le fond et l'aire de la section, on aura le plus grand volume à dépenser. Le seuil de ces vannes doit être placé au niveau du fond du canal et précédé d'un avant-radier en bonne maçonnerie ; il sera donc facile de déterminer leur largeur.

268. *Règlement des eaux.* — Que l'usine à établir ait, comme nous l'avons dit jusqu'ici, un canal de dérivation particulière ouvert sur une des rives du cours d'eau principal, ou qu'elle soit établie sur ce cours d'eau lui-même et en travers de sa direction, il faut toujours que l'écoulement et l'évacuation des crues, et le maintien du niveau des eaux entre certaines limites, soient assurés dans l'intérêt des propriétaires riverains, qui sans cela seraient exposés à être inondés. De là l'obligatio imposée à toute usine qui barre un cours d'eau d'avoir d'abord un déversoir de superficie qui en temps d'étiage et d'eaux moyennes suffise pour empêcher le niveau d'amont de s'élever au delà de certaines limites. L'arête supérieure ou crête de ce déversoir est établie à une hauteur fixée par le règlement d'eau, indiquée et repérée sur une partie fixe des maçonneries des bâtiments voisins, sur lesquels on marque au ciseau, ou par le scellement d'une pièce de fer, une ligne qui ne doit pas disparaître. L'usage est de donner à ces déversoirs, ordinairement construits le long d'une des rives, une largeur égale au moins à la largeur moyenne de la rivière.

Mais on conçoit que ce moyen d'écoulement, suffisant pour assurer le régime des eaux et surtout pour empêcher les propriétaires d'usines d'élever le niveau au delà de certaines limites fixées, ne l'est pas pour donner passage à des volumes d'eau considérables provenant de crues, de fontes de neiges ou d'orages. Il est nécessaire, en outre, d'avoir des pertuis de fond capables, quoique d'une largeur beaucoup moindre, de débiter, conjointement avec le déversoir, le produit des crues. Pour proportionner convenablement ces pertuis il faut faire des observations préalables sur le régime des eaux sur les hauteurs auxquelles elles s'élèvent et sur leur volume en temps de crues. L'observation des autres usines établies sur le même cours d'eau et celle des circonstances de l'écoulement des eaux à ces époques, celle de la pente du profil du lit, permettront de déterminer approximativement le produit maximum de la rivière. L'examen des localités et des nivellements feront connaître à quelle hauteur maximum on peut alors laisser monter les eaux, et les orifices de décharge devront être proportionnés de manière à suffire à l'évacuation du volume maximum sous cette hauteur.

La disposition des vannes, leur construction, leur manœuvre, devront être étudiées de manière qu'en tous temps on puisse en assurer le service avec facilité.

269. *Précautions à prendre contre les dégradations produites par l'écoulement des eaux.* — L'évacuation de masses d'eau aussi considérables, animées de grandes vitesses, expose les rives du canal de fuite à des dégradations qu'il importe de prévenir. Le meilleur moyen est, quand on le peut, de placer le déversoir et les vannes de décharge perpendiculairement à l'axe du canal de fuite naturel ou à l'axe de la rivière. Lorsque cette disposition n'est pas praticable, il faut donner au canal de décharge, que l'on est obligé de creuser, un développement tel que, dirigé d'abord perpendiculairement au déversoir et aux vannes de décharge, il se raccorde par des courbes de grand rayon avec la direction qu'il doit prendre pour rejoindre le lit principal sous le plus petit angle possible.

Lorsque les localités s'opposeront à ce qu'on donne au canal de décharge le développement convenable, il faudra revêtir en maçonnerie, en perré, en charpente ou en fascinages, les berges les plus menacées, planter les autres en saules ou oseraies.

Dans quelques circonstances, pour diminuer l'angle formé par la direction des courants avec les berges opposées, il sera convenable de donner au déversoir ou aux vannes de décharge une direction oblique aux rives du bief d'amont.

Les vannes de décharge, quand elles seront à la suite du déversoir, seront plus convenablement placées à l'extrémité d'aval qu'à celle d'amont, d'abord parce que généralement il sera plus facile d'y arriver, et ensuite parce que l'eau évacuée par les vannes, rencontrant celle qui s'est écoulée pardessus le déversoir, perdra en la choquant une partie notable de sa vitesse.

270. *Construction des déversoirs.* — La disposition la plus convenable, la plus économique et la plus généralement employée des déversoirs, est celle d'un mur à paroi verticale du côté d'aval, arrondi à son arête d'aval supérieure, qui doit être un peu en saillie sur la paroi d'aval et en contre-pente vers l'amont à sa face supérieure, sous l'inclinaison du huitième ou du dixième environ. La face d'amont est formée de plusieurs retraites verticales. Le pied de ce mur repose sur un radier général en bonne maçonnerie hydraulique sur le bon fond, sur pilotis ou sur béton, et dont la face supérieure doit être au dessous du niveau de l'étiage d'une quantité à peu près égale à la hauteur de chute quand on le peut sans trop de dépense, afin que cette épaisseur d'eau amortisse le choc de l'eau qui tombe verticalement. Cependant, si l'on construit sur un roc solide, on peut diminuer cette épaisseur d'eau.

Les murs des batardeaux en maçonnerie, qui ne sont

destinés qu'à soutenir des eaux, peuvent avoir une épaisseur calculée par la formule

$$x = 0.865(H-h)\sqrt{\frac{1\,000}{p'}}$$

donnée par M. Poncelet, et dans laquelle

H est la hauteur totale du revêtement au dessus du niveau de l'étiage;

h la hauteur de l'arête supérieure du mur au dessus du niveau d'amont, qui, dans ce cas, est toujours au dessous de cette arête ;

p' est le poids du mètre cube de la maçonnerie employée, et 1 000 kilog. celui du mètre cube d'eau.

Mais pour les déversoirs il faut observer qu'il se forme naturellement sur leur face d'amont et que même on y fait exprès un attérissement composé de terres mêlées de pierres, et que ce mélange toujours mouillé, qui tend à couler facilement, a un poids qui peut s'élever à 2000 ou 2300 kilog. Il semble donc prudent d'attribuer à ce mélange une fluidité à peu près égale à celle de l'eau, et une densité d'environ 2000 à 2300 kilog. En adoptant la densité supérieure, la formule devient pour les déversoirs pour lesquels $h = 0$

$$x = 1.318H\sqrt{\frac{1\,000}{p'}}.$$

Si la maçonnerie est de densité ordinaire, partie en pierre de taille, et partie en moellons durs avec mortier hydraulique, elle pèsera environ 2300 kilog. au moins le mètre cube, ce qui conduira à la formule pratique

$$x = 0.865H.$$

Belidor a donné pour règle que cette épaisseur devait être égale à la hauteur d'eau à soutenir ; mais cela conduit à des excès de dimensions qu'il convient d'éviter.

L'épaisseur donnée par cette formule sera celle du mur à son sommet, et sa face d'amont sera construite avec des retraites de $0^m.20$ de largeur, espacées de $0^m.65$ de hauteur à peu près.

Le radier doit se prolonger de 2^m à 3^m en aval, selon la hauteur de la chute, toutes les fois que le fond n'est pas du roc. En aval de ce radier en maçonnerie hydraulique il sera convenable, dans les terrains mobiles, d'établir un enrochement, que l'on visitera avec soin une ou deux fois par an, après les crues, pour s'assurer qu'il n'y a pas eu d'affouillements.

La fondation en béton est celle qui convient dans la plupart des cas, et toutes les fois que le fond sera en gravier, en sable, en tuf solide, mais dans les terrains mobiles, vaseux ou tourbeux, où l'on aura été obligé de fonder sur pilotis, il conviendra d'ajouter au radier en béton un mur de parafouille, aussi en béton, de 1^m de profondeur, compris entre les derniers rangs de pilotis, et de garnir la face d'aval de ceux-ci de palplanches. Enfin, pour surcroît de précautions dans ces cas difficiles, on pourra prolonger le radier en béton par un faux radier en charpente légère et en madriers, destiné à éloigner le lieu où se forment les remous de fond, et suivi d'un enrochement.

Toute la maçonnerie des déversoirs doit être faite en bon mortier hydraulique ; des chaînes verticales et horizontales en pierres de taille, espacées de 4 en 4^m environ, et solidement liées entre elles par des

crampons en fer, sont ensuite réunies par une bonne
maçonnerie de moellons durs exécutée avecle plus
grand soin. Les arêtes supérieures d'amont et d'aval
doivent être en pierres de taille sur toute leur longueur, et appareillées en plate-bande pour résister à
l'action des eaux, en prenant appui sur les chaînes horizontales supérieures, composées de pierres formant
boutisse et panneresse, et liées par des crampons.

271. *Pertuis de décharge.* — Les pertuis de décharge
ont ordinairement des dimensions considérables, et
doivent être partagés en plusieurs orifices, auxquels il
ne convient guère généralement de donner plus de
$1^m.50$ à $2^m.00$, à moins que les charges d'eau ne soient
faibles. Ces orifices sont alors séparés par des poteaux
en bois, ou des piles en maçonnerie, qui servent d'appui
aux vannes.

L'appareil destiné à soulever chaque vanne se compo-
sera de deux crémaillères en fer avec dents en fonte assemblées à articulation à $0^m.25$ environ des extrémités de
chaque vanne. Deux pignons montés sur un même arbre,
et deux galets de direction placés extérieurement et à peu
près à hauteur des pignons, serviront à élever verticalement ces vannes. On disposera, soit à l'une des extrémités de l'arbre des pignons, soit au milieu, selon les cas,
un système d'engrenages tel qu'un homme puisse, à
l'aide d'un effort moyen de 12 à 15 kilog., qu'il peut exercer quelque temps, exécuter la manœuvre. Le calcul de
cet appareil ne présente pas de difficultés d'après ce que
l'on a dit de la manière de tenir compte du frottement
des vannes au moment de leur mise en mouvement.

272. *Exemple* : Supposons qu'il s'agisse d'établir la manœuvre d'une vanne en bois glissant dans des coulisses en bois de $2^m.00$ de largeur, de $1^m.00$ de hauteur, dont le seuil soit placé à $2^m.00$ au dessous du niveau des plus hautes eaux, la pression totale sera au maximum

$$1\,000 \times 2^m.00 \times 1^m.000 \times 1^m.50 = 3\,000 \text{ kilog.}$$

Le frottement au moment de la mise en mouvement après un contact prolongé sera au maximum

$$0.75 \times 3\,000^k = 2\,250 \text{ kilog. },$$

et pendant le mouvement

$$0.25 \times 3\,000^k = 750 \text{ kilog.}$$

Les dents de la crémaillère et du pignon devront avoir une épaisseur calculée seulement sur l'effort qui a lieu pendant le mouvement et égale à

$$0.105 \sqrt{750} = 2^{cent}.87.$$

Le pas de l'engrenage, qui dans ce cas n'est pas taillé à la machine, sera $2.10 \times 2.87 = 6.03^{cent}$, soit $0^m.0628$. En donnant au pignon 10 dents, et un cercle primitif de $0^m.10$ de rayon, chaque crémaillère supportant pendant le mouvement un effort de 375 kilog., l'effort moyen additionnel pour vaincre le frottement de l'engrenage du pignon de la crémaillère sera, en appelant

f le rapport du frottement à la pression pour les dents et la crémaillère à l'état onctueux,

a le pas de l'engrenage,

r le rayon du cercle primitif du pignon,

Q la résistance à vaincre :

$$f.Q.\frac{a}{2r} = 0.14 \times 375 \times \frac{0.0628}{0.20} = 1^{kil}.648 \ (1),$$

et pour les deux, $3^{kil}.296$.

Ainsi la résistance totale qui agit à la circonférence primitive du pignon est $753^{kil}.296$, soit $753^{kil}.3$.

Si la roue de manœuvre est placée à l'extrémité de l'arbre des pignons, cet arbre est soumis à un effort de torsion dont le moment est $753^{kil}.3 \times 0^m.10 = 753.4$ pendant le mouvement; et, au moment de la mise en train, à un effort triple, attendu que la résistance est triple. En employant la formule des arbres renforcés (n° 351 de l'*Aide-Mémoire*), on pourra calculer l'arbre d'après la plus faible des deux résistances, et son diamètre sera alors donné par la formule

$$d^3 = \frac{3 \times 753^{kil}.3 \times 0.10}{131\,000} = 0.001\,725,$$

d'où $d = 0^m.12$.

Cette dimension est un peu forte. En calculant par la formule des arbres allégés, attendu que celui-ci n'est que rarement et très peu de temps soumis à des efforts aussi grands, on aura

$$d^3 = \frac{3 \times 753^k.4 \times 0^m.10}{262\,000} = 0.0008\,625,$$

d'où $d = 0^m.0952$, soit $d = 0^m.095$.

Cela posé, l'effort à exercer horizontalement à la circonférence primitive de la roue d'engrenage montée sur l'extrémité de l'arbre, et dont le cercle primitif aura

____

(1) Formule à démontrer dans une autre partie des leçons.

$0^m.30$ de rayon, sera pendant le mouvement donné par la formule

$$Q \times 0^m30 =$$
$$753^k.4 \times 0^m10 + 0.96 \times 0.07 \times 753^k4 \times 0.0475 + 0.4 \times 0.07 \times 0.0475 \times Q,$$

d'où

$$Q = \frac{753^k4 \times 0^m10 + 0.96 \times 0.07 \times 753^k4 \times 0.0475}{0.30 - (0.4 \times 0.07 \times 0.0475)}$$
$$= 260^{kil}.2$$

en négligeant ici le poids de l'arbre et des pignons, par rapport aux efforts considérables auxquels ils sont soumis.

Pour la mise en marche, l'effort serait à peu près triple et de $780^{kil}.6$.

Cette roue sera conduite par une vis sans fin, dont le filet en fer aura une épaisseur déterminée par la formule (1)

$$b = 0.105 \sqrt{260^{kil}.2} = 1^{cent}.692,$$

et le pas de la vis sera $2.1 \times 1.692 = 3^{cent}.56$. Si on le calculait sur l'effort maximum, il devrait avoir

$$0.105 \sqrt{780.6} = 4^{cent}.06.$$

Comme cette dimension n'est pas excessive, on pourra adopter le nombre $0^m.04$ pour le pas de la vis. Le rayon moyen des filets pourra être de $0^m.05$. Celui de la manivelle étant de $0^m.40$, la formule relative au frottement des vis (n° 281 de l'*Aide-Mémoire*) donnera pour l'effort P à exercer à la manivelle, en négligeant le frottement assez faible des pivots et épaulements,

$$P = \frac{0.05 \times 0^m04 + 6.28 \times 0.07 \times 0.05}{0.4 \times 6.28 \times 0.05 - 0.07 \times 0.04} Q = 0.0253 \times 260^k.2 = 6^k.58$$

(1) *Aide-Mémoire de mécanique pratique,* n° 528.

pendant le mouvement, et

$$H = 0.0253 \times 780^{kil}.6 = 19^{kil}.74$$

au moment de la mise en train. On voit donc que, pour l'un et l'autre cas, cette manœuvre de vanne sera convenablement proportionnée.

275. *Des vannes motrices.* — On a vu, n°ˢ 54 et suivants, que la présence des coursiers qui conduisent l'eau de l'orifice des vannes motrices sur les roues occasionnait une perte de force vive, et par suite de travail moteur, d'autant plus grande que la contraction de la veine au passage par ces orifices était plus considérable. Il conviendra donc de disposer les abords de l'orifice du côté du réservoir de manière à atténuer le plus possible la contraction. A cet effet, le seuil du côté inférieur sera mis dans le prolongement du fond ou réservoir ou du radier d'amont. Les côtés verticaux seront de même dans le prolongement des faces du canal d'arrivée, ou au moins raccordés avec ces faces par des dispositions convenables. Ainsi, quand le canal d'arrivée ou le réservoir sera plus large que l'orifice, on devra disposer à l'intérieur des faces verticales d'une longueur égale à 3 ou 4 fois la plus grande hauteur de l'orifice, et terminées vers l'amont par des contours arrondis.

Quant au côté supérieur, on l'inclinera à un de base sur un de hauteur, ou à un de base sur deux de hauteur, si la disposition du moteur, les localités et le service de l'usine le permettent. Cette précaution, convenable pour les roues à augets, est d'ailleurs de rigueur pour les roues à aubes planes ou courbes, recevant l'eau en dessous.

Quant aux vannes en déversoirs des roues à aubes planes emboîtées dans des coursiers circulaires, elles doivent être placées aussi près que possible de la circonférence extérieure de la roue, sans toutefois que l'introduction de l'eau entre les palettes puisse être gênée, ce que l'on reconnaîtra par le tracé de la courbe décrite par le filet moyen (n° 60).

274. *Grilles de sûreté.* — Dans tous les cas il est nécessaire d'établir en avant des vannages un grillage en fer ne laissant à l'eau que des passages de $0^m.01$, et destiné à arrêter les corps légers flottants pour les empêcher de pénétrer dans la roue et de dégrader les aubes. Un grillage semblable, mais laissant des passages un peu plus grands, serait aussi convenablement placé en tête du canal de prise d'eau.

275. *Pente du coursier.* — Lorsqu'il y aura un coursier placé entre l'orifice et la roue, sa pente ne devra être que de $\frac{1}{12}$ à $\frac{1}{15}$ s'il est court, et s'il est long on la calculera par les règles données pour les canaux, de façon que l'eau s'y meuve uniformément.

276. *Construction des coursiers.* — Le meilleur mode de construction des coursiers plans ou circulaires qui accompagnent les roues consiste en une bonne maçonnerie en moellons et mortier hydraulique, avec parement en pierres de taille dans toutes les parties voisines de la roue. On peut alors donner à ces coursiers les formes arrêtées dans les projets avec toute l'exactitude désirable, et elles sont peu sujettes à s'altérer quand la construction a été soignée.

Si la pierre de taille est chère, et la chaux hydraulique de bonne qualité, on peut faire le parement intérieur en béton avec une couche d'enduit en mortier hydraulique, auquel, à l'aide d'un gabaris, on donne exactement la forme voulue. Quand enfin la maçonnerie est très chère, et que l'on veut construire économiquement, on fait quelquefois les coursiers des roues à aubes planes ou courbes en charpente recouverte de madriers; mais ce genre de construction n'est pas susceptible de la même précision, parce que les bois travaillent par l'action de l'humidité, et pour toutes les usines importantes, et dans lesquelles on tiendra à tirer le meilleur parti possible de la force du cours d'eau, il conviendra de lui préférer la maçonnerie.

277. *Jeu de la roue dans son coursier.* — Pour toutes les roues qui doivent être emboîtées dans des coursiers, il importe de réduire le jeu au strict nécessaire, à quelques millimètres, afin d'éviter les pertes d'eau inutiles. L'emploi pour les coursiers, des arbres en fonte, qui fléchissent très peu, et de la pierre de taille, permet d'arriver à une grande précision, même pour les roues construites en bois. Quant aux roues construites en fonte et en fer, auxquelles on peut donner des formes très régulières et très exactes, telles que les roues à aubes courbes, il convient assez d'employer la fonte ajustée pour les portions de coursier qui en sont immédiatement voisines.

Les roues à augets n'étant pas ordinairement emboîtécs dans des coursiers circulaires, et contenant l'eau
dans des vases clos ou compris entre les couronnes, on
leur donne plus de jeu dans leurs coursiers et entre les
bajoyers, surtout dans les pays où l'on craint les glaces,
qui quelquefois s'accumulent à leur contour. Toutefois,
pour les roues de ce genre qui reçoivent l'eau au dessous du sommet, comme il peut arriver, quelques précautions que l'on prenne, qu'une partie du liquide ne
soit pas très bien introduite dans les augets, il paraît
convenable de les emboîter exactement par un coursier circulaire.

278. *Utilité des chambres de roues.* — L'hiver, dans
les pays froids, les roues à aubes planes et à aubes
courbes, emboîtées dans des coursiers avec peu de jeu,
sont exposées à des dégradations produites par les glaces qui se forment à leur pourtour. On évite ces dégradations en renfermant les roues dans des chambres closes ou à peu près, que l'on chauffe pendant les gelées,
soit avec des poêles, soit avec des tuyaux dans lesquels
circule de la vapeur. Dans tous les cas, l'usage de ces
chambres est favorable à la conservation des roues,
qu'elles préservent aussi de l'action du soleil pendant
l'été.

XXe LEÇON.

279. *Etablissement des roues à palettes planes emboîtées dans des coursiers circulaires.* — L'expérience et la théorie étant d'accord pour montrer que ces roues fonctionnent plus avantageusement quand on prend l'eau à la superficie par une vanne en déversoir que quand il y a une charge sur le sommet de l'orifice, il conviendra d'adopter généralement les vannes en déversoir. Dans quelques usines, et en particulier dans celles où l'on a besoin d'obtenir un mouvement parfaitement régulier, les vannes en déversoir sont sujettes à un inconvénient, qu'il est bon de signaler pour indiquer le moyen de l'éviter. Il arrive quelquefois que, plusieurs usines placées sur le même canal venant à cesser leur travail, le niveau monte rapidement dans le réservoir; et, avant que le conducteur de l'usine ait eu le temps de s'en apercevoir, ou s'il est absent, l'exhaussement peut être de quelques centimètres, ce qui occasionne alors un accroissement considérable dans la dépense d'eau de la roue, et par suite une accélération fâcheuse. C'est pour rendre l'effet de ces variations moins sensible que quelquefois l'on se décide à employer des orifices avec charge sur le sommet, en réduisant d'ailleurs cette charge à $0^m.20$ ou $0^m.30$ au plus. Alors, si l'orifice a seulement $0^m.10$ de hauteur, la charge sur son centre est de $0^m.25$ à $0^m.35$, et une variation de $0^m.05$ dans le niveau n'en produit, dans la vitesse et dans la dépense, qu'une beaucoup plus faible que dans le premier cas.

Mais il y a un autre moyen de resserrer les variations de vitesse de la roue dans des limites suffisamment étroites, tout en conservant la vanne en déversoir, et qui, en même temps qu'il restreint convenablement les variations causées par celles du niveau des eaux, produit le même effet pour celles que peuvent occasionner les changements d'intensité de la résistance : c'est l'emploi d'un bon régulateur de vanne. Ce n'est pas ici le lieu d'entrer dans des détails sur la construction et la disposition des régulateurs en usage. Nous nous contenterons de dire que les variations de vitesse des roues hydrauliques peuvent, à l'aide d'un bon régulateur, être maintenues dans des limites suffisamment resserrées pour la plupart des cas de la pratique ; et que, dès lors, il est inutile de recourir à l'emploi des orifices avec charge sur le sommet, qui n'est qu'un palliatif de l'inconvénient que l'on veut éviter.

280. *Rayon de la roue.* — Pour que l'eau entre convenablement dans la roue et n'occasionne pas un choc nuisible contre le fond des augets, il convient que l'axe de la roue soit de $0^m.25$ à $0^m.30$ au moins au dessus du niveau supérieur des eaux du réservoir. Si quelque circonstance locale l'exige, on peut le placer plus haut ; mais cela présente l'inconvénient d'augmenter, sans avantage pour l'effet utile, le poids de la roue, et par suite le travail consommé par les frottements.

Lorsque l'on ne sera pas exposé à des arrière-eaux considérables et de longue durée, il y aura avantage à placer le point le plus bas de la partie circulaire correspondant à la verticale de l'axe à $0^m.15$ ou $0^m.20$ au dessous du niveau des eaux d'aval, et alors la distance de ce point à l'axe de la roue, diminuée de $0^m.04$ au plus pour le jeu, donnera le rayon extérieur de la roue.

Le radier d'aval formant la suite du coursier circulaire sera un plan incliné à $\frac{1}{12}$ ou $\frac{1}{15}$ environ et limité à deux plans verticaux, qui seront dans le prolongement des joues du coursier circulaire. Il résultera de cette disposition, comme on l'a vu précédemment n° 150, que l'eau, qui quittera la roue avec une vitesse égale à peu près à celle de la circonférence extérieure, refoulera les eaux d'aval, et dégagera les palettes inférieures de celle qui les noyait. Cette disposition sera surtout favorable dans les temps de crues modérées, et permettra de faire marcher ces roues même quand elles seront noyées.

281. *Abaissement de la vanne*. — Les expériences ont montré qu'il convient d'employer d'assez forts abaissements de vanne de $0^m.20$ à $0^m.25$ environ, afin de diminuer la largeur de la roue, et par suite les pertes d'eau par le coursier, son poids et la dépense de construction. Il sera bon de ne pas dépasser, si on le peut, ces limites, afin de se réserver le moyen d'employer des abaissements plus forts en temps de grandes eaux ou de circonstances accidentelles. De plus, d'après les résultats des expériences de M. Marozeau citées au n° 147, quand on sera exposé à voir diminuer considérablement, l'été, le volume d'eau dont on peut disposer, il sera convenable de fractionner la roue et son vannage en compartiments, que l'on emploiera ensemble ou séparément, de manière à ne se servir que d'abaissements de vannes considérables.

282. *Vitesse d'arrivée de l'eau sur la roue.* — L'abaissement de la vanne au dessous du niveau du réservoir étant donné, et sachant que, quand le déversoir a la même largeur que le canal, ce qui est le cas actuel, l'épaisseur h de la lame d'eau qui passe sur l'arête intérieure du déversoir est 0.80 environ de l'abaissement de cette arête au dessous du niveau du réservoir, il en résultera que le filet moyen sera à la hauteur 0.60 H au dessous du niveau, et animé, à l'origine de la courbe qu'il décrit, de la vitesse horizontale

$$U' = \sqrt{19.62 \times 0.6 H}.$$

La courbe décrite par ce filet moyen sera facile à tracer par points au moyen de la formule du n° 60

$$y = \frac{9.81}{2} \frac{x^2}{U'^2}.$$

Il sera donc aussi facile, en prenant, comme on l'a expliqué, des valeurs de x égales à $0^m.05$, $0^m.10$, $0^m.20$, $0^m 30$, de déterminer les valeurs de y ou de l'ordonnée correspondantes et de tracer cette courbe.

A sa rencontre avec la circonférence extérieure, on

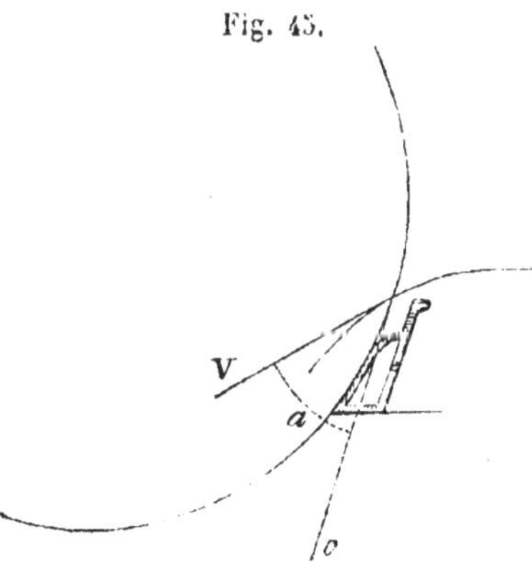

lui mènera à la règle une tangente qui donnera l'angle a formé par sa direction avec celle de la tangente à cette circonférence ou de la vitesse v. La hauteur de ce point de rencontre au dessous du niveau du réservoir est celle à laquelle est due la vitesse d'arrivée V. On connaît donc cette vitesse et sa direction ; et il est facile, à l'aide du parallélogramme des vitesses, de déterminer la composante $V\cos a$ de la vitesse de l'eau dans le sens de la tangente à la roue.

Ainsi, pour l'usine à meules du Bouchet,

$$H = 0^m.25, \quad U' = \sqrt{19.62 \times 06.H} = 1^m.750,$$

$$y = \frac{9.81}{2\,(\times 1^m.750)^2}\, x^2 = 1.603 x^2,$$

$x =$	0.05	0.10	0.15	0.20	0.25	0.30	0.35	0.40
$y =$	0.004	0.016	0.036	0.064	0.100	0.1480	0.196	0.256

Le point de rencontre avec la circonférence extérieure est à $0^m.30$ au dessous du niveau

$$V = \sqrt{19.62 \times 0.^m 30} = 2^m.09.$$

Le tracé donne $V\cos a = 1^m.530$.

285. *Vitesse de la circonférence extérieure de la roue.* — L'expérience montrant que la vitesse v de la circonférence peut varier depuis $v = 0.30V$ jusqu'à $v = V$, sans que l'effet utile s'éloigne sensiblement de sa valeur maximum, on profitera de cette propriété pour donner à la roue une assez grande vitesse ; mais, comme il convient de se donner de la latitude pour des variations accidentelles de vitesse, et que, pour la facilité de l'introduction de l'eau, il est bon que celle-ci ait une vitesse supérieure à celle v de la roue, on prendra ordinairement $v = 0.70V$

284. *Hauteur parcourue par l'eau sur la roue.* — La hauteur du point d'introduction ou de rencontre du filet moyen avec la circonférence extérieure au dessus du niveau d'aval donnera la hauteur parcourue par l'eau sur la roue.

D'après cela, dans l'équation pratique des roues à palettes planes emboîtées dans des coursiers circulaires du (n° 144)

$$Pv = 797 Q \left[h + \frac{V\cos a - v}{9.81} v \right],$$

on connaît h, V, v et $\cos a$; il ne reste donc plus à déterminer que l'effet utile Pv, que l'on pourra obtenir d'un volume d'eau donné, ou le volume d'eau à dépenser pour obtenir un effet utile donné. Ce qui conduit aux deux problèmes suivants :

285. 1° *Etablir une roue de côté d'une force donnée.* — Dans ce cas, l'effet utile à obtenir étant donné, on calculera le volume d'eau à dépenser par la formule

$$Q = \frac{Pv}{797 \left[h + \dfrac{V\cos a - v}{9.81} v \right]}.$$

Aussi, pour une usine dont la chute totale serait de $1^m.75$ et l'effet utile à obtenir de 7 chevaux ou 825^{km}, on aurait

$$Q = \frac{525^{kil}}{797 \left[1^m.52 + \dfrac{1^m.550 - 1^m.462}{9.81} \times 1^m.462 \right]} = \frac{525^k}{797 \times 1^m.53} = 0^{mc}.131.$$

La formule des déversoirs

$$Q = 0.480 \times L \times 0^m.25 \sqrt{19.62 \times 0^m.25}$$

nous donne alors

$$L = \frac{0^{mc}.431}{0.480 \times 0.^{m}25 \sqrt{19.62 \times 0^{m}.20}} = 1^{m}.620.$$

La largeur de l'orifice et du canal d'arrivée sera donc de $1^{m}.620$.

Celle de la roue sera de $1^{m}.70$, afin qu'elle dépasse un peu le vannage de part et d'autre.

Le coursier dans lequel elle sera emboîtée aura $1^{m}.72$ de largeur au plus, ou mieux $1^{m}.71$ seulement, selon le degré de soin de l'exécution.

Le vannage devant être de même largeur que la roue et analogue à celui sur lequel ont été faites les expériences du n° 36, on a dû prendre le coefficient $m = 0.480$, comme l'indique la formule ci-dessus.

286. *Observation sur la largeur de ces roues.* — Si, dans l'application des règles précédentes, on parvenait à une largeur de la roue qui atteignît 5 à 6 mètres, on devrait d'abord augmenter l'abaissement de la vanne et le porter à $0^{m}.30$, afin de diminuer cette largeur ; puis on augmenterait la vitesse de la roue pour que ses augets ne fussent pas trop remplis. On parviendrait ainsi à la largeur minimum qu'il serait possible de donner à cette roue ; et si malgré ces dispositions la largeur obtenue devait dépasser 5 à 6 mètres et même atteindre cette limite, il conviendrait en général de renoncer à ce genre de roues. Le poids du moteur, la largeur et la dépense de construction du coursier deviennent alors excessifs et les turbines sont plus économiques.

287. *Dimensions des aubes.* — Les aubes ou palettes

sont ordinairement espacées à la circonférence de $0^m.30$ à $0^m.40$ à la circonférence extérieure. Elles ont la même dimension dans le sens du rayon suivant lequel elles sont dirigées, ce qui est commode pour la facilité des assemblages. On a vu en effet, par les résultats des expériences, que l'inclinaison qu'on leur donne quelquefois dans la vue de diminuer le choc n'a pas d'avantage, puisque la perte de force vive faite par l'eau est à très peu près indépendante de cette forme, et ne dépend que de la force vive qu'elle avait en entrant et de celle qu'elle conserve quand tous les tourbillonnements ont cessé.

Lorsque l'on sera obligé d'employer de forts abaissements de vanne de $0^m.30$ et plus, on pourra être conduit à donner aux aubes un écartement ou une profondeur de $0^m.48$ à $0^m.50$.

Dans les cas ordinaires on divisera la circonférence extérieure de la roue par $0^m.35$, et l'on prendra pour le nombre des aubes le nombre entier divisible par le nombre de bras le plus voisin du quotient obtenu.

Entre le fond d'un auget et l'aube supérieure on laisse un vide de $0^m.03$ à $0^m.04$ au plus pour l'échappement de l'air. Quelques constructeurs, au lieu de se contenter de donner aux augets une aube et un fond fixé et courbé sur les couronnes, ajoutent une planche inclinée dans l'angle de l'aube et du fond, et remplacent cet angle droit par deux angles obtus. Cette disposition, par laquelle on se propose encore de diminuer la perte de force vive, n'a pas cet effet et restreint inutilement la capacité des augets.

288. *Capacité des augets.* — Le nombre et les dimensions des augets étant déterminés, on connaîtra leur capacité et on la comparera au volume d'eau que chacun d'eux doit recevoir pour s'assurer qu'ils ne sont pas remplis au delà de la moitié ou des deux tiers de leur capacité. Lorsque l'on sera exposé à des crues pendant lesquelles les roues sont noyées, il faudra limiter le volume d'eau à la moitié de la capacité, afin d'avoir la facilité d'en introduire beaucoup plus en temps de grandes eaux.

Exemple : Les augets de la roue de l'usine à meules de Bouchet ont une largeur moyenne de

$$\frac{0^m.37 + 0^m.29}{2} = 0^m.33,$$

une profondeur de $0^m.40$; la roue a $2^m.10$ de largeur ; la capacité totale d'un auget est de

$$0^m.33 \times 0^m.40 \times 2^m.10 = 0^{mc}.2\,772;$$

l'écartement à la circonférence extérieure, l'épaisseur des aubes comprise, est de $0^m.3\,927$; la vitesse $v = 1^m.462$. Il passe donc $\frac{1^m.462}{0^m.3927} = 3.72$ augets en $1''$ devant l'orifice. Le volume d'eau à dépenser est $0^{mc}.429$. Chaque auget doit donc recevoir $\frac{0^{mc}.429}{3.72} = 0^{mc}.115$; par conséquent il ne sera rempli qu'à $\frac{0.115}{0.277} = 0.415$ de sa capacité.

289. Second problème. *Quelle sera la force d'une roue à aubes planes établie d'après les règles précédentes et qui dépensera un volume d'eau donné. —* La solution de cette question revient à calculer, d'après la formule du n° 144

$$Pv = 797Q. \left[h + \frac{V\cos a - v}{9.81} v \right],$$

l'effet utile de la roue quand on connaît toutes les quantités contenues dans le second nombre de l'équation pratique ci-dessus.

XXIe LEÇON.

290. *Établissement des roues à aubes courbes.* — On a vu, aux n°s 154 et suivants, que le vannage de ces roues doit être incliné, s'il se peut, à un de base sur un de hauteur, ou au moins à un de base sur deux de hauteur. Cette disposition a pour but et pour effet de rapprocher le plus possible l'orifice de la roue.

On sait aussi que les parois intérieures du réservoir doivent être disposées de façon que la contraction soit annulée sur le fond et sur les côtés verticaux. L'on y parvient en plaçant le seuil de l'orifice à hauteur du fond du réservoir, ou en raccordant ce fond avec le seuil par des contours convenablement arrondis, et en opérant de même pour les côtés verticaux. Il résulte de ces dispositions, comme on l'a vu (n° 19) que, la contraction étant faible, la perte de force vive éprouvée par le liquide après son passage par l'orifice est aussi atténuée que possible, et qu'il arrive sur la roue avec une vitesse fort peu différente de celle qu'il possédait à la sortie.

291. *Tracé du fond du coursier.* — On a vu au n° 172 le nouveau tracé adopté pour le coursier par M. Poncelet, dans le but de faire arriver tous les filets fluides à la circonférence de la roue, et par conséquent sur l'aube, avec des vitesses sensiblement égales et parallèles, et les expériences rapportées au n° 180 ont prouvé que cette disposition favorisait beaucoup l'introduction du liquide. Il conviendra donc de se conformer à ce tracé.

292. *Hauteur à donner au ressaut.* — Il convient de donner au canal de fuite une largeur égale à cinq ou six fois celle du coursier, en commençant aussi près que possible du ressaut. Quand rien ne s'opposera à ce que cette condition soit satisfaite, on placera le sommet du ressaut au niveau moyen des eaux d'aval. Si l'on ne pouvait donner au canal de fuite qu'une largeur égale à celle du coursier, il faudrait placer le ressaut à $0^m.08$ ou $0^m.10$ au dessus du niveau moyen des eaux d'aval.

Dans tous les cas, le canal de fuite devra avoir au moins 0^m30 à $0^m.40$ de profondeur au dessous du ressaut, et plus s'il se peut.

293. *Proportions de la roue.* — On a vu aussi que, par suite de cette disposition du coursier, l'eau ne commençait à jaillir dans la roue que quand la capacité de l'espace qu'elle offre en $1''$ pour l'admission de l'eau était égale à 1.5 fois le volume de l'eau dépensé en $1''$. Mais comme la roue doit avoir la faculté de marcher noyée d'une certaine quantité, il conviendra en général d'admettre que cette capacité sera égale à deux fois le volume d'eau calculé pour une des plus fortes dépenses.

Sachant d'ailleurs que le rayon de la roue a peu d'influence sur cette capacité, et que sa grandeur a peu d'importance pour l'effet utile, on pourra procéder ainsi qu'il suit :

L'effet utile étant au moins égal à $0,60$ du travail absolu dépensé par le moteur calculé en prenant pour chute la hauteur du ressaut au dessous du niveau du réservoir supérieur, on aura, entre l'effet utile Pv et le travail absolu du moteur, la relation

$$Pv = 0.60 \times 1\,000 QH = 600 QH,$$

d'où l'on déduira

$$Q = \frac{Pv}{600H},$$

ou le volume d'eau à dépenser en $1''$ pour obtenir un effet utile donné.

L'expérience ayant montré que les fortes ouvertures d'orifices sont avantageuses, on adoptera celle de $0^m.25$ pour l'état normal et moyen des eaux, et alors on calculera la largeur L de l'orifice par la formule

$$L = \frac{Q}{0.80 \times 0^m.25 \sqrt{2gH'}},$$

si le vannage est incliné à un de base sur un de hauteur, ou

$$L = \frac{Q}{0.74 \times 0^m.25 \sqrt{2gH'}},$$

si le vannage est incliné à un de base sur deux de hauteur ; formules dans lesquelles H' est la charge ou la hauteur du niveau supérieur au dessus du sommet de l'orifice.

Cela fait, la largeur L' de la roue sera prise égale à $L + 0^m.10$ environ, pour que les filets fluides ne puissent jamais choquer la surface extérieure des couronnes.

Par l'effet de la pente générale du coursier, pour obtenir une valeur approchée de cette charge avant d'avoir fait le tracé définitif il faudra retrancher de la chute au dessus du ressaut la hauteur de l'orifice augmentée de $0^m.08$ à $0^m.10$.

On admettra habituellement que le rapport de la largeur E' des couronnes au diamètre de la roue sera $\frac{E'}{2R} = 0.25$. La vitesse v de la circonférence de la roue est d'ailleurs déterminée d'après les résultats de l'expérience, et elle a déjà été prise égale à

$$0.55 V = 0.55 \sqrt{2gH'}$$

pour le tracé des aubes.

Donc, en exprimant que la capacité offerte par la roue à l'admission de l'eau en $1''$ doit être égale à deux fois le volume d'eau Q à dépenser dans le même temps, on aura la relation

$$\left(1 - \frac{E'}{2R}\right) E'L'v = 2Q,$$

d'où en faisant

$$\frac{E'}{2R} = 0.25 \ et \ v = 0.55v = 0.55 \sqrt{2gH'},$$

on tirera

$$E' = \frac{2Q}{0.75 \times 0.55 L' \sqrt{2gH'}} = \frac{Q}{0.206 L' \sqrt{2gH'}},$$

puis $2R = 4E'$.

294. *Application.* — Appliquons ces règles à l'établissement d'une roue destinée à transmettre un effet utile de 7 chevaux avec une chute totale de $1^m.10$, ce qui est à peu près le cas d'un moulin à pilons ou à meules de fonte de la poudrerie du Ripault, on aura

$$Pv = 7 \times 75^{km} = 525^{km}.$$

La rivière de l'Indre étant exposée à de fortes crues et le canal de fuite ne pouvant guère avoir plus de quatre fois la largeur de la roue, on placera le ressaut à $0^m.10$ au dessus du niveau moyen des eaux d'aval.

D'après cela on aura

$$Q = \frac{525^{km}}{600 \times 1^m} = 0^{mc}.875.$$

On verra, par le tracé, que la charge H' sur le sommet de l'orifice sera à peu près égale à la chute totale mesurée au dessus du ressaut, diminuée de la hauteur de l'orifice supposé égal à $0^m.25$, et de $0^m.08$ à $0^m.10$ pour la pente générale du coursier, ce qui la réduira à $0^m.65$ environ.

Par conséquent nous prendrons pour première approximation la hauteur $H' = 0^m.65$.

On peut adopter cette première estimation pour les calculs des proportions, sauf à la rectifier plus tard, comme on le verra. On aura donc

$$V = \sqrt{19.62 \times 0^m.65} = 3^m 57,$$

puis

$$v = 0.55 \times 3^m.57 = 1^m.96.$$

Si le vannage est incliné à un de base sur un de hauteur, on aura, pour la largeur de l'orifice,

$$L = \frac{0^{mc}.875}{0.80 \times 0^m.25 \times 3^m.57} = 1^m.225.$$

La largeur intérieure de la roue entre les couronnes sera $L' = 1^m.30$. Puis on trouvera

$$E' = \frac{0^m.875}{0.206 \times 1^m.30 \times 3^m.57} = 0^m.915;$$

et enfin

$$2R = 4 \times 0^m.915 = 3^m.660 = 3^m.548.$$

295. *Latitude pour augmenter ces dimensions.* — Ces dimensions seront plus que suffisantes pour l'état normal, mais si l'on craint de grandes eaux continues, qui obligent à faire marcher la roue noyée avec des dépenses d'eau beaucoup plus fortes, il n'y a pas d'inconvénient à augmenter un peu la largeur des couronnes. D'une autre part, si les localités, la hauteur du sol, ou d'autres motifs, engagent à adopter un diamètre plus grand que celui qui est fourni par la règle ci-dessus, on peut le faire sans risque, parce qu'il n'en résultera qu'un poids un peu plus considérable pour la roue et une capacité un peu plus grande de ses augets.

Le rayon et la largeur des couronnes étant définitivement fixés, on exécutera le tracé du coursier et celui des aubes, comme il a été expliqué au n° **172**.

Ensuite on déterminera exactement la hauteur du sommet de l'orifice au dessous du niveau ; mais on reconnaîtra que la différence avec la valeur admise dans le calcul préparatoire n'est pas assez grande pour exiger qu'on change rien aux proportions.

Il ne sera pas même nécessaire de tenir compte de cette différence dans la charge sur le sommet pour la vitesse v de la circonférence extérieure de la roue correspondante au maximum d'effet. Ainsi, dans l'exemple qui nous a occupé, la charge H′, au lieu d'être égale à $0^m.65$, serait de $0^m.64$, ce qui ne peut exercer qu'une influence négligeable sur les résultats.

296. *Forme à donner à la partie extérieure des couronnes.* — Les roues à aubes courbes ayant la propriété de pouvoir marcher noyées, il importe que les parties extérieures de leurs couronnes n'offrent aucune saillie qui puisse éprouver de la part du liquide une résistance notable. On aura donc soin de disposer l'assemblage des bras à l'intérieur de ces couronnes, en évitant autant que possible toute partie en relief à l'extérieur.

287. *Cas où la roue sera exposée à de grandes crues.* — Pour les cas où l'on aura à craindre de grandes crues, on pourra augmenter encore la proportion des couronnes, et disposer au vannage un coursier additionnel destiné à verser dans les aubes de l'eau prise à la superficie, ce qui fera participer la roue au mode d'action des roues de côté. Cette addition très simple ne présente pas de difficultés et permet, à ces époques où les eaux sont surabondantes, de maintenir la roue en activité, quoique l'écoulement par l'orifice inférieur soit gêné.

288. *Roues et vannages partagés en compartiments.* — Lorsque le cours d'eau sera exposé, aux époques de sécheresse, à une grande diminution de produit, il sera bon, comme l'ont montré les expériences de M. Marozeau, insérées au 86ᵉ bulletin de la Société industrielle de Mulhouse, de partager la roue et son vannage en deux ou trois compartiments, dont chacun pourrait fonctionner à part, de sorte que, dans tous les cas, l'on n'emploierait que des hauteurs d'orifice de 0ᵐ.20 à 0ᵐ25, qui, d'après l'expérience, sont les plus convenables.

*XXII*ᵉ *LEÇON.*

299. *Établissement des roues à augets.* —Il y a deux manières de faire arriver l'eau sur les roues à augets : la première, et la plus généralement employée, consiste à la conduire au sommet de la roue par un coursier placé entre ce sommet et le vannage ; la seconde à faire arriver l'eau en un point placé au dessous du sommet. Toutes les fois que la chute totale sera de plus de $3^m.00$ et que la hauteur du niveau du réservoir n'éprouvera que de faibles variations comprises entre $0^m.20$ et $0^m.30$ à $0^m.40$ ou plus, il conviendra d'adopter la première disposition, qui est plus simple que la seconde et conduit à des constructions moins dispendieuses et moins lourdes.

Lorsque, au contraire, la chute sera au dessous de $3^m.00$, et surtout quand, par les circonstances locales ou par la nature du travail, le niveau du réservoir éprouvera des variations considérables, il pourra être plus avantageux d'employer la seconde disposition. Nous indiquerons la marche à suivre dans les deux cas.

300. *Roues à augets qui reçoivent l'eau à leur sommet.* — Le canal d'arrivée devant se terminer aussi près que possible de la roue, afin de n'exiger qu'un coursier très court, il est souvent nécessaire d'établir un petit canal particulier de prise d'eau pour chaque roue. — Ce canal, ordinairement en bois bien goudronné et calfaté, doit avoir une section d'eau égale à 10 ou 12 fois l'aire de l'orifice. Il serait convenable que le vannage placé à son extrémité fût incliné ; mais la plupart du temps la facilité de la manœuvre engage à le placer verticalement. Le coursier qui conduit l'eau de l'orifice à la roue doit être incliné à $\frac{1}{10}$ ou $\frac{1}{12}$ et se terminer à $0^m.10$ environ en amont de la verticale passant par l'axe de la roue. Entre la circonférence extérieure de celle-ci et le dessous du coursier, il doit y avoir au moins $0.^m01$ de jeu. On placera toujours le seuil de l'orifice aussi près de la roue que le permettra la dimension des pièces de charpente qui soutiennent le canal de prise d'eau.

501. *Entrée de l'eau dans la roue. Tracé des augets.*

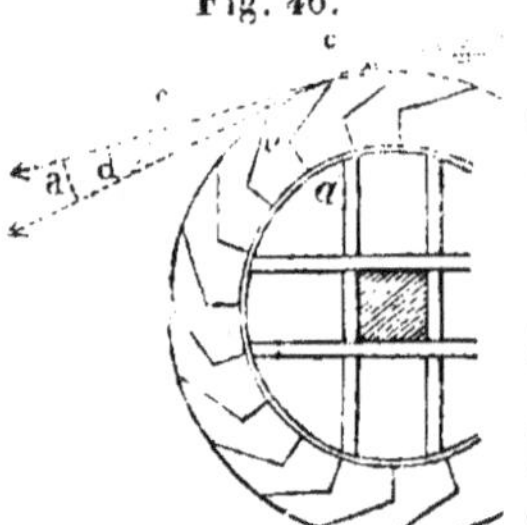

Fig. 46.

— On sait que le tracé des augets se fait ordinairement de la manière suivante. Leur écartement à la circonférence extérieure devant être habituellement compris entre $0^m.30$ et $0^m.40$, on divise cette circonférence par $0^m.35$, et l'on adopte pour nombre des augets le nombre entier le plus voisin, divisible par le nombre de bras que la roue devra avoir. On donne aux couronnes une largeur intérieure égale à l'écartement des augets à la circonférence extérieure, et l'on trace une circonférence intermédiaire partageant cet intervalle en deux parties égales. On mène les rayons qui passent par les points de division de la circonférence ; la partie *ab*, comprise entre les circonférences intérieure et intermédiaire, donne la direction du fond, et la ligne *bc* celle de la face de l'auget. Tel est le tracé ordinaire qu'il convient d'abord d'essayer.

Supposons le filet moyen de la veine fluide tracé (n° 59), et sa rencontre avec la circonférence extérieure déterminée; par ce point traçons le profil d'un auget. Il faut que l'eau entre dans cet auget dans la direction de sa face *bc*. A cet effet, on mènera en *c* une tangente au filet moyen et une autre à la circonférence extérieure de la roue. Sur la première, on prend une longueur *cd* représentant, à une échelle convenue, la vitesse de l'eau affluente ; par le point *d*, on mène une parallèle *ed* à la face de l'auget. Cette ligne rencontre la tangente à la circonférence de la roue en *e*; et si l'on règle la marche de la roue de façon que *ec* soit la vitesse de sa circonférence, il est évident que l'eau entrera dans le sens de la face *bc* sans la choquer et avec une vitesse relative mesurée par le côté *de* du parallélogramme.

Ainsi, connaissant la vitesse d'affluence V=*cd* de la veine fluide et le tracé de l'auget, on en déduira, par construction, la vitesse de la circonférence de la roue convenable pour que l'eau entre bien dans l'auget. Mais, d'une autre part, la vitesse de la circonférence doit être d'environ $1^m.50$ en $1''$ pour la régularité du mouvement, et l'on conçoit qu'il convient alors de donner à V des valeurs telles qu'il puisse en résulter pour V une valeur voisine de $1^m.50$.

La vitesse V d'affluence de l'eau dépendant principalement de la charge sur le seuil de l'orifice, on est ainsi conduit à donner dans le canal de prise d'eau une charge sur le seuil variable avec la chute totale, ainsi qu'il suit :

Chutes totales. . . . 2^m.60 à 3^m, 3^m à 4^m, 4^m à 6^m, 6^m à 7^m, 7^m à 8^m.
Charge sur le seuil.   0^m.50,   0^m.60,   0^m.70,   0^m.80, 0^m.90.

D'un autre côté, les dimensions absolues de l'auget étant renfermées, comme on l'a dit, entre des limites à peu près déterminées, il en résulte que plus les diamètres sont grands, plus l'angle *bce* de la face de l'auget avec la circonférence est petit, et plus la ligne *de* est petite par rapport à *dc* ou V. Et comme, au contraire, il est possible et il convient de faire marcher la circonférence des grandes roues à une vitesse *v* plus considérable que pour les petites, on est conduit, pour éviter cette difficulté, à changer un peu le tracé de l'auget et à prendre la largeur de son fond égale à $\frac{1}{3}$ au lieu de $\frac{1}{2}$ de celle des couronnes, ce qui augmente l'angle *bce*.

D'après cela, connaissant la chute totale, on en déduira la charge moyenne qu'il convient de laisser sur le seuil, pour la fixation de laquelle on se réglera aussi sur les variations que le niveau peut éprouver dans le réservoir. On y ajoutera environ 0^m.10 pour la pente totale et le jeu du coursier; et, retranchant la somme de la chute totale, on aura le diamètre de la roue. On déterminera le profil et le nombre des augets, et l'on fera le tracé indiqué plus haut pour obtenir la vitesse de la roue. Si cette vitesse est voisine de 1^m.50, on l'adoptera; si elle est plus petite, surtout s'il s'agit d'une grande roue, il faudra modifier le tracé de l'auget et ne donner à son fond que le $\frac{1}{3}$ de la largeur des couronnes. Après avoir déterminé finalement la vitesse de la circonférence extérieure, il faudra remarquer que ce sera la plus grande que la roue puisse prendre sans que la face *bc* des augets choque la veine fluide par son côté extérieur. Si donc la vitesse doit varier, on aura soin qu'elle ne dépasse pas la limite donnée par le tracé. Si c'est la vitesse de l'eau qui varie par suite des changements de hauteur du niveau, il faudra faire le tracé d'après la plus faible vitesse d'affluence.

En suivant cette marche, on sera certain que l'eau dépensée sera convenablement introduite dans les augets et non projetée au dehors, comme on le voit souvent.

502. *Levée de la vanne.* — Il résulte des dimensions ordinaires des augets que la plus courte distance de la face intérieure de l'un à la face extérieure de l'autre est d'environ de $0^m.10$ à $0^m.12$. Pour la facilité de l'entrée de l'eau et pour que les vitesses réelles ne diffèrent pas trop de celles que donne le tracé précédent, il convient, quand on le peut, de limiter la levée de la vanne à $0^m.08$ ou $0^m.10$ pour les roues de force moyenne, et $0^m.12$ à $0^m.15$ au plus pour les grandes forces.

503. *Volume d'eau à dépenser.* — On connaîtra donc, d'après ce qui précède, la vitesse V d'arrivée de l'eau sur la roue, celle *v* de la circonférence de cette roue, l'angle *a* de ces vitesses, la hauteur *h* du point d'introduction de l'eau au dessus du bas de la roue; et quand l'effet utile P*v* à obtenir sera donné, on calculera le volume d'eau à dépenser par la formule pratique de l'effet utile des roues à augets (n° 144).

$$\mathrm{P}v = 780.\mathrm{Q}h + 1\,000\mathrm{Q}\,\frac{(\mathrm{V}\cos a - v)v}{9.81},$$

qui donne

$$Q = \frac{Pv}{780h + 102\ Vcosa - r'v}$$

304. *Largeur de l'orifice et de la roue*. — La levée de la vanne étant donnée et choisie d'avance entre les limites indiquées plus haut, on calculera la largeur de l'orifice par la formule

$$Q = m.LE\sqrt{2g.H},$$

dans laquelle on prendra $m=0.70$, attendu que l'orifice sera disposé de manière qu'il n'y ait de contraction ni sur le fond, ni sur les côtés.

H sera la charge sur le centre de l'orifice déduite de la charge sur le seuil et de la levée de la vanne.

L'on tirera de cette formule

$$L = \frac{Q}{mE\sqrt{19.62H}}.$$

La largeur intérieure de la roue sera de $0^m.10$ plus grande que celle de l'orifice.

Si cette largeur n'excède pas les limites convenables qu'indiquent les localités et la facilité de la construction, on l'adoptera. Si au contraire elle est trop grande, on pourra augmenter la levée de la vanne et la capacité des augets.

Il sera bon de s'assurer que, dans aucun cas, les augets ne devront être remplis au delà de la moitié de leur capacité, afin que le versement de l'eau ne commence pas trop tôt.

305. *Roues à augets qui reçoivent l'eau au dessous*

de leur sommet. — Lorsque le niveau des eaux varie dans le réservoir de plus de 0ᵐ.30 à 0ᵐ.40, ou quand des motifs particuliers aux localités engagent à faire marcher la roue dans le même sens que les eaux du canal de fuite, il convient de disposer le vannage ainsi qu'il suit.

On opérera d'abord sur le niveau normal en se donnant pour condition que le filet moyen atteigne la circonférence extérieure de la roue avec une vitesse de 3ᵐ.00 environ, ce qui exige que le point de rencontre soit à une hauteur de $\frac{\overline{3.0}^2}{19.62} = 0^m.46$ au dessous du niveau. De plus, pour la facilité de la disposition du vannage, il convient que ce point de rencontre soit à 60° environ du sommet de la roue.

D'après cela, il est facile de voir qu'en retranchant 0ᵐ.46 de la chute totale, on aura la hauteur h parcourue par l'eau sur la roue, et qu'en nommant $Oa = R$ le rayon de la roue, puisque l'angle $bOa = 60°$, $aoc = 30° = coa'$, de sorte que $aa' = ao = R$, comme côté d'un hexagone régulier. Donc $ad = \frac{R}{2}$, donc

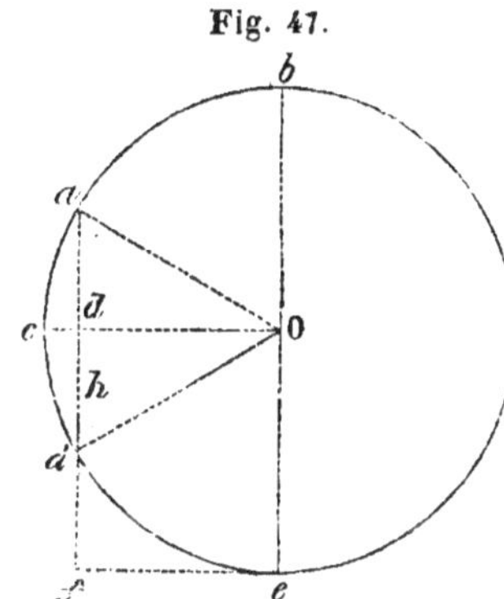

$$h = af = ad + df = \frac{1}{2}R + R = 1.50R ;$$

ainsi $R = \frac{h}{1.50}$, ce qui donne le rayon de la roue.

On déterminera, par les règles données précédemment, le tracé et le nombre des augets, et il ne s'agira plus que d'assurer au filet moyen une direction telle qu'il entre d'une manière convenable dons la roue. A

Fig. 48.

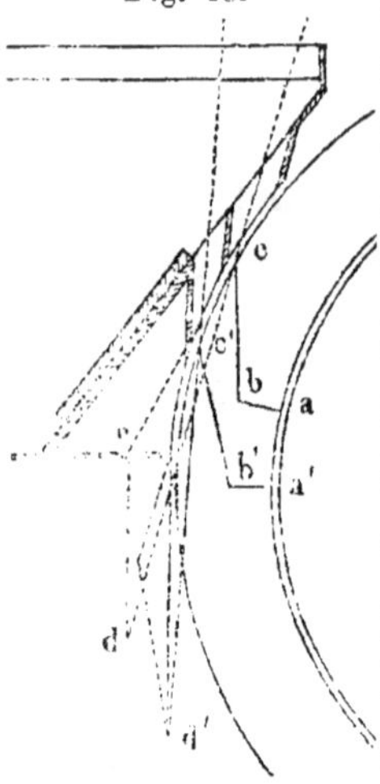

cet effet, soit cb la face de l'auget, sur la tangente en c à la circonférence extérieure de la roue, prenez ce égal à la vitesse v ou $2^m.00$ environ s'il s'agit d'une grande roue. Du point e comme centre, avec un rayon égal à $V = 3^m$, vitesse de l'eau affluente, décrivez un arc de cercle qui coupe en d la ligne de parallèle à la face bc de l'auget. La ligne dc sera la direction que devra suivre le filet moyen pour que l'eau entre dans la roue dans le sens de la face cb de l'auget. En effet, d'après ce tracé, il est facile de voir que la composante de la vitesse $v = ce$ et de la vitesse $V = dc$ perpendiculairement à la face bc de l'auget seront égales et dirigées dans le même sens, et que, par conséquent, il n'y aura pas de choc sur cette face.

Cela fait, pour assurer la direction du filet moyen suivant la ligne cd prolongée au dessus de c, on mènera à $0^m.04$ ou $0^m.05$ au plus de distance de part et d'autre des parallèles à cette ligne; ce qui donnera l'inclinaison des directrices du vannage à interposer entre l'orifice et la roue.

Mais comme, par hypothèse, dans le cas actuel le niveau varie et qu'il faut être certain qu'à toute hauteur l'introduction de l'eau dans la roue se fera de même, il ne snffit pas de faire une fois cette construction : il faudra la repéter pour des niveaux distants de $0^m.10$ en $0^m.10$ au dessus et au dessous du niveau moyen. On aura ainsi pour chaque hauteur supposée du niveau une ligne indiquant la direction du filet ; et c'est entre toutes ces lignes que l'on devra, en partant du niveau le plus élevé jusqu'au plus bas auquel la roue devra marcher, tracer les directrices, en ayant soin que la plus courte distance de l'une à l'autre n'excède pas ordinairement $0^m.06$ à $0^m.08$ ou au plus $0^m.10$.

Ces directrices, que l'on exécute habituellement en fonte, et auxquelles on donne une épaisseur de $0^m.010$ à $0^m.015$, devront d'ailleurs se terminer inférieurement à une circonférence de cercle concentrique à la roue et distante de $0^m.01$ seulement. Les perpendiculaires abaissées du point inférieur de chacune d'elles sur celle qui la suit immédiatement en dessous mesurent l'ouverture réelle de l'orifice, qui doit être ordinairement limitée, comme on vient de le dire, à $0^m.06$ ou $0^m.08$.

Afin que l'eau puisse prendre la direction voulue, il faudra que, au dessus du pied de ces perpendiculaire, chaque directrice ait au moins $0^m.04$ à $0^m.05$ de longueur.

L'inclinaison de la vanne qui, en s'abaissant, démasque les orifices et les directrices, se déterminera par la condition précédente.

Pour les roues de faible force il conviendra en général de ne prendre l'eau que par l'orifice supérieur, afin de donner à la hauteur h, que le liquide parcourt sur la roue, la plus grande valeur possible. Mais, pour les roues puissantes, la faible ouverture qu'il est bon de donner aux orifices conduirait à des largeurs d'orifices et de roues trop considérables, et alors il peut être nécessaire de démasquer à la fois deux et même trois orifices. C'est ce que l'on reconnaîtra facilement, dans chaque cas, d'après la largeur à laquelle on sera conduit pour la roue.

Si l'on suppose, par exemple, un seul orifice ouvert, on connaîtra V, v, l'angle a, h et l'effet utile à produire; on en déduira donc le volume d'eau à dépenser comme précédemment. Puis la formule de la dépense de ces orifices (n° 20)

$$Q = 0.75 LE \sqrt{19.62 H},$$

dans laquelle E sera la plus courte distance des directrices déterminées par le tracé, et H sera la hauteur du milieu de cette plus courte distance au dessous du niveau, donnera la largeur de l'orifice

$$L = \frac{Q}{0.75 E \sqrt{19.62 H}}$$

Si cette largeur est convenable pour la localité et la facicilité de la construction, on l'adoptera. Si elle est trop grande, on admettra que le second orifice est aussi démasqué par la vanne; et en appelant E′ et H′ les quantités analogues à E et H, puis prenant pour h une valeur intermédiaire et moyenne entre celles que fournit chacun de ces orifices, on calculera la valeur du volume d'eau Q à dépenser et enfin la largeur de l'orifice par la formule

$$L = \frac{Q}{0.75 \left[E \sqrt{19.62 H} + E' \sqrt{19.62 H'} \right]}$$

509. *Largeur intérieure de la roue.* — La roue aura entre ses couronnes une largeur égale à celle de l'orifice, augmentée de $0^m.05$ à $0^m.10$ de chaque côté.

Enfin on devra encore s'assurer que les augets ne seront remplis qu'à moitié de leur capacité ; et s'ils devaient l'être davantage, il faudrait accroître leurs proportions et, s'il se pouvait, la vitesse de la roue.

Application. — Projet de roue hydraulique à augets pour un moulin à poudre à deux batteries de 12 pilons chacune, pour la poudrerie de Saint-Chamas. L'effet utile de la roue doit être, d'après les résultats d'observations connus, de 24^{km} pour chaque pilon de 40^{kil} battant 56 coups à la minute, avec une levée de $0^m.40$; et par conséquent pour 24 pilons il sera de

$$24 \times 24^{km} = 576^{km} = 7^{ch}.68.$$

La chute totale est de $7^m.00$; la roue recevra l'eau à son sommet ; et, d'après ce qui a été dit, il convient de laisser sur le seuil une charge d'eau de $0^m.80$. Le coursier aura un jeu de $0^m.015$; son fond sera en planches de $0^m.025$, et sa pente totale de $0^m.06$ sur une longueur totale de $0^m.90$. Par conséquent de la chute totale il faut retrancher $0^m.80 + 0.^m10 = 0^m.90$. Le diamètre de la roue sera donc $7^m.00 - 0^m.90 = 6^m.10$.

La levée de la vanne sera de $0^m.10$, et par conséquent la charge sur le centre de $0^m.75$.

En traçant la courbe du filet moyen de la veine fluide à partir de l'extrémité du coursier, on trouve que l'angle de ce coursier avec l'horizontale étant de $3° 25$,

$$\cos a = 0.99804, \quad \tan g a = 0.062642.$$

En admettant que la pente du coursier compense la résistance et la perte de force vive après l'orifice, ce qui donne pour la vitesse à l'extrémité de ce coursier

$$U' = \sqrt{19.62 \times 0^m.75} = 3^m.835.$$

l'équation de la courbe du filet moyen (n° 59) devient

$$y = \frac{g}{2\mathrm{U}'^2\cos^2 a}x^2 + x\tan g a = 0.841\,x^2 + 0.063x.$$

Ce qui donnera pour cette courbe les ordonnées suivantes :

$x = 0^\mathrm{m}.05,\qquad 0^\mathrm{m}.10,\qquad 0^\mathrm{m}.20,\qquad 0^\mathrm{m}.30,\qquad 0^\mathrm{m}.40,$
$y = 0^\mathrm{m}.00\,525,\ 0^\mathrm{m}.01\,471,\ 0^\mathrm{m}.04\,624,\ 0^\mathrm{m}.09\,459,\ 0^\mathrm{m}.1\,597.$

En effectuant le tracé de la courbe on trouve qu'elle
rencontre la circonférence extérieure à $0^\mathrm{m}.11$ au dessous de l'origine de cette courbe. La vitesse d'arrivée V
est donc à très peu près

$$\mathrm{V} = \sqrt{19.62\,(0^\mathrm{m}.75 + 0^\mathrm{m}.11)} = 4^\mathrm{m}.105.$$

Le diamètre de la roue étant de $6^\mathrm{m}.10$, sa circonférence
de $19^\mathrm{m}.13$, si le nombre des augets est de 56, leur écartement à l'extérieur sera de $0^\mathrm{m}.342$. En donnant à la
couronne $0^\mathrm{m}.35$ intérieurement et $0^\mathrm{m}.13$ au fond dans
le sens du rayon, et exécutant le tracé d'un auget et la
décomposition des vitesses indiquées plus haut (n° 301),
on trouve que la vitesse de la circonférence de la roue
devra être de $1^\mathrm{m}.20$ seulement, ce qui est un peu faible,
mais cependant suffisant. Si l'on trouvait cette vitesse
trop petite, il faudrait alors augmenter la charge sur le
seuil de l'orifice, la porter à $0^\mathrm{m}.90$ et réduire le diamètre
de la roue à $6^\mathrm{m}.00$.

On a, d'après le tracé qui vient d'être indiqué,

$$\mathrm{V}\cos a = 3^\mathrm{m}.65,\quad v = 1^\mathrm{m}.20,\quad h = 6^\mathrm{m}.08;$$

et la formule donne

$$Q = \frac{576^\mathrm{lm}}{780 \times 6^\mathrm{m}.08 + 1.2\,(3^\mathrm{m}.65 - 1^\mathrm{m}.20)\,1^\mathrm{m}.20} = \frac{576^\mathrm{hm}}{5\,042.28} = 0^\mathrm{mc}.1\,142.$$

La levée de la vanne étant de $0^m.10$ et le multiplicateur de la dépense de 0.70, la largeur de l'orifice sera

$$L = \frac{0^m.1142}{0.70 \times 0^m.10 \times \sqrt{19.62 \times 0^m.75}} = 0^m.426.$$

307. *Observation relative aux roues qui reçoivent l'eau au dessous du sommet.* — L'eau, qui descend à peu près verticalement dans les augets de ces roues, entraîne avec elle de l'air qui éprouve quelquefois de la difficulté à s'échapper. Il serait bon, je pense, dans ce dispositif de roue, de faire l'auget à deux faces, c'est-à-dire d'ouvrir le fond du tambour intérieur de la roue, de manière à donner d'un côté issue à l'air introduit de l'autre. Il serait alors nécessaire d'incliner cette face intérieure un peu en dedans, et de la prolonger au dessus du fond de l'auget précédent, afin que l'eau ne pût pas s'élever au dessus de son bord et jaillir dans la roue.

FIN DE LA DEUXIÈME PARTIE.

NOTE I.

*Théorie des effets mécaniques de la turbine de **M**. Fourney-ron.* — **M.** Poncelet a donné, en 1838, une théorie des effets de l'eau dans cette turbine; et, pour pouvoir l'appliquer à une partie des expériences que nous avons rapportées aux n°s 221 et suiv., nous la reproduirons en partie dans cette note.

Nommons spécialement, pour le réservoir cylindrique de la turbine :

e, la hauteur effective des orifices d'écoulement;

a, la plus courte distance entre les *directrices* consécutives du liquide;

l, la distance entre les extrémités extérieures de ces directrices;

α, l'angle aigu sous lequel les filets liquides, censés perpendiculaires à a, viennent rencontrer la circonférence intérieure de la roue, ce qui donne sensiblement $a = l \sin \alpha$;

U, la vitesse inconnue et moyenne avec laquelle ces filets franchissent les orifices dont l'aire individuelle est ae;

k, le coefficient de la contraction à la sortie de ces orifices, et qui ici doit être au moins 0,95 pour les petites valeurs de e;

μ, celui qui se rapporte à l'introduction de l'eau dans l'intérieur du réservoir, et qui peut descendre à 0,60 lorsque les parois de ce dernier ne sont pas convenablement évasées;

A, l'aire des sections horizontales du réservoir;

$O = nkae$, la somme des aires contractées· kae, des orifices de sortie, dont n représente le nombre;

$Q = OU$, le volume du liquide écoulé dans chaque seconde par ces orifices.

Soient pareillement pour la roue :

R$'$ et R$''$, les rayons des circonférences extérieure et intérieure, dont le dernier est aussi, à très peu près, celui du réservoir ;

e', la hauteur du débouché naturel et invariable offert au liquide affluent par les canaux de circulation des aubes, hauteur qui peut néanmoins se réduire à une fraction déterminée de la distance entre les couronnes extérieures de la roue, quand il existe un ou plusieurs diaphragmes intermédiaires ;

a', la plus courte distance entre deux aubes consécutives ;

l' et l'', leurs intervalles mesurés respectivement sur les circonférences extérieure et intérieure ;

φ, l'angle aigu formé par le jet liquide avec la première de ces circonférences, de sorte qu'on a sensiblement $a' = l' \sin \varphi$;

$O' = n'k'a'e'$, la somme des aires contractées $k'a'e'$, des orifices d'évacuation dont n' est le nombre ;

ω, la vitesse angulaire ou à l'unité de distance de l'axe ;

$v' = \omega R'$, $v'' = \omega R''$, les vitesses des circonférences extérieure et intérieure ;

u et u', les vitesses relatives avec lesquelles le liquide est introduit dans l'intervalle compris entre les aubes voisines de la roue, et s'en échappe ensuite comme d'une espèce de canal ou ajutage conique ;

β, l'angle formé par la vitesse u et la vitesse v'' prise en sens contraire.

Enfin désignons généralement par :

h et h', les hauteurs du niveau de l'eau, dans les bassins supérieur et inférieur, au dessus du centre des orifices d'écoulement ;

$H = h - h'$, la chute totale ou utile ;

P, la résistance et Pv l'effet utile, mesurés au point dont la distance à l'axe est R, et la vitesse $v = \omega R$;

p, la pression atmosphérique extérieure par mètre carré ;

p', celle qui a lieu dans l'espace compris entre le réservoir et la roue ;

$\Pi = 1000^k$, la densité, le poids du mètre cube du liquide ;

$g = 9^m,809$, la vitesse imprimée par la pesanteur au bout de la première unité de temps de la chute des corps ;

$M = \frac{\Pi}{g} Q$, la masse du liquide qui s'écoule uniformément, dans l'unité de temps, par les orifices du réservoir ou ceux de la turbine.

Observant que la perte de force vive par seconde qui s'opère à l'entrée de l'eau dans le réservoir cylindrique d'alimentation de la roue est, d'après les principes connus, mesurée par l'expression

$$MU^2 \frac{O^2}{A^2} \left(\frac{1}{\mu} - 1 \right)^2 ;$$

négligeant en général la résistance, ici assez faible, des parois des vases ou différentes conduites, aussi bien que la force vive due à la vitesse d'affluence de l'eau dans le bassin supérieur, et qui est ordinairement très petite par rapport à celle qui a lieu dans le réservoir même de la turbine; l'équation du mouvement permanent du liquide, depuis son entrée dans le réservoir jusqu'à sa sortie par les orifices O, sera

$$MU^2 \left[1 + \frac{O^2}{A^2} \left(\frac{1}{\mu} - 1 \right)^2 \right] = 2Mgh + 2Mg \left(\frac{p}{\Pi} - \frac{p'}{\Pi} \right).$$

ou, en divisant par M, et posant, pour abréger,

$$\frac{O^2}{A^2} \left(\frac{1}{\mu} - 1 \right)^2 = K, \quad U^2(1+K) = 2gh + 2g \left(\frac{p}{\Pi} - \frac{p'}{\Pi} \right).$$

on aura ainsi, pour déterminer la hauteur de pression dans l'espace compris entre le réservoir et la roue, quand U sera connu,

$$\frac{p'}{\Pi} - \frac{p}{\Pi} = h - \frac{U^2}{2g} (1+K).$$

Pour obtenir l'équation qui se rapporte au mouvement circulatoire de l'eau dans l'intérieur de la roue, on remarque d'abord que la vitesse relative u, avec laquelle cette eau tend, au premier instant, à s'introduire dans l'intervalle compris entre les aubes, est donnée par la relation

$$u^2 = U^2 + v''^2 - 2Uv'' \cos\alpha = \frac{O'^2}{O^2} u'^2 + v''^2 - 2 \frac{O'}{O} v'' \cos\alpha . u' ,$$

attendu qu'on a $Q = OU = O'u'$, et que U doit être la résultante de u et de v''.

Admettant ensuite, ce qui a effectivement lieu dans la turbine Fourneyron, que la direction des aubes est, sinon rigoureusement, du moins très sensiblement perpendiculaire à la circonférence intérieure de la roue, on décomposera la vitesse relative u en deux autres : l'une $u \cos \beta$, dirigée dans le sens de cette circonférence, et qui donne lieu à une première perte de force vive mesurée par

$$\mathrm{M} u^2 \cos^2 \beta \, ;$$

l'autre $u \sin \beta$, dont l'excès sur la vitesse moyenne ou de régime que l'eau tend à prendre, dans les canaux de circulation de la roue, un peu au delà de leur entrée, donne lieu à une seconde perte de force vive, qu'on évaluera approximativement, en observant que, $k'a'e'u'$ étant la dépense qui se fait en une seconde par l'orifice d'évacuation de chacun de ces canaux, la vitesse moyenne dont il s'agit a pour mesure, dans l'hypothèse du parallélisme des filets, et attendu que $e'l''$ peut être pris sensiblement pour l'aire de la section à l'entrée des canaux, et que l' et l'' sont proportionnels à R' et R'',

$$\frac{k'a'e'u'}{e'l''} = \frac{k'a'}{r'}\frac{\mathrm{R}'}{\mathrm{R}''}u' = k'\frac{\mathrm{R}'}{\mathrm{R}''}\sin\varphi\, u' :$$

le coefficient numérique k' pouvant servir en même temps à corriger l'erreur que l'on commet en supposant le parallélisme des filets établi dans la section $e'l''$, qui est évidemment trop forte, et φ représentant ici, redisons-le, non pas l'angle du dernier élément des aubes avec la circonférence extérieure de la roue, mais bien celui du filet moyen ou central de la veine sortant avec cette même circonférence.

La perte de vitesse à l'entrée, et dans le sens de l'axe des canaux, aura donc pour expression

$$u\sin\beta - k'\frac{\mathrm{R}'}{\mathrm{R}''}\sin\varphi\, u' \, ;$$

ce qui donne pour la perte correspondante de force vive, par seconde et sur le pourtour entier de la roue, l'expression

$$\mathrm{M}\left(u\sin\beta - k'\frac{\mathrm{R}'}{\mathrm{R}''}\sin\varphi\, u'\right)^2 ,$$

et pour la perte de force vive totale à l'entrée de l'eau dans les canaux

$$M\left[u^2\cos^2\beta+\left(u\sin\beta-k'\frac{R'}{R''}\sin\varphi.u'\right)^2\right]$$
$$=M\left(u^2+k'^2\frac{R'^2}{R''^2}\sin^2\varphi.u'^2-2k'\frac{R'}{R''}\sin\beta.u\sin\varphi.u'\right).$$

Mais, attendu que l'axe de ces canaux est ici supposé perpendiculaire à la circonférence intérieure de la roue (1) ou à la direction de v'', et que U est la résultante de v'' et de u, on a nécessairement

$$u\sin\beta=U\sin\alpha=\frac{O'}{O}\sin\alpha.u';$$

ce qui donne pour la nouvelle expression simplifiée de la perte de force vive à l'entrée dans la roue

$$M\left(u^2+k'^2\frac{R'^2}{R''^2}\sin^2\varphi u'^2-2k'\frac{R'}{R''}\sin\varphi\frac{O'}{O}\sin\alpha.u'^2\right),$$

ou, en posant pour abréger,

$$k'\frac{R'}{R''}\sin\varphi=b,\quad \frac{O'}{O}\sin\alpha=c,\quad M(u^2+b^2u'^2-2bcu'^2).$$

D'après cela, l'équation du mouvement relatif dans l'intérieur de la roue, en ayant égard à l'action de la force centrifuge qui développe, par seconde, une quantité de travail mesurée par $\frac{1}{2}M(v'^2-v''^2)$, sera

$$Mu'^2=Mu^2+M(v'^2-v''^2)+2gM\left(\frac{p'}{\Pi}-\frac{p}{\Pi}\right)$$
$$-2gMh'-M(u^2+b^2u'^2-2bcu'^2),$$

---

(1) S'il formait avec elle, du côté de la vitesse v'', un angle quelconque γ, l'expression de la perte de force vive deviendrait

$$M\left\{u^2+k'^2\frac{R'^2}{R''^2}\frac{\sin^2\varphi}{\sin^2\gamma}u'^2-2\left[\frac{O'}{O}\cos(\gamma-\alpha)u'-v''\cos\gamma\right]k\frac{R'}{R''}\frac{\sin\varphi}{\sin\gamma}u'\right\};$$

ce qui introduirait, dans les équations, un terme en u', qui les compliquerait un peu plus, et auquel il sera ainsi facile d'avoir égard dans la recherche des conditions relatives au maximum d'effet absolu.

ou, en divisant par M, remplaçant $\frac{p'}{\Pi} - \frac{p}{\Pi}$ par sa valeur trouvée ci-dessus, et se rappelant que $h - h' = H$, $U = \frac{O'}{O} u'$,

$$u'^2 = v'^2 - v''^2 + 2gH - \left[(1 + K)\frac{O'^2}{O^2} + b^2 - 2bc \right] u'^2.$$

De là on tire, pour déterminer la vitesse u', en posant de nouveau, afin d'abréger, le nombre

$$(1 + K)\frac{O'^2}{O^2} + b^2 - 2bc = i,$$

$$u' = \sqrt{\frac{2gH + v'^2 - v''^2}{1 + i}} = \sqrt{\frac{2gH + \omega^2(R'^2 - R''^2)}{1 + i}},$$

et partant, pour calculer la vitesse et la dépense de liquide à la sortie du réservoir cylindrique de la turbine,

$$U = \frac{O'}{O} u' = \frac{O'}{O} \sqrt{\frac{2gH + \omega^2(R'^2 - R''^2)}{1 + i}},$$

$$Q = OU = O' \sqrt{\frac{2gH + \omega^2(R'^2 - R''^2)}{1 + i}};$$

formules qui montrent que cette vitesse, cette dépense, peuvent surpasser celles qui seraient dues à la différence H des niveaux, et qu'elles croissent en général avec la vitesse angulaire de la roue, conformément au résultat des expériences sur la turbine de Mülbach.

Mettant d'ailleurs la valeur de U, qui vient d'être trouvée, dans l'expression de $\frac{p'}{\Pi} - \frac{p}{\Pi}$, on aura

$$\frac{p'}{\Pi} - \frac{p}{\Pi} = h - \left(\frac{1 + K}{1 + i} \right)\frac{O'^2}{O^2}\left[H + \omega^2 \frac{(R'^2 - R''^2)}{2g} \right];$$

ce qui montre que la pression, dans l'espace compris entre la roue et le réservoir, diminue rapidement à mesure que la vitesse angulaire ω augmente, et qu'elle peut même devenir inférieure à la pression du fluide dans lequel se meut la turbine, quand la condition

$$h - h' \text{ ou } H < \left(\frac{1 + K}{1 + i} \right)\frac{O'^2}{O^2}\left[H + \omega^2 \frac{(R'^2 - R''^2)}{2g} \right]$$

se trouve naturellement remplie.

Enfin le principe des forces vives donnera également, pour calculer l'effet utile ou la quantité de travail transmise à la roue, abstraction faite des résistances passives,

$$\mathrm{P}v = \mathrm{M}g\mathrm{H} - \frac{1}{2}\mathrm{M}(u^2 + b^2 u'^2 - 2bcu'^2) - \frac{1}{2}\mathrm{M}(u'^2 + v'^2 - 2v'\cos\varphi\,u'),$$

attendu que $u'^2 + v'^2 - 2v'\cos\varphi\,u'$ représente le carré de la vitesse absolue conservée par le liquide à sa sortie de cette roue.

Mais il est à remarquer qu'ici les valeurs de M et de $\mathrm{M}g\mathrm{H}$, qui représentent la masse de liquide écoulée par seconde, et le travail moteur, l'effet absolu qui s'y rapporte, ne sont point indépendants de la vitesse angulaire ω de la roue, de sorte qu'il ne conviendrait pas non plus de supposer ces valeurs constantes, comme on le fait ordinairement dans la recherche du maximum d'effet; c'est pourquoi on se contentera de considérer simplement le maximum même du rapport de ces effets, lequel exprime l'avantage relatif de la roue, ou ce qu'on appelle quelquefois son *rendement,* dans la pratique.

Comme on a d'ailleurs

$$u^2 = \frac{\mathrm{O}'^2}{\mathrm{O}^2}u'^2 + v''^2 - 2v''\frac{\mathrm{O}'}{\mathrm{O}}\cos\alpha.u',$$

l'équation qui donne ce rapport sera, en divisant l'expression ci-dessus de $\mathrm{P}v$ par $\mathrm{M}g\mathrm{H}$,

$$\frac{\mathrm{P}v}{\mathrm{M}g\mathrm{H}} = 1 - \frac{v'^2 + v''^2}{2g\mathrm{H}} - \left(1 + \frac{\mathrm{O}'^2}{\mathrm{O}^2} + b^2 - 2bc\right)\frac{u'^2}{2g\mathrm{H}}$$
$$+ 2\left(v'\cos\varphi + v''\frac{\mathrm{O}'}{\mathrm{O}}\cos\alpha\right)\frac{u'}{2g\mathrm{H}}.$$

Observant en outre qu'on a

$$i = (1 + \mathrm{K})\frac{\mathrm{O}'^2}{\mathrm{O}^2} + b^2 - 2bc, \quad u'^2 = \frac{2g\mathrm{H} + v'^2 - v''^2}{1 + i}.$$

remplaçant v' et v'' par $\omega\mathrm{R}'$ et $\omega\mathrm{R}''$, il viendra, toutes réductions faites,

$$\frac{\mathrm{P}v}{\mathrm{M}g\mathrm{H}} = \frac{\mathrm{K}}{1+i}\frac{\mathrm{O}'^2}{\mathrm{O}^2} + \left[\frac{\mathrm{K}}{(1+i)}\frac{\mathrm{O}'^2}{\mathrm{O}^2}(\mathrm{R}'^2 - \mathrm{R}''^2) - 2\mathrm{R}'^2\right]\frac{\omega^2}{2g\mathrm{H}}$$
$$+ 2\frac{\left(\mathrm{R}'\cos\varphi + \mathrm{R}''\frac{\mathrm{O}'^2}{\mathrm{O}^2}\cos\alpha\right)}{\sqrt{1+i}}\sqrt{\frac{\omega^2}{2g\mathrm{H}} + (\mathrm{R}'^2 - \mathrm{R}''^2)\frac{\omega^4}{4g^2\mathrm{H}^2}}.$$

Pour déduire de là les conditions du maximum d'effet, il faudra successivement faire varier, dans cette expression, les quantités qu'on veut considérer comme indéterminées dans l'établissement de la roue, en faisant attention que le nombre

$$i=(1+\mathrm{K})\frac{\mathrm{O}'^2}{\mathrm{O}^2}+b^2-2bc=(1+\mathrm{K})\frac{\mathrm{O}'^2}{\mathrm{O}^2}+\frac{\mathrm{R}'^2}{\mathrm{R}''^2}\sin^2\varphi-2\frac{\mathrm{O}'\,\mathrm{R}'}{\mathrm{O}\,\mathrm{R}''}\sin\varphi\sin\alpha,$$

est lui-même fonction de quelques unes d'entre elles.

En se bornant ici à ce qui concerne particulièrement la vitesse angulaire ω, ou plutôt le rapport de la vitesse $v=\omega\mathrm{R}'$ à celle $\sqrt{2g\mathrm{H}}$ qui est due à la chute disponible du cours d'eau, rapport qui entre seul dans l'expression de celui des effets, on posera de nouveau, afin d'abréger,

$$\frac{\mathrm{K}}{1+i}\frac{\mathrm{O}'^2}{\mathrm{O}^2}=\mathrm{B},\qquad 2-\frac{\mathrm{K}}{1+i}\frac{\mathrm{O}'^2}{\mathrm{O}^2}\left(1-\frac{\mathrm{R}''^2}{\mathrm{R}'^2}\right)=\mathrm{C},\qquad \frac{\cos\varphi+\dfrac{\mathrm{O}'\,\mathrm{R}''}{\mathrm{O}\,\mathrm{R}'}\cos\alpha}{\sqrt{1+i}}=\mathrm{D},$$

$$1-\frac{\mathrm{R}''^2}{\mathrm{R}'^2}=\mathrm{E},\qquad\qquad \frac{\omega^2\mathrm{R}'^2}{2g\mathrm{H}}=x,\qquad\text{ou}\qquad v'=\omega\mathrm{R}'=\sqrt{2g\mathrm{H}x},$$

quantités qui, dans le problème dont on s'occupe, sont toutes essentiellement positives.

L'expression du rapport devenant ainsi, en général,

$$\frac{Mg\mathrm{H}}{\mathrm{P}v}=\mathrm{B}-\mathrm{C}x+2\mathrm{C}\sqrt{x+\mathrm{E}x^2},$$

on trouvera sans difficulté, pour la condition du maximum relatif de ce rapport,

$$x\ \text{ou}\ \frac{\omega^2\mathrm{R}'^2}{2g\mathrm{H}}=-\frac{1}{2\mathrm{E}}+\frac{1}{2\mathrm{E}}\sqrt{\frac{\mathrm{C}^2}{\mathrm{C}^2-4\mathrm{D}^2\mathrm{E}}};$$

et pour la même valeur de ce maximum

$$\frac{\mathrm{P}v}{Mg\mathrm{H}}=\mathrm{B}+\frac{\mathrm{C}}{2\mathrm{E}}-\frac{1}{2\mathrm{E}}\sqrt{\mathrm{C}^2-4\mathrm{D}^2\mathrm{E}}.$$

Cette dernière expression ne contenant ni H, ni h' ou h, on voit que la turbine Fourneyron doit, entre certaines limites de vitesse et abstraction faite des résistances passives plus ou moins grandes qu'elle éprouve, fonctionner avec un égal avantage sous toutes les hauteurs de chute, et qu'elle soit ou non noyée dans l'eau du bief inférieur; propriétés qui sont confirmées à l'avance par le résultat des expériences connues.

La valeur du rapport

$$\frac{\omega R'}{\sqrt{2gH'}},$$

qui correspond au maximum d'effet relatif, fait voir en outre que ce rapport doit être sensiblement indépendant des circonstances dont il s'agit, et qu'il n'est, ainsi que le précédent, susceptible de varier qu'avec les proportions mêmes de la machine, l'inclinaison des courbes directrices du réservoir, celle des aubes de la roue et l'ouverture des orifices d'écoulement, conformément encore à ce qui est indiqué par l'expérience.

Application de la théorie précédente. — Pour reconnaître si la théorie que l'on vient de reproduire représente effectivement les circonstances du mouvement et de l'effet de l'eau dans cette turbine, nous prendrons pour exemple la quatrième série des expériences exécutées sur la turbine de Müllbach, parce que la levée de vanne y était de $0^m.200$, et à peu près égale à la hauteur $0^m.212$ du premier compartiment.

D'après le relèvement que j'ai fait des dimensions de cette turbine, on a, pour ce calcul, les données suivantes :

$$e = 0^m.200, \quad a = 0^m.063, \quad l = 0^m.172, \quad \alpha = 54^\circ\,30', \quad k = 0.80,$$

attendu qu'il n'y a pas de contraction sur le côté inférieur des orifices distributeurs, que les côtés verticaux convergent un peu l'un vers l'autre, et que le coussinet en bois fixé à la vanne atténue la contraction sur le côté supérieur.

$$\mu = 0.60, \quad A = 5.1416(0^m.66)^2 = 1^{mq}.3675, \quad n = 24,$$
$$O = nkac = 24 \times 0.80 \times 0^m.063 \times 0^m.200 = 0^{mq}.24192.$$

Ce qui donne, pour le rapport de la somme des aires de passage par les orifices distributeurs, à la section du réservoir, la valeur

$$\frac{O}{A} = \frac{0^{mq}.24192}{1^{mq}.3685} = 0.1769 \text{ ou } \frac{1}{5.6} \text{ environ.}$$

$$R' = 0^m.95, \quad R'' = 0^m.686, \quad \frac{R''}{R'} = 0.722, \quad e' = 0^m.212, \quad a' = 0^m.046,$$

$$l = 0^m.180, \quad l'' = 0^m.120, \quad \varphi = 25^\circ 30', \quad n' = 32. \quad k' = 0.95,$$

attendu qu'il n'y a contraction, ni sur le côté supérieur, ni sur le côté inférieur de l'orifice, et que les côtés verticaux forment une buse assez allongée. On en déduit

$$O' = n'k'a'e' = 32 \times 0.95 \times 0^m.046 \times 0^m.212 = 0.^{mq}29\,646;$$

ce qui donne

$$\frac{O'}{O} = \frac{0^{mq}.29\,646}{0^{mq}.24\,192} = 1.225,$$

et montre que, pour cette série, la somme des aires des orifices de distribution et celle des aires des orifices d'évacuation n'étaient pas égales.

De ces données on déduit d'abord,

$$K = \frac{O^2}{A^2}\left(\frac{1}{\mu} - 1\right)^2 = \left(\frac{0^{mq}.24\,192}{1^{mq}.3685}\right)^2 \left(\frac{1}{0.60} - 1\right)^2 = 0.013\,909,$$

ce qui montre que ce terme relatif à la perte de force vive, au passage du réservoir général, dans le tuyau vertical, est assez faible, par suite des proportions adoptées.

On a ensuite

$$b = k'\frac{R'}{R''}\sin\varphi = 0.95\,\frac{0^m.950}{0^m.686}\sin 25^\circ 30' = 0.56\,638,$$

$$c = \frac{O'}{O}\sin\alpha = \frac{0^{mq}.29\,646}{0^{mq}.24\,192}\sin 34^\circ 30' = 0.694\,102,$$

$$i = (1 + K)\frac{O'^2}{O^2} + b^2 - 2bc = 1.057\,124,$$

$$1 + i = 2.057\,124, \quad \sqrt{1+i} = 1.43\,425, \quad R'^2 - R''^2 = 0.431\,904,$$

et par suite, l'expression de la vitesse avec laquelle l'eau sort de la roue devient

$$u' = \sqrt{\frac{2gH + \omega^2(R'^2 - R''^2)}{1 + i}} = 0.69728\,\sqrt{2gH + 0.431\,904\,\omega^2},$$

et celle du volume d'eau dépensé en $1''$

$$Q = O'\sqrt{\frac{2gH + \omega^2(R'^2 - R''^2)}{1 + i}} = 0.206701\,\sqrt{2gH + 0.431\,904\,\omega^2}.$$

La vitesse angulaire se déduit de l'observation du nombre n, de tours faits par la turbine en 1′, et que l'on trouve au tableau du n° 230; elle est donc

$$\omega = \frac{6.2832}{60} n_1 = 0.10\,472 n_1.$$

En appliquant cette formule à toutes les expériences de cette quatrième série, on obtient les résultats suivants :

Numéros des expériences au tableau général.	Chute totale H.	Nombre de tours en 1′ n_1.	Valeurs de		Dépense d'eau en 1″		Différence de ces dépenses.	Rapport de cette différence à la dépense effective.
			$2gH$.	$\omega^2(R'^2-R''^2)$.	effective.	théorique.		
50	m 3.020	104.0	59.245	51.229	kil 2178	kil 2173	kil —5	$\frac{1}{436}$
51	3.045	103.0	59.736	50.248	2157	2168	+11	$\frac{1}{196}$
52	3.080	101.5	60.422	48.795	2148	2160	+12	$\frac{1}{178}$
53	3.120	95.0	31.207	42.746	2125	2108	—17	$\frac{1}{125}$
54	3.170	90.4	62.188	38.706	2115	2076	--39	$\frac{1}{54}$
55	3.190	87.1	62.580	35.932	2115	2052	—65	$\frac{1}{34}$
56	3.203	82.8	62.855	32.472	2070	2018	—52	$\frac{1}{40}$
57	3.240	80.0	63.561	30.315	2030	2003	—27	$\frac{1}{75}$
58	3.255	75.0	63.855	26.642	2030	1966	—64	$\frac{1}{32}$
59	3.270	70.0	64.149	23.208	2030	1932	—98	$\frac{1}{20.8}$
60	3.305	67.6	64.836	21.644	2030	1922	—108	$\frac{1}{18.8}$
61	3.310	67.1	64.934	21.525	2030	1920	—110	$\frac{1}{18.5}$
62	3.310	65.0	64.934	18.798	1986	1891	—95	$\frac{1}{20.9}$
63	3.335	58.0	65.425	15.953	1986	1864	—122	$\frac{1}{16.3}$
64	3.306	50.6	64.856	12.127	1923	1814	—109	$\frac{1}{17.7}$
65	3.286	48.5	64.464	11.141	1923	1797	—126	$\frac{1}{15}$
66	3.321	44.0	65.150	9.170	1923	1782	—141	$\frac{1}{13.6}$

On voit par l'examen de ce tableau que les résultats de la formule sont en général un peu inférieurs à ceux de l'expérience, mais qu'il ne s'en écartent, aux vitesses voisines de celle qui correspond au maximum d'effet, qui est de 55 à 60 tours, que de $\frac{1}{17}$ à $\frac{1}{22}$, ce qui offre pour la pratique un degré d'exactitude bien suffisant. Il serait d'ailleurs facile d'obtenir un degré d'approximation plus grand, en augmentant un peu le coefficient k, que l'on a pris égal à 0.80, et en le portant à 0.82 environ.

A l'aide de cette formule, et pour des levées voisines de $0^m.200$, on pourrait donc calculer la dépense d'eau par les orifices distributeurs; et pour des levées différentes, on devra augmenter la valeur adoptée du coefficient k pour les levées plus faibles, sans dépasser 0.90, et le diminuer jusqu'à 0.75 environ, et même 0.70 pour les levées plus fortes.

En continuant ces calculs on trouve

$$B = \frac{K}{1+i}\frac{O'^2}{O^2} = \frac{0.015\,909}{2.057\,124}\left(\frac{0^{mq}.29\,646}{0^{mq}.24\,192}\right)^2 = 0.010\,154,$$

$$C = 2 - \frac{K}{1+i}\frac{O'^2}{O^2}\left(1 - \frac{R''^2}{R'^2}\right) = 2 - \frac{0.015\,909}{2.057\,124}\left(\frac{0^{mq}.29\,646}{0^{mq}.24\,192}\right)^2\left(1 - \frac{0^m.686^2}{0^m.950^2}\right)$$
$$= 1.995\,141.$$

$$D = \frac{\cos\varphi + \dfrac{O'}{O}\dfrac{R''}{R'}\cos\alpha}{\sqrt{1+i}}$$

$$= \frac{0.9\,025\,850 + \left(\dfrac{0^{mq}.29\,646}{0^{mq}.24\,192}\right)\dfrac{0^m.686}{0^m.950}\,0.824\,126}{\sqrt{2.057\,124}} = 11377,$$

$$E = 1 - \frac{R''^2}{R'^2} = 1 - \frac{0^m.686^2}{0^m.950^2} = 0.478\,564.$$

Et, par la substitution de ces valeurs, la formule qui donne le rapport de l'effet théorique au travail absolu du moteur devient pour cette série

$$\frac{Pv}{MgH} = 0.010\,154 - 1.995\,141x + 2.27\,554\sqrt{x + 0.478\,564x^2}.$$

En donnant successivement au rapport $x = \dfrac{\omega^2 R'^2}{2gH}$ du quarré de la vitesse de la circonférence extérieure de la roue au quarré de la vitesse due à la hauteur de chute des valeurs croissantes par dixièmes, depuis $x=0$, $x=0.10$, jusqu'à $x=2.0$, on trouve, pour le rapport $\dfrac{Pv}{MgH}$, les valeurs suivantes :

Valeurs de			
$x = \dfrac{\omega^2 R'^2}{2gH}$	$\dfrac{Pv}{MgH}$	$x = \dfrac{\omega^2 R'^2}{2gH}$	$\dfrac{Pv}{MgH}$
0.10	0.547	1.10	0.764
0.20	0.676	1.20	0.744
0.30	0.744	1.30	0.720
0.40	0.783	1.40	0.696
0.50	0.804	1.50	0.670
0.60	0.814	1.60	0.642
0.70	0.813	1.70	0.614
0.80	0.808	1.80	0.584
0.90	0.797	1.90	0.553
1.00	0.782	2.00	0.522

En construisant ensuite deux courbes (Pl. IV, fig. 21), dont les abscisses soient les valeurs de x, et dont les ordonnées soient pour l'une les valeurs du rapport de l'effet utile réel, mesuré par le frein au travail absolu du moteur, et l'autre celles du rapport de l'effet utile théorique au travail absolu du moteur, on voit que ces deux courbes sont de même forme et marchent dans le même sens, mais que les ordonnées de la seconde, celle des effets théoriques, surpassent toujours les ordonnées de la première, et d'une quantité qui croît rapidement avec la vitesse.

Cette comparaison m'a conduit à rechercher si la différence de l'effet théorique à l'effet utile réel ne proviendrait pas en très grande partie de la résistance que l'eau oppose au mouvement de la roue, ou plus généralement de quelque autre cause dont l'effet serait proportionnel au quarré de la vitesse. C'est ce que le tracé des courbes précédentes m'a permis d'examiner avec le degré d'exactitude que comportent ces études.

En effet, la différence entre les ordonnées des deux courbes donnait la fraction du travail absolu du moteur qui était absorbée par ces causes, dont la théorie précédente n'avait pas tenu compte : il était donc facile de calculer la quantité de travail qu'elles consommaient, et que nous appelons T.

Cela fait, on a pris les valeurs de $(\omega R)^{\prime 2}$ ou des quarrés des vitesses de la circonférence extérieure de la roue pour abscisses, et les valeurs ainsi déterminées du travail T pour ordonnées, et l'on a recherché quel était le lieu géométrique de tous les points ainsi obtenus.

Les résultats du calcul et les éléments de cette construction, pour la quatrième série, sont consignés dans le tableau suivant.

Numéros des expériences au tableau général.	Valeurs de $x = \dfrac{\omega^2 R^{\prime 2}}{2gH}$	Rapport du travail des résistances au travail absolu d'après le tracé.	Travail absolu du moteur MgH.	Rapport de l'effet utile au travail absolu du moteur.	Travail consommé par les résistances T.	Valeurs de $2gH$.	Valeurs de $\omega^2 R^{\prime 2}$.
			km		km		
66	0.305	0.057	6017	0.639	345.0	65.1501	19.161
65	0.355	0.090	5960	0.680	536.4	64.4635	23.877
64	0.476	0.125	5991	0.656	748.9	64.8558	25.340
63	0.505	0.152	6228	0.669	822.1	65.4247	33.301
62	0.603	0.155	6182	0.671	958.2	64.9343	39.372
61	0.682	0.175	6331	0.635	1107.9	64.9343	44.561
60	0.732	0.195	6313	0.641	1218.4	64.8362	45.227
59	0.755	0.195	6255	0.604	1207.2	64.1495	48.496
58	0.865	0.222	6227	0.577	1382.4	63.8553	55.671
57	0.988	0.265	6198	0.540	1642.4	63.5610	65.341
56	1.072	0.290	6249	0.474	1812.8	62.8352	67.853
55	1.190	0.325	6537	0.407	2066	62.5802	75.085
54	1.286	0.355	6332	0.341	2247.8	62.2878	80.880
53	1.450	0.407	6256	0.268	2546.2	61.2071	89.321
52	1.675	0.480	6237	0.194	2993.7	60.4222	101.962
51	1.745	0.500	6186	0.099	3093.0	59.7219	104.999
50	1.810	0.520	5857	0.053	3045.6	59.2452	107.047

Si maintenant l'on prend (pl. IV, fig. 22) les valeurs de $(\omega R^{\prime 2})$ pour abscisses, et celle du travail résistant T pour ordonnées, on reconnaît que le lieu de tous les points ainsi déterminés est une ligne droite qui passe à peu près par l'origine, ce qui indique que ce travail résistant est proportionnel au quarré de la vitesse de la circonférence extérieure de la roue.

L'équation de cette droite est $T = 26.5\omega^2R'^2$, ce qui montre que ce travail résistant provient du mouvement gyratoire imprimé à la masse d'eau dans laquelle tourne la roue ou autres pertes de force vive non évaluée.

En retranchant donc du second nombre de l'équation théorique, donnée par M. Poncelet, un terme de la forme

$$26.5\,\frac{\omega^2R'^2}{MgH},$$

on aura, pour exprimer l'effet utile réel de cette roue, la relation

$$\frac{Pv}{MgH} = 0.010\,159 - 1.995\,138x + 2.35\,154\,\sqrt{x + 0.478\,564x^2} - \frac{26.5\,\omega^2R'^2}{MgH}.$$

Si, pour généraliser l'expression du terme relatif au quarré de la vitesse, nous admettons que la résistance dont il représente le travail soit proportionnelle à la surface mouillée de la roue, pour laquelle nous prendrons seulement le cylindre vertical qui comprend les aubes, parce que c'est évidemment cette partie qui éprouve la plus grande résistance, nous pourrons poser la relation

$$26.5\omega^2R'^2 = KS\,(\omega R')^2,$$

de laquelle, en faisant la surface S exposée à la résistance égale à

$$S = 6.2\,852 \times 0^m.95 \times 0^m.335 = 1^{mq}.9\,996,$$

on tirera

$$K = \frac{26.59}{1.9996} = 13.25;$$

de sorte que, pour cette turbine, l'expression du travail résistant cherché devient $13.25\,S\omega^2R'^2$,

et l'équation générale, qui donnera le rapport de l'effet utile réel au travail absolu du moteur, est

$$\frac{Pv}{MgH} = B - Cx + 2D\sqrt{x + Ex^2} - 13.25\,S\,\frac{\omega^2R'^2}{MgH}.$$

La discussion précédente montre que la théorie rend très bien compte des effets de l'eau dans cette turbine, et qu'à l'aide de l'introduction d'un terme relatif à la résistance que l'eau apporte à son mouvement, et pour la détermination plus exacte duquel il faudrait pouvoir discuter des expériences faites sur plusieurs moteurs de ce genre, on pourra parvenir à une formule pratique propre à en représenter l'effet utile.

On remarquera que si, dans cette formule, on établissait pour tous les cas, ou du moins pour une série de cas principaux, des valeurs constantes pour les angles α et φ et des rapports constants entre les quantités O, O', A, R' et R'', on arriverait à une formule unique ou à plusieurs formules usuelles et numériques. En construisant ensuite dans chaque cas, comme nous l'avons fait, la courbe qui représente les valeurs du second membre de cette équation, on déduirait de ce tracé la valeur de $x = \dfrac{(\omega R')^2}{2gH}$ qui correspond au maximum d'effet, et par suite la valeur de la vitesse $\omega R'$ de la circonférence extérieure de la roue. On connaîtrait donc toutes les conditions de son établissement.

NOTE II.

*Théorie de la turbine de **M**. **Fontaine Baron**.*

Pour appliquer à la turbine de **M**. Fontaine Baron les principes de la théorie des moteurs hydrauliques, nous suivrons la
marche adoptée par **M**. Poncelet, dans la théorie qu'il a donnée
de la turbine de **M**. Fourneyron, et nous nommerons :

$e = 0^{m}.070$ la largeur effective des orifices d'écoulement dans
le sens horizontal;

a la plus courte distance entre les directrices consécutives du
liquide pour les levées de vannes totales, ou la hauteur réelle

Fig. 49.

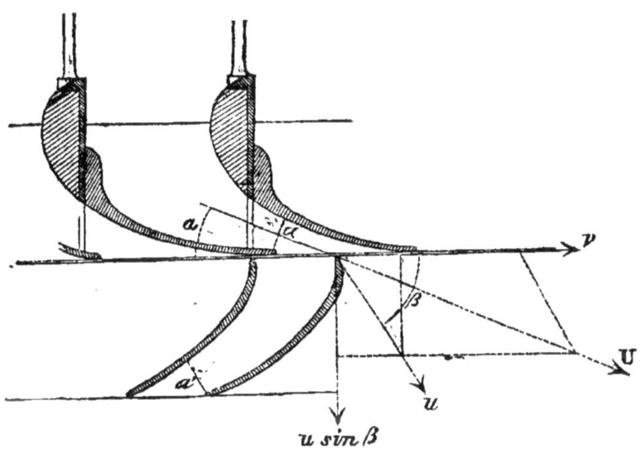

de moindre section du passage pour les levées de vannes qu
donnent lieu à une section inférieure à cette plus courte
distance;

$\alpha = 25°$ l'angle aigu sous lequel les filets liquides, censés perpendiculaires à a, viennent rencontrer la circonférence supérieure moyenne de la roue;

U la vitesse inconnue et moyenne avec laquelle ces filets franchissent les orifices, dont l'aire individuelle est ae;

2ᵉ *Partie.* 30

k le coefficient de la contraction à la sortie de ces orifices. Ce nombre paraît, comme on le verra par les expériences, avoir pour valeur 0.85 à 0.90, pour les cas où la levée des vannes atteint son maximum et où la roue marche lentement. Mais pour des levées de vannes inférieures il devrait être plus faible, attendu qu'alors la contraction sur le côté supérieur est plus sensible;

ϱ le coefficent de la contraction qui se rapporte à l'introduction de l'eau dans l'intérieur des couloirs formés par les directrices, et qui, par l'effet de l'arrondissement de tous les bords de ces canaux, peut être estimé à 0.85;

A la somme des aires de l'entrée des couloirs formés par les directrices à leur partie supérieure égale, dans le cas actuel, à $0.^{mq}2016$;

$O = n.kae$ la somme des aires contractées kae des orifices de sortie, dont n $= 24$ représente le nombre pour la roue expérimentée ;

$Q = OU$ le volume de liquide écoulé dans chaque seconde par ces orifices;

$R = 0^m.60$ dans le cas actuel, le rayon moyen de la zone des orifices et de la roue ;

$e' = 0^m.105$ la largeur horizontale du débouché inférieur offert au liquide affluent par les canaux de circulation des aubes;

$a' = 0^m.020$ la plus courte distance de deux aubes consécutives ;
l et l' leurs intervalles, mesurés respectivement sur les circonférences inférieure et supérieure de la roue;

φ l'angle aigu formé par le jet liquide avec la première de ces circonférences ;

$O' = n'k'a'e', = 0^{mq}.6952$, la somme des aires contractées $k'a'e'$ des orifices d'évacuation, dont n$' = 56$ est le nombre, le coefficient k' pouvant être ici pris égal à 0.85 ou 0.90 ;

ω la vitesse angulaire ou à l'unité de distance de l'axe de la roue ;

$v = \omega R$ la vitesse des circonférences moyennes supérieure et inférieure de la roue ;

u et u' les vitesses relatives avec lesquelles le liquide est introduit dans l'intervalle compris entre les aubes voisines de la roue et s'en échappe comme d'une espèce de canal ou ajutage conique;

β l'angle formé par la vitesse u et la vitesse v prise en sens contraire;

h la hauteur du niveau de l'eau dans le bassin supérieur au dessus du centre des orifices d'écoulement;

h_1 la hauteur de la roue depuis son plan supérieur jusqu'au milieu de l'orifice d'évacuation à l'endroit ou sa plus courte distance est a';

H la chute totale à peu près égale à $h+h_1$, si l'on fait abstraction de la hauteur du milieu des orifices supérieurs au dessus de la roue, hauteur presque toujours fort petite;

P la résistance, et Pv l'effet utile, mesurés au point dont la distance à l'axe est R et la vitesse $v=\omega\text{R}$;

p la pression atmosphérique extérieure par mètre quarré;

p' celle qui a lieu dans l'espace compris entre les orifices supérieurs et la roue;

$\Pi=1000$ kilog. le poids du mètre cube d'eau;

$g=9^{\mathrm{m}}.8088$;

$\mathrm{M}=\dfrac{\Pi}{g}\mathrm{Q}$ la masse élémentaire du liquide qui s'écoule uniformément dans l'unité de temps par les orifices du réservoir ou par ceux de la turbine.

La perte de force vive en $1''$ à l'entrée de l'eau dans les couloirs formés par les directrices avant son passage par les orifices sera

$$\mathrm{MU}^2\,\frac{\mathrm{O}^2}{\mathrm{A}^2}\left(\frac{1}{\mu}-1\right)^2,$$

et l'équation du mouvement permanent du liquide depuis son entrée dans les couloirs jusqu'à sa sortie par les orifices dont la surface totale est O sera

$$\mathrm{MU}^2\left[1+\frac{\mathrm{O}^2}{\mathrm{A}^2}\left(\frac{1}{\mu}-1\right)^2\right]=2\mathrm{M}gh+2\mathrm{M}g\left(\frac{p}{\Pi}-\frac{p'}{\Pi}\right)$$

ou en divisant par M et posant $\dfrac{O^2}{A^2}\left(\dfrac{1}{u} - 1\right)^2 = K$,

$$U^2(1 + K) = 2gh + 2g\left(\frac{p}{\Pi} - \frac{p'}{\Pi}\right),$$

ce qui donne, pour déterminer la hauteur de pression dans l'espace compris entre les orifices et la roue,

$$\frac{p}{\Pi} - \frac{p'}{\Pi} = \frac{U^2(1 + K)}{2g} - h.$$

Dans le cas des petites levées de vannes, il se fait après le passage du liquide par l'orifice, et dans le conduit formé par les directrices, une autre perte de force vive du même genre qui, en
appelant O_1 la somme des aires contractées des orifices, et u_1 la
vitesse d'écoulement en cet endroit, serait exprimée par

$$M(u_1 - U)^2 = MU^2\left(\frac{O}{O_1} - 1\right)^2,$$

et l'équation ci-dessus serait alors

$$U^2\left[1 + K + \left(\frac{O}{O_1} - 1\right)^2\right] = 2gh + 2g\left(\frac{p}{\Pi} - \frac{p'}{\Pi}\right).$$

Revenant au cas où les vannes sont complétement levées et
leurs tasseaux convenablement taillés pour que le bord inférieur
se raccorde bien avec le dessous des directrices, nous observe-
rons que l'on a

$$U = \frac{Q}{O} = \frac{Q}{n.kac};$$

et la valeur de $k = 0.85$ ayant été déduite des observations
dans lesquelles la vitesse de la roue était assez faible pour qu'elle
n'exerçât pas d'influence notable sur le mouvement, et en
supposant la vitesse d'écoulement égale alors à celle qui était
due à la charge sur le centre de l'orifice, il s'ensuit que, le coefficient k, calculé d'après le même mode pour les autres vitesses,
diminuant à mesure que la vitesse de la roue augmente, la valeur
de U est toujours supérieure à $\sqrt{2gh}$, et celle de $\dfrac{U^2}{2g}$ à h, et que,
par conséquent, $\dfrac{p}{\Pi} - \dfrac{p'}{\Pi}$ est positif.

La vitesse relative u, avec laquelle l'eau tend à s'introduire dans l'intervalle compris entre les aubes, sera donnée par la relation

$$u^2 = U^2 + v^2 - 2Uv \cdot \cos\alpha.$$

ou, à cause de $Q = OU = O'u'$,

$$u^2 = \frac{O'^2}{O^2} u'^2 + v^2 - 2\frac{O'}{O} vu' \cos\alpha.$$

L'angle formé par le premier élément des aubes avec la circonférence supérieure étant droit, la vitesse perdue par le choc est $u\cos\beta$, et la perte de force vive correspondante en $1''$ est $Mu^2\cos^2\beta$.

La composante de la vitesse u dans le sens de la tangente au premier élément de la palette est $u\sin\beta$.

A partir de cet instant il peut arriver dans la circulation de l'eau sur les aubes deux effets différents. Si la section de la veine augmente et si le canal formé par deux aubes consécutives se remplit, il y aura nécessairement une perte de force vive dont l'expression est facile à trouver. En effet le volume d'eau écoulé par la roue en $1''$ étant

$$Q = n'k'a'e'u',$$

et l'aire de section de ce canal étant au plus à l'entrée $e_1 l'$ et pour la somme des canaux semblables $n'e_1 l'$, en appelant e_1 la largeur des canaux dans le sens du rayon à la partie supérieure de la roue, la vitesse moyenne de passage à travers cette section d'entrée sera

$$\frac{k'a'e'}{e_1 l'} u' ;$$

et, comme $e' = l'\sin\varphi$ à peu près, et que l' et l'' sont sensiblement égaux, sauf l'influence des épaisseurs des aubes, cette expression se réduit à

$$k' \frac{e'}{e_1} u'\sin\varphi.$$

La perte de force vive au passage par cette section serait donc

$$M\left(u\sin\beta - k' \frac{e'}{e_1} u'\sin\varphi \right)^2.$$

La perte de force vive totale due à l'entrée de l'eau dans les canaux aurait donc pour expression

$$\mathrm{M}\left[u^2\cos^2\beta + \left(u\sin\beta - k'\frac{e'}{e_1}u'\sin\varphi\right)^2\right]$$

ou

$$\mathrm{M}\left[u^2 + k'^2\frac{e'^2}{e_1^2}u'^2\sin^2\varphi - 2uk'\frac{e'}{e_1}u'\sin\beta\sin\varphi\right].$$

Mais il est facile de voir sur la figure que

$$\mathrm{U}\sin\alpha = u\sin\beta = \frac{\mathrm{O}'}{\mathrm{O}}u'\sin\alpha,$$

ce qui donne à l'expression ci-dessus la forme

$$\mathrm{M}\left[u^2 + k'^2\frac{e'^2}{e_1^2}u'^2\sin^2\varphi - 2\frac{\mathrm{O}'}{\mathrm{O}}k'\frac{e'}{e_1}u'^2\sin\alpha\sin\varphi\right],$$

ou, en posant $\quad k'\frac{e'}{e_1}\sin\varphi = b, \quad \frac{\mathrm{O}'}{\mathrm{O}}\sin\alpha = c,$

$$\mathrm{M}\left[u^2 + b^2u'^2 - 2bcu'^2\right].$$

Cette expression donne la valeur maximum de la perte de force vive possible à l'entrée, et sous ce rapport il peut être bon de la conserver dans la formule théorique.

Si, au contraire, se basant sur l'observation qui montre que la vitesse de circulation de l'eau dans la roue est plus grande que la vitesse relative d'introduction, on admet comme conséquence que la veine fluide s'amincit au lieu de se gonfler, et que le mouvement s'accélère, il n'y aurait à l'entrée de l'eau sur la roue d'autre perte de force vive que celle due au choc contre les premiers éléments de la palette, et qui est exprimée par

$$\mathrm{M}u^2\cos^2\beta,$$

perte que l'on rendrait nulle en remarquant que

$$u\cos\beta = \mathrm{U}\cos\alpha - v,$$

et faisant soit

$$\cos\alpha = \frac{v}{\mathrm{U}},$$

si v est déterminée par d'autres conditions, soit

$$v = \mathrm{U}\cos\alpha,$$

si au contraire l'expérience a indiqué pour α une valeur plus convenable que toute autre.

L'eau sortant de la roue à la même distance qu'elle y est entrée, et la largeur des aubes étant assez petite par rapport à la grandeur du rayon, la force centrifuge exerce fort peu d'influence sur le mouvement de circulation du liquide dans cette roue, et l'équation du mouvement relatif est

$$\mathrm{M}u'^2 = \mathrm{M}u^2 + 2\mathrm{M}g\left(\frac{p'}{\Pi}-\frac{p}{\Pi}\right) + 2\mathrm{M}gh_{,} - \mathrm{M}(u^2 + b^2u'^2 - 2bcu'^2).$$

ou, en divisant par M et mettant pour $\dfrac{p'}{\Pi}-\dfrac{p}{\Pi}$ sa valeur trouvée ci-dessus,

$$u'^2 = u^2 + 2g(h+h_{,}) - \mathrm{U}^2(1+\mathrm{K}) - (u^2 + b^2u'^2 - 2bcu'^2);$$

ou, à cause de $h+h_{,} = \Pi$ à très peu près,

$$u'^2 = 2g\Pi - \left[(1+\mathrm{K})\frac{\mathrm{O}'^2}{\mathrm{O}^2} + b^2 - 2bc\right]u'^2.$$

De là on tire pour déterminer la vitesse u', et en posant encore

$$(1+\mathrm{K})\frac{\mathrm{O}'^2}{\mathrm{O}^2} + b^2 - 2bc = i,$$

$$u' = \sqrt{\frac{2g\Pi}{1+i}};$$

et, partant, pour calculer la vitesse et la dépense du liquide à la sortie par les orifices de la turbine,

$$\mathrm{U} = \frac{\mathrm{O}'}{\mathrm{O}}u' = \frac{\mathrm{O}'}{\mathrm{O}}\sqrt{\frac{2g\Pi}{1+i}}$$

et

$$\mathrm{Q} = \mathrm{O}\mathrm{U} = \mathrm{O}'\sqrt{\frac{2g\Pi}{1+i}}.$$

Ces expressions indiqueraient que la vitesse et la dépense sont indépendantes de la vitesse de la roue, tandis que l'expérience montre qu'au contraire la roue dépense d'autant moins d'eau qu'elle marche plus vite. Mais nous avons expliqué plus haut que cette différence entre la théorie et l'observation doit être attribuée à l'épaisseur même du bord des aubes, qui, en passant devant l'orifice, gênent momentanément l'écoulement de l'eau.

Dans la roue qui nous occupe on a

$$a = 0^m.0355, \quad e = 0^m.070, \quad n = 24, \quad k = 0.85,$$

$$e_1 = 0^m.075, \quad \mathbf{O} = n.kae = 0^{mq}.0507,$$

$$a' = 0^m.020, \quad e' = 0^m.105, \quad n' = 56, \quad k' = 0.85,$$

$$O' = n'k'a'e' = 0^{mq}.09996, \quad \frac{O'}{O} = 1.9716, \quad \left(\frac{O'}{O}\right)^2 = 3.8871,$$

$$A = 0^m.120 \times 0^m.07 \times 24 = 0^{mq}.2016, \quad \frac{O}{A} = \frac{0.0507}{0.2016} = 0.2514.$$

$$\left(\frac{O}{A}\right)^2 = 0.063246, \quad \mu = 0.85, \quad \frac{1}{\mu} = 1.1765,$$

$$\left(\frac{1}{\mu} - 1\right)^2 = 0.0311, \quad K = \left(\frac{O}{A}\right)^2 \left(\frac{1}{\mu} - 1\right)^2 = 0.00197,$$

$$\sin\varphi = 0.4848, \quad \frac{a'}{e_1} = 0.2666, \quad k' = 0.85,$$

$$b = k \frac{a'}{a} \sin\varphi = 10989, \quad \sin\alpha = 0.4226,$$

$$c = \frac{O'}{O} \sin\gamma = 0.83325, \quad 2bc = 0.3689,$$

$$i = \begin{cases} (1+K)\left(\dfrac{O'}{O}\right)^2 = 3.8948 \\ \quad + b^2 \qquad\qquad = 0.012076 \\ \qquad\qquad\qquad\quad \overline{3\ 906876} \\ \quad - 2bc \qquad\quad = 0.18313 \end{cases} = 3.723746$$

$$1 + i = 4.723746, \quad \frac{O'}{O} \frac{1}{\sqrt{1+i}} = 0.90714,$$

$$U = 0.90714 \sqrt{2gH}.$$

Il résulte de là que, pour le cas où les vannes sont entièrement levées, la dépense d'eau pourrait être calculée par la formule

$$Q = 0.90714 \, O \sqrt{2gH}.$$

Pour la troisième série, dans laquelle les vannes étaient entièrement levées, on a comparé les dépenses effectives données par l'observation directe des orifices de jaugeage avec les volumes que fournit le produit $Q\sqrt{2gH}$. Cette comparaison, faite pour des nombres de tours variables depuis 44 jusqu'à 19, a donné au rapport de ces volumes des valeurs comprises entre 0.847 et 0.882 ; l'accord de la formule avec les résultats de l'expérience est donc très satisfaisant, surtout si l'on remarque que les tasseaux fixés aux vannes ne se raccordent pas aussi bien qu'on pourrait le désirer avec la face inférieure des directrices, et qu'il en résulte une légère perte de force vive que nous avons négligée.

A la sortie des canaux de circulation formés par les aubes l'eau possède une vitesse absolue W exprimée par

$$W = \sqrt{u'^2 + v^2 - 2u'v \cos\varphi},$$

et par conséquent elle conserve en pure perte la force vive

$$MW^2 = M(u'^2 + v^2 - 2u'v \cos\varphi).$$

Appliquant maintenant le principe des forces vives à la circulation du liquide à travers tout l'appareil, on peut récapituler ainsi qu'il suit les différents termes qui doivent composer l'équation d'où l'on tirera l'effet utile :

1° Perte de force vive à l'entrée de l'eau dans les couloirs formés par les directrices avant son passage par les orifices

$$MU^2 \frac{O^2}{A^2} \left(\frac{1}{\mu} - 1 \right)^2.$$

2° Perte de force vive après le passage du liquide sous les vannes

$$MU^2 \left(\frac{O}{O_1} - 1 \right)^2,$$

terme très faible et négligeable pour les levées totales des vannes, mais plus fort pour les petites levées ;

3° Perte de force vive à l'entrée dans les canaux de circulation formés par les aubes de la roue

$$M(u^2 + b^2 u'^2 - 2bc u'^2).$$

4° Perte de la force vive conservée en pure perte par l'eau à la sortie

$$MW^2 = M(u'^2 + v^2 - 2u'v \cos\varphi).$$

5° Le travail moteur développé par la pesanteur sur le fluide dépensé est $MgH.$

6° Le travail de la résistance est exprimé par $Pv.$

Et le principe des forces vives donne

$$M = \frac{O^2}{A^2}\left(\frac{1}{\mu}-1\right)^2 + MU^2\left(\frac{O}{O_1}-1\right)^2 + \left.\begin{array}{l} M(u^2+b^2u'^2-2bcu'^2) \\ + M(u'^2+v^2-2u'v\cos\varphi) \end{array}\right\} = 2MgH - 2Pv$$

d'où

$$\frac{Pv}{MgH} = 1 - \frac{U^2}{2gH}\left[\frac{O^2}{A^2}\left(\frac{1}{\mu}-1\right)^2 + \left(\frac{O}{O_1}-1\right)^2\right] - \frac{u^2+b^2u'^2-2bcu'^2}{2gH} - \frac{u'^2+v^2-2u'v\cos\varphi}{2gH},$$

relation qui donnera le rapport de l'effet utile au travail absolu dépensé par le moteur, et dans laquelle

$$\frac{O^2}{A^2}\left(\frac{1}{\mu}-1\right)^2 = K = 0.00197 \text{ au plus;}$$

et comme on sait que $\dfrac{U^2}{2g\mu}$ est environ 0.823, à cause de

$$U = 0.90717 \sqrt{2gH},$$

on voit que le terme

$$\frac{U^2}{2gH}\left[\frac{O^2}{A^2}\left(\frac{1}{\mu}-1\right)^2\right]$$

est au plus égal à 0.00162, et peut par conséquent être négligé dans les applications.

Quant au terme

$$\frac{U^2}{2gH}\left(\frac{O}{O_1}-1\right)^2,$$

lorsque les vannes sont entièrement levées, et que les tasseaux qui les garnissent sont convenablement raccordés avec le dessous des directrices, on a sensiblement $O = O_1$, de sorte qu'il s'évanouit. Mais il n'en est pas de même pour les faibles levées de vannes; ce qui explique pourquoi l'effet utile est alors moins grand que pour les levées totales.

Si nous appliquons l'équation ci-dessus à la troisième série, pour laquelle les vannes étaient entièrement levées, on trouve les résultats consignés dans le tableau suivant :

Nombre de tours en 1'.	Chute totale H.	Vitesse de la circonférence moyenne de la turbine v.	Rapport de l'effet utile au travail absolu du moteur $\dfrac{Pv}{MgH}$
	m	m	
69.5	1.592	4.55	0.69525
63.1	1.562	3.9684	0.72955
61.1	1.562	3.835	0.73855
57.2	1.552	3.5904	0.74845
55.8	1.552	3.376	0.751399
48.1	1.552	3.016	0.743685
45.9	1.512	2.7585	0.762791
41.4	1.482	2.600	0.718097
36.0	1.502	2.262	0.674916
30.8	1.472	1.9335	0.623895
27.7	1.462	1.740	0.586229
19.6	1.452	1.2295	0.459722
19.6	1.447	1.2295	0.460259

Pour faciliter la comparaison des résultats de la théorie avec ceux de l'expérience, on a représenté les premiers (**Pl. IV, fig. 11**) graphiquement sur la même figure que les secondes, en prenant les nombres de tours de la roue pour abscisses, et les valeurs du rapport $\dfrac{Pv}{MgH}$ de l'effet utile au travail absolu du moteur pour ordonnées.

Par l'examen de cette figure on voit que la courbe théorique se rapproche beaucoup de la courbe expérimentale, et qu'elle s'en éloigne d'une manière continue à mesure que la vitesse augmente, mais en présentant toujours une forme analogue, ce qui montre que les effets théoriques et pratiques marchent dans le même sens. Cela fait voir en même que l'écart entre la théorie et l'expérience provient principalement de résistances, telles que celles de l'eau dans laquelle la roue est plongée, et de quelques autres pertes croissantes avec la vitesse.

En suivant ici la même marche que nous avons adoptée pour la turbine Fourneyron, prenant (pl. IV, fig. 23) les quarrés des nombres de tours pour abscisses, et l'excès des valeurs du rapport de l'effet utile théorique au travail absolu sur celles du rapport de l'effet utile réel au travail absolu du moteur pour ordonnées, on reconnaît que les points ainsi déterminés s'éloignent peu d'une ligne droite passant à peu près par l'origine et dont l'équation serait

$$r = 0.0\,000\,295\,n^2,$$

en nommant

> r la fraction du rapport de l'effet utile théorique au travail absolu du moteur consommé par les causes indiquées;
>
> n le nombre de tours de la roue en $1'$.

Ainsi, en retranchant du second membre de l'équation théorique la valeur ci-dessus de r, on aura une formule usuelle, qui représentera l'effet utile réel avec toute l'exactitude désirable pour la pratique.

Pour mettre cette expression sous une forme plus générale qui permette de l'appliquer ou de la vérifier pour d'autres turbines, nous remarquerons que

$$v = \frac{2\omega R n}{60} \quad \text{et} \quad \omega = \frac{2\omega}{60}\,n = 0.10\,472n,$$

et que la résistance de l'eau au mouvement de la roue peut être regardée comme à peu près proportionnelle à la suface de la zone annulaire, de sorte que la valeur de r peut être mise sous la forme

$$r = 0.0\,000\,295 \left(\frac{60\,v}{2\omega R}\right)^2 = KSv^2,$$

dans laquelle

> K serait un facteur constant,
>
> S la surface annulaire de la zone $= 0.^m\,26389$,
>
> R le rayon de la circonférence moyenne de la roue,

et qui se réduit, tous calculs faits, à

$$r = 0.010\,193\,\frac{Sv^2}{R^2} = 0.010\,193S\omega^2,$$

en nommant ω la vitesse angulaire.

Par conséquent, si l'on retranche ce terme du second membre de l'équation théorique, le rapport de l'effet utile réel au travail absolu du moteur aura pour expression

$$\frac{Pv}{MgH} = 1 - \frac{U^2}{2gH}\left[\frac{O^2}{A^2}\left(\frac{1}{\mu}-1\right)^2 + \left(\frac{O}{O_i}-1\right)^2\right] - \frac{u^2 + b^2u'^2 - 2bcu'^2}{2gH}$$
$$- \frac{u'^2 + v^2 - 2u'v\cos\varphi}{2gH} - 0.010\,193S\frac{v^2}{R^2}.$$

Pour déterminer la vitesse qui correspond au maximum d'effet, nous remarquerons que, théoriquement et sauf les effets que nous avons signalés plus haut et qui ne sont pas de nature à être appréciés par le calcul, u' est indépendant de v, et que l'on a

$$u^2 = \frac{O'^2}{O^2}u'^2 + v^2 - 2\frac{O'}{O}\cos\alpha\,vu';$$

et comme le terme

$$\frac{U^2}{2gH}\left[\frac{O^2}{A^2}\left(\frac{1}{\mu}-1\right)^2 + \left(\frac{O}{O_i}-1\right)^2\right],$$

toujours assez faible dans les proportions ordinaires, peut être négligé, et est aussi sensiblement indépendant de v, il est facile de voir que la condition du maximum d'effet se réduira à celle du minimum de valeur de la fonction

$$\left[\frac{O'^2}{O^2} + b^2 - 2bc + 1\right]u'^2 + 2v^2 - 2\left[\frac{O'}{O}\cos\alpha + \cos\varphi\right]vu' + 0.0101935\frac{v^2}{R^2}.$$

ce qui fournit la relation

$$\left(2 + 0.010\,193\frac{S}{R^2}\right)v - \left(\frac{O'}{O}\cos\alpha + \cos\varphi\right)u' = 0.$$

Les angles α et φ étant à peu près déterminés par la condition de ne pas trop étrangler les orifices, et u' étant égal à

$$\sqrt{\frac{2gH}{1+i}},$$

on obtiendra le maximum d'effet en donnant à v la valeur

$$v = \frac{\dfrac{O'}{O}\cos\alpha + \cos\varphi}{2 + 0.010195\,\dfrac{S}{R^2}}\;\sqrt{\frac{2gH}{1+i}}.$$

Dans les proportions de la roue que nous avons étudiée, on a

$$\frac{O'}{O} = 1.9716, \quad \cos\alpha = 0.99631, \quad \frac{O'}{O}\cos\alpha = 1.7869,$$

$$\frac{0.010195 S'}{R^2} = 0.007\,472, \quad \cos\varphi = 0.8746,$$

$$\sqrt{1+i} = 2.054,$$

et la relation ci-dessus se réduit à

$$v = 0.645\,\sqrt{2gH}.$$

Dans la série d'expériences à laquelle nous avons appliqué la formule théorique, la valeur maximum du rapport de l'effet utile au travail absolu du moteur correspond à la vitesse de 48 tours en 1′ ou à la vitesse de $v = 0.06\,283 \times 48 = 3^m.016$. La chute moyenne étant de $1^m.55$, on a $\sqrt{2gH} = 5^m.51$, et le rapport de ces deux vitesses est 0.548, un peu plus faible que celui qu'indique la formule, et qui montre que, dans la pratique, quoique la roue ait la propriété de pouvoir, sans perte considérable d'effet, marcher à des vitesses supérieures à celle du maximum, il sera bon de prendre pour sa vitesse normale une valeur inférieure de $\frac{1}{6}$ à $\frac{1}{7}$ à celle que donne la théorie.

De cette discussion il résulte en général que la théorie rend à très peu près compte exactement des effets observés, et qu'elle permet de déterminer les différentes circonstances.

NOTE III.

Pour appliquer à la turbine Jouval, perfectionnée par MM. A. Kœchlin et Cᵉ, les principes de la théorie des moteurs hydrauliques, nous suivrons encore la marche adoptée avec succès par notre savant confrère, M. Poncelet, dans la théorie qu'il a donnée des effets mécaniques de la turbine Fourneyron (1), en appliquant, comme lui, au cas actuel le principe des forces vives. Afin de rendre l'analogie des résultats plus sensible, nous avons adopté exactement les mêmes notations que lui, pour les parties qui remplissent le même but, et nous avons nommé :

Fig. 50.

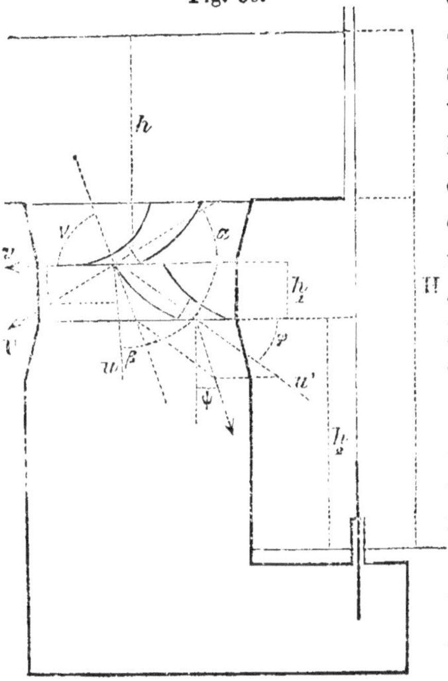

e la largeur des orifices d'écoulement offerts par les directrices, égale à $0^m.120$, quand la turbine est entièrement ouverte, et à $0^m.048$, quand les orifices sont garnis de leurs obturateurs; $a = 0^m.112$ la plus courte distance de deux directrices. Cette mesure, prise directement sur la machine, est à peu près la même quand la turbine est entièrement ouverte ou quand elle est garnie des obturateurs ;

(1) Voir le compte-rendu des séances de l'Académie, 50 juillet 1858.

U la vitesse inconnue et moyenne avec laquelle les filets fluides franchissent les orifices dont l'aire individuelle est ae ;

$l = 0^m.585$ la distance entre les extrémités extérieures des directrices ;

$a = 34°$ l'angle aigu sous lequel les filets liquides, censés perpendiculaires à a, traversent les orifices ;

$k = 0.85$ le coefficent de contraction à la sortie de ces orifices, qui par leur forme occasionnent fort peu de convergence dans les directions des filets ;

μ le coefficient de la dépense qui se rapporte à l'introduction de l'eau dans l'intérieur du réservoir, et qui doit être au plus égal à 0.55, par suite de la disposition de la cuvette qui porte les directices, et dont le contour en saillie sur son fond accroît considérablement les effets de la contraction ;

$A = \dfrac{(0.950)^2 - (0.560)^2}{1.275} = 0^q.46\,252$ l'aire annulaire du réservoir à la partie supérieure de cette cuvette ;

$O = nkae$ la somme des aires contractées kae des orifices de sortie, dont $n = 6$, dans le cas actuel, représente le nombre. Pour la turbine qui nous occupe on a

$$O = 6 \times 0.85 \times 0^m.112 \times 0^m.120 = 0^m.068\,554$$

quand tous les orifices sont ouverts ;

$R' = 0^m.405$, $R'' = 0^m.285$, les rayons des circonférences extérieure et intérieure de la roue, quand il n'y a pas d'obturateurs,

$R = 0^m.345$ le rayon moyen, ce qui donne pour la circonférence correspondante $2^m.1677$ et $l = 0^m.395$;

e' la largeur du débouché naturel offert au liquide affluent par les canaux de circulation des aubes. Cette largeur est égale à $0^m,1154$ quand il n'y a pas d'obturateurs, et à $0^m.048$ quand les orifices sont garnis de leurs obturateurs ;

$a' = 0^m.040$ la plus courte distance entre deux aubes consécutives ;

$l' = l'' = 0^m.1154$ les intervalles des aubes mesurés respectivement sur les circonférences moyennes inférieure et supérieure, en supposant leur épaisseur égale à $0^m.005$;

$\varphi = 30^\circ$ environ l'angle aigu formé par le jet liquide avec la circonférence moyenne inférieure.

$O' = n'k'a'e'$ la somme des aires contractées $k'a'e'$ des orifices d'évacuation, dont le nombre $n' = 18$ est une donnée à peu près constante pour toutes les roues d'après la pratique des constructeurs; $k' = 0.85$ au plus, et quand il n'y a pas d'obturateurs on a pour cette roue

$$O' = 18 \times 0.85 \times 0^m.04 \times 0^m.1154 = 0^m.070\,625.$$

k_i le coefficient de contraction de l'eau à l'entrée des canaux de circulation formés par les aubes. Lorsque la roue est au repos on devrait avoir à peu près $k_i = 0.95$ quand il n'y a pas d'obturateurs, et $k_i = 0.70$ au plus quand il y en a; mais par l'effet du mouvement de la roue et du choc de la veine fluide sur la tranche de l'aube, qui est plane, et qui a 5 à 6 mill. d'épaisseur, ce nombre est en réalité plus petit. Les constructeurs le prennent égal à 0.50 dans le calcul des proportions à donner à leurs roues; mais cette valeur est évidemment beaucoup trop faible.

v la vitesse de la circonférence moyenne de la roue.

u et u' les vitesses relatives avec lesquelles le liquide est introduit dans l'intervalle compris entre les aubes voisines de la roue, et s'en échappe ensuite comme d'une espèce de canal ou ajutage conique.

$\beta = 34^\circ$, l'angle formé par la vitesse u et la vitesse v prise en sens contraire.

h la hauteur du niveau du bassin ou réservoir supérieur au dessus du milieu des plus courtes distances des directrices.

h_i la hauteur de la roue.

h_2 la hauteur du dessous de la roue au dessus du niveau d'aval.

H la chute totale.

On a sensiblement $H = h + h_i + h_2$.

P la résistance, et Pv l'effet utile mesuré au point dont la distance à l'axe est R et v la vitesse.

p la pression atmosphérique extérieure par mètre quarré.

p' celle qui a lieu dans l'espace compris entre les plus courtes distances des directrices ou les orifices distributeurs et la roue.

$$A' = \frac{(0^m.855)^2}{1.275} = 0^{mq}.5741$$ l'aire de la section transversale du tuyau vertical au dessous de la turbine.

U' la vitesse moyenne dans le tuyau.

$L = 1^m.015$ la largeur de l'orifice d'évacuation inférieur de la turbine.

E la hauteur de cet orifice, égale à $0^m.498$ quand la vanne est levée en entier.

$m = 0.70$ le coefficient de la contraction au passage par l'orifice de la vanne inférieure.

Dans le cas où cette vanne est entièrement levée on a

$$mLE = 0.70 \times 1^m.015 \times 0^m.492 = 0^{mq}.3496,$$

c'est-à-dire 0.60 environ de l'aire de section du tuyau, 5.09 fois l'aire des passages par les orifices distributeurs, et 4.79 fois l'aire des passages par l'extrémité des canaux de circulation de la roue.

À l'aide de ces notations, le principe des forces vives nous donne pour l'équation du mouvement de l'eau, depuis le réservoir jusqu'à son arrivée à la partie supérieure de la roue,

$$MU^2\left[1 + \frac{O^2}{A^2}\left(\frac{1}{\mu} - 1\right)^2\right] = 2Mgh + 2Mg\left(\frac{p}{\Pi} - \frac{p'}{\Pi}\right)$$

d'où l'on tire, en posant $\dfrac{O^2}{A^2}\left(\dfrac{1}{\mu} - 1\right)^2 = K$,

$$U^2[1 + K] = 2gh + 2g\left(\frac{p}{\Pi} - \frac{p'}{\Pi}\right)$$

et

$$\frac{p'}{\Pi} - \frac{p}{\Pi} = h - \frac{U^2}{2g}(1 + K).$$

Si nous appliquons cette formule à la huitième expérience de la première série, dans laquelle on a le volume d'eau dépensé $Q = 0^{mc}.35525$, et par suite $U = 5^m.1861$ la hauteur correspondante à cette vitesse est

$$\frac{U^2}{2g} = 1^m.57.$$

On avait dans l'expérience $h = 1^m.44$, et par les données $1 + K = 1.0514$; d'où il résulte

$$\frac{p'}{\Pi} - \frac{p}{\Pi} = -0^m.07.$$

Ce qui montre que dans les proportions adoptées, la différence de pression de l'extérieur à l'intérieur de la roue est peu considérable.

A son entrée dans la roue l'eau perd par le choc contre les aubes la force vive

$$Mu^2 \sin^2(\beta - \gamma) = M\,[U\sin(\alpha + \gamma) - v\sin\gamma]^2;$$

puis, après son introduction, par l'effet de sa rencontre avec le fluide qui occupe l'intervalle des aubes, elle perd la force vive

$$M\,[u\cos(\beta - \gamma) - k'u'\sin\varphi]^2.$$

La perte de force vive totale produite à l'entrée de l'eau dans la roue est donc

$$M\,[u^2 + k'^2 u'^2 \sin^2\varphi - 2k'Uu'\cos(\alpha + \gamma)\sin\varphi - 2k'\cos\gamma\sin\varphi vu'].$$

Si l'on supposait $\gamma = 90°$, comme cela a lieu à très peu près dans les turbines de MM. Fourneyron et Fontaine, on aurait

$$\cos(\alpha + \gamma) = \sin\alpha \text{ et } \cos(\beta - \gamma) = \sin\beta,$$

et l'expression ci-dessus se réduirait à

$$M\,[u^2 + k'^2 u'^2 \sin^2\varphi - 2k'uu'\sin\beta\sin\varphi],$$

qui est celle que **M.** Poncelet a trouvée dans la même hypothèse pour la premières de ces turbines.

Si l'on se rappelle que $U = \dfrac{O'u'}{O}$, et que l'on pose

$$K'\sin\varphi = b, \quad \cos(\alpha + \gamma)\frac{O'}{O} = c, \quad \cos\gamma = d,$$

l'expression précédente de la force vive perdue à l'entrée de l'eau dans la roue devient

$$M\,[u^2 + b^2 u'^2 - 2bcu'^2 - 2bdvu'].$$

Pour poser l'équation du mouvement de circulation de l'eau dans la roue, on peut remarquer qu'ici la force centrifuge ne développe pas de travail apparent, parce que le liquide entre et sort à la même distance du centre, en admettant, ce qui doit être exact, que les canaux soient remplis. Toutefois, vu la proportion assez grande de la largeur e' de ces canaux au rayon moyen R de la roue, cette force doit développer vers le côté extérieur de la roue une pression qui influe sur le mouvement, mais dont il paraît très difficile de tenir compte.

Le travail développé par les pressions p' et p, et par la pesanteur dans le passage de l'eau à travers la roue, est

$$\mathrm{M}g \left[\frac{p'}{\Pi} - \frac{p}{\Pi} + h_2 \right];$$

et l'équation du mouvement circulatoire de l'eau dans les canaux formés par les aubes, en négligeant l'influence du frottement du liquide contre les parois, est

$$\mathrm{M}u'^2 = \mathrm{M}u^2 + 2\mathrm{M}g \left[\frac{p'}{\Pi} - \frac{p}{\Pi} + h^2 \right] + 2\mathrm{M}gh_1 - \mathrm{M}[u^2 + b^2u'^2 - 2bcu'^2 - 2bdvu'],$$

qui au moyen des relations établies précédemment, et en posant

$$\mathrm{O}^2(1 + \mathrm{K}) + b^2 - 2bc = i,$$

se réduit à

$$u'^2[1 + i] - 2bdvu' = 2g\mathrm{H},$$

d'où l'on tire

$$u' = \frac{bdv}{1+i} + \sqrt{\frac{bdv}{1+i} + \frac{2g\mathrm{H}}{1+i}}$$

Cette relation montre que la vitesse relative de sortie de l'eau, quand elle s'échappe des canaux de circulation, dépend de la vitesse de la roue, et qu'elle est inférieure à celle qui est due à la chute totale, attendu que le terme $\frac{bdv}{1+i}$ est toujours très petit, tandis que le dénominateur $1 + i$ est supérieur à l'unité.

En appliquant, par exemple, cette formule à la huitième expérience de la première série, on trouve $u' = 4^m.603$ pour la vitesse de passage de l'eau à travers la turbine, tandis que la comparaison de la dépense effective qui était $Q = 0^{mq}.35525$ avec la somme des aires des passages

$$n'k'a'e' = 0^m{}^q.070\,625$$

donne $u' = 5^m.03$.

Ce qui semblerait indiquer que la vitesse réelle et la vitesse théorique ne diffèrent dans le cas actuel que de $\frac{1}{12}$ environ.

Cette comparaison montre qu'il y a un assez grand accord entre les formules et les résultats de l'observation, surtout si l'on considère que dans ces formules, où l'on a n'a pas tenu compte des frottements intérieurs, il entre des coefficients de contraction qui pour les applications ont été estimés, mais non déterminés directement.

Quoi qu'il en soit, l'on voit que la vitesse d'écoulement de l'eau à travers les passages inférieurs de la roue n'est pas à beaucoup près égale à celle qui est due à la chute totale, comme les constructeurs l'admettent en principe.

La vitesse absolue avec laquelle l'eau quitte la roue a pour expression

$$w = \sqrt{u'^2 + v^2 - 2u'v \cos\varphi},$$

et il est facile de voir que, sa composante horizontale étant éteinte en tourbillonnements et sa composante verticale en partie détruite, la perte de force vive qui se produit après la sortie de l'eau de la roue et à son passage dans le tuyau a pour expression

$$M\,[w^2 - 2U'u' \sin\varphi + U'^2].$$

Enfin la force vive conservée en pure perte par le liquide à sa sortie par l'orifice de la vanne inférieure est

$$MU_{\iota}{}^2 = M\left(\frac{Q}{mLE}\right)^2.$$

Il résulte donc de ce qui précède que l'application du principe des forces vives au mouvement de l'eau dans cette roue conduit à l'équation suivante, qui donne le rapport de l'effet utile théorique au travail absolu du moteur

$$\frac{Pv}{MgH} = 1 - A.\frac{u'^2}{gH} + \frac{B}{gH}.u'v - \frac{v^2}{gH}$$

dans laquelle

$$A = \frac{1}{2}\Big[\Big(\frac{O'}{mLE}\Big)^2 + \frac{O^2}{O'^2} + \frac{O'^2}{A^2}\Big(\frac{\iota}{\mu}\quad 1\Big)^2 + b^2 - 2bc + 1 - \frac{2O'}{A'}\sin\; + \Big(\frac{O'}{A'}\Big)^2\Big],$$

$$B = \frac{O'}{O}\cos\alpha + bd + \cos\varphi.$$

La valeur de la vitesse u' est une fonction de celle de v; mais, comme on a vu que vers le maximum d'effet la vitesse v a peu d'influence sur celle de u', l'on pourrait, par approximation, pour le calcul de la vitesse correspondante à ce maximum d'effet, admettre que

$$u' = \sqrt{\frac{2gH}{1+i}};$$

et alors la valeur de v pour ce maximum serait donnée par la relation $Bu' - 2v = 0$,

d'où

$$v = \frac{B}{2}\sqrt{\frac{2gH}{1+i}}$$

ou

$$v = \frac{\frac{O'}{O}\cos\alpha + bd + \cos\varphi}{2}\sqrt{\frac{2gH}{1+i}}.$$

Dans le cas de la huitième expérience de la première série, par exemple, on trouverait

$$v = 0.638\sqrt{2gH};$$

tandis que l'expérience donne

$$v = 0.590\sqrt{2gH},$$

valeurs qui ne diffèrent que de $\frac{1}{12}$ de la plus petite.

Les constructeurs paraissent admettre dans leurs calculs pratiques, d'après l'ensemble de leurs expériences, que la vitesse correspondante au maximum d'effet, mesurée à la circonférence extérieure, doit être 0.70 de celle due à la chute totale. De plus, nous avons déjà dit que dans leur pratique ils admettent les proportions suivantes :

$n' = 18$ pour le nombre des aubes,

$a' = \frac{1}{16} D$, D étant le diamètre extérieur,

$e' = \frac{1}{8} D$, $\quad k' = 0.50$ et $u' = \sqrt{2gH}$,

ce qui leur donne pour calculer la dépense d'eau, ou plutôt le diamètre de la roue d'après cette dépense supposée donnée,

$$Q = 18 \times 0.50 \times \frac{1}{16} D \times \frac{1}{8} D \sqrt{2gH};$$

d'où

$$D = \sqrt{\frac{16 \times 8.Q}{18 \times 0.50 \, \sqrt{2gH}}}$$

Les formules ci-dessus, d'après nos notations et la valeur $k' = 0.85$, donneraient

$$D = \sqrt{\frac{16 \times 8.Q}{18 \times 0.585 \, \sqrt{2gH}}};$$

relation qui conduirait à un diamètre un peu plus petit que celui qu'adoptent les praticiens, naturellement enclins à donner des dimensions plutôt trop fortes que trop faibles.

Les proportions et les rapports à peu près constants adoptés par les constructeurs expliquent comment, malgré les erreurs de principes introduites dans les formules qui servent de base à leurs calculs, l'expérience a pu les conduire à des formules pratiques voisines des véritables. C'est ainsi que la valeur 0.50, qu'ils ont adoptée pour le coefficient de la dépense par les orifices de la roue, évidemment beaucoup trop faible, compense à peu près l'erreur en sens contraire qu'ils commettent en admettant que la vitesse relative u' avec laquelle l'eau sort des canaux de circulation formés par les aubes soit égale à la vitesse due à la chute totale.

En appliquant la formule théorique à la huitième expérience de la première série, et en y faisant $u' = 4^m.63$, on trouve, pour le rapport de l'effet utile théorique au travail absolu dépensé par le moteur, la valeur 0.815, tandis que l'expérience donne 0.72, ce qui diffère en moins de la valeur théorique de 0.095 ou $\frac{1}{11}$.

Si l'on suppose que la vanne inférieure, qui était à peu près totalement ouverte dans l'expérience précédente, soit en partie fermée, comme dans la seconde série où sa levée n'était que de $0^m.178$, on trouve pour le rapport théorique de l'effet utile au travail absolu du moteur la valeur 0.699, au lieu de 0.86; ce qui indique une réduction de $\frac{1}{5}$ dans l'effet théorique.

L'expérience montre, en effet, que la réduction de l'orifice d'évacuation du tuyau occasionne dans l'effet utile une diminution notable, et donne pour le même rapport, dans le cas que nous venons d'examiner, la valeur 0.627 , tandis que pour l'ouverture complète on avait trouvé la valeur 0.720 , qui est supérieure de $\frac{1}{6}$.

L'expérience et la théorie sont d'ailleurs parfaitement d'accord pour faire voir que la vanne inférieure ne saurait être employée comme moyen de régler la dépense et la vitesse de la roue, sans qu'il n'en résulte une perte très sensible dans le rapport de l'effet utile au travail absolu dépensé par le moteur.

Pour compléter la comparaison des résultats de la théorie à ceux de l'expérience, nous en avons fait l'application à la première série, relative au cas où tous les canaux de circulation de la turbine étaient entièrement libres. Les résultats de ces calculs sont consignés dans le tableau suivant :

Numéros des expériences.	1	2	3	4	5	6	7	8	9	10
Valeurs de $\dfrac{Pv}{MgH}$	0.678	[illegible]	0.803	0.845	0.831	0.815	0 816	0.804	0.780	0.736

Représentation graphique, et comparaison des résultats de la théorie à ceux de l'expérience. — Ces résultats ont été représentés graphiquement (pl. IV, fig. 13), comme ceux des expériences et à la même échelle, par une courbe qui a pour abscisses les nombres de tours en une minute, et pour ordonnées les valeurs du rapport de l'effet utile théorique au travail absolu du moteur.

L'examen de cette courbe montre que les effets utiles réels et les effets théoriques marchent dans le même sens ; mais, d'une part l'effet théorique est supérieur à l'effet donné par l'expérience, et de l'autre la vitesse qui correspond au maximum d'effet théorique est plus grande que celle qui donne le maximum d'effet utile réel. On remarque de plus que l'excès de l'effet théorique sur l'effet utile réel croît avec la vitesse. Cette différence tient donc évidemment en grande partie à ce que la théorie précédente ne tient pas compte de la résistance que l'eau oppose au mouvement de la roue, ainsi que de quelques autres pertes croissantes avec la vitesse, telles que le choc de l'eau contre le bord des aubes, etc.

Or, s'il ne nous est pas possible de déterminer directement l'influence de ces causes, les constructions graphiques permettent d'en trouver la loi et la valeur approximatives. En effet l'excès des ordonnées de la courbe théorique sur celles de la courbe expérimentale nous donne pour chaque vitesse de la roue la fraction du travail absolu du moteur qui est absorbée ou perdue par des causes dont la théorie n'a pas tenu compte. Prenant donc (pl. IV, fig. 24), pour chaque vitesse ou chaque nombre de tours de roue, la différence de ces ordonnées, et construisant le lieu géométrique des points dont ces différences sont les ordonnées et dont les quarrés des nombres de tours sont les abscisses, on reconnaît que l'on peut faire passer entre tous les points une ligne droite, dont l'équation est

$$r = 0.0\,000\,122n^2,$$

dans laquelle r représente la fraction du rapport de l'effet utile théorique au travail absolu du moteur consommé par les causes indiquées, et n le nombre de tours de la roue en $1'$.

Ainsi, en retranchant du second membre de l'équation théorique la valeur ci-dessus de r, on aura une formule usuelle qui représentera l'effet utile réel avec toute l'exactitude désirable.

On peut mettre cette expression sous une forme plus générale, qui permette de l'appliquer ou de la vérifier pour d'autres roues, en remarquant que la résistance opposée par le liquide au mouvement de la roue peut être regardée comme proportionnelle à la surface de la zone annulaire, de sorte que la valeur de r devient

$$r = 0.0\,000\,122 \left(\frac{60 \times v}{2nR} \right)^2 = KSv^2,$$

expression dans laquelle

K serait un facteur constant ;

S la surface annulaire de la roue ;

v la vitesse de la circonférence moyenne de la couronne, et qui, d'après les dimensions de la roue, revient, toutes réductions faites, à

$$r = 0.014\,753Sv^2.$$

D'après cela, l'effet utile réel serait représenté avec l'exactitude désirable pour la pratique par la formule

$$\frac{Pv}{MgH} = 1 - A.\frac{u'^2}{gh} + \frac{B.}{gH}u'v - \left(\frac{1}{gH} + 0.014\,733S\right)v^2.$$

La recherche de la vitesse correspondante au maximum d'effet conduirait à des calculs assez laborieux pour la pratique, puisque l'on aurait à résoudre une équation du 4ᵉ degré; mais on peut la simplifier en remarquant d'abord que l'équation générale de l'effet utile montre 1° que le rapport de l'aire de section du tuyau à celle de l'orifice de sortie doit être aussi grand que possible; 2° qu'il faut diminuer autant qu'on le peut la contraction à l'entrée des directrices.

On a vu de plus que, quoique la valeur de la vitesse u' soit dépendante de celle v de la roue, cette valeur, pour le cas du maximum d'effet, est assez peu modifiée quand on néglige le terme $\frac{bdv}{1+i}$; de sorte que, pour les calculs relatifs à ce maximum, où l'expérience nous montre que la vitesse de la roue peut varier entre des limites très étendues sans inconvénient, nous pouvons, par approximation, regarder u' comme indépendant de v.

Dans cette hypothèse, où l'on a

$$u' = \sqrt{\frac{2gH}{1+i}}$$

la condition du maximum d'effet fourni par l'équation ci-dessus devient

$$v = \frac{B}{2[1 + 0.014\,733SgH]}\sqrt{\frac{2gH}{1+i}}$$

ou

$$v = \frac{\frac{O'}{O}\cos\alpha + bd + \cos\varphi}{2[1 + 0.014\,733SgH]}\sqrt{\frac{2gH}{1 + \frac{O'^2}{O^2}(1+K) + b^2 - 2bc}}$$

expression qui contient les angles α, γ et φ; mais les angles α et φ sont à peu près déterminés par la condition de la facilité du débit de l'eau par les canaux des directrices et des aubes. Quant à l'angle γ, on peut en disposer entre certaines limites; mais il a peu d'influence sur le résultat, puisqu'il n'entre que dans le terme bd du numérateur, où $b = 0.425$, et que cet angle ne peut devenir sensiblement plus petit que 45°; de sorte que

$$\cos \gamma = d = 0.707 \text{ et } bd = 0.425 \times 0.707 = 0.300$$

au plus, tandis que la somme des deux autres termes du numérateur est égale à 1.616 environ.

Si l'on applique la formule ci-dessus aux proportions de la machine qui nous occupe, et pour laquelle on a

$$B = 1.70613, \ S = 0^u 1.065728, \ 1 + i = 1.73425,$$

on trouve

$$v = 0.641 \ \sqrt{2gH}.$$

Or, l'expérience a conduit les constructeurs de ces roues à donner à la circonférence extérieure une vitesse de 0.70 environ de celle due à la chute totale; et, d'après les proportions qu'ils suivent en général, la vitesse à la circonférence moyenne est à celle de la circonférence extérieure comme 7 : 8; de sorte que leur règle revient à faire

$$v = \frac{7}{8} \times 0.700 \ \sqrt{2gH} = 0.612 \ \sqrt{2gH},$$

ce qui s'écarte peu de celle que nous déduisons de la théorie.

On voit donc que la formule théorique, modifiée comme on l'a dit plus haut, permettra de déterminer l'effet utile et les diverses circonstances du mouvement de ces roues.

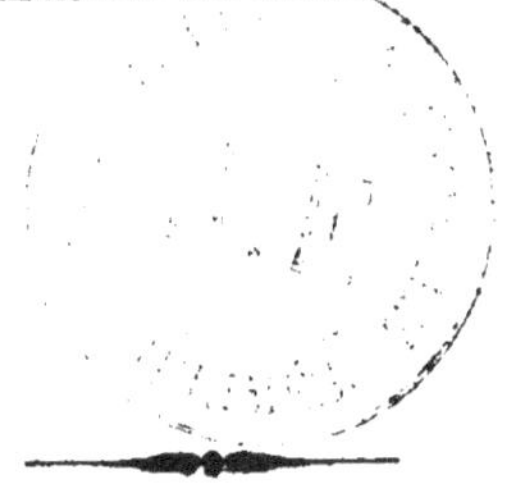

2ᵉ Partie. 32

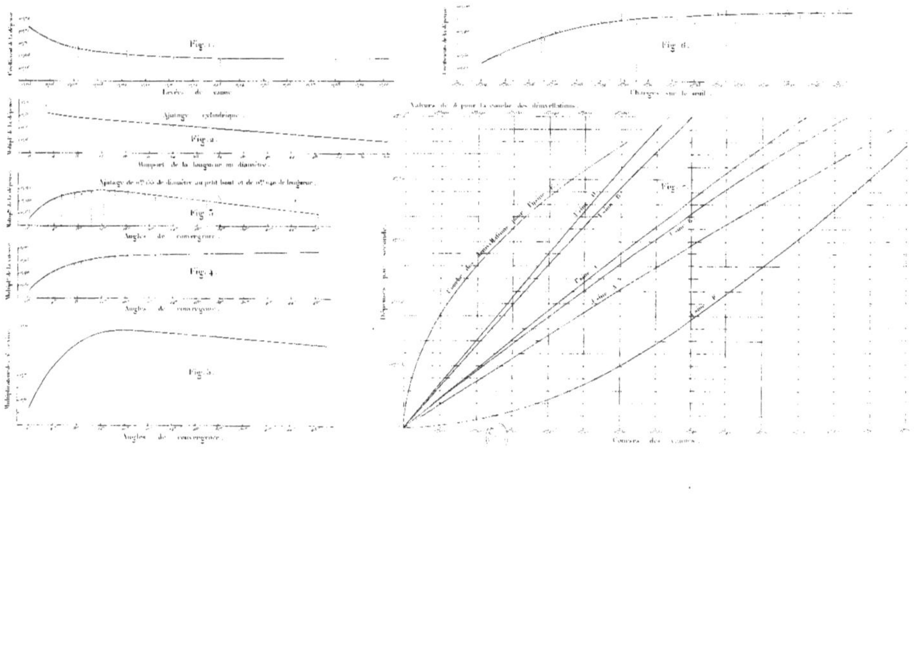

Fig. 1.
Coefficient de la dépense
Levées de vanne
Ajutage cylindrique.
Fig. 2.
Rapport de la longueur au diamètre.
Ajutage de 0ᵐ,05 de diamètre au petit bout et de 0ᵐ,40 de longueur.
Fig. 3.
Angles de convergence.
Fig. 4.
Angles de convergence.
Fig. 5.
Angles de convergence.
Coefficient de la dépense
Fig. 6.
Charges sur le seuil.
Valeurs de k pour la courbe des déversements.
Fig. 7.
Dépenses par seconde.
Courbe des Angles Uniforme pour l'usine.
Courbe A
Courbe B
Courbe C
Courbe D
Courses des vannes.

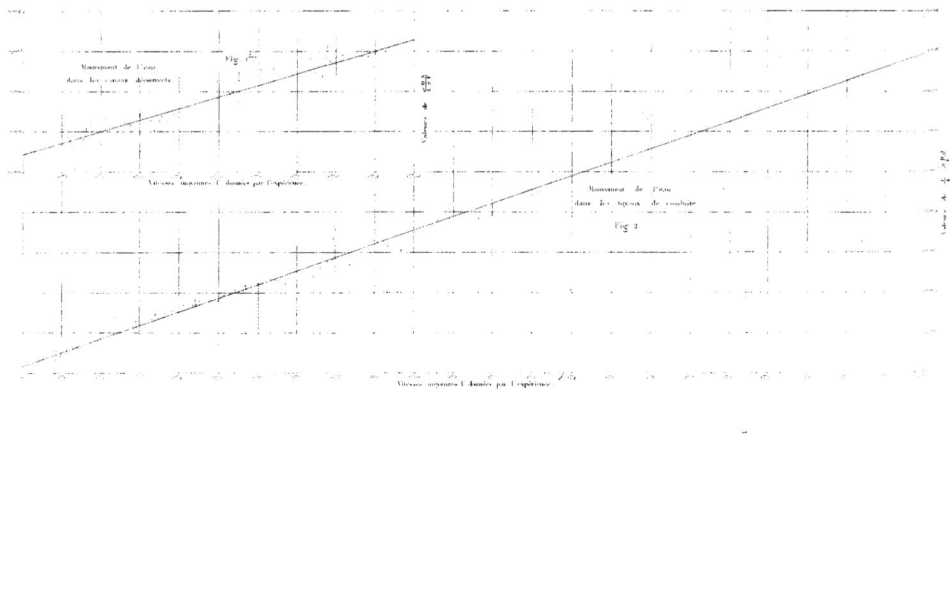

Mouvement de l'eau
dans les canaux découverts

Fig. 1ʳᵉ

Vitesses moyennes U données par l'expérience.

Mouvement de l'eau
dans les tuyaux de conduite

Fig. 2

Vitesses moyennes U données par l'expérience.

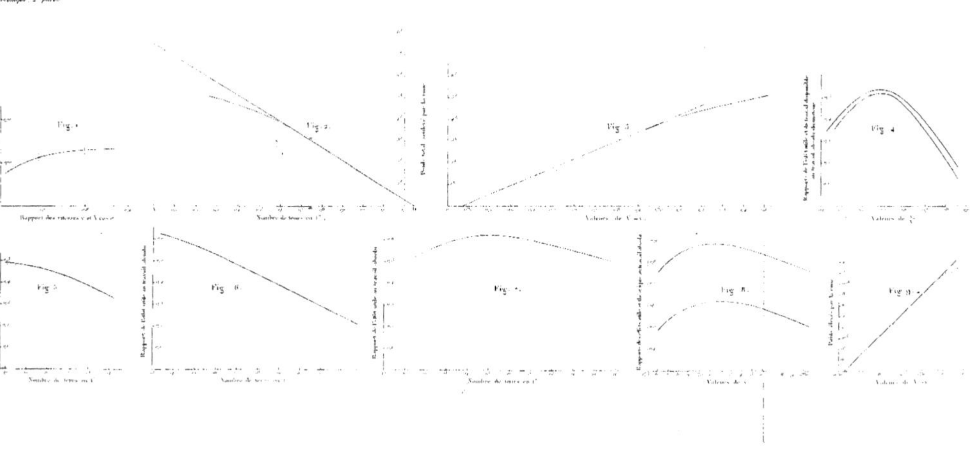

Turbine de Morsson.

Turbine de Müllbach.

Turbine de Müllbach.

Turbine Fontaine et Baron.

Turbine A. Koechlin.

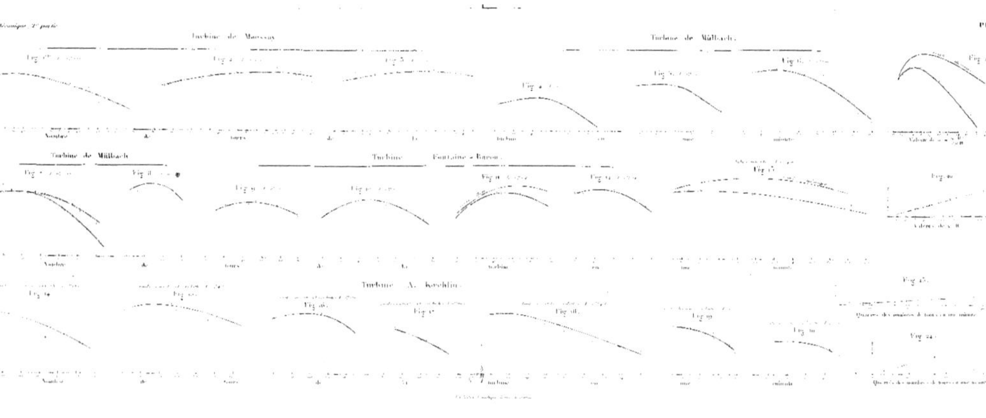

* 9 7 8 2 3 2 9 4 5 5 0 8 2 *